国家重点研发计划项目（2017YFC0405900）
国家自然科学基金项目（51879289，91547108）
联合资助

变化环境下珠江河网区水文过程演变研究

刘丙军 编著

科学出版社
北京

内 容 简 介

本书较系统地总结了国内外河网区水文过程研究现状及其发展趋势，通过大量野外调研、数据收集与整理，分析了珠江三角洲河网区水文水资源系统存在的问题及其面临的剧烈外部变化环境；综合运用水文学、水力学、系统分析、复杂性理论等，分析了河网区城市化建设、河道挖沙、河口围垦等典型人类活动对土地利用变化、河网水系结构以及河道地形的影响；总结了降水、径流、洪水等水文要素时空变异特征，提出了水文过程全要素变异识别与特征量重构的理论与方法，研究了变化环境对河网区水文过程的影响等。本书的研究丰富与发展了变化环境下河网区水文水资源系统分析理论，相关成果可为长江三角洲、环渤海湾等区域水文水资源系统研究提供借鉴。

本书可供水文与水资源工程专业及相关专业高年级本科生、研究生使用，也可供水利、环保、市政等规划设计部门科研人员参考。

图书在版编目(CIP)数据

变化环境下珠江河网区水文过程演变研究 / 刘丙军编著 . —北京：科学出版社，2019. 6

ISBN 978-7-03-061693-7

Ⅰ. ①变… Ⅱ. ①刘… Ⅲ. ①珠江三角洲-区域水文学-研究 Ⅳ. ①P344. 265

中国版本图书馆 CIP 数据核字（2019）第 117837 号

责任编辑：孟美岑　姜德君 / 责任校对：张小霞

责任印制：赵　博 / 封面设计：北京图阅盛世

科学出版社 出版

北京东黄城根北街 16 号

邮政编码：100717

http://www.sciencep.com

涿州市般润文化传播有限公司印刷

科学出版社发行　各地新华书店经销

*

2019 年 6 月第　一　版　开本：787×1092　1/16

2025 年 4 月第二次印刷　印张：16 3/4

字数：388 000

定价：188.00 元

（如有印装质量问题，我社负责调换）

前 言

河网区位于河流与海洋交汇过渡地区，其最根本的特点是受海洋（潮汐）和陆地（河流）的双向作用，具有海陆交互脆弱、胁迫因素多等特点。河网区同时也是海岸地带环境变化最集中的区域，人类活动与海平面变化对其社会经济、资源环境的影响是长久和深远的，其长期累积效应使海岸侵蚀、海水入侵与土壤盐渍化等灾害加剧，沿岸防潮排涝基础设施功能降低，生态系统受损。

河网区集中了全球四分之三的大城市。在中国，河网区也是经济发展的龙头地区，是人口密度最高和单位面积 GDP 贡献最大的地区之一。以珠江三角洲（以下简称珠三角）河网区为例，该地区经济社会高速发展，河网纵横、人口密集、城镇集中，用 30 年的时间完成了发达国家近百年的发展进程，用占全国约 0.21% 的土地创造了约 20% 的 GDP。自 20 世纪 50 年代开始，珠三角河网区白藤堵海、联围筑闸、河道挖沙、航道整治等大规模活动频繁发生，在一定程度上改变了河道地形特性。特别是 80 年代末以来，珠三角逐步向城镇化、工业化发展，大规模的基础建设导致用沙量剧增，整个珠三角范围内出现大量采挖河床泥沙的现象，进一步加剧了河道下切，干预了河床形态自然演变过程，致使河网区地形、水文条件、水动力格局发生了显著变化，水文水资源特征值偏离常态，如同一断面水量频率与水位频率不对应、同一次水文事件上下游水文要素频率不一致、流场流态不均匀变化等，严重影响该地区防洪、供水、航运与生态安全。

本书在国家重点研发计划项目“珠江流域水资源多目标调度技术与应用”（2017YFC0405900），国家自然科学基金项目“海陆相多要素驱动下珠三角网河区咸潮上溯规律与中长期预报”（51879289）与“变化环境下澜沧江流域径流适应性利用协同配置模式研究”（91547108），中山大学高校基本科研业务费项目“海陆相多要素驱动下珠江河口区咸潮上溯规律与预报”（17lgzd03）等项目支持下，较系统地总结了国内外河网区水文水动力过程演变的研究现状及其发展趋势，通过大量野外调研、数据收集与整理，分析了珠三角河网区水文水资源系统存在的问题以及面临的剧烈外部变化环境；综合运用水文学、水力学、系统分析、复杂性理论等，探索性地提出了河网区水文过程演变及其驱动研究整体框架；研究了珠三角河网区城市化建设、河道挖沙、河口围垦等典型人类活动对土地利用变化、河网水系结构以及河道地形的影响，总结了降水、径流、洪水等水文要素演变特征，识别了变化环境对河网区水文过程的演变特征等。本书研究成果对指导珠三角河网区水资源开发利用具有一定的实践意义，相关成果也可为长江三角洲、环渤海湾等河网区水文水资源系统研究提供借鉴。

本书由刘丙军统稿编著；第 1 章、第 2 章、第 9 章由刘丙军编写；第 3 章由龙伟丽、胡家昱、杨子博编写；第 4 章由陈秀洪、刘丙军编写；第 5 章由廖叶颖、刘丙军编写；第6章由陆鹏翔、邱江潮编写；第7章由邱凯华、刘丙军编写；第8章由刘丙军编写。

本书撰写过程中，得到了中山大学多位老师的大力支持和帮助，在此一并表示诚挚的感谢。同时，衷心感谢本书所引用参考文献的作者做的大量工作。

由于时间与水平有限，书中难免存在疏漏之处，恳请读者批评指正！

编　者

2018年12月

于康乐园

目　　录

前言
第 1 章　绪论 …… 1
　1.1　研究背景与意义 …… 1
　1.2　研究进展与发展趋势 …… 2
　1.3　研究内容 …… 12
　参考文献 …… 13
第 2 章　研究区基本概况 …… 21
　2.1　地形地貌 …… 21
　2.2　河流水系 …… 21
　2.3　气候特征 …… 25
　2.4　社会经济 …… 28
第 3 章　变化环境对河网区下垫面的影响研究 …… 30
　3.1　城市化建设对河网区土地利用的影响 …… 30
　3.2　人类活动对河网区水系结构的影响 …… 43
　3.3　人类活动对河网区河道地形的影响 …… 63
　3.4　小结 …… 71
　参考文献 …… 72
第 4 章　河网区降水过程演变研究 …… 74
　4.1　典型研究区（广州市）基本概况 …… 74
　4.2　研究方法与数据来源 …… 78
　4.3　研究区降水时间演变特征分析 …… 83
　4.4　环流作用对降水过程的影响 …… 96
　4.5　城市化作用对降水过程的影响 …… 104
　4.6　小结 …… 122
　参考文献 …… 123
第 5 章　河网区径流过程演变研究 …… 127
　5.1　径流变化特征分析 …… 127
　5.2　河网区径流要素特征量重构 …… 140
　5.3　河网区水位-流量组合要素重构 …… 157
　5.4　小结 …… 171
　参考文献 …… 172
第 6 章　河网区洪水过程演变研究 …… 175

6.1 典型研究区(北江流域)概况 …… 175
6.2 洪水场次与洪水指标的选取 …… 177
6.3 基于模糊 C-均值聚类算法的洪水分类 …… 195
6.4 洪水过程变化特征分析 …… 206
6.5 小结 …… 217
参考文献 …… 218
第7章 河网区洪枯水遭遇研究 …… 221
7.1 洪枯水遭遇分析方法 …… 221
7.2 河网区洪水遭遇分析 …… 231
7.3 河网区枯水遭遇分析 …… 246
7.4 小结 …… 260
参考文献 …… 260
第8章 结语 …… 262

第1章 绪　论

1.1 研究背景与意义

河网区集中了全球四分之三的大城市，也是海岸地带环境变化最集中的区域，人类活动与海平面变化对其社会经济、资源环境的影响是长久和深远的，其长期累积效应使海岸侵蚀、海水入侵与土壤盐渍化等灾害加剧，沿岸防潮排涝基础设施功能降低，高海平面期间发生的盐水入侵影响程度加剧，生态系统遭受破坏（Temmerman et al., 2013；Kirwan and Megonigal, 2013）。Di Lorenzo（2015）在*Nature*上发文指出，气候变化导致的海岸带风速加强会加剧海流上涌，危及河网区生态系统健康；Lovelock 等（2015）在*Nature*上发文指出，建筑堤坝等人类活动导致内陆河流泥沙输移量减少，红树林等湿地增长速率明显低于海平面增长速率，河网区湿地系统遭受严重威胁。河网区日益严峻的资源环境与自然灾害问题，成为国际关注的热点（Richter et al., 1996；Poff et al., 1997；Growns and Marsh, 2000）。由国际科学理事会（ICSU）发起组织的当今最具影响力和广泛性的科学计划——国际地圈-生物圈计划（IGBP），明确将海岸带的海陆交互作用（LOICZ）研究列为七个核心计划之一，并将海岸生物地貌与全球变化、全球变化对海岸系统的经济与社会影响列为其仅有的四个核心研究内容之一；21 世纪初，世界气候研究计划（WCRP）启动新的核心计划——气候与冰冻圈计划（CliC），将冰川（帽、盖）与海平面变化作为国际冰冻圈研究的四大领域之一；联合国政府间气候变化专门委员会（IPCC）所属三个工作组（科学分析、影响和响应对策）不仅均将海平面上升趋势及其影响与对策作为各自评估的重点，还将海平面上升危害确定为 IPCC 优选的六个重点研究专题之一；国际科学理事会（ICSU）和国际社会科学理事会（ISSC）①发起的“未来地球计划”（Future Earth）（2014～2023），在动态星球（Dynamic Planet）研究主题中也将海岸带作为重点研究的地球脆弱地区之一，“未来地球计划”中国委员会（CNC-FE）也将海洋与海岸带可持续发展作为重点研究内容之一。

河网区是我国经济发展的龙头地区，也是我国人口密度最高和单位面积 GDP 贡献最大的地区之一。河网区位于河流与海洋交汇过渡地区，其最根本的特点是受海洋（潮汐）和陆地（河流）的双向作用，面临脆弱胁迫因素较多，水文水资源系统面临着更大挑战。近年来，伴随快速城市化发展以及高强度人类开发，加之气候变化带来的海平面持续上升，河网区下垫面的自然形态发生了显著改变，水文与水动力过程发生显著变异，如水文水资源极值和特征值偏离常规，同一断面水量频率与水位频率不

---

① 2017 年，ISCU 和 ISSC 合并成立新的国际科学理事会。

对应，同一次水文事件上下游水文要素频率不一致，等等。河网区水文过程中出现的新特征迫切需要重新认识和定义。

珠江河网区指珠三角河网和残留河口湾并存的河口，是世界著名大湾区之一的“粤港澳大湾区”城市群（香港、澳门、广州、深圳、珠海、佛山、惠州、东莞、中山、江门、肇庆）的唯一水源地。该地区经济社会发达，水系交错、人口密集、城镇集中，是中国乃至亚太地区最具活力的经济区之一（用占中国约 0.21% 的土地创造了约 20% 的 GDP，用 30 年的时间完成了发达国家近百年的发展历程）。20 世纪 50 年代以来，河网区围垦清障、航道疏浚以及河道高强度挖沙，导致河网区内河道纵向明显下切，加之海平面持续上升，上游来水减少，极端径潮流遭遇事件频发。21 世纪以来，珠江河网区 2003 ~ 2006 年连续四年发生强盐水入侵事件后，2009 ~ 2011 年再度发生强盐水入侵事件，严重威胁沿岸澳门、珠海、中山等城市的供水安全；另外，河网区盐水入侵导致水中营养盐异常升高，浑浊带范围增大，极大地改变了水生生境系统，造成植被类型向半咸水植物演变，富营养化问题日渐突出。

综上所述，在全球气候变化与人类剧烈活动的双重作用下，近年来珠三角河网区水文过程发生显著变化，水文水资源问题也日益突出，严重威胁到珠三角城市供水安全和河道生态环境健康。然而，当前相关研究理论与方法尚不成熟，尤其是剧烈人类活动与海平面上升对该地区水文过程演变的影响机理尚不明晰，应对手段缺乏理论基础。鉴于此，本书针对珠三角河网区湿润气候、河网纵横、人类活动剧烈、海平面上升显著的特点，充分利用现有研究基础，采用多学科交叉理论与方法，系统识别变化环境对该地区水文过程演变的驱动效应与机理，为珠三角河网区防洪、供水与压咸调度提供关键技术指标。本书研究有助于丰富和完善变化环境下河网区水文水资源系统响应与应对理论，促进河口地区水资源可持续利用，具有重要理论和实践意义。相关研究成果对我国长江三角洲、环渤海湾等河网地区水资源开发也具有重要的借鉴作用。

1.2 研究进展与发展趋势

1.2.1 降水过程时空演变特征

1. 降水演变特征的研究进展

随着降水环境的变化、异常降水事件的频发、降水监测设备的升级和技术水平的提高，国内外学者对降水演变特征的研究得以不断深入，综合地面实测站点、卫星和雷达等多种来源的降水数据与资料，并用统计分析、数值模拟等多种方法，从时间和空间两个尺度对降水演变特征进行研究。

1）降水时间演变特征

国内外学者对降水时间演变特征的研究做了大量工作，涉及年代际、年际、季节、月、日和小时等多个时间尺度，且研究对象涵盖总降水、分等级降水、长短历时降水、异常降水和极端降水等多个方面，研究范围包括全球各个国家和地区。Minaei 和

Irannezhad（2018）采用逐日、逐月以及逐年降水资料，研究伊朗各个时间尺度降水量的时间演变特征；Milovanovic 等（2017）基于 421 个气象站降水数据，分析塞尔维亚年降水总量、季节降水总量和单月降水总量等多个指标的变化趋势；Esteban-Parra 等（2015）利用气象站点观测数据，研究西班牙年和季节降水量的时间演变趋势；Busuioc 等（2010）基于月尺度降水资料，分析瑞典 1～12 月降水量的变化趋势；Lupikasza（2010）采用长序列日尺度降水数据，研究波兰最大五日降水总量、极端降水总量、极端降水日数等 5 个极端降水指标的时间演变趋势；Zhang Q 等（2009）基于中国 160 个站点资料，分析年和季节降水的时间变化。此外，众多学者对中国华南地区降水时间演变特征做了大量研究工作。郑腾飞等（2017）利用逐日降水资料，探讨广东省不同等级降水量的年变化特征；伍红雨等（2017）基于逐小时降水数据，分析广东省小时强降水在年际、前汛期、后汛期三个时间尺度上的变化趋势；李深林等（2016）基于 0.5°×0.5°格点月值降水数据集，分析珠三角地区 2～4 月和 6～9 月降水量的变化趋势；赵一飞等（2014）采用逐日降水资料，讨论珠江流域最大一日降水量、连续五日最大降水量、湿天降水总量、非常湿天降水量和极端湿天降水量等 11 个极端降水指标的时间变化趋势；等等。

综合目前多数研究成果，可以发现降水特征在时间尺度上发生了或多或少的变化。一方面，同一降水要素在不同时间尺度下的变化趋势不一致。董旭光等（2017）发现山东省汛期 11～18 时的小时极端强降水量和频次在呈现减少趋势，其他时段为增加趋势；陆文秀等（2014）发现珠江流域全年、春季、冬季的降水总量呈现略微上升的趋势，秋季降水总量呈现显著下降趋势，夏季降水总量则无明显变化；Busuio 等（2010）发现瑞典 8 月降水量下降，而其他月份降水量显著上升。另一方面，降水长序列突变现象时有发生。伍红雨等（2017）发现广东省年和汛期小时强降水次数在 20 世纪中期发生突变；Yao 和 Chen（2015）的研究表明亚锡尔河流域年降水在 90 年代末期发生突变，突变后年降水量显著增加；Zhu 等（2011）发现中国东部地区在 20 世纪末期发生年代际突变，淮河流域降水从下降变为上升趋势，长江流域降水从上升变为下降趋势。

2）降水空间演变特征

国内外学者关于降水演变特征的研究中发现全球大部分地区降水时空分布均发生变化，但缺乏空间一致性。IPCC 第五次评估报告（2014 年）指出，全球大多数地区汛期和非汛期的降水差将增大，到 21 世纪末中纬度湿润地区平均降水可能增加，中纬度和副热带干旱地区平均降水可能减少。陈姣和张耀存（2016）进一步指出极端强降水事件在北美洲东北部、南美洲中部均有显著增加趋势，在格陵兰岛中部和欧亚大陆中部表现为减少趋势。Donat 等（2017）、Frich 等（2002）发现北半球中高纬度降水量增加的地区扩大，大雨、暴雨等强降水事件可能增多。Aguilar 等（2009）指出在非洲中部地区极端降水事件发生的频率呈现下降趋势。Matsuyama 等（2002）、Barros 等（2008）也发现南美洲东南部年降水量显著增多，而且南美洲北部年降水量在缓慢减少。与此同时，众多学者对我国降水变化情况同样进行了大量深入研究，结果表明我国同样存在降水时空演变特征不一致的情况。任国玉等（2015）指出我国东南沿海、长江下游、青藏高原和西北等地区年降水量增加，东北、华北、华中和西南地区年降水量减少。陆虹等（2012）研究发现华南地区东南部极端强降水频次增加明显，西北部极端强降水呈现减少趋势。

此外，随着城市化进程的不断推进，越来越多的研究集中到小尺度的城市降水层面，比较城区和郊区降水的空间差异性。一般采用的方法为城郊对比分析，对比方式包括两种，一是对城郊同时期降水要素进行横向对比，二是对同一站不同城市化阶段降水要素进行纵向对比，突出城市化建设等局地作用影响下的降水特征。降水要素涵盖年、季节和日等多个时间维度，郑玉萍等（2011）比较乌鲁木齐城郊年雨量、季节雨量和最大日雨量等要素；赵娜等（2011）对比北京城郊年雨量变化率；黎伟标等（2009）比较珠三角不同城市发展阶段的强降水特征；彭莉莉等（2015）对比长株潭地区不同城市发展阶段的极端降水日数和强度。目前，关于城郊降水是否存在差异性的问题仍然没有定论。部分研究表明，城市化建设等局地作用促使城区降水异于郊区，出现城区和下风向地区降水增多的情况（江志红和李杨，2014；王娟，2011）。部分研究则发现，城市化进程并没有造成城郊降水出现空间差异。

2. 降水影响要素的研究进展

1）环流作用对降水影响的研究进展

大气环流是实现大气-地球系统能量（如热量、动量等）和物质（如水分）的输送和平衡，以及完成能量间的相互转换的重要机制，在气候形成中具有重要作用。目前，已有众多学者基于模型、统计学等多种手段与方法进行模拟与诊断，探讨环流作用对降水的影响。伯忠凯等（2017）利用站点实测降水数据、美国国家海洋和大气管理局（NOAA）的 CMAP 降水资料以及 NCEP/NCAR 大气再分析资料，应用 1978 ~ 2008 年全球逐月观测海表温度驱动 NCAR CAM5.1 全球大气环流模式进行数值模拟，探讨了华南夏季降水的年代际变化特征及其与南亚高压的关系；浦建（2014）基于拉格朗日方法的气流轨迹模式和气块追踪法反映了不同气候态水汽输送特征和水汽输送贡献的年代际变化特征；朱志伟等（2013）通过多变量联合经验正交函数分解方法揭示了降水年代际变化与环流要素变异之间的可能联系与机理；Guo 和 Zhang（2005）、张庆云和郭恒（2014）采用 CCMS 模拟、物理量诊断和现代统计学等方法揭示了多个环流因子对降水的影响；等等。

综合目前多数研究成果，可以发现降水变化主要受环流作用的影响，且不同区域因高低纬度位置、海陆相对位置和海拔等要素的差异，其主要环流因子会有所不同。王艳姣和闫峰（2014）发现我国东部降水主要受东亚夏季风的影响，西北部主要受阿拉伯海和里海水汽输送的影响，东北部主要受季风和西北太平洋水汽输送的影响，西南部主要受东亚季风和副热带高压等因素的影响。Jones（2000）指出加利福尼亚极端降水事件与热带季节内振荡（MJO）密切相关；Cavazos（1999）认为巴尔干半岛冬季极端降水主要受阿留申低压、北太平洋高压、太平洋-北美型和厄尔尼诺-南方涛动（ENSO）的影响。此外，同一地区不同时间尺度的降水与不同环流因子关系密切。黄翀等（2016）研究珠江流域年降水、季节降水与环流因子之间的遥相关关系，发现珠江流域不同时间尺度降水与同一环流因子的相关关系不一致，如春季、夏季降水与ENSO分别呈现负相关、正相关关系；不同时间尺度降水的环流主要影响因子也不一致，如秋季、冬季降水分别主要与ENSO和印度洋偶极子（IOD）、ENSO和北大西洋涛动（NAO）关系密切。王月等（2016）指出淮河流域夏季降水主要受太平洋10年涛动（PDO）和IOD影响；叶正伟等（2013）发现淮河流域汛期降水与ENSO冷、暖位相的遥相关关系密切。

2）城市化建设对降水影响的研究进展

城市化建设过程中，城区大量自然植被和湖泊被硬化陆面、人为建筑所代替，导致城区热力学、动力学特性以及大气成分等降水条件产生较大变化。吴风波和汤剑平（2015）利用城建土地和灌溉农田两种下垫面类型进行敏感性试验，结果表明城区城建结构与建筑群吸收和存储大量太阳短波辐射以及人为热源释放的热能，造成城区气温升高。段春峰和缪启龙（2010）利用站点风速器测数据和中尺度气象模式，进行数值模拟实验，发现城区中心风速受城市化影响最大，风速减小程度最为显著，且风速减弱的影响范围随着城市化的推进与扩张而增大。张西雅和扈海波（2017）分析气溶胶光学厚度的时空分布和变化特征，指出城市化发展水平和人类活动对气溶胶分布的影响明显。

城市化建设对降水影响的研究进展主要集中在两个方面。一方面，部分学者探讨热岛效应、下垫面和气溶胶等单一要素对降水的影响。Rozoff等（2003）耦合区域大气模型（RAMS）和城市地表能量平衡模型（TEB）进行单场降水敏感性试验，研究城市热岛对深湿对流的影响；张兰等（2015）基于气溶胶–云–化学WRF-Chem数值模式和Lin双参数云微物理方案，对比分析无污染物排放源和有污染物排放源背景下云微物理结构和转换过程。另一方面，部分学者模拟城市化对降水的综合影响，采用开展有无城市或者不同城市发展情景下的对照试验。Zhang C L等（2009）通过设计不同下垫面情景分析城市扩张对强降水的影响；美国城市气象综合观测实验（METROMEX）探究城市热岛和下垫面粗糙度等因素对降水的影响；张珊等（2015）利用耦合单层城市冠层模块的中尺度数值模式，通过研究感热通量、边界层水汽混合程度和对流有效位能的变化情况探讨由城市化引起的地表特征改变对降水的影响。与城郊降水特征对比结果相类似，热岛效应、下垫面和气溶胶等要素对降水的影响同样存在不确定性。Wang等（2015a）认为城市化对降水的影响与城市化发展阶段关系密切，城市化早期，热岛效应可能诱发降水，随着城市扩张，城市下垫面可能导致水分供应减少而对降水产生抑制作用；Farias等（2014）、陈卫东等（2015）指出气溶胶浓度对降水的影响并非是简单的促进或抑制关系。

1.2.2 蒸发过程

蒸散发作为陆面水文循环中的一个重要组成部分，是区域水量平衡的关键环节，同时作为地表能量平衡的重要支出项，蒸散发是水文循环过程中最受气候变化影响的一项。准确测量或估计蒸散发量，分析研究蒸散发的时空演变规律及其气候敏感性，已经成为农业、水文、气象、土壤等学科的重点研究内容，对于研究全球气候变化下水资源安全评价具有重要的意义，同时对于农作物精准管理、旱情监测预测以及水资源有效开发利用具有极其重要的应用价值（赵玲玲等，2016；赵文智等，2011）。

对于蒸发而言，国内外研究学者主要围绕实际蒸发量与潜在蒸发量两块展开分析与研究。实际蒸发量是指水分在一段时间内经蒸发作用蒸散到空气中的量。由于通过实验仪器测定实际蒸散发量非常困难，同时受限于实际蒸散发观测资料的缺乏，实际应用中常常采用其与潜在蒸散发量的关系来估算实际蒸散发量。潜在蒸发量又称参考作物蒸散发量，是一种假想参照作物冠层的蒸散发速率，非常类似于表面开阔、高度一致、生长旺盛、完全遮盖地面而不缺水的绿色草地的蒸发蒸腾量。潜在蒸发量是实际蒸发量的理论上限，是表征大气蒸发能力的指标，是评价气候干旱程度变化和作物耗水的最重要指标之一，也是评估植被重建与变化环境对区域水文要素影响的主要指标。

1. 蒸散发量的估计方法

根据蒸散发估算机理的差异，目前常用的潜在蒸散发量估计方法大致可以分为五种：综合法、温度法、辐射法、水量平衡法和质量传导法。在五种蒸散发估计方法中，由联合国粮食及农业组织（FAO）推荐的标准化的Penman-Monteith（PM）综合方法是目前应用最为广泛的方法，其基于大量的实验及蒸渗仪的实测数据，综合考虑了能量平衡和水汽扩散理论，既考虑了作物的生理特性，又涉及了空气动力学参数的变化，因此具有较强的理论性和计算精度，通常将其作为其他蒸散发估计方法所用模型的验证标准。然而，PM法同样有其缺点，如其计算所需的气象数据较多，同时受作物高度、地表覆盖度、叶面积指数和土壤含水量等多种因素的影响，计算较为复杂，因此，该方法在缺乏资料的地区的推广应用受到很大的限制。

其他四种蒸散发估计方法中，较为常用的是基于温度和基于辐射的估计方法，这两者基于较为单一的气象要素，计算所需的气象数据较少，计算也较为简便，因此在观测资料匮乏的区域得到广泛应用。基于温度法的蒸散发估计模型较多（如Thornthwaite、Blaney-Criddle和Hargreaves模型等），不同模型计算精度也存在一定的差异。Xu和Singh（2001）采用温度法基于加拿大两个气象站点的数据进行对比研究，发现Blaney-Criddle模型对蒸散发的估计效果要优于Thornthwaite模型和Hamon模型，同时各估计模型均存在不同程度的低估。Valipour和Eslamian（2014）采用11种不同的温度模型对蒸散发进行模拟，并将结果与PM法的结果做对比，发现改进的Hargreaves-Samani模型相对于其他模型能够很好地估计伊朗不同省份的蒸散发量。国内对于温度模型的研究还比较少，杨永刚等（2018）采用8种温度模型对中国三个典型灌区蒸散发量进行模拟，发现不同温度模型在不同灌区具有不同的适用性。张晓琳等（2012）采用PM法和4种温度法对汉江流域蒸散发量进行对比分析，发现经过参数修正后，温度法计算结果可以较为真实地反映实际蒸散发情况，相比于其他温度模型，Hargreaves模型与PM法的结果的相关性最好。

辐射法以能量平衡原理为基础，基于辐射等少量资料对蒸散发进行估计。常用的辐射模型有Turc、Priestley-Taylor和FAO-24等。由于纬度条件、地形地貌条件的不同，地面接收到的辐射量差异较大，基于辐射法的蒸散发估计一般需要进行参数校正，以防止产生较大的误差。赵捷等（2013）采用FAO-56 PM模型和其他6种基于辐射的估计模型对黑河流域蒸散发量进行估算，发现经过参数校正，Makkink模型具有最高的估计精度。Xu和Singh（2000）采用瑞士Changins气象站的蒸发皿数据对5种辐射模型进行比较，发现改进的Makkink和Priestley-Taylor模型在估算月蒸散量时与蒸发皿蒸发量最为接近。Samaras等（2014）分析了18种基于辐射法的蒸散发模型，并用FAO-56 PM模型进行校正，发现所有辐射模型都具有较好的适用性，其中Abtew模型在模拟不同地中海气候区蒸散发量上明显优于其他辐射模型。

截至目前，在全世界范围内已经提出了50多种蒸散发估算模型，但这些模型大多针对不同气候区，具有较强地域性。因此，不同蒸散发模型在同一地区的估计结果差异较大，同一模型在不同地区的适用性也不尽相同。在蒸散发估计的实际应用中，要结合当地的水文气候、地形地貌等条件，选择合适的蒸散发模型，同时结合实际情况对蒸散发模型中的经验参数进行合理修正，并与实测数据或其他模型运行结果进行互补验证，使其在蒸散发计算中获得更好的适用效果。

2. 蒸散发时空演变特征

关于全球蒸发量的研究越来越引起国内外学者的广泛关注。目前全球许多地区的研究都发现蒸发皿蒸发量在近些年来呈现下降趋势。Donohue等（2010）研究澳大利亚蒸散发量的变化及其驱动因子，发现澳大利亚绝大多数地区蒸散发量普遍呈现下降趋势；Roderick等（2007）同样发现澳大利亚地区在1975～2004年蒸发皿蒸发量呈现下降趋势；Jhajharia等（2012）在研究印度东北部潜在蒸发量变化中发现，近些年来蒸散发量呈现下降趋势；Irmak等（2012）研究美国中西部内布拉斯加州潜在蒸散发量在过去116年的变化趋势，发现尽管气温呈现显著上升趋势，蒸散发量反而表现为明显的下降趋势；此外，Vicente-Serrano等（2015）研究西班牙46个气象站点在1961～2011年潜在蒸散发的变化情况，发现绝大多数站点潜在蒸散发呈现显著的下降趋势；然而，部分地区蒸发量在近几十年来呈现增长趋势。Onyutha（2016）发现尼罗河沿岸大多数国家潜在蒸散发在1930～2012年呈现上升趋势，特别是在20世纪80年代到21世纪初；Tabari等（2011）发现参考作物蒸发量在伊朗西半部70%的站点均呈现上升趋势；Cohen等（2002）研究表明，在1964～1998年以色列贝达甘地区的实测实际蒸发量呈现上升趋势。

在我国关于蒸发的研究中，各地区蒸发量变化趋势存在明显的差异。Wang等（2017）利用彭曼公式对中国各地区1961～2013年的潜在蒸发量进行研究，结果发现全国范围内年潜在蒸发量及四季蒸发量基本呈现下降趋势，同时不同地区变化趋势存在较大差异。Zhang等（2011a）研究发现，就各地理区域而言，除了长江和黄河流域上游及西南地区潜在蒸发量出现较为显著的增长趋势外，西北地区及东南地区呈现大幅度下降趋势。同样，Ge等（2006）研究中国各大流域潜在蒸发量，发现在1956～

2000年，除了松花江流域外，全国大部分流域年际潜在蒸发量与季节性潜在蒸发量均呈现下降趋势。此外，Wang等（2007）、Xu等（2006）计算了长江流域在1961~2000年各站点的参考作物蒸发量和实际蒸发量，结果发现长江流域年蒸发皿蒸发量、年参考作物蒸发量和年实际蒸发量在1961~2000年均显著减少。Liu等（2010）、Yang等（2011）在研究黄河流域时发现，流域上中游地区参考蒸发量呈现上升趋势而下游区域呈现下降趋势。Tang等（2011）研究表明华北地区的海河流域在1950~2007年潜在蒸发量呈现下降趋势。Zhang等（2011a）研究我国黄河、珠江流域时发现参考作物蒸发量在珠江流域大部分地区呈现下降趋势，而在黄河流域部分地区呈现上升趋势。Chen等（2006）、Zhang等（2007）研究发现青藏高原地区的潜在蒸发量在全年及四季均有所下降。

纵观已有的关于蒸散发时空演变特征研究，我们发现大多数都是由较小的时空尺度推广到较大的时空尺度，因为这些研究常用的估计方法都是在假设下垫面均匀、观测站点数据可代表一定区域气象条件的基础上进行的（徐凯等，2013）。而事实上，潜在蒸散发量是一个受区域气候、土壤类型、土壤含水量以及植被覆盖类型等多种复杂因素控制的综合性过程，通常存在于较大的时空尺度范围内。因此，通过对计算数据进行插值或用其他统计学方法对区域蒸散发量进行估计，难以反映气象变化以及下垫面条件等多种因素的空间异质性而导致的潜在蒸散发在空间上的差异（徐凯等，2013）。随着遥感技术的发展，大时空尺度潜在蒸散发的精确估计成为可能。遥感技术因其可获得大面积的地表辐射和温度状况，可反演多时相、多角度下垫面特征信息等特点，被普遍认为是大时空尺度蒸散发估计最有前途、也是最行之有效的工具（鱼腾飞等，2011）。钟昊哲等（2018）基于Penman-Monteith-Leuning遥感模型对西南喀斯特地区蒸散发进行估计，发现蒸散发模拟值与实测值有较好的一致性，并与植被生长季物候特征一致；董晴晴等（2016）基于遥感蒸散发产品对渭河流域蒸散发进行研究，发现2000~2013年渭河流域蒸散发呈现缓慢增加趋势，年际波动较大，并呈北低南高的趋势。由此可见，结合遥感技术对潜在蒸散发进行估计，将会是未来蒸散发研究当中的一个热门。

3. 蒸散发影响要素研究进展

尽管全球气候变暖已经成为不争的事实，但世界上大多数国家和地区实测的蒸散发量或者模型计算的潜在蒸散发均呈现下降趋势，也就是所谓的“蒸发悖论”现象（Roderick et al.，2007；Brutsaert and Parlange，1998）。这表明，蒸发量的变化不仅仅只受气温变化的影响，而是同时受到其他气象因子的作用，不同因子对蒸散发的共同作用导致蒸散发量发生改变。蒸散发估算中不同模型常常涉及不同的气象因子作为输入条件，因此研究不同气象因子对于蒸散发量变化的贡献情况，有助于更好地了解蒸散发量对于区域气候变化的响应。已有关于蒸散发量驱动因子的研究普遍采用基于估算模型的归因分析（Li et al.，2015；Wang et al.，2016）、敏感系数法（Donohue et al.，2010；Fan et al.，2016；Liu et al.，2016）、多元回归（Wang et al.，2017）、相关分析和偏相关分析（曹红霞等，2007；佟玲等，2004），以及主成分分析（杨永红和张展羽，

2009）等统计学方法对不同气象因子的贡献率进行定性和定量衡量。

已有关于潜在蒸散发驱动因子的研究具有较为明显的区域异质性。Donohue 等（2010）发现尽管气温的升高有利于蒸散发量的提高，但其他气象因子的变化普遍造成蒸散发量的降低，从而导致蒸散发量在整个澳大利亚呈现下降趋势；Zhang 等（2011a）发现快速城市化发展带来的净太阳辐射量的减少，是造成中国东部地区蒸散发量减少最主要的驱动因子，而在中国的西北地区，相对湿度对蒸散发量的影响最大；Xing 等（2016）采用通径分析对潜在蒸散发的影响因子进行研究，发现日照时数的减少是华南地区蒸发量减少的主导因子，其次分别为最小温度、平均温度和相对湿度；Wang 等（2015b）对中国三江源地区蒸发量进行研究，发现日照时数的显著下降是蒸散发量减少的主要原因，同时蒸散发量变化对于气候变化的敏感性在高海拔地区要比低海拔地区更加明显；中国西南地区蒸散发量变化的研究表明，蒸散发量变化率在该地区对于风速的变化最为敏感，其次为气温和相对湿度（Liu et al.，2016）。

除了气象变化外，人类活动同样对蒸散发量的变化造成较大影响，主要体现在土地利用变化上。例如，Shan 等（2015）指出风速的降低对京津地区蒸发量减小最为显著，而风速的降低很大程度上是由该地区植树造林活动造成的；Zhang 等（2011b）发现净太阳辐射量的减少是中国东部蒸散发量减少的主要原因，而净太阳辐射量的减少主要是快速城市化发展导致的；Rim（2009）研究韩国各地区潜在蒸散发量的变化，发现其变化率与城市化水平呈显著正相关，城市化带来的热岛效应和干岛效应导致温度偏高而相对湿度偏低，从而蒸散发量增多；韩松俊等（2009）分析了黑河干流上中下游蒸散发量的变化，发现上游受人类活动影响较小，蒸散发量表现为微弱上升趋势，中下游由于人类活动的影响，风速和相对湿度显著变化，从而中下游蒸散发下降显著。

在气候变化和人类活动的影响下，蒸散发量在不同区域发生了显著的变化。综合已有蒸散发时空演变特征和驱动要素的分析可以看出，国内外学者在不同时间和空间尺度做了大量研究。这些研究大多数是从气象因子变化的角度，对蒸散发变化进行解释，关于蒸散发变化更加深层次的驱动要素的分析较少。事实上，区域气象因子的变异可以归结于大气环流的动态变化（Klink，2007；Kenawy et al.，2012），因此大气环流的变化必然会引起蒸散发的变化。通过建立蒸散发量与大气环流的关系，可以更好地了解变化环境下蒸散发量的演变规律。

1.2.3　径流过程

1. 径流过程变异评价指标体系

关于水文变异的研究常常会选取年径流量、月平均流量以及年极值等指标作为表征河流水文变异的特征值。Poff 等（1997）指出，水文情势应包含量级、频率、历时、发生时间和变化率 5 个要素。为了全面地评价河流的水文变异，国内外学者建立了多个不同的水文指标体系。

Richter 等（1996）建立了一套包含月平均流量、年极值流量、年极值发生的时间、高（低）脉冲次数和历时、变化率和逆转次数五组共 33 个具有生态意义的水文变异指标体系（indicators of hydrologic alteration，IHA），并把这套指标体系用于评价美国北卡罗来纳州罗阿诺克河的水文变异。Growns 和 Marsh（2000）建立了一套包含333个指标的指标体系表征澳大利亚东南部107个水文站20年的径流数据，该体系分为长期指标、高流量指标、低流量指标、滑动平均指标、断流指标、流量上升和下降相关指标、月平均指标七组。Puckridge 等（1998）选取了23个水文指标对全球52条河流的径流数据进行分析，识别了有助于河流分类且与鱼类生物学相关的11个指标。Clausen 和 Biggs（1997）选取了描述一般流量、一般洪水、极值洪水以及枯水的34个水文指标表征新西兰83条河流的流量数据，并分析了这些水文指标与生物指标之间的相关性。Wood 等（2000）在英国肯特 Little Stour River 的研究当中，选取了48个水文指标研究流量变异对大型无脊椎动物的影响。由于研究者提出的水文指标太多，后续的一些研究尝试运用不同的方法对这些指标体系进行精简。例如，Gao 等（2009）运用主成分分析法剔除了 IHA 当中的冗余指标。Yang 等（2008）运用遗传算法计算出 IHA 和鱼类种群指标之间的数量关系，从而提取出最具有生态意义的 IHA。

国内也有很多学者结合不同流域的实际情况建立了有针对性的生态水文指标体系。张洪波等（2013）用皮尔逊相关分析法选取了专门针对黄河生态水文的50个水文指标。徐天宝等（2007）根据长江葛洲坝河段的具体情况，从 Growns 和 Marsh（2000）提出的指标体系当中选取了50个水文指标，评价了葛洲坝对河流水文情势的影响。张志斌（2015）建立了一套包含基流量指标、暴雨径流指标和断流指标三个方面的指标体系，评价了水库建设对太子河流域的影响。陈启慧等（2013）基于水电站日调峰特征，以坝下水流脉冲的频率、历时和大小等指标，评价了水电站对港口湾水库水位过程的影响。

纵观上述研究，大部分指标体系的重点在于其生态意义。水文变异评价指标体系的研究趋势应是建立既能反映当地河流的水文特征，又能反映水文变异对生态的影响的指标体系。

2. 径流过程变异检测方法

在气候变化和人类活动的影响下，下垫面条件发生了巨大的变化，流域产汇流机制亦会随之改变，从而导致径流序列失去一致性。非一致性时间序列是指存在趋势、突变或周期性的序列（熊立华等，2015）。水文序列的变异检测研究也围绕着这三个方面开展。

1）趋势检验方法

常用的趋势分析方法有 Mann-Kendall（MK）法、Spearman 秩次相关检验、滑动平均法、累计距平法、线性倾向估计法和游程检验法等。Oh 等（2006）运用了 MK 法、Spearman 秩次相关检验、线性回归检验等方法对水文和气象时间序列的趋势进行分析。Zhang 等（2010）通过改变序列的始端和末端时间，并把 MK 法重复地运用于序列的趋势检验，识别序列趋势变化的渐变或跃变特征。Sen（2012）分别对时间前后两个长度相等的序列从小到大排序，并把排序后的两个序列组成数据对点绘在平面直角坐标系上，根据点据落在过原点45°直线的上方或下方判断不同量级流量的趋势变化。Read等（2013）运用最小二乘法对湄公河流域年最大流量序列的均值和方差进行趋势分析。Heo等（2013）对比了MK法、Spearman秩次相关检验、Sen斜率估计法和Hotelling-Pabst检验四种非参数方法对不同类型时间序列趋势的检测性能。张跃华等（2011）运用了Kendall秩相关法和累计距平法对嘉陵江年径流量进行分析。宋萌勃和黄锦鑫（2007）运用累计距平法、线性倾向估计法、滑动T检验、游程检验法以及MK法对陆水流域年平均流量进行趋势检验。张萍和徐栋（2009）选取MK法、滑动平均法、游程检验法和Spearman秩次相关检验四种方法对年径流序列进行分析。

2）突变检验方法

在突变点检验的研究当中，Raje（2014）运用了模糊贝叶斯方法对Mahanadi河的年极值流量、年平均流量和降雨序列进行突变检测，并与SNHT方法和秩和检验的结果进行对比。Kalra等（2014）运用秩和检验和学生T检验对美国639个测站的径流数据进行突变点检测。Rutkowska（2013）研究了Alexandersson检验对不同长度、跃变幅度和变差系数的序列的突变点识别性能，并把该方法运用到美国和波兰一些河流的年平均流量和年最大流量序列的突变点检测。Serinaldi等（2008）运用了两种非参数检验方法（Pettitt和CUSUM）、一种半参数方法（Guan）以及两种参数方法（Rodionov和Bayesian）对美国36个水文站的年最大流量序列进行突变点检测。Ehsanzadeh等（2011）运用一种贝叶斯多变点识别方法对加拿大177个测站的冬季和夏季低流量序列进行突变点检测。Li等（2014）运用Pettitt检验、降雨-径流双累积曲线以及有序聚类分析法对若尔盖湿地的年径流序列进行突变检测。Li等（2013）运用滑动T检验识别洮儿河的径流、降雨和潜在蒸发序列的突变点。孙贵山（2010）运用MK法、R/S法和滑动T检验法对黄河兰州水文站的年径流和年极值序列进行突变点检测。李舒和吕志方（2015）将MK法和Pettitt法相结合对窟野河的年径流量进行突变点检验。陈广才和谢平（2006）提出了水文变异的滑动F检验法，并把该法运用于潮白河水资源分区年径流量序列的突变分析。张一驰等（2005）建立了基于Brown-Forsythe的变异点识别方法并对新疆开都河大山口站的年径流序列进行变异点识别。汪丽娜等（2009）建立了启发式分割数学模型，并用于宁江合水水库月径流序列的突变点分析。张少文等（2005）把小波变换和李氏指数分析运用到黄河青铜峡站的年径流序列突变点检测。熊立华等（2003）建立了突变点检测的贝叶斯数学模型，并运用于宜昌站年径流序列。于延胜和陈兴伟（2009）以闽江竹岐站年径流序列为例，先运用差积曲线进行变异点初步识别，再以秩检验法进行精确识别。雷红富等（2007）用统计实验的方法对10种变异点检验方法的性能进行了比较。

3）周期检验方法

在周期分析的研究当中，Franklin等（2003）运用变异估计对密西西比河河道变化前后的水文周期进行分析。Padmanabhan（1991）运用非谐波频谱分析法对水文和气象时间序列进行周期性分析，并与传统的BT（Blackman and Tukey）频谱分析法、快速傅里叶变换、最大熵法和自回归积分滑动平均法的结果进行对比。Jaejoon 等（2010）运用小波分析法对韩国 63 个气象站的水文气象数据进行周期分析。邓雪原（2010）利用频谱分析法对东江流域博罗站年径流序列进行周期分析。王振龙等（2011）运用小波分析方法系统对淮河干流径流量的周期性进行分析。肖志国（2006）运用简单分波法、傅里叶分析法以及最大熵法分析了来自不同地区的水文序列的周期性，并对比了三种方法的结果。

虽然研究者提出了很多趋势、突变以及周期检验方法，但是在大部分研究当中仍然以一些经典方法为主。例如，突变点检测最广泛使用的方法是 MK 法。今后变异检测方法研究的其中一个重点应是对现有方法进行归纳和改进以进一步提高检测的精准度。

1.3　研究内容

本书针对珠三角河网区湿润气候、河网纵横、人类活动剧烈、海平面上升显著的特点，充分利用现有研究基础，采用多交叉学科理论与方法，系统识别变化环境对该地区水文、水动力过程演变的驱动效应与机理，为珠三角河网区防洪、供水与压咸调度提供关键技术指标，为促进河口地区水资源可持续利用提供科学基础。研究内容主要包括以下几方面。

（1）运用水文学、统计学、生态学、地理信息系统（GIS）等多交叉学科方法，选取区域下垫面变化显著的珠三角河网区典型区域流溪河流域、佛山中心组团以及三角洲河道，研究快速城市化等剧烈人类活动对流域土地利用变化与河网水系变化的影响，以及河道挖沙对河网区河道地形演变的影响。

（2）以广州市为研究典型区域，利用 1984～2016 年逐小时降水资料、全球网格气象数据和土地利用数据集，综合考虑日降水和场次降水事件，从降水量、日数、强度和降水过程等多个角度分析区域降水时空演变规律，从环流和城市化建设角度探讨降水变化驱动机制。

（3）选用高要、石角、马口和三水多个水文站的长系列水文资料，运用水文全要素变异识别方法，分析三角洲河网区来水的年内分布、年际变化趋势和变异情况；基于时变矩（time varying moment，TVM）方法，重构三角洲河网区主要水文要素特征值与极值，研究变化环境下水位-流量关系曲线变化特征。

（4）基于洪水强度和洪水形态要素，构建洪水全过程变异诊断指标体系，识别气候变化与水利工程建设对洪水过程变异的影响；基于聚类分析方法，将三角洲河网区洪水过程划分为高强度平坦型洪水、高强度尖峭型洪水、中强度尖峭型洪水、低强度平坦型洪水和低强度尖峭型洪水五种类型洪水。

（5）运用 Copula 函数方法，分析三角洲河网区洪枯水遭遇基本规律；基于 TVM 方法的非一致性水文频率分析，讨论三角洲河网区主要控制断面流量、水位等水文要素设计值与极值变化特征。

参 考 文 献

伯忠凯，曾刚，武英娇，等. 2017. 华南夏季降水 20 世纪 90 年代初的年代际变化及其与南亚高压关系. 山东气象，37(2)：65-73.
曹红霞，粟晓玲，康绍忠，等. 2007. 陕西关中地区参考作物蒸发蒸腾量变化及原因. 农业工程学报，23(11)：8-16.
陈广才，谢平. 2006. 水文变异的滑动 F 识别与检验方法. 水文，26(2)：57-60.
陈姣，张耀存. 2016. 气候变化背景下陆地极端降水和温度变化区域差异. 高原气象，4：955-968.
陈启慧，陈芸芸，颜衍，等. 2013. 水电站日调节对河流生境条件影响的生态水文评价方法研究. 水利水电技术，44(9)：35-38.
陈卫东，付丹红，苗世光，等. 2015. 北京及周边城市气溶胶污染对城市降水的影响. 科学通报，22：2124-2135.
邓雪原. 2010. 东江流域水文时间序列的周期分析. 广东水利水电，3：37-38.
董晴晴，占车生，王会肖，等. 2016. 2000 年以来的渭河流域实际蒸散发时空格局分析. 干旱区地理，39(2)：327-335.
董旭光，顾伟宗，曹洁，等. 2017. 山东省汛期小时极端强降水分布和变化特征. 气象，08：953-961.
段春锋，缪启龙. 2010. 城市化扩张影响风场的数值模拟——以南京为例. 中国北京：第 27 届中国气象学会年会：城市气象，让生活更美好分会场.
韩松俊，刘群昌，杨书君. 2009. 黑河流域上中下游潜在蒸散发变化及其影响因素的差异. 武汉大学学报(工学版)，06：734-737.
黄翀，张强，肖名忠. 2016. ENSO、NAO、IOD 和 PDO 对珠江流域降水的影响研究. 中山大学学报(自然科学版)，02：134-142.
江志红，李杨. 2014. 中国东部不同区域城市化对降水变化影响的对比研究. 热带气象学报，04：601-611.
雷红富，谢平，陈广才，等. 2007. 水文序列变异点检验方法的性能比较分析. 水电能源科学，25(4)：36-40.
黎伟标，杜尧东，王国栋，等. 2009. 基于卫星探测资料的珠江三角洲城市群对降水影响的观测研究. 大气科学，(06)：1259-1266.
李深林，陈晓宏，赖成光，等. 2016. 珠江口地区近 30 年降雨变化趋势及其与气溶胶的关系. 水文，04：31-36，84.
李舒，吕志方. 2015. 窟野河径流突变点分析. 人民黄河，1：27-29.
陆虹，陈思蓉，郭媛，等. 2012. 近 50 年华南地区极端强降水频次的时空变化特征. 热带气象学报，2(28)：219-227.
陆文秀，刘丙军，陈俊凡，等. 2014. 近 50a 来珠江流域降水变化趋势分析. 自然资源学报，01(29)：80-90.
彭莉莉，罗伯良，孙佳庆. 2015. 长株潭城市化进程中极端降水变化特征. 暴雨灾害，02：191-196.
浦建. 2014. 中国东部雨季水汽输送源地的年代际变化. 南京信息工程大学硕士学位论文.
任国玉，任玉玉，战云健，等. 2015. 中国大陆降水时空变异规律——II. 现代变化趋势. 水科学进展，04(26)：451-465.
宋萌勃，黄锦鑫. 2007. 水文时间序列趋势分析方法初探. 长江工程职业技术学院学报，4：35-37.
孙贵山. 2010. 水文序列突变点识别方法研究. 中国水力发电工程学会水文泥沙专业委员会学术讨

论会.
佟玲，康绍忠，粟晓玲．2004．石羊河流域气候变化对参考作物蒸发蒸腾量的影响．农业工程学报，20(2)：15-18.
汪丽娜，陈晓宏，李粤安，等．2009．水文时间序列突变点分析的启发式分割方法．人民长江，40(9)：15-17.
王娟．2011．西安城市化气候效应研究．陕西师范大学硕士学位论文.
王艳姣，闫峰．2014．1960-2010 年中国降水区域分异及年代际变化特征．地理科学进展，10：1354-1363.
王月，张强，顾西辉，等．2016．淮河流域夏季降水异常与若干气候因子的关系．应用气象学报，01：67-74.
王振龙，陈玺，郝振纯，等．2011．淮河干流径流量长期变化趋势及周期分析．水文，31(6)：79-85.
吴风波，汤剑平．2015．城市化对长江三角洲地区夏季降水、气温的影响．热带气象学报，02：255-263.
伍红雨，李春梅，刘蔚琴．2017．1961—2014 年广东小时强降水的变化特征．气象，3(43)：305-314.
肖志国．2006．几种水文时间序列周期分析方法的比较研究．河海大学硕士学位论文.
熊立华，周芬，肖义，等．2003．水文时间序列变点分析的贝叶斯方法．水电能源科学，4：39-41.
熊立华，江聪，杜涛，等．2015．变化环境下非一致性水文频率分析研究综述．水资源研究，4：310-319.
徐凯，陆垂裕，季海萍．2013．作物蒸发腾发量计算研究综述．人民黄河，35(4)：61-65.
徐天宝，彭静，李翀．2007．葛洲坝水利工程对长江中游生态水文特征的影响．长江流域资源与环境，16(1)：72-75.
杨永刚，崔宁博，胡笑涛，等．2018．中国三大灌区参考作物蒸散量温度法模型的修订与适应性评价．中国农业气象，39(6)：357-369.
杨永红，张展羽．2009．改进 Hargreaves 方法计算拉萨参考作物蒸发蒸腾量．水科学进展，20(5)：614-618.
叶正伟，许有鹏，潘光波．2013．江淮下游汛期降水与 ENSO 冷暖事件的关系——以里下河腹部地区为例．地理研究，10：1824-1832.
殷水清，高歌，李维京，等．2012．1961 ~ 2004 年海河流域夏季逐时降水变化趋势．中国科学：地球科学，02：256-266.
于延胜，陈兴伟．2009．水文序列变异的差积曲线-秩检验联合识别法在闽江流域的应用——以竹岐站年径流序列为例．资源科学，31(10)：1717-1721.
鱼腾飞，冯起，司建华，等．2011．遥感结合地面观测估算陆地生态系统蒸散发研究综述．地球科学进展，26(12)：1260-1268.
张洪波，黄强，彭少明，等．2013．黄河生态水文评估指标体系构建及案例研究．陕西省水力发电工程学会第一届青年优秀科技论文集．中国电力工程学会.
张兰，张宇飞，林文实，等．2015．空气污染对珠江三角洲一次大暴雨影响的数值模拟．热带气象学报，02：264-272.
张萍，徐栋．2009．水文时间序列趋势分析方法及应用．北京：中国科技论文在线．http://www.paper.edu.cn/releasepaper/content/200910-470.
张庆云，郭恒．2014．夏季长江淮河流域异常降水事件环流差异及机理研究．大气科学，04：

656-669.
张珊，黄刚，王君，等. 2015. 城市地表特征对京津冀地区夏季降水的影响研究. 大气科学，05：911-925.
张少文，张学成，王玲，等. 2005. 黄河天然年径流长期突变特征的小波与李氏指数分析. 水文，25(5)：16-18.
张西雅，扈海波. 2017. 京津冀地区气溶胶时空分布及与城市化关系的研究. 大气科学，04：797-810.
张晓琳，熊立华，林琳，等. 2012. 五种潜在蒸散发公式在汉江流域的应用. 干旱区地理，02：229-237.
张一驰，周成虎，李宝林. 2005. 基于Brown-Forsythe检验的水文序列变异点识别. 地理研究，24(5)：741-748.
张跃华，徐刚，张忠训，等. 2011. 嘉陵江年径流量时间序列趋势分析. 重庆师范大学学报(自然科学版)，28(5)：33-36.
张志斌. 2015. 太子河流域大型水库建设对生态水文指标的影响. 陕西水利，4：147-148.
赵捷，徐宗学，左德鹏. 2013. 黑河流域潜在蒸散发量时空变化特征分析. 北京师范大学学报(自然科学版)，Z1：164-169.
赵玲玲，刘昌明，吴潇潇，等. 2016. 水文循环模拟中下垫面参数化方法综述. 地理学报，07：1091-1104.
赵娜，刘树华，虞海燕. 2011. 近48年城市化发展对北京区域气候的影响分析. 大气科学，02：373-385.
赵文智，吉喜斌，刘鹄. 2011. 蒸散发观测研究进展及绿洲蒸散研究展望. 干旱区研究，03：463-470.
赵一飞，邹欣庆，许鑫，等. 2014. 珠江流域极端降水事件及其与大气环流之间的关系. 生态学杂志，09：2528-2537.
郑腾飞，刘显通，万齐林，等. 2017. 近50年广东省分级降水的时空分布特征及其变化趋势的研究. 热带气象学报，02：212-220.
郑玉萍，李景林，赵书琴，等. 2011. 乌鲁木齐近48a城市化进程对降水的影响. 干旱区地理，03：442-448.
钟昊哲，徐宪立，张荣飞，等. 2018. 基于Penman-Monteith-Leuning遥感模型的西南喀斯特区域蒸散发估算. 应用生态学报，29(05)：247-255.
朱志伟，何金海，钟珊珊，等. 2013. 春夏东亚大气环流年代际转折的影响及其可能机理. 气象学报，03：440-451.
Aguilar E，Aziz-Barry A A，Brunet A，et al. 2009. Changes in temperature and precipitation extremes in western central Africa，Guinea Conakry and Zimbabwe，1955-2006. Journal of Geophysical Research：Atmospheres，D02115(114).
Barros V R，Doyle M E，Camilloni I A. 2008. Precipitation trends in southeastern South America relationship with ENSO phases and with low-level circulation. Theoretical and Applied Climatology，1-2(93)：19-33.
Brutsaert W，Parlange M B. 1998. Hydrologic cycle explains the evaporation paradox. Nature，396(6706)：30.
Busuioc A，Chen D，Hellstrom C. 2010. Temporal and spatial variability of precipitation in Sweden and its link with the large-scale atmospheric circulation. Tellus Series A-dynamic Meteorology and Oceanography，53(3)：348-367

Cavazos T. 1999. Large-Scale circulation anomalies conducive to extreme precipitation events and derivation of daily rainfall in northeastern Mexico and southeastern Texas. Journal of Climate, 12(5): 1506-1523.

Chen H S. 1978. A storm surge model study- volume II: A finite element storm surge analysis and its application to a Bay-Ocean System. Special Reports No. 189. Virginia Institute of Marine Science, Gloucester Point, Virginia, 155 pp.

Chen S, Liu Y, Thomas A. 2006. Climatic change on the Tibetan Plateau: Potential evapotranspiration trends from 1961-2000. Climatic Changes, 76(3-4): 291-319.

Clausen B, Biggs B. 1997. Relationships between benthic biota and hydrological indices in New Zealand streams. Freshwater Biology, 38(2): 327-342.

Cohen S, Ianetz A, Stanhill G. 2002. Evaporative climate changes at Bet Dagan, Israel, 1964- 1998. Agricultural and Forest Meteorology, 111(2): 83-91.

Di Lorenzo E. 2015. Climate science: The future of coastal ocean upwelling. Nature, 518(7539): 310-311.

Donat M G, Lowry A L, Alexander L V, et al. 2017. More extreme precipitation in the world's dry and wet regions. Natural Climate Change, 5(6): 154-158.

Donohue R J, McVicar T R, Roderick M L. 2010. Assessing the ability of potential evaporation formulations to capture the dynamics in evaporative demand within a changing climate. Journal of Hydrology, 386(1-4): 186-197.

Ehsanzadeh E, Ouarda T B M J, Saley H M. 2011. A simultaneous analysis of gradual and abrupt changes in Canadian low streamflows. Hydrological Processes, 25(5): 727-739.

Esteban-Parra M J, Rodrigo F S, Castro-Diez Y. 2015. Spatial and temporal patterns of precipitation in Spain for the period 1880-1992. International Journal of Climatology, 18(14): 1557-1574.

Fan J, Wu L, Zhang F, et al. 2016. Climate change effects on reference crop evapotranspiration across different climatic zones of China during 1956-2015. Journal of Hydrology, 542: 923-937.

Farias W R G, Pinto O, Pinto I R C A, et al. 2014. The influence of urban effect on lightning activity: Evidence of weekly cycle. Atmospheric Research, 135-136: 370-373.

Franklin S B, Wasklewicz T, Grubaugh J W, et al. 2003. Hydrologic stage periodicity of the Mississippi River before and after systematic channel modifications. Journal of the American Water Resources Association, 39(3): 637-648.

Frich P, Alexander L V, Della-Marta P, et al. 2002. Observed coherent changes in climatic extremes during the second half of the twentieth century. Climate Research, (19): 193-212.

Gao Y, Vogel R M, Kroll C N, et al. 2009. Development of representative indicators of hydrologic alteration. Academia Edu, 374(1-2): 136-147.

Ge G, Chen D, Ren G, et al. 2006. Spatial and temporal variations and controlling factors of potential evapotranspiration in China: 1956-2000. Journal of Geographical Sciences, 16(1): 3-12.

Gendey R T, Lick W. 1972. Wind-driven current in Lake Erie. Journal of Hydrology, 117(12): 2714-2723.

Growns J, Marsh N. 2000. Characterisation of flow in regulated and unregulated streams in eastern Australia. Cooperative Research Centre for Freshwater Ecology Technical Report.

Guo L L, Zhang Y C. 2005. Relationship between the simulated East Asian westerly jet biases and seasonal evolution of rainbelt over eastern China. Chinese Science Bulletin, 14(50): 1503-1508.

Heo J, Shin H, Kim T, et al. 2013. Comparison of nonparametric trend analysis according to the types of time series data. AGU Fall Meeting. AGU Fall Meeting Abstracts.

Irmak S, Kabenge I, Skaggs K E, et al. 2012. Trend and magnitude of changes in climate variables and reference evapotranspiration over 116-yr period in the Platte River Basin, central Nebraska-USA. Journal of Hydrology, 420(4): 228-244.

Jaejoon L, Jooyoung J, Changjae K. 2010. An analysis of temporal characteristic change for various hydrologic weather parameters (II)—on the variability, periodicity. Journal of Korea Water Resources Association, 43(5): 483-493.

Jhajharia D, Dinpashoh Y, Kahya E, et al. 2012. Trends in reference evapotranspiration in the humid region of northeast India. Hydrological Processes, 26(3): 421-435.

Jones C. 2000. Occurrence of extreme precipitation events in California and relationships with the Madden-Julian Oscillation. Journal of Climate, 13(20): 3576-3587.

Kalra A, Piechota T C, Davies R, et al. 2014. Changes in U. S. streamflow and western U. S. snowpack. Journal of Hydrologic Engineering, 13(3): 156-163.

Kenawy A E, López-Moreno J I, Vicente-Serrano S M. 2012. Trend and variability of surface air temperature in northeastern Spain(1920-2006): linkage to atmospheric circulation. Atmospheric Research, 106(3): 159-180.

Kirwan M L, Megonigal J P. 2013. Tidal wetland stability in the face of human impacts and sea-level rise. Nature, 504(7478): 53-60.

Klink K. 2007. Atmospheric circulation effects on wind speed variability at turbine height. Journal of Applied Meteorology and Climatology, 46(4): 445-456.

Li B, Su H, Chen F, et al. 2013. Separation of the impact of climate change and human activity on streamflow in the upper and middle reaches of the Taoer River, northeastern China. Theoretical and Applied Climatology, 118(1-2): 1-13.

Li B, Yu Z, Liang Z, et al. 2014. Effects of climate variations and human activities on runoff in the Zoige Alpine wetland in the eastern edge of the Tibetan Plateau. Journal of Hydrologic Engineering, 19(5): 1026-1035.

Li B, Chen F, Guo H. 2015. Regional complexity in trends of potential evapotranspiration and its driving factors in the Upper Mekong River Basin. Quaternary International, 380-381: 83-94.

Liu Q, Yang Z F, Cui B S, et al. 2010. The temporal trends of reference evapotranspiration and its sensitivity to key meteorological variables in the Yellow River Basin, China. Hydrological Processes, 24(15): 2171-2181.

Liu T, Li L, Lai J, et al. 2016. Reference evapotranspiration change and its sensitivity to climate variables in southwest China. Theoretical and Applied Climatology, 125(3-4): 499-508.

Lovelock C E, Cahoon D R, Friess D A, et al. 2015. The vulnerability of Indo-Pacific mangrove forests to sea-level rise. Nature, 526: 559-563.

Lupikasza E. 2010. Spatial and temporal variability of extreme precipitation in Poland in the period 1951-2006. International Journal of Climatology, 30(7): 991-1007.

Matsuyama H, Marengo J A, Obregon G O, et al. 2002. Spatial and temporal variabilities of rainfall in tropical South America as derived from climate precipitation center merged analysis of precipitation. International Journal of Climatology, 2(22): 175-195.

Milovanovic B, Schuster P, Radovanovic M, et al. 2017. Spatial and temporal variability of precipitation in Serbia for the period 1961-2010. Theoretical and Applied Climatology, 130(1-2): 687-700.

Minaei M, Irannezhad M. 2018. Spatio-temporal trend analysis of precipitation, temperature, and river discharge in the northeast of Iran in recent decades. Theoretical and Applied Climatology, 131(1-2):

167-179.

Oh J S, Kim H S, Seo B H, et al. 2006. Trend and shift analysis for hydrologic and climate series. Journal of The Korean Society of Civil Engineers, 26(4B): 355-362.

Onyutha C. 2016. Statistical analyses of potential evapotranspiration changes over the period 1930-2012 in the Nile River riparian countries. Agriculture and Forest Meteorology, 226-227: 80-95.

Padmanabhan G. 1991. Non-harmonic spectral analysis to investigate periodicity in hydrologic and climatologic time series. Theoretical and Applied Climatology, 43(1-2): 31-42.

Poff N L, Allan J D, Bain M B, et al. 1997. The natural flow regime. Bioscience, 47(2): 769-784.

Puckridge J T, Sheldon F, Walker K F, et al. 1998. Flow variability and the ecology of large rivers. Marine and Freshwater Research, 49(1): 55-72.

Raje D. 2014. Changepoint detection in hydrologic series of the Mahanadi River Basin using a fuzzy Bayesian approach. Journal of Hydrologic Engineering, 19(4): 687-698.

Rayleigh J W S. 1877. Theory of Sound, 1st edn revised. New York: Dover Publications Inc.

Read L, Vogel R, Lacombe G. 2013. Trends in Mean and Variability of Hydrologic Series Using Regression. Agu Fall Meeting. AGU Fall Meeting Abstracts.

Richter B D, Baumgartner J V, Powell J, et al. 1996. A method for assessing hydrologic alteration within ecosystems. Conservation Biology, 10(4): 1163-1174.

Rim C. 2009. The effects of urbanization, geographical and topographical conditions on reference evapotranspiration. Climatic Changes, 97(3-4): 483-514.

Roderick M L, Rotstayn L D, Farquhar G D, et al. 2007. On the attribution of changing pan evaporation. Geophysical Research Letter, 34(34): 251-270.

Rozoff C M, Cotton W R, Adegoke J O. 2003. Simulation of St. Louis, Missouri, land use impacts on thunderstorms. Journal of Applied Meteorology, 42(6): 716-738.

Rutkowska A. 2013. Skuteczność testu Alexanderssona w wykrywaniu skokowej zmiany w logarytmiczno-normalnym szeregu hydrologicznym. Infrastruktura i Ekologia Terenów Wiejskich, Nr(03): 219-232.

Samaras D A, Reif A, Theodoropoulos K. 2014. Evaluation of radiation- based reference evapotranspiration models under different mediterranean climates in central Greece. Water Resource Management, 28(1): 207-225.

Sen Z. 2012. Innovative trend analysis methodology. Journal of Hydrologic Engineering, 17(9): 1042-1046.

Serinaldi F, Villarini G, Smith J A, et al. 2008. Change-point and trend analysis on annual maximum discharge in continental United States. AGU Fall Meeting. AGU Fall Meeting Abstracts.

Shan N, Shi Z, Yang X, et al. 2015. Spatiotemporal trends of reference evapotranspiration and its driving factors in the Beijing-Tianjin Sand Source Control Project Region, China. Agricultural and Forest Meteorology, 200: 322-333.

Tabari H, Marofi S, Aeini A, et al. 2011. Trend analysis of reference evapotranspiration in the western half of Iran. Agricultural and Forest Meteorology, 151(2): 128-136.

Tang B, Tong L, Kang S, et al. 2011. Impacts of climate variability on reference evapotranspiration over 58 years in the Haihe river basin of north China. Agricultural Water Management, 98(10): 1660-1670.

Temmerman S, Meire P, Bouma T J, et al. 2013. Ecosystem-based coastal defense in the face of global change. Nature, 504(7478): 79-83.

Valipour M, Eslamian S. 2014. Analysis of potential evapotranspiration using 11 modified temperature-based models. International Journal of Hydrology Science & Technology, 4(3): 192.

Vicente-Serrano S M, Azorin-Molina C, Sanchez-Lorenzo A, et al. 2015. Sensitivity of reference evapotranspiration to changes in meteorological parameters in Spain (1961-2011). Water Resources Research, 50(11): 8458-8480.

Wang J, Feng J M, Yan Z W. 2015a. Potential sensitivity of warm season precipitation to urbanization extents: Modeling study in Beijing-Tianjin-Hebei urban agglomeration in China. Journal of Geophysical Research: Atmospheres, 120(18): 9408-9425.

Wang J, Wang Q, Zhao Y, et al. 2015b. Temporal and spatial characteristics of pan evaporation trends and their attribution to meteorological drivers in the Three-River Source Region, China. Journal of Geophysical Research: Atmospheres, 120(13): 6391-6408.

Wang Q, Wang J, Zhao Y. 2016. Reference evapotranspiration trends from 1980 to 2012 and their attribution to meteorological drivers in the Three-river Source Region, China. International Journal of Climatology, 36(11): 3759-3769.

Wang Y, Jiang T, Bothe O, et al. 2007. Changes of pan evaporation and reference evapotranspiration in the Yangtze River basin. Theoretical and Applied Climatology, 90(1-2): 13-23.

Wang Z, Xie P, Lai C, et al. 2017. Spatiotemporal variability of reference evapotranspiration and contributing climatic factors in China during 1961-2013. Journal of Hydrology, 544: 97-108.

Wood P J, Agnew M D, Petts G E. 2000. Flow variations and macroinvertebrate community responses in a small groundwater-dominated stream in south-east England. Hydrological Processes, 14(16-17): 3133-3147.

Xing X, Liu Y, Zhao W G, et al. 2016. Determination of dominant weather parameters on reference evapotranspiration by path analysis theory. Computers and Electronics in Agriculture, 120: 10-16.

Xu C Y, Singh V P. 2000. Evaluation and generalization of radiation-based methods for calculating evaporation. Hydrological Processes, 14(2): 339-349.

Xu C Y, Singh V P. 2001. Evaluation and generalization of temperature-based methods for calculating evaporation. Hydrological Processes, 15(2): 305-319.

Xu C Y, Gong L, Jiang T, et al. 2006. Analysis of spatial distribution and temporal trend of reference evapotranspiration and pan evaporation in Changjiang (Yangtze River) catchment. Journal of Hydrology, 327(1): 81-93.

Yang Y, Chen E, Cai X, et al. 2008. Identification of hydrologic indicators related to fish diversity and abundance: a data mining approach for fish community analysis. Water Resources Research, 44(4): 472-479.

Yang Z F, Liu Q, Cui B S. 2011. Spatial distribution and temporal variation of reference evapotranspiration during 1961-2006 in the Yellow River basin, China. International Association of Scientific Hydrology Bulletin, 56(6): 1015-1026.

Yao J Q, Chen Y N. 2015. Trend analysis of temperature and precipitation in the Syr Darya Basin in Central Asia. Theoretical and Applied Climatology, 3-4(120): 521-531.

Zhang C L, Chen F, Miao S G, et al. 2009. Impacts of urban expansion and future green planting on summer precipitation in the Beijing metropolitan area. Journal of Geophysical Research, 114: D02116.

Zhang Q, Xu C Y, Zhang Z, et al. 2009. Spatial and temporal variability of precipitation over China, 1951-2005. Theoretical and Applied Climatology, 95(1-2): 53-68

Zhang Q, Chen Y D, Ren L. 2011a. Comparison of evapotranspiration variations between the Yellow River and Pearl River basin, China. Stochastic Environmental Research and Risk Assessment, 25(2): 139-150.

Zhang Q, Xu C Y, Chen X. 2011b. Reference evapotranspiration changes in China: natural processes or human influences? Theoretical and Applied Climatology, 103(3-4): 479-488.

Zhang Y, Liu C, Tang Y, et al. 2007. Trends in pan evaporation and reference and actual evapotranspiration across the Tibetan Plateau. Journal of Geophysical Research Atmospheres, 112(D12): D12110.

Zhang Z, Dehoff A D, Pody R D. 2010. New approach to identify trend pattern of streamflows. Journal of Hydrologic Engineering, 15(3): 244-248.

Zhu Y L, Wang H J, Zhou W, et al. 2011. Recent changes in the summer precipitation pattern in East China and the background circulation. Climate Dynamics, 36(7-8): 1463-1473.

第2章　研究区基本概况

珠三角河网区位于广东省东部沿海，地处21°30′N～23°40′N，109°40′E～117°20′E，北回归线横贯北部。面积54676km^2，包括广州、深圳、珠海、佛山、惠州、东莞、中山、江门和肇庆9个地级市。该地区北接清远、韶关，东接河源、汕尾，西接阳江、云浮，南濒浩瀚的南海，并与香港、澳门相接。珠三角河网区大陆地势大体是北高南低，地形变化复杂，山地、丘陵、台地、谷地、盆地、平原相互交错，形成多种自然景观。

2.1　地形地貌

珠三角河网区属于华南准台地的一部分，地势总体上北高南低，地形复杂多样，形成山地、平原相互交错的自然景观。珠三角河网区以罗平山脉为西面和北面的界限，东侧罗浮山区是三角洲的东界，区域内以广大的河流冲积平原为主，由河流冲积物淤积而成，地势比较平坦。平原面积占全区总面积的66.7%，山地、丘陵、台地、盆地等的面积占20%左右，全区海拔超过500m山地面积只占3%，主要分布在肇庆、博罗、从化和惠州等三角洲北部边缘地带，最高点海拔1229m，包括鼎湖山、莲花山、罗浮山、西樵山等。

区内土壤类型主要有水稻土、赤红壤、红壤、黄壤、石灰土等，其中水稻土分布最为广泛，占全区总面积的95.5%。水稻土集中分布在中部平原地区，红壤、黄壤分布较为零散，主要分布在低山、丘陵、残丘地区，潮土集中在佛山、中山北部、广东西南部，盐渍沼泽土主要发育于沿海滩涂及红树林海岸。

2.2　河流水系

珠三角河网区河涌交错，水网相连。上游有西江、北江、东江等水系入境，按行洪流向，大致可分为西、北、东江下游系统，珠江干流、西北江两河和直接流入的河流，主要有潭江、高明河、流溪河、增江、沙河和深圳河等。珠三角河网区汇集东、西、北三江，由虎门、蕉门、洪奇门、横门（以上四门俗称东四门），以及磨刀门、鸡啼门、虎跳门、崖门（以上四门俗称西四门）八大口门入海，详见表2-1。

表2-1　主要河流情况

河流名称	河流级别	发源地	河口	集雨面积/km^2	河长/km	坡降/%
深圳河	1	宝安牛尾岭	深圳沙嘴	188/312	37	9.22

续表

河流名称	河流级别	发源地	河口	集雨面积/km^2	河长/km	坡降/%
茅洲河	1	宝安阳台山	宝安水浸围	450	46	2.2
东江	干	江西寻乌桠髻钵	狮子洋	8300/35340	42/562	—
沙河	1	博罗独山	博罗石湾	1235	89	0.64
增江	1	龙门七星岭	增城观海口	3160	206	0.74
派潭江	2	增城佛坳	增城大楼	419	40	5.5
西福河	2	增城鹧鸪山	增城仙村	578	58	1.02
寒溪水	2	东莞观音山	东莞峡口	720	59	0.33
东莞水道	1	东莞石龙	东莞桂子洲	1679	41	5.41
珠江	干	广州白鹅潭	虎门	4713	73	—
流溪河	1	从化桂峰山	广州南岗口	2300	156	0.83
白坭水	2	花都天堂顶	广州南岗口	758	59	0.1
新街河	3	花都天立印	广州南浦	435	44	0.1
天马河	4	花都狮岭	广州罗溪	165	26	0.9
西南涌	2	三水西南闸	广州雅岗	801	39	1.02
芦苞涌	3	三水芦苞闸	南海官窑	252	32	1.5
佛山涌	2	佛山沙口	广州丫髻沙	264	33	—
北江	干	江西信丰石碣	番禺小虎山淹尾	5358/52068	105/573	0.26
潭洲水道	1	南海紫洞	顺德西安亭	104	37	0.33
陈村水道	1	番禺石壁	番禺紫坭	161	26	0.9
蕉门水道	1	番禺雁沙尾	番禺南沙	279	34	1.65
洪奇沥	1	顺德板沙尾	番禺沥口	633	43	0.6
容桂水道	2	顺德龙涌	顺德三联	319	20	0.9
西江	干	云南沾益马雄山	顺德容奇	108	20	-0.24
高明河	1	高明拖盆顶	高明海口	1010	86	0.45
更楼河	2	高明高寮顶	高明明龙珠	114	18	3.25
杨梅河	2	高明皂幕山	高明大沙头	195	39	3.88
横门水道	1	顺德南华	中山横门	1129	59	0.77
新会河	2	新会上浅口	新会河口	482	37	—
潭江	1	阳江牛尾岭	新会崖门	6026	248	0.45
荫底水	2	恩平五马巡朝	恩平大田	148	248	0.45
莲塘水	2	恩平天露山	恩平浦桥	252	44	4.77
蚬岗水	2	恩平五点梅花	开平茅朗村	185	34	1.3
白沙水	2	开平三两银山	开平百足尾	383	49	0.77
镇海水	2	新兴乾坑顶	开平交流渡	1203	69	0.81
新昌水	2	台山狮子尾	开平氮肥厂	576	52	1.81

续表

河流名称	河流级别	发源地	河口	集雨面积/km^2	河长/km	坡降/%
公益水	2	台山烟斗岗	台山公益镇	136	28	0.68
新桥水	2	鹤山皂幕山	开平水口镇	143	28	3.24
址山水	2	鹤山横岗顶	新会田边村	204	38	3.35
虎跳门水道	2	新会狗尾	斗门小涌北围	187	31	0.82

注：188/312，前者为区内数，后者为全河，其他类同

1）西江及西江下游水道系统

西江是珠江流域的主流，上游南盘江发源于云南省沾益区马雄山，至梧州会桂江后始称西江流入广东省，在广东省汇入的主要支流有贺江、罗定江和新兴江，至三水思贤滘与北江相通并进入珠三角河网区；西江干流至三水思贤滘长 2075km，集雨面积 353120km^2，绝大部分在云南、贵州、广西等省区内，在广东省境内仅 17960km^2。

西江下游在思贤滘、甘竹溪等处与北江水系相沟通。自南华起，西江下游水道分为西海水道及东海水道。西江的主流从思贤滘西滘口起，向南偏东流至新会区天河，长 57.5km，称西江干流水道；天河至新会区百顷头，长 27.5km，称西海水道；从百顷头至珠海市洪湾企人石流入南海，长 54km，称磨刀门水道；主流在甘竹滩附近向北分汊经甘竹溪与顺德水道贯通；在天河附近向东南分出东海水道，东海水道在豸蒲附近分出凫洲水道，该水道在鲤鱼沙又流回西海水道；东海水道的另一分汊在海尾附近分出容桂水道和小榄水道，小榄水道经横门与洪奇沥相会后汇入伶仃洋出海；主流西海水道在太平墟附近分出海洲水道，至古镇附近又流回西海水道；西海水道经外海、叠石，由磨刀门出海。此外，西海水道在江门北街处有一分支江门河经银洲湖，由崖门水道出海；在百顷头分出石板沙水道，该水道又分出荷麻溪、劳劳溪与虎跳门水道、鸡啼门水道连通：至竹洲头又分出螺洲溪流向坭湾门水道，并经鸡啼门水道出海。

2）北江下游水道系统

北江发源于江西省信丰县石碣大茅坑，流入广东省南雄市后称为浈江，至曲江武江汇入后始称北江，南流经英德、清远等地，至三水思贤滘与西江干流相通，进入珠三角河网区，主要支流有武江、南水、连江、滃江、潖江、滨江、绥江等。北江干流至三水区思贤滘全长 468km，集雨面积 46710km^2，绝大部分在广东省境内，集雨面积达 42930km^2。

北江从芦苞起有芦苞涌、西南涌分流入珠三角河网区。在思贤滘上游马房附近有绥江汇入，流至思贤滘与西江相通。北江主流自思贤滘北滘口至南海紫洞，河长 25km，称北江干流水道；紫洞至顺德张松上河，长 48km，称顺德水道；从张松上河至番禺小虎山淹尾，长 32km，称沙湾水道，然后入狮子洋经虎门出海。北江主流分汊很多：在三水区西南镇分出西南涌，与流溪河汇合后流入珠江水道（至白鹅潭又分为南北两支，北支为前航道，南支为后航道，后航道与佛山水道、陈村水道等互相贯通，前后航道在剑草围附近汇合后向东注入狮子洋）；在南海紫洞向东分出潭洲水道，该水

道又于南海沙口分出佛山水道，在顺德登洲分出平洲水道，并在顺德沙亭又汇入顺德水道；在顺德勒流分出顺德支流水道，与甘竹溪连通，在容奇与容桂水道相汇然后入洪奇门出海；沙湾水道在顺德张松分出李家沙水道，在顺德板沙尾与容桂水道汇合后进入洪奇沥，在万顷沙西面出海。沙湾水道下游在番禺磨碟头分榄核涌，西樵分出西樵水道，基石分出骝岗水道，均汇入蕉门水道出海。

3）东江下游水道系统

东江发源于江西省寻乌县桠髻钵，上游称寻乌水，在龙亭附近流入广东省后在龙川县五合圩与安远水汇合后始称东江，向西南流经龙川、河源、惠州等县市至东莞市石龙镇进入珠三角河网区，主要支流有浰江、新丰江、秋香江、公庄河、西枝江、石马河等。东江干流至东莞市石龙镇全长520km，集雨面积27040km^2，绝大部分在广东省境内，集雨面积达23540km^2。

东江流至石龙进入珠三角河网区分为两支，主流东江北干流经石龙北向西流至新家埔纳增江，至白鹤洲转向西南，最后在增城禺东联围流入狮子洋，全长42km；另一支为东江南支流，从石龙以南向西南流经石碣、东莞，在大王洲接东莞水道，最后在东莞洲仔围流入狮子洋。东江北干流在东莞乌草墩分出潢涌，在东莞斗朗文分出倒运海水道，在东莞湛沙围分出麻涌河；倒运海水道在大王洲横向分出中堂水道，此水道在芦村汇潢涌、在四围汇东江南支流；中堂水道又分出纵向的大汾北水道和洪屋涡水道，这些纵向水道均流入狮子洋经虎门出海。

4）珠江

珠江狭义上是指广州自鹅潭至虎门的一段河道，因“江中有海珠石”而得名。珠江自白鹅潭开始后，分北支为前航道和南支后航道，后航道与佛山水道、陈村水道互相贯通，到黄埔再合流经狮子洋由虎门出海。后航道于丫髻沙又分为沥滘水道（亦称后航道）和三枝香水道。珠江广义上是指东江、西江、北江的总称。

东江、西江、北江注入珠三角河网区后，由虎门、蕉门、洪奇门、横门、磨刀门、鸡啼门、虎跳门和崖门八大口门分别注入伶仃洋、黄茅海和经磨刀门、洪湾水道分别注入南海。

5）潭江

潭江是汇入珠三角河网区较大的河流之一，它发源于广东阳江市牛围岭山，自西向东流经恩平、开平、台山、鹤山、新会等地，在新会区环城镇附近折向南流，经银洲湖从崖门出海，全长248km，集水面积6026km^2，平均坡降0.459‰。潭江横跨江门、阳江两市，其中阳江占112km^2，江门占5882km^2，还有属云浮新兴县、佛山高明区的32km^2。潭江有9条一级支流，分别是郎底水、莲塘水、蚬冈水、白沙水、镇海水、新昌水、公兢水、新桥水、址山水。另有新会河、江门水道、虎坑水道和虎跳门水道4条西江分流汇入。上游多高山峻岭，植被良好，雨量充沛，水资源丰富。有良西、大田等暴雨区，多年平均年降水量为1800～2500mm。潭江流域已建成大、中、小（二）

型以上水库 421 座，控制流域面积 $2006km^2$，总库容 16.86 亿 m^3，其中主流上游锦江水库为大（二）型水库。另外，潭江干流已建成水沾、江北、恩城、城洲、东成、江洲、合山等梯级开发的闸坝。潭江下游从合山水闸以下为潮区，潮水每日两次涨落，属混合型不规则半日潮。

6）高明河

高明河又名沧江，是西江下游的一级支流，发源于高明区西部合水镇托盘顶，流域面积 $1010km^2$，总长 86km。全河横贯高明区，流经合水、更楼、新圩、明城、人和、西安、三洲和荷城 8 个镇（区），在荷城海口村附近注入西江三角洲。下游地势平坦，易受西江洪水顶托和倒灌，两岸筑堤防洪，并于 1973 年 6 月在出口附近建成沧江水闸（兼具防洪、蓄水灌溉功能）。又于 1997 年 6 月建成装机 5000kW 的排水泵站，抽排高明河内洪水，以降低闸内水位，减轻内堤防洪压力。

7）流溪河

流溪河发源于广东从化区桂峰顶，向南流经从化区、花都区和白云区，在南岗口与白坭河汇合后至白鹅潭进入珠江，至南岗口全长 156km，总流域面积 $2300km^2$；如计至白鹅潭，河长 174km，集水面积 $3917km^2$，平均坡降 0.8%。其中从化太平以上河长 127km，流域面积 $1574km^2$，占全流域面积 68.4%。流溪河干流上游已建一座大型水库——流溪河水库。

8）增江

增江发源于广东龙门县七星岭，上游称龙门河，过正果后始称增江，向东流经增城区，最后在新家埔流入东江北干流，全长 206km，集水面积 $3160km^2$，平均坡降 0.74%。主要支流有派潭河和二龙河。增江上游建有天堂山大型水库一座，流域内已建中型水库两座，分别是梅州水库和百花林水库，小（一）型水库 11 座。增江下游已建 7 座低水头径流式电站。

2.3　气候特征

2.3.1　降　　水

1）降水空间分布

珠三角河网区属亚热带季风气候，常年气候温和，年均气温在 21 ~ 23℃，最冷月 1 月平均气温 13 ~ 15℃，最热月 7 月平均气温在 28℃以上；日照时间长，年平均日照时数为 1900h，年辐射总量约为 $108kcal/cm^2$①；水汽充足，降水丰沛。降水受当地复杂多

① 1cal=4.1868J。

样的地形结构影响，各地多年平均降水量差异较大，根据1956～2010年珠三角各地区降水量统计结果（表2-2），各地多年平均年降水量在1571～2033mm，珠三角多年平均年降水量为1810mm，其中雨量偏丰地区为珠海、江门等近海洋地区，主要是因为靠近海洋地区水汽输送较充足；雨量偏少地区为佛山、肇庆等近内陆地区。

表2-2　珠三角河网区及各行政区多年平均降水量特征值

地区	广州	深圳	珠海	佛山	惠州	东莞	中山	江门	肇庆	珠三角
年均降水量/mm	1846	1901	2033	1571	1895	1683	1765	2014	1649	1810
C_v	0.16	0.2	0.23	0.18	0.17	0.17	0.21	0.2	0.14	0.18

2）降水时间分布

根据广州、南沙、三水、紫洞等雨量代表站多年降水量逐月分布成果，珠三角河网区降水量年内分配不均，雨量连续最大4个月多出现在5～8月，且占年降水量的59%～65%，其中最大1个月多出现在6～8月。汛期（4～9月）多年平均降水量占年降水量的80%～84%。各站降水年际变化差异较大，其中差异最大的是珠海三灶，其年降水量丰枯极值比达3.82。珠三角河网区降水量年内分配不均匀，年际变化明显。夏秋间台风频繁，台风降水量一般为200mm，最大400～500mm；台风风速常大于40m/s，并引起风暴潮，造成严重灾害。

2.3.2　蒸　　发

珠三角河网区近海，具有风速大、日照时间长、气温高、蒸发量大等特点，各代表站水面蒸发量为890～1120mm，自东南向西北逐渐降低。其中东莞蒸发量为全区最大，主要原因是东莞位于东南部，靠近沿海，其多年平均年水面蒸发量达1120mm；双桥站为全区最小，原因是该站位于西北部，靠近内陆，其多年平均年水面蒸发量为891mm。

根据各代表站水面蒸发量的逐月分布情况，大部分站点7月蒸发量最大，2月蒸发量最小，蒸发量极值比在2.2～2.9。5～11月为蒸发量最大的时期，其多年平均蒸发量占全年蒸发量的69%～76%。

2.3.3　径　　流

珠三角河网区径流量大，多年平均径流量达3319亿m^3，各河流入三角洲流量达9584m^3/s（高要7020m^3/s、石角1310m^3/s、博罗737m^3/s、增江121m^3/s、流溪河59m^3/s、绥江217m^3/s、潭江65.5m^3/s、新兴江54.4m^3/s），三角洲年入海流量10529m^3/s。珠三角河网区径流完全由降水补给，故多年平均年径流深的分布趋势及高低值区分布与多年平均年降水量情况是一致的。以径流深等值线1000mm线划分径流深为高值区和低值区，珠三角河网区多年平均径流深为1044.9mm，总体上属高值区。其中，东莞、佛山和肇庆一带平均年径流深为700～950mm，属于径流低值区；江门和珠海一带平均年径流深在1200mm以上，属于径流高值区。

根据高要、石角和博罗三个代表站1960～2010年逐月径流量进行径流年内分配分析，计算各月天然年径流量的多年平均值占多年平均天然年径流量的比值（图2-1），并统计了汛期径流占全年径流的比例，一般汛期径流占全年径流的70%～80%。

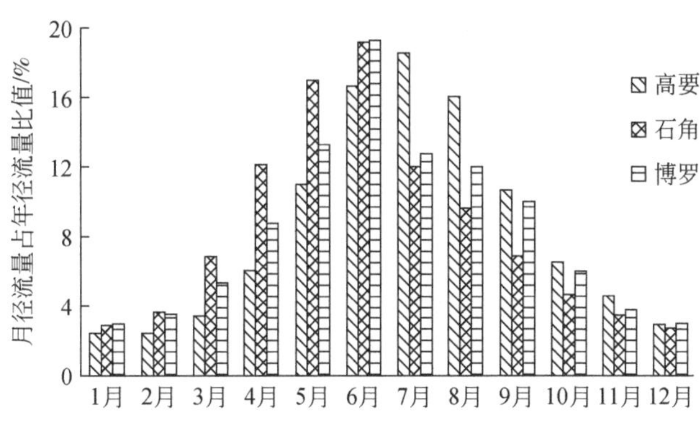

图2-1　径流代表站天然径流月分配图

年径流量的多年年际变化，常用年径流变差系数 C_v 值和丰枯极值比表达年际变化幅度，其中 C_v 值大表明年径流年际变化剧烈，C_v 值小表明年径流年际变化缓和；丰枯极值比表示为实测最大年径流与最小年径流的比值。根据各代表站1960～2010年年径流量计算年际变化情况（表2-3），由各代表站 C_v 值各丰枯极值比的大小可知，西江（高要）年径流变化幅度最小，其次为北江（石角），变化幅度最大为东江（博罗）。

表2-3　各代表站多年年径流量年际变化情况

站点	高要	石角	博罗
均值/亿 m^3	2289	429	246
C_v	0.18	0.25	0.30
丰枯极值比	3.0	4.4	4.6

珠三角河网区径流含沙量较小，平均值为0.1～0.3kg/m^3（长江为0.46kg/m^3），主要原因是西江、北江多流经石灰岩区，溶解质多，悬移泥沙少；加上亚热带环境植被恢复迅速，水土流失较轻，泥沙带入河中较少。但因水量丰富，且近年水土流失加剧，径流年输沙量较大。各河每年输入珠三角的泥沙共达8745万t（西江7530万t、北江837万t、东江295万t、增江50万t、潭江1223万t），时间分布上以汛期为主，占91%以上。

2.4 社会经济

改革开放以后，广东省经济发展迅速，工业及服务业的发展导致大量的外来务工人员涌入，加上广东省经济落后地区的人口大量涌向经济发达的珠三角河网区，致使珠三角常住人口远远多于户籍人口。根据《广东统计年鉴2016》及广东省统计局提供的资料，2015年，珠三角河网区年末常住人口为5874.28万人，其中城镇人口为4958.42万人，农村人口为915.86万人，城镇化水平高达84.41%，比广东省（68.71%）和全国（56.10%）分别高出15.70%和28.31%。珠三角各市中，广州、深圳、东莞、佛山等市人口总数较大，特别是广州、深圳两个中心城市的常住人口已经超过1000万人，早已进入“超级大城市”的行列。其中广州市人口最多，共为1350.11万人，占珠三角河网区总人口的22.98%；深圳市人口仅次于广州，为1137.87万人，占珠三角河网区总人口的19.37%；珠海市人口最少为163.41万人，占珠三角河网区总人口的2.8%。城镇化率以深圳市最高，达到100%，佛山次之，为94.94%，其他城市的城镇化率也在45.16%～88.82%。2015年珠三角河网区人口及城镇化率现状见表2-4。

表2-4 2015年珠三角河网区人口统计情况

地区	2015年人口/万人			城镇化率/%
	城镇	农村	合计	
广州	1154.75	195.36	1350.11	85.53
深圳	1137.87	0.00	1137.87	100.00
珠海	143.92	19.49	163.41	88.07
佛山	705.46	37.60	743.06	94.94
惠州	324.09	151.46	475.55	68.15
东莞	733.13	92.28	825.41	88.82
中山	282.83	38.13	320.96	88.12
江门	293.04	158.91	451.95	64.84
肇庆	183.33	222.63	405.96	45.16
珠三角河网区	4958.42	915.86	5874.28	84.41

珠三角作为经济大区，经济持续快速发展，生产力水平显著提高，同时，珠三角河网区港口众多，毗邻港澳，借助改革开放的东风，借助地缘优势大力发展外向型经济，吸引了大量资金、人才和生产要素注入；而且，随着农村城镇化进程的加快，珠三角河网区产业经过阶段性发展，发展重心逐渐从传统农业转移到工业和服务业，劳动力从第一产业向第二、第三产业转移，基本实现了产业多元化发展的转型，产业结构优化合理。根据《广东统计年鉴2016》，2015年，珠三角GDP总量约为62268亿元，占广东省GDP总量的76.62%，占全国GDP总量的9.04%。其中，GDP总量最大的市

是广州市，为 18100 亿元，达到珠三角 GDP 总量的 29.07%，其次，深圳市和佛山市的 GDP 分别为 17503 亿元和 8004 亿元，分别占珠三角 GDP 总量的 28.11% 和 12.85%；GDP 总量最小的市是肇庆市，共 1970 亿元，仅占珠三角 GDP 总量的 3.16%。珠三角人均 GDP 超过 10 万元，比广东省平均水平高 66.7%，比全国平均水平高 1.75 倍。分析珠三角生产总值构成，主要产业为第二产业和第三产业，但各市产业结构差异比较大，经济相对发达地区，如广州市、深圳市、佛山市和东莞市，第一产业比例相对较小，第二、第三产业比例较大，而经济相对落后地区，如惠州市、中山市、江门市、肇庆市，第一产业比例较为突出。2015 年珠三角河网区国民经济发展情况见表 2-5。

表 2-5　2015 年珠三角河网区国民经济发展情况

地区	GDP/亿元	GDP 增长率/%	人均 GDP/元	人均 GDP 增长率/%	三次产业结构
广州	18100	8.36	136188	6.01	1.3：31.6：67.1
深圳	17503	8.86	157985	5.18	0：41.2：58.8
珠海	2025	10.04	124706	8.56	2.2：49.7：48.1
佛山	8004	8.49	108299	7.50	1.7：60.5：37.8
惠州	3140	9.01	66231	8.37	4.8：55.0：40.2
东莞	6275	8.01	75616	8.41	0.3：46.6：53.1
中山	3010	8.42	94030	7.81	2.2：54.3：43.5
江门	2240	8.38	49608	8.12	7.8：48.4：43.8
肇庆	1970	8.22	48670	7.71	14.6：50.3：35.1
珠三角河网区	62267	8.60	107011	7.07	1.8：43.6：54.6

第3章 变化环境对河网区下垫面的影响研究

近些年来，伴随着经济、社会及科学技术的发展，尤其是城市化进程的加速，流域或区域下垫面土地利用发生了巨大的变化。土地利用变化会对生态环境造成显著的影响，如土地覆盖变化对气候、水文系统循环、河道系统、全球生物地球化学循环、陆地生物种类的丰度和组成、生态系统的结构与功能、生态环境安全等有重要的影响。本章重点选取区域下垫面变化显著的珠三角河网区典型区域流溪河流域、佛山中心组团以及三角洲河道，分析快速城市化等剧烈人类活动对流域土地利用变化与河网水系变化的影响，以及河道挖沙对河网区河道地形演变的影响。

3.1 城市化建设对河网区土地利用的影响

3.1.1 流溪河流域基本概况

1. 流域位置

流溪河流域作为珠江流域的支流之一，位于广州市北郊，珠三角河网区中北部，113°10′12″E～114°2′00″E，23°12′30″N～23°57′36″N（图3-1）。流经从化区的东明、吕

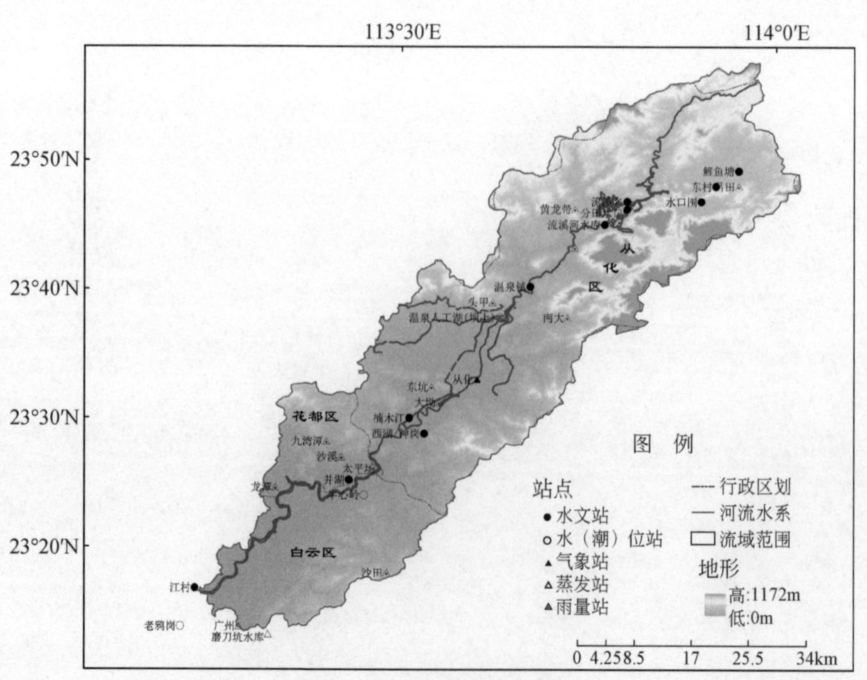

图3-1 流溪河流域水系图

田等 12 个镇，白云区的竹料、人和两个镇和花都区的北兴、花东两个镇，在南岗口与白坭河汇合后流入珠江，流域主流全长 171km，流域面积为 2300km^2，其中从化太平以上河长 127km，流域面积 1574km^2，占全流域面积的 68.4%（周斐，2015）。

2. 地质地貌特征

流溪河流域属华南台地的一部分，在燕山运动、喜马拉雅运动和新构造运动等多次地壳活动中，受岩浆侵入、褶皱、断裂、升降等的影响，形成东北部高、西南部低的地势。其地形地貌区可划分为三个部分。

（1）温泉镇以上中、低山地高丘陵区，属构造侵蚀地貌，山峰珠基高程为 500～1200m，山脉多呈北东走向，山势雄伟峻峭，有杜峰山（1085m）、天堂顶（1218m）、黄茶园（1136.6m）、东天蜡烛（1047m）等。在塘料至温泉的流溪河河谷两侧为 250～500m高程的高丘陵。河谷切割深，呈“V”字形，坡降 0.9‰～1.6‰，常见跌水瀑布及峡谷，并有吕田、良口等河谷小平原。区内植被良好，流溪河、黄龙带、广州抽水蓄能电站等大中型水库形成了近 20km^{2}的人工湖。

（2）温泉镇以西流域边缘为低山丘陵区，属侵蚀剥蚀堆积地貌，大多数丘陵高程为 100～250m，也有不少低山高丘陵区，山峰达 300～800m，主要有水牛岭（354m）、石牙顶（511m）、鸡枕山（494m）、鸡笼岗（269m）、尖峰顶（602m）、大鹤鸽（793m）、帽峰山（534m）等。区内地形切割较深，是流溪河中下游支流的发源地，也有不少小型水库分布。

（3）温泉镇以下河谷平原区属冲积平原地貌，主要由流溪河中下游平原和广花盆地组成，高程一般在 1～5m。平原与盆地内还散布着零星或带状高 5～100m 的残丘或台地，其中花东台地是流溪河与白坭河之间的分水岭。流溪河河谷呈宽阔的“U”字形，河床比降在 0.3‰～0.7‰，水土流失较为严重。流域内吕田草埔及良口石岭尚有小面积岩溶峰林（刘庆，2016）。

3. 气象水文条件

流溪河流域位于低纬度地区，受东南季风和西南季风以及临近南海的海洋调节的影响，总体属于亚热带季风气候。流域内年度降水时空分布不均匀，春夏多雨，秋冬干旱，气候温湿，雨量丰沛，年平均气温 21.2℃，年平均降水量 1823.6mm，4～9 月的汛期雨量约占全年总雨量的 84%，一般每年的 10 月至次年 3 月为枯水期（刘帅磊，2017）。

流溪河从源头至河口，可分为上、中、下游和河口段，上游河道为良口镇以上的 10km，位于深山或峡谷，河床陡峻，大多为卵石河床，水流比较湍急。自良口以下河流进入丘陵区，河面渐宽，河床坡度亦渐平缓。自良口至温泉段长 17.3km，河床比降约 0.9‰，温泉到神岗段长 25.5km，坡降平均为 0.8‰，河面宽 120～300m。街口以下左有小海河，右有龙潭河两条较大支流汇入，流量增大。神岗以下至太平场 13.3km，平均坡降 0.4‰，河面宽 200m 左右。太平场至江村 44.25km，流入广州市郊区河谷平原，平均坡降 0.3‰，河面宽 150～300m。到江村以下 8km 处与白坭河相会于南岗口

（数据来自《广州市志》）（详情见表3-1）。

表3-1 流溪河天然河床分段特征表

断面起止/km	河段（起—迄）	河段长度/km	河床高程起止/m	高差/m	坡降/‰	河宽/m	河段面积/hm^2
1~10	分田水口—良口	5.71	56.3~65.5	9.2	1.61	80	46
10~47	良口—人工湖	19.71	35.2~56.3	21.1	1.07	144	284
47~72	人工湖—街口	12.72	26.3~35.2	8.9	0.70	243	309
72~81	街口—大坳	5.75	21.5~26.3	4.8	0.84	265	153
81~108	大坳—太平桥	19.67	13.3~21.5	8.2	0.42	182	358
108~127	太平桥—李溪	19.29	6.9~13.3	6.4	0.33	192	371
127~137	李溪—人和	13.47	2.6~6.9	4.3	0.32	314	423
137~143	人和—蚌湖	6.27	1.0~2.6	3.6	0.58	285	179
143~153	蚌湖—南岗口	11.46	-1.0~2.8	1.8	0.16	351	402

4. 植被环境特征

流溪河流域上游以种植水源林和用材林为主，森林茂密，绿化率较高；中游以蔬菜、花卉、水果等生产和开发温泉等旅游区为主；下游地区近几年城镇化、工业化发展迅速，耕地和林地大量转变为建设用地；流域整体在空间维度与时间维度上均呈现出城市化率逐渐变高而生态环境状况逐渐变差的格局，且自太平镇以下水质常年无法达标，中下游水环境问题较为严峻，急需治理与恢复。流域全线水利梯级开发强度大，干支流均已开发利用，建有黄龙带、流溪河等水库以及良口、青年、人工湖等拦河坝多座，人为调控下的水库调蓄工程大大影响并改变了流溪河两岸景观格局，沿线出现大范围季节性消落带，且流域城市区段沿岸人工硬化防洪堤坝高筑，临岸自然生境发生巨大变化。

5. 社会经济概况

流溪河集雨面积主要集中在从化区、白云区以及花都区，分别占流域总面积的70%、21.4%和8.6%。由于各个地区所处地理位置不同，社会经济发展的程度、发展方向、产业布局以及结构都有所不同。流域范围内占地面积最广的从化区建设三个基地：以加工工业为支柱和高新技术产业为导向的新兴工业基地；以优质水果、蔬菜、珍禽饲养为重点的农产品生产基地；以休闲度假和大自然观光为特色的旅游胜地。并重点发展五大支柱产业：高科技轻型工业、“三高”（高产量、高附加值、高科技含量）农业、旅游业、建筑房地产业、商品流通业。

3.1.2　流域景观格局时空演变特征分析

1. 土地利用分类信息提取

运用所在研究区数字高程模型（DEM）数据预处理，生成流域并提取水系，添加1980～2015年8个时间点的土地利用解译图重点剪裁研究区的土地利用信息图，根据LUCC分类体系将研究区土地利用类型划分为耕地、林地、草地、水域、城镇用地、农村居民点、其他建设用地（如工业用地等）以及未利用土地八大类（鲍文东，2007），并生成1980年、1990年、1995年、2000年、2005年、2008年、2010年、2015年8个年份的流溪河流域土地利用现状图，如图3-2所示，流溪河流域土地利用类型统计表如表3-2、表3-3所示。

表3-2　1980年、1990年、1995年、2000年流溪河流域土地利用表

土地利用类型	1980年		1990年		1995年		2000年	
	面积/km²	百分比/%	面积/km²	百分比/%	面积/km²	百分比/%	面积/km²	百分比/%
耕地	692.98	30.31	684.31	29.93	653.40	28.57	651.95	28.51
林地	1387.43	60.68	1383.70	60.51	1383.39	60.50	1384.43	60.54
草地	41.53	1.82	42.00	1.84	40.48	1.77	42.25	1.85
水域	49.07	2.15	53.96	2.36	58.24	2.55	54.83	2.40
城镇用地	15.90	0.70	17.63	0.77	39.85	1.74	45.77	2.00
农村居民点	79.96	3.50	84.68	3.70	84.58	3.70	84.82	3.71
其他建设用地	18.98	0.83	19.56	0.86	25.89	1.13	21.81	0.95
未利用土地	0.77	0.03	0.77	0.03	0.78	0.03	0.77	0.03

表3-3　2005年、2008年、2010年、2015年流溪河流域土地利用表

土地利用类型	2005年		2008年		2010年		2015年	
	面积/km²	百分比/%	面积/km²	百分比/%	面积/km²	百分比/%	面积/km²	百分比/%
耕地	616.52	26.96	588.82	25.75	569.78	24.92	561.37	24.55
林地	1378.47	60.28	1371.39	59.97	1365.47	59.72	1360.26	59.49
草地	41.03	1.79	40.45	1.77	40.57	1.77	41.97	1.84
水域	54.22	2.37	52.93	2.31	60.92	2.66	60.55	2.65
城镇用地	73.75	3.23	97.80	4.28	125.82	5.50	126.49	5.53
农村居民点	93.14	4.07	88.80	3.88	66.46	2.91	67.02	2.93
其他建设用地	28.71	1.26	45.66	2.00	57.12	2.50	68.49	3.00
未利用土地	0.78	0.03	0.78	0.03	0.50	0.02	0.47	0.02

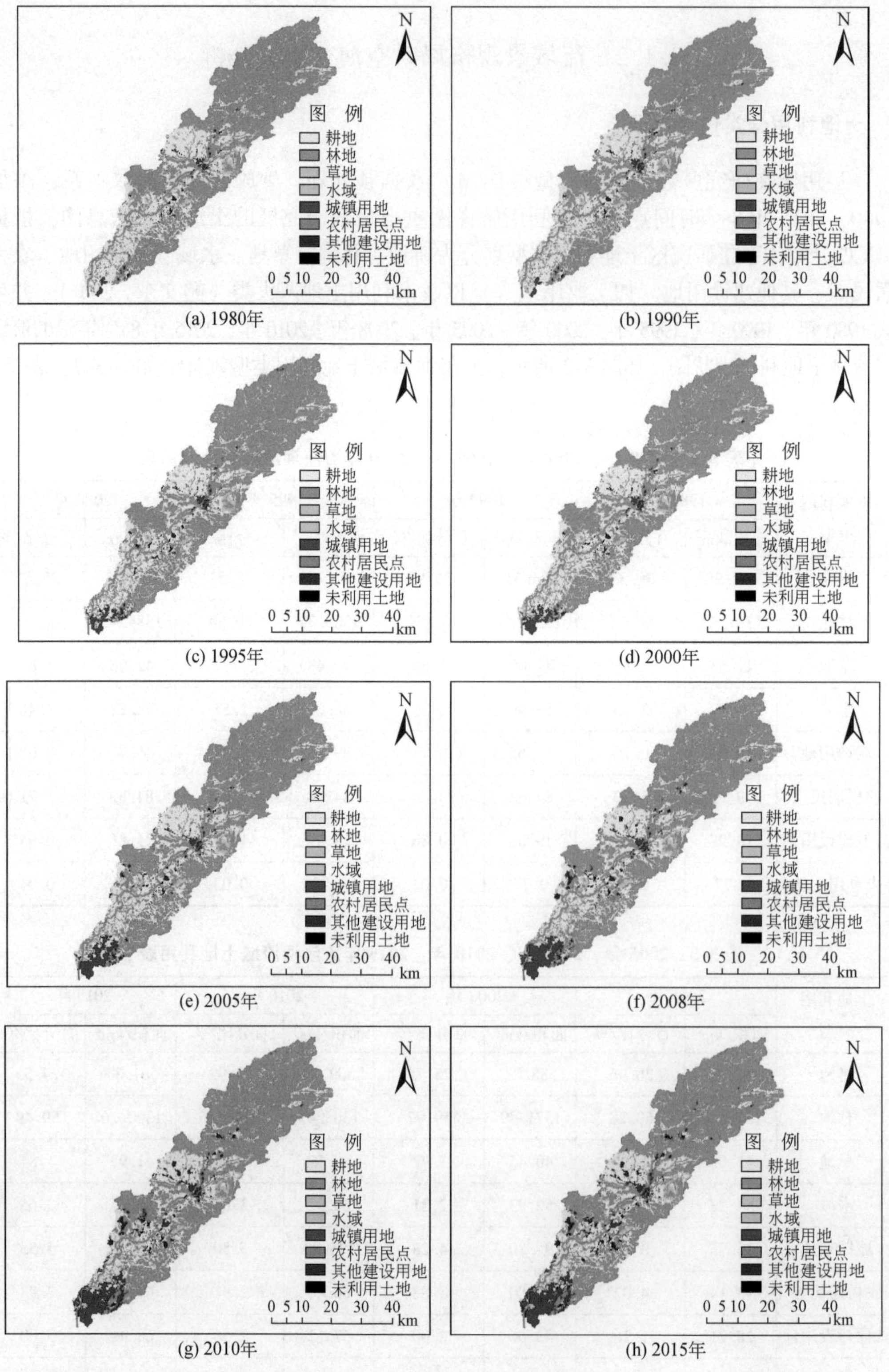

图 3-2 1980～2015 年流溪河流域土地利用变化情况

分析流溪河流域土地利用分类图表，1980～2015 年流溪河流域土地类型多为林地与耕地。其中，林地直到2005 年为止仍然占据区域面积的60%以上，流域自然生态环境基础较好。对比 1980～2015 年人类建设用地占比，发现其逐年增加，城镇用地和其他建设用地增加量尤其多。另外，水域和未利用土地基本处于稳定状态。

2. 土地利用结构幅度变化

土地利用结构幅度变化指的是各类土地利用类型总量占比的变化（鲍文东，2007），可用于分析土地利用变化总体趋势，从而进一步探究流域内不同时段人类活动对土地利用类型变化的影响程度。选用常用土地利用变化指数模型中的总变化量及总变化幅度来进行分析，即

$$K_1 = U_b - U_a \tag{3-1}$$

$$K_2 = \frac{U_b - U_a}{U_a} \times 100\% = \frac{\Delta U}{U_a} \times 100\% \tag{3-2}$$

式中，a、b 分别表示研究时段期初和期末；U_a、U_b 分别为研究时段期初和期末的某一土地利用类型的面积；K_1 为研究时段内某一土地利用类型的总变化量；K_2 为研究时段内某一土地利用类型的总变化幅度，计算结果见表 3-4、表 3-5。

表 3-4　1980～2005 年各时段土地利用变化幅度表

土地利用类型	1980～1990 年		1990～1995 年		1995～2000 年		2000～2005 年	
	K_1/km^2	$K_2/\%$	K_1/km^2	$K_2/\%$	K_1/km^2	$K_2/\%$	K_1/km^2	$K_2/\%$
耕地	-8.67	-1.25	-30.91	-4.52	-1.45	-0.22	-35.43	-5.44
林地	-3.74	-0.27	-0.31	-0.02	1.04	0.07	-5.95	-0.43
草地	0.46	1.12	-1.52	-3.61	1.77	4.37	-1.22	-2.90
水域	4.89	9.97	4.28	7.93	-3.42	-5.87	-0.60	-1.10
城镇用地	1.73	10.87	22.22	126.04	5.91	14.84	27.99	61.15
农村居民点	4.72	5.91	-0.11	-0.13	0.24	0.29	8.32	9.81
其他建设用地	0.59	3.09	6.33	32.35	-4.09	-15.78	6.91	31.68
未利用土地	0.00	0.00	0.01	1.05	-0.01	-1.04	0.01	1.05

表 3-5　2005～2015 年各时段土地利用变化幅度表

土地利用类型	2005～2008 年		2008～2010 年		2010～2015 年		1980～2015 年	
	K_1/km^2	$K_2/\%$	K_1/km^2	$K_2/\%$	K_1/km^2	$K_2/\%$	K_1/km^2	$K_2/\%$
耕地	-27.69	-4.49	-19.04	-3.23	-8.41	-1.48	-131.61	-18.99
林地	-7.08	-0.51	-5.93	-0.43	-5.20	-0.38	-27.17	-1.96
草地	-0.58	-1.41	0.12	0.30	1.40	3.46	0.44	1.06
水域	-1.30	-2.39	7.99	15.10	-0.37	-0.60	11.48	23.40
城镇用地	24.04	32.60	28.03	28.66	0.67	0.53	110.59	695.44
农村居民点	-4.34	-4.66	-22.34	-25.16	0.56	0.85	-12.94	-16.19
其他建设用地	16.95	59.02	11.46	25.09	11.37	19.90	49.51	260.89
未利用土地	0.00	0.00	-0.29	-36.46	-0.02	-4.92	-0.30	-38.95

分析表3-4、表3-5中各时段土地利用变化幅度可知：

（1）1980～2015年流溪河流域的土地利用类型变化总体趋势为耕地、林地、农村居民点以及未利用土地减少；草地、水域、城镇用地及其他建设用地增加。

（2）分析各个土地利用类型的变化量和变化幅度，1980～2015年，研究区土地利用结构发生较明显的变化，主要体现在城镇用地、其他建设用地、水域以及耕地上，而林地、草地则相对比较稳定。其中耕地面积减少最多，城镇用地面积增加最多；草地变化幅度最稳定。

（3）1980～2015年城镇用地的变化幅度最大，达到了695.44%，其他建设用地的变化幅度也高达260.89%，说明在此期间研究区域城市化水平显著提高。其中第一峰值期是1990～1995年，城镇用地的面积增加幅度为所有时段中最高值，为126.04%；其他建设用地面积增加幅度达到了所有时段中第二高，为32.35%，主要原因是1984年国家采取对外开放的重要战略决策，重点开放全国范围包括广州在内的14个沿海城市，对广州经济发展有一定的助力，进一步影响并加快了流溪河流域的经济发展。到21世纪之后，城镇用地与其他建设用地的增加量保持稳定高速增长的水平，在2010年“十二五”计划实施之后，我国开始进入稳步推进的阶段，城市化水平增加幅度也随之受到控制。

林地、耕地方面处于常年减少的状态，林地量减少相对稳定且幅度不大。从流域土地利用图中可以发现，主要因为大部分林地位于上游，建设用地主要在中下游集群发展，城市化对于上游大片林地的影响并不大。流溪河为广州市重要的水源保护地，其上游的环保措施与起伏的山地地形也保证了流域林草地不受人类活动过多干扰。耕地则是唯一一直在减少的土地利用类型，在1980～2015年一共减少了131.61km^2，减少幅度达到18.99%。耕地主要围绕农村居民点存在，且耕地大幅度减少往往伴随着城镇用地与其他建设用地的大幅度增加。耕地的减少与流域城市化集群发展联系紧密，大量的城市住宅、工业用地、交通道路等占据了耕地，同时部分农村居民点也伴随着城市化的发展转化为城镇居民点；未利用土地减少0.3km^2，这是由于流域零散荒地被开发利用；水域增加11.48km^2，其增加很大程度上归因于自然环境的动态变化。

3. 土地利用结构速度变化

土地利用结构速度变化以各类土地利用类型面积占比为基础，且能有效反映区域土地利用变化的剧烈程度，为比较土地利用变化的区域差异与预测未来土地利用变化趋势建立基础（张明阳等，2009）。选用单一类型动态度与单一类型空间变化动态度来进行分析，即

$$R_1=\frac{U_{\mathrm{b}}-U_{\mathrm{a}}}{U_{\mathrm{a}}}\times\frac{1}{T}\times100\%=\frac{\Delta U_{\mathrm{in}}-\Delta U_{\mathrm{out}}}{U_{\mathrm{a}}}\times\frac{1}{T}\times100\% \tag{3-3}$$

单一类型动态度 R_1 可用于表达区域内某一土地利用类型在面积量上的速度变化。由于 R_1 只能反映某一土地利用类型面积的年变化速率，但是无法反映该类型在空间结构上的变化，因此引入空间变化动态度 R_2。

$$R_2=\frac{\Delta U_{\mathrm{in}}+\Delta U_{\mathrm{out}}}{U_{\mathrm{a}}}\times\frac{1}{T}\times100\% \tag{3-4}$$

式中，a、b分别表示研究时段期初和期末；T 为研究时段；U_{a}、U_{b} 分别为研究时段

期初和期末的某一土地利用类型的面积，ΔU_{in}、ΔU_{out}分别为研究时段内其他土地利用类型转变为该类型的面积之和以及该类型转变为其他类型的面积之和。计算结果见表 3-6、表 3-7。

表 3-6　1980 ~ 2005 年各时段土地利用变化动态度表

土地利用类型	1980 ~ 1990 年		1990 ~ 1995 年		1995 ~ 2000 年		2000 ~ 2005 年	
	R_1/%	R_2/%	R_1/%	R_2/%	R_1/%	R_2/%	R_1/%	R_2/%
耕地	-0. 13	2. 49	-0. 90	7. 38	-0. 04	3. 82	-1. 09	1. 29
林地	-0. 03	1. 02	0. 00	2. 75	0. 01	1. 36	-0. 09	0. 19
草地	0. 11	4. 36	-0. 72	13. 46	0. 87	8. 14	-0. 58	0. 93
水域	1. 00	7. 20	1. 59	17. 38	-1. 17	8. 53	-0. 22	1. 07
城镇用地	1. 09	3. 14	25. 21	28. 39	2. 97	7. 90	12. 23	12. 30
农村居民点	0. 59	5. 53	-0. 03	17. 75	0. 06	9. 33	1. 96	6. 52
其他建设用地	0. 31	5. 07	6. 47	21. 71	-3. 16	10. 84	6. 34	7. 59
未利用土地	0. 00	5. 47	0. 21	10. 74	-0. 21	0. 62	0. 21	0. 63

表 3-7　2005 ~ 2015 年各时段土地利用变化动态度表

土地利用类型	2005 ~ 2008 年		2008 ~ 2010 年		2010 ~ 2015 年		1980 ~ 2015 年	
	R_1/%	R_2/%	R_1/%	R_2/%	R_1/%	R_2/%	R_1/%	R_2/%
耕地	-1. 50	1. 50	-1. 62	4. 61	-0. 30	1. 58	-0. 54	0. 74
林地	-0. 17	0. 18	-0. 22	0. 76	-0. 08	0. 58	-0. 06	0. 14
草地	-0. 47	0. 47	0. 15	4. 41	0. 69	4. 28	0. 03	0. 73
水域	-0. 80	0. 82	7. 55	13. 28	-0. 12	2. 88	0. 67	1. 39
城镇用地	10. 87	10. 87	14. 33	20. 42	0. 11	0. 66	19. 87	20. 02
农村居民点	-1. 55	4. 43	-12. 58	19. 31	0. 17	2. 27	-0. 46	2. 08
其他建设用地	19. 67	19. 80	12. 55	39. 84	3. 98	6. 54	7. 45	10. 12
未利用土地	0. 00	0. 00	-18. 23	30. 73	-0. 98	2. 30	-1. 11	1. 89

分析表 3-6、表 3-7 中各时段土地利用变化动态度，可以看出：

（1）1980 ~ 2015 年，耕地、林地、农村居民点以及未利用土地呈现减少的趋势，具体变化过程有所差异。耕地在整个研究时段内一直呈现持续减少的趋势，即在 7 个分时段内 R_1 皆小于 0，且年平均减少率为 0. 54%，但需要注意的是在 21 世纪初期 10 年（2000 ~ 2010 年）的减少程度相比其他时段高且集中。主要原因是进入 21 世纪经济走势为持续快速发展，城市化发展进程快，耕地转化为城镇用地的需求大；林地在所有土地类型中变化最稳定，所有分时段中的 R_1 的绝对值都小于 0. 25%，其减少最多的时段与耕地重叠，2005 ~ 2010 年均达到 0. 15% 以上，2010 年之后各项环保政策的实施使得减少速度减慢，整体呈现面积先减少再增加最后再减少的趋势；农村居民点的变化则最不规律，有增有减，但 2005 ~ 2010 年一直处于减少趋势，且 2008 ~ 2010 年减少速率达到 12.58%；未利用土地大部分时段处于稳定状态，在 2008～2010 年出现快速减少，速率达到-18.23%。

与上述土地利用类型变化相反，草地、水域、城镇用地以及其他建设用地均为增加趋势。草地是所有土地利用类型在整个研究时段中变化最少的，1980～2015 年平均减少率仅为 0.03%；水域的变化则规则性较小，可能主要由自然因素导致；城镇用地与其他建设用地总体的年增加速率都很大，城镇用地更是高达 19.87%，且两者第一高峰期都为 1990～1995 年，而在 2000～2010 年与耕地的快速减少相反，城镇用地和其他建设用地处于连续高速增加阶段，城镇用地在这三个分时段中增长速率均超过 10%，其他建设用地也有两个超过 10%。由此可以看出流溪河流域城市化主要的快速发展阶段为 2000～2010 年。

（2）由于单一土地利用动态度 R_1 无法表示土地利用空间上的转移过程，通过计算 R_2 来进一步探讨各类土地利用类型转移量的动态变化程度。在整个研究时段内，城镇用地和其他建设用地的动态度 R_2 远远超过其他土地利用类型，分别为 20.02% 和 10.12%，但在 7 个分时段内城镇用地只有两个时段动态度 R_2 最高，而其他建设用地有 4 个，这是因为其他建设用地的转入转出数量虽然不大，但是由于其基数较小，因此动态度 R_2 比较高，且除去 1990～1995 年的爆发期以外，两者总体上转移变化的速率均为先增长再趋于平缓的趋势。

与之相反，林地的动态度 R_2 远小于其他土地利用类型，整个研究时段内的动态度 R_2 仅为 0.14%，同时耕地的动态度 R_2 也只有 0.74%，这是因为虽然耕地、林地的转入转出量并不少，但由于两者基数太大，因此动态度 R_2 较小。总体而言，研究区域的土地利用变化波动较大且位置集中，各个分时段上表现为耕地与人类建设用地之间的转化，整体保持为以林地、耕地、人类建设用地为主的其他土地利用类型镶嵌分布的格局。

4. 土地利用动态转化分析

流溪河流域土地利用动态转化过程可分为转入和转出两类，通过计算各时段土地利用转移矩阵，生成了研究区土地利用变化图谱，具体结果见图 3-3 与表 3-8～表 3-15。

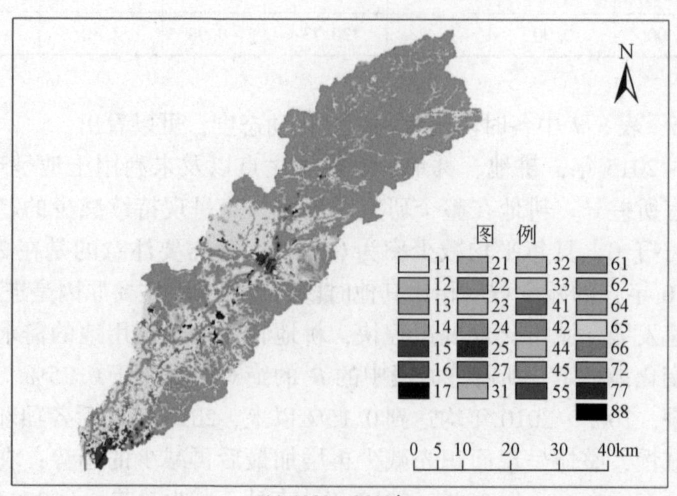

(a) 1980～2000年

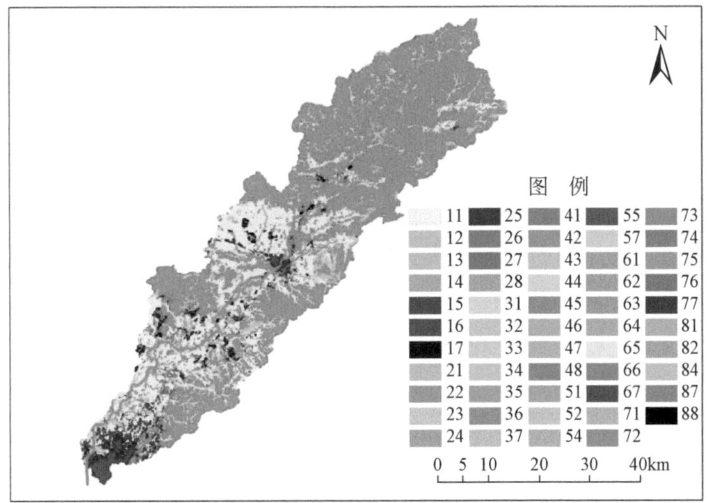

(b) 2000～2015年

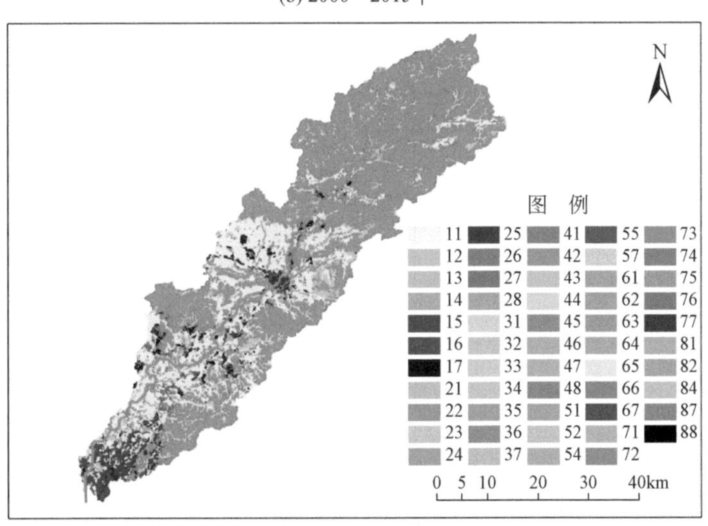

(c) 1980～2015年

图 3-3　流溪河流域土地利用变化图谱

1. 耕地；2. 林地；3. 草地；4. 水域；5. 城镇用地；6. 农村居民点；7. 其他建设用地；8. 未利用土地。各图例中，第一个数字为转化前土地利用类型，第二个数字为转化后土地利用类型，例如 11 意为耕地不变，15 意为耕地转化为城镇用地

分析流溪河流域各时间段土地利用转移矩阵表，可以看出：

（1）以 2000 年为分界线，1980～2000 年，耕地主要来源为耕地、林地与农村居民点，其中农村居民点来源共达 55.19km^2。2000～2015 年，农村居民点转化为耕地仅有 8.57km^2；耕地转化为农村居民点情况也是如此，1980～2000 年达到 65.24km^2，2000～2015 年仅为 25.49km^2。这主要是由于 2000 年之后流域范围内城市化布局基本形成，农村居民点与耕地形式基本确定，其互相转化程度趋于稳定。而林地与耕地之间的转化规律也与农村居民点与耕地之间的转化规律相同，这是受到人类开发与退耕还林政策影响所致。

表 3-8 1980～1990 年土地利用转移矩阵表 （单位：km^2）

1990 年＼1980 年	耕地	林地	草地	水域	城镇用地	农村居民点	其他建设用地	未利用土地
耕地	602.30	53.25	3.17	5.77	1.43	15.71	2.58	0.09
林地	51.18	1315.04	5.13	7.80	0.17	2.70	1.58	0.10
草地	3.13	5.53	32.72	0.14	0.00	0.34	0.14	0.00
水域	9.75	8.91	0.29	33.85	0.03	0.93	0.17	0.02
城镇用地	2.87	0.37	0.00	0.12	14.27	0.00	0.00	0.00
农村居民点	20.52	2.59	0.11	1.20	0.00	60.22	0.05	0.00
其他建设用地	3.18	1.74	0.11	0.04	0.00	0.04	14.46	0.00
未利用土地	0.05	0.00	0.00	0.15	0.00	0.02	0.00	0.56

表 3-9 1990～1995 年土地利用转移矩阵表 （单位：km^2）

1995 年＼1990 年	耕地	林地	草地	水域	城镇用地	农村居民点	其他建设用地	未利用土地
耕地	542.66	66.87	5.48	8.73	0.88	24.27	4.45	0.05
林地	70.51	1288.55	8.43	9.39	0.41	3.98	2.10	0.00
草地	4.04	8.75	27.11	0.19	0.00	0.31	0.08	0.00
水域	12.82	9.95	0.23	32.66	0.11	2.24	0.09	0.14
城镇用地	15.72	1.22	0.00	0.82	16.23	5.69	0.17	0.00
农村居民点	30.60	4.08	0.47	1.80	0.00	47.05	0.55	0.02
其他建设用地	7.85	4.18	0.28	0.34	0.00	1.13	12.11	0.00
未利用土地	0.09	0.10	0.00	0.02	0.00	0.00	0.00	0.57

表 3-10 1995～2000 年土地利用转移矩阵表 （单位：km^2）

2000 年＼1995 年	耕地	林地	草地	水域	城镇用地	农村居民点	其他建设用地	未利用土地
耕地	590.33	32.15	1.13	6.38	3.55	15.21	3.20	0.00
林地	32.01	1336.90	5.56	5.28	0.68	1.88	2.13	0.00
草地	3.32	5.40	33.13	0.13	0.00	0.15	0.13	0.00
水域	4.35	4.91	0.03	44.11	0.22	1.06	0.13	0.02
城镇用地	6.69	0.80	0.63	1.31	34.94	0.53	0.87	0.00
农村居民点	14.12	1.86	0.00	0.95	0.30	64.98	2.60	0.00
其他建设用地	2.59	1.37	0.00	0.07	0.17	0.77	16.83	0.00
未利用土地	0.00	0.00	0.00	0.01	0.00	0.00	0.00	0.77

表 3-11　2000～2005 年土地利用转移矩阵表　（单位：km^2）

2005 年 \ 2000 年	耕地	林地	草地	水域	城镇用地	农村居民点	其他建设用地	未利用土地
耕地	613.13	2.37	0.14	0.19	0.05	0.51	0.13	0.00
林地	1.91	1374.99	1.05	0.27	0.02	0.13	0.10	0.00
草地	0.11	0.24	40.66	0.02	0.00	0.01	0.00	0.00
水域	0.76	0.34	0.01	53.06	0.02	0.03	0.00	0.01
城镇用地	17.39	0.64	0.00	1.14	45.68	8.79	0.10	0.00
农村居民点	14.48	2.94	0.08	0.14	0.00	75.15	0.36	0.00
其他建设用地	4.18	2.90	0.31	0.00	0.00	0.20	21.12	0.00
未利用土地	0.00	0.00	0.00	0.02	0.00	0.00	0.00	0.77

表 3-12　2005～2008 年土地利用转移矩阵表　（单位：km^2）

2008 年 \ 2005 年	耕地	林地	草地	水域	城镇用地	农村居民点	其他建设用地	未利用土地
耕地	588.81	0.00	0.00	0.01	0.00	0.00	0.00	0.00
林地	0.01	1371.16	0.19	0.03	0.00	0.00	0.01	0.00
草地	0.00	0.00	40.45	0.00	0.00	0.00	0.00	0.00
水域	0.01	0.01	0.00	52.91	0.00	0.00	0.00	0.00
城镇用地	14.44	0.82	0.00	0.93	73.75	7.80	0.05	0.00
农村居民点	3.56	0.45	0.01	0.00	0.00	84.78	0.00	0.00
其他建设用地	9.68	6.04	0.38	0.34	0.00	0.55	28.66	0.00
未利用土地	0.00	0.00	0.00	0.00	0.00	0.00	0.00	0.78

表 3-13　2008～2010 年土地利用转移矩阵表　（单位：km^2）

2010 年 \ 2008 年	耕地	林地	草地	水域	城镇用地	农村居民点	其他建设用地	未利用土地
耕地	552.16	2.96	0.20	0.76	2.85	5.41	5.25	0.19
林地	2.41	1358.04	0.26	0.66	1.70	0.17	2.23	0.01
草地	0.09	1.70	38.73	0.01	0.00	0.01	0.04	0.00
水域	6.34	1.57	0.17	49.89	1.38	1.00	0.55	0.01
城镇用地	9.59	2.07	0.91	0.51	91.84	17.44	3.47	0.00
农村居民点	4.13	0.44	0.01	0.46	0.00	60.48	0.93	0.00
其他建设用地	14.10	4.53	0.18	0.62	0.02	4.29	33.20	0.18
未利用土地	0.00	0.09	0.00	0.01	0.00	0.00	0.00	0.40

表 3-14 2010 ~ 2015 年土地利用转移矩阵表 （单位：km^2）

2015 年 \ 2010 年	耕地	林地	草地	水域	城镇用地	农村居民点	其他建设用地	未利用土地
耕地	543.00	11.21	0.64	1.60	0.96	2.65	1.29	0.02
林地	11.14	1342.96	2.55	1.91	0.44	0.54	0.71	0.02
草地	0.79	2.79	36.93	0.03	0.00	0.05	1.38	0.00
水域	1.53	1.96	0.10	56.34	0.22	0.18	0.22	0.00
城镇用地	1.61	0.51	0.00	0.29	124.08	0.00	0.01	0.00
农村居民点	3.32	0.47	0.02	0.17	0.01	62.97	0.06	0.00
其他建设用地	8.38	5.58	0.33	0.56	0.11	0.07	53.46	0.00
未利用土地	0.00	0.00	0.00	0.02	0.00	0.00	0.00	0.46

表 3-15 1980 ~ 2015 年土地利用转移矩阵表 （单位：km^2）

2015 年 \ 1980 年	耕地	林地	草地	水域	城镇用地	农村居民点	其他建设用地	未利用土地
耕地	537.61	13.31	0.77	1.21	0.13	4.94	3.20	0.20
林地	13.50	1340.51	2.00	1.79	0.17	0.87	1.38	0.03
草地	0.77	4.65	36.45	0.04	0.00	0.03	0.03	0.00
水域	11.38	4.36	0.28	42.90	0.11	1.28	0.24	0.01
城镇用地	73.98	4.66	0.91	1.37	15.48	27.01	3.09	0.00
农村居民点	19.34	2.02	0.02	0.34	0.00	44.40	0.91	0.00
其他建设用地	36.40	17.84	1.12	1.39	0.01	1.43	10.14	0.16
未利用土地	0.00	0.08	0.00	0.02	0.00	0.00	0.00	0.37

（2）对于城镇用地与其他建设用地，最主要的来源均为耕地。在 1980 ~ 2015 年整个研究时段内，城镇用地中来源于耕地的面积为 73.98km^2，占比达到 58.49%，而第二来源农村居民点面积为 27.01km^2，占比为 21.35%；同理，其他建设用地中来源于耕地的面积为 36.4km^2，占比为 53.14%，第二来源林地面积则为 17.84km^2，占比为 26.05%。

结合图 3-2 的分布特点，可以看出，流域城市群的发展中心集中于中下游，而流域耕地主要分布也在中下游沿岸，耕地是城镇用地和其他建设用地的主要来源，且伴随着城市化的进行，越来越多农业人口转为城市人口，农村居民点转为城市住宅区，但许多工业用地、采砂场等大型建设用地不适合建于城镇内，因此会开辟一些林地区域作为该类建设用地，导致城镇用地与其他建设用地各自第二大土地利用类型来源有所不同。

（3）水域和草地的主要来源为耕地和林地，2000 年以前转化率较高，但在 2000 年之后则进入缓慢转化的模式。这是由于城市化布局基本确立后人类活动干扰了自然景观之间的转化，因此趋于稳定状态。而未利用土地则主要被开发成了耕地与其他建设用地。

总体而言，2000 年以前，流域土地利用动态转化过程明显比 2000 年之后要剧烈。一是因为自然环境的改变，二是因为改革开放初期社会经济发展快速，城市群刚刚出现，对土地利用类型之间的转变影响较大，而城市群形成后自然用地之间的转化受到人类城市化活动的影响而变得缓慢，主要的转化形式发生在自然用地与人类建设用地之间。

3.2　人类活动对河网区水系结构的影响

佛山中心组团地处珠三角腹地，是典型的平原河网区，分布着大量规模不等的河流水系。这些密集河网地区是最容易受到变化环境影响的生态景观之一，尤其是较小规模的支流，常常在城市化扩张等土地改造活动中被填埋、废弃，导致河网结构破坏，自然调蓄和生态平衡功能下降，引发洪涝、污染等灾害。本书针对平原河网河道交错纵横的特点，使用依据河流宽度和重要性的方法进行分级，结合水系结构和连通指标，从整体和空间差异的角度分析城市化建设对该区域水系格局及其变化的影响。

3.2.1　研究区域基本概况

1. 地理位置

佛山中心组团规划区域位于北江干流中下游左岸，珠三角河网区腹部。该区域东面临陈村水道与广州番禺区相望，西南面以顺德水道为界，北面以罗村街道行政区界为界，行政区包括禅城区，南海区桂城街道办事处、罗村街道办事处，顺德区乐从镇、北滘镇、陈村镇。中心组团规划区域西北-东南最大距离约 30km、东北-西南最大距离约 20km，总面积为 504.17km^2。

2. 自然与气象

佛山中心组团区域内地势平坦，属冲积平原，其中疏落散布大小和形状不一的海洋残丘。平原地面高程多为 2～3m（珠基），禾田面高程 0.4～2.0m。区域地处北回归线以南，属南亚热带海洋性季风气候，春湿多阴冷，夏长无酷热，秋冬暖而晴旱。根据佛山市各气象站资料统计，多年平均气温为 21.9℃，历年最高气温为 39.2℃，历年最低气温为-1.9℃（1967 年 1 月 17 日）。7 月气温最高，南海区平均 28.8℃，1 月气温最低，南海区平均 12.8℃。多年无霜期南海区平均为 346 天，霜冻主要出现于 1 月。

多年平均日照时数南海区在1808h以上，3月、4月为最小，7月是日照高峰。多年平均辐射总量约108kcal/cm²①，年内以7月、8月辐射量最大，分别为11.9kcal/cm²和11.3kcal/cm²。秋冬季盛行北风，春夏季南风或东南风较多，年平均风速为2.2～2.5m/s。多年平均年降水量南海站1622mm、顺德站1651mm。降水年际变化较大，南海站最大年降水量2257mm（1961年）、最小年降水量1076mm（1991年）。降水有明显的季节变化，主要集中在雨季（4～9月），各月雨量都在170mm以上，其间的平均降水量占全年降水量的80%左右。其中南海站、顺德站5～8月的平均降水量都超过200mm，分别占各站年总雨量的57.4%、59.6%。南海站月降水量最大值为662mm（1959年6月），最小值为0mm。

佛山中心组团多年平均年蒸发量为1510mm，蒸发年际变化较小，最大1780mm，最小1300mm；其中5～9月气温高，蒸发量大，约占全年的70%，而2～3月最小，仅占全年的4%左右；干旱指数为0.931（蒸发量与降水量之比）。

受海洋气候影响，大部分地区空气水汽较多，多年平均相对湿度为81%，最大可达100%，最小为10%。11月、12月相对湿度最小，多年平均为75%；6月相对湿度最大，多年平均达到86%。每年5～11月，本区域均可能受热带气旋的影响，以7～9月最频繁，占全年的70%以上。据1950～1997年48年的资料统计，在广东、广西和海南沿海登陆的热带气旋共294次，其中对佛山市有不同程度影响和破坏的台风共91次，平均每年1.9次，约占华南沿海登陆气旋次数的31%。热带气旋风向以东风和东北风较多，热带气旋发生时，往往带来暴雨和暴潮。

河流泥沙主要来自上游西江和北江，其代表站马口站、三水站多年平均含沙量分别为0.308kg/m³和0.208kg/m³，多年平均输沙量分别为7280万t和932万t。输沙量的年际及年内分配极不均匀，输沙量的变化与径流量的变化基本一致，丰水年河流输沙量大，枯水年则输沙量小。马口站和三水站实测最大年输沙量分别为13200万t（1968年）和1830万t（1994年），最小值分别为1620万t（1963年）和57.5万t（1963年）。汛期（4～9月）河流径流量加大，水流挟带泥沙量随之增大，输沙量约占全年的95%，6～8月月输沙量最大；枯季水流减小，泥沙量也随之减小，12月和1月输沙量最小。

3. 河流水系

佛山中心组团位于珠三角腹部河网地带，西南以顺德水道为界，东临陈村水道，中部有潭洲水道、平洲水道等穿过，区域三面环水，内部河网纵横，水流通过洪奇门、蕉门、虎门入注伶仃洋。区域涉及的主要河流水系有北江干流、顺德水道、潭洲水道、平洲水道、吉利涌、陈村水道、佛山涌、三尾涌、陈村支涌及橹尾橇等河道。

① 1cal=4.1868J。

3.2.2 研究方法

1. 水系分级

对于平原河网水系，由于地势起伏不大，其河道水力坡降小，水流流向不确定，且河道常常交织成格网状，基本无法确定水系流域界限。下垫面剧烈变化下，其结构特征与天然河道存在较大差异，往往不具备天然河网的上下游关系。在平原河网区应用基于地貌学水系分级的方法（如 Horton、Strahler 和 Shreve 等方法）显得不够合理。从目前国内学者的研究来看，对平原河网水系进行分级一般应结合河宽和河流在河网中的重要性程度。依据河道的自然属性（平均河宽）、社会属性（功能性和重要性）及管理属性，可将水系划分为以下四个等级。各等级水系划分标准如下（图 3-4）：

一级河流——平均宽度 100m 以上，主要起行洪排涝、水道运输作用，在本研究区内主要为天然大型河道，包括北江干流、顺德水道、潭洲水道、分田河、佛山水道以及陈村水道。

二级河流——平均宽度 20 ~ 100m，主要起行洪排涝作用，包括平洲水道以及大型田间河流、人工河渠。

三级河流——平均宽度 10 ~ 20m，主要起汇水、集水的作用，包括大型农渠、人工河渠、环城河等。

四级河流——平均宽度 10m 以下，主要起汇水、集水的作用，河道相对较为短小，但数量为最多，包括小型农渠、河渠，以及大多数的断头河。

以上各级河流中，根据河流发挥功能以及河宽的差异，将一级、二级河流划为干流，三级、四级河流则为支流。支流相对干流来说，对下垫面环境的变化更为敏感，尤其是末级河流（即四级河流），易出现大规模填埋、减少的现象，其变化以人类活动为主导。干流河长变化一般较缓和，大型天然河道长度一般不会发生变化，大型人工河道根据实际需要发生相应改变，如认为修建排水渠道、大型农渠，其变化一般以自然活动为主导，变化周期较长。

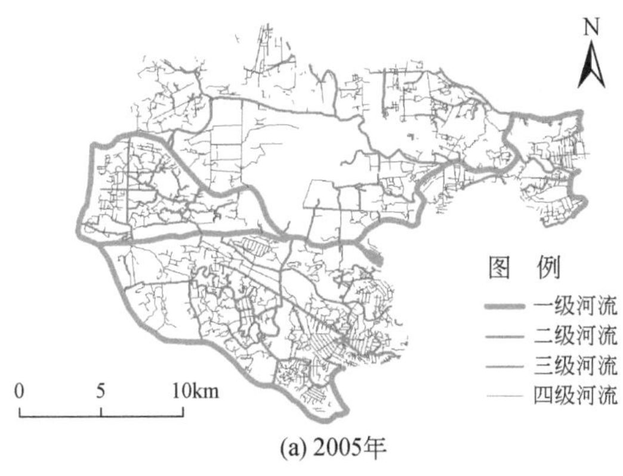

(a) 2005年

图 3-4　河网水系分布图

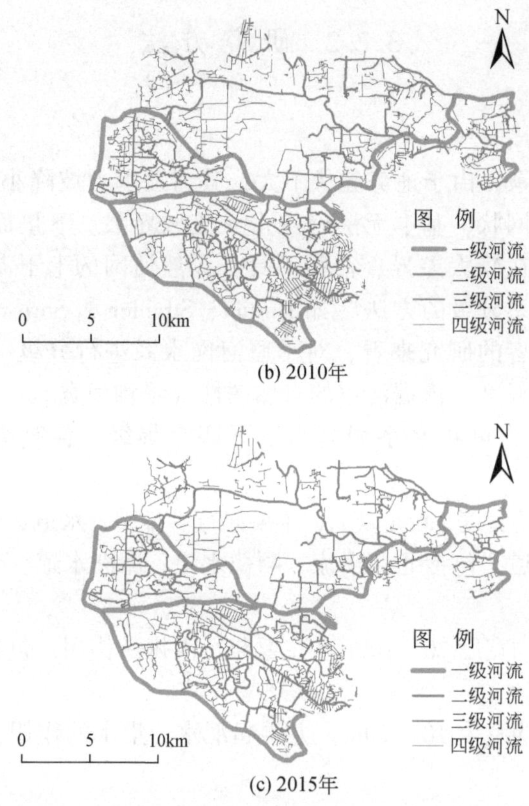

(b) 2010年

(c) 2015年

图 3-4 河网水系分布图（续）

2. 参数指标

1）河网密度

河网密度是流域内所有河流的总长度除以流域总面积，可以衡量流域渠道损失的程度。河网密度一般取决于流域的气候和下垫面物理特性（岩性、土壤等）。土壤渗透率和潜在岩石类型会影响流域的径流，不渗透的地面或暴露的基岩将导致地表水径流的增加，从而导致河网密度较大。在其他条件一致的情况下，坚硬地表较大的地区将具有比其他地区更高的河网密度。一般来说，河网密度高的区域对降水的水文响应较快（Melton，1957）。

$$D_r = \frac{L_r}{A} \tag{3-5}$$

式中，D_r为河网密度，其单位为 km/km^2；L_r、A 分别为研究区河流总长度及区域总面积。

2）支流发育系数

支流发育系数（K_ω）表征支流的发育程度，是指支流河流长度与主干河流长度的比值，其数值越小，河网主干化趋势越明显。计算公式如下：

$$K_{\omega}=\frac{L_{\omega}}{L_{\mathrm{m}}} \tag{3-6}$$

式中，L_{m}为主干河流长度；L_{ω} 为 ω 级河流长度；此处主干河流为具行洪功能的水系，指一级、二级河流。

3）盒维数

分形维数可用来表征事物结构的复杂程度，自分形理论提出以来被广泛运用在各领域科学研究中。国内学者在探索河流分形特征的量化时提出两种主要的方法——基于 Horton 定律的分形以及盒维数（D）（陈彦光和刘继生，2001）。前者的使用需考虑河网中各等级河流之间的结构、数量等关系，能准确反映河流系统结构的特征，所以也称为结构的分形。但不足之处是计算过于烦琐，需要考虑、分析每一条河流之间的关系。且由于平原河网区的河流纵横交错，一般都已失去明显的上下游关系，水系发育早已不符合自然规律，因此该方法有较大的使用局限性。在对平原河网进行分形计量时，盒维数是应用最多的表征方法之一。它的直接意义是反映河网对整个平面的填充能力，可以用来描述河网的复杂程度。该方法与 Horton 定律的分形相反，操作简便，却未考虑到河网内部的组成，如不同等级河流长度和数量的差异（徐光来，2012）。因此，对于盒维数描述能力不足的缺陷，将通过弯曲性系数这一结构指标进行补充。

4）弯曲性系数

采用河网水系曲度计量方法（赵军等，2011），即加权平均曲度计算弯曲性系数。它考虑了河链长度所占的比重，并以此为权重，较为客观地反映研究区域的河网曲度形态。计算公式如下：

$$S=\sum_{i}^{n}\frac{L_{\mathrm{S}i}}{L_{\mathrm{t}}}\cdot\frac{L_{\mathrm{S}i}}{L} \tag{3-7}$$

式中，S 为加权平均曲度，即弯曲性系数；$L_{\mathrm{S}i}$为第 i 段河链的实际长度；L_{t}为第 i 段河链的两端的点的直线长度；L 为河网总长度。

5）水系连通参数指标

连接率 β 和实际结合度 γ 表征河网水系连通。

$$\beta=\frac{L}{V} \tag{3-8}$$

$$\gamma=\frac{L}{3(V-2)} \tag{3-9}$$

式中，L 为河网中的河链（两个节点之间的河流）数量；V 为河链节点（河流交汇点）数量。β 用来表示水系网络结构的通达程度，γ 由网络中实际的河链数与最大可能连接河链数之比得到，用于描述河网相互连接的程度（韩龙飞等，2015）。

3.2.3 水系变化特征

1. 整体变化特征

分析表3-16，在河流长度方面：四级>三级>二级>一级；由于一级河流主要为大型天然河流，在本书的时间研究尺度内其长度可视为不变；二、三级河流变化幅度均较小，分别为5.7%和4.1%，四级河流作为末级水系，其变化最大，幅度接近30%。其中，二、三级河流长度均呈现逐年增长趋势；末级河流在城市化变化环境下往往遭受较大损失，2005~2010年、2010~2015年长度分别减少102.9km、110.3km，由2005年的731.2km减少至2015年的518.0km。以上的变化主要是由人为修建河道、疏通农渠等水利工程以及城市化扩张造成的。2005~2015年，佛山中心组团区域有明显的水塘、农田改造工程，对水田的大规模整理、规划行动，以及城市化向郊区扩张、工业开发和迁徙日益剧烈，导致末级河流被大量掩埋、废弃；同时，一部分三级河流在变化环境中消亡，同时河道疏浚使一部分末级河流转化为三级河流，并且原有的三级河流在经过修建后长度也有增加。因此，二、三级河流规模在城市化环境下有所增加。

表3-16 研究区河流长度及其变化统计

河流类型		2005年	2010年	2015年
干流	一级河流/km	86.1	86.1	86.1
	二级河流/km	89.0	92.8	94.0
支流	三级河流/km	164.1	168.8	170.9
	四级河流/km	731.2	628.3	518.0
总计/km		1070.5	976.1	869.0

	统计项	一级	二级	三级	四级	总计
变化量/km	2005~2010年	0	3.9	4.7	-102.9	-94.4
	2010~2015年	0	1.2	2.0	-110.3	-107.1
	2005~2015年	0	5.1	6.7	-213.2	-201.5
变化率/%	2005~2010年	—	4.3	2.9	-14.1	-8.8
	2010~2015年	—	1.3	1.2	-17.6	-11.0
	2005~2015年	—	5.7	4.1	-29.2	-18.8

分析表3-17，可知2005~2015年河网密度减少了18.9%，主要是末级河流大量损失导致。支流发育系数逐年减少，可以看出研究区河流发育趋向主干化，不利于降水的水文响应。运用ArcGIS计算得出的盒维数随时间推移而减小，表明河网复杂程度减小，水系结构简单化。与前三个参数（D_r、K_ω、D）不同，后三个参数（S、β、γ）呈现增加的趋势。

表 3-17　研究区河网格局参数

参数类型	指标	2005 年	2010 年	2015 年
结构参数	河网密度 D_r/(km/km^2)	2.96	2.70	2.40
	支流发育系数 $K_{3,4}$	5.11	4.46	3.82
	盒维数 D	1.442	1.424	1.397
	河链加权平均曲度 S	1.155	1.166	1.168
连通参数	连接率 β	1.071	1.085	1.091
	实际结合度 γ	0.357	0.362	0.364

分析表 3-17～表 3-19，河链加权平均曲度由 2005 年的 1.155 增至 2010 年的 1.166 和 2015 年的 1.168，主要与河网密度下降以及河网结构的简单化有关。河网密度下降导致的结构稀疏将使河网交织的节点数减少，河链实际长度增加，且平均增加幅度要大于河链首尾节点直线距离，最终导致河链加权平均曲度增大。

表 3-18　研究区河链加权平均曲度等级数量统计

统计项	类型	2005 年	2010 年	2015 年
河链数量	顺直型	3031	2444	1965
	低曲度	190	153	114
	中曲度	78	66	55
	高曲度	37	25	26
河链比率/%	顺直型	90.9	90.9	91.0
	低曲度	5.7	5.7	5.3
	中曲度	2.3	2.5	2.5
	高曲度	1.1	0.9	1.2

表 3-19　研究区河链及其节点数量统计

统计项	河链级别	2005 年	2010 年	2015 年
河链数量 L	一级	68	65	74
	二级	202	199	191
	三级	436	415	367
	四级	2630	2009	1528
	总计	3336	2688	2160
河链节点数量 V		3116	2478	1979

赵军等（2011）将上海平原河网区的河流曲度划分为四个等级：顺直型（1～1.3）、低曲度（1.3～1.5）、中曲度（1.5～2）以及高曲度（2～3）（表 3-18）。因此，可以判断，研究区河网总体上是顺直型。从表 3-19 中可看到，整体连通参数增加是因为断头河主要为末级河流，大量填埋消失增加了连通性。

2. 空间差异

对各级河流整体变化特征的分析，可知干流长度对城市化的响应并不明显，因此重点对支流进行分析。

由表 3-20 和表 3-21 可知，各分区中三级河流长度变化幅度和趋势均存在一定的差异。老城区、罗村的变化幅度较小，最大变幅仅分别为 0.7% 和 0.4%；考虑河流的解译误差，其在三个年份间几乎无明显变化。而桂城、乐从的三级河流大致增长。桂城由 2005 年的 24.4km 增加至 2015 年的 26.4km，增加 8.1%；乐从则增加了 4.1km，变化幅度为 7.8%。南庄经历了先减后增的变化，结果为增加小于 1km，增幅 1.3%；其中 2010 年减少至 53.6km，主要是人工池塘的修建等工程使田间河流被截断造成的，而在 2015 年又得到恢复则主要是因为人工河道的修建、开拓。

表 3-20 研究片区支流水系长度统计 （单位：km）

年份	河流类型	老城区	罗村	桂城	南庄	乐从
2005	三级河流	20.2	11.3	24.4	56.2	52.0
	四级河流	69.1	77.0	197.9	139.4	247.9
	总计	89.2	88.3	222.4	195.6	299.9
2010	三级河流	20.3	11.3	25.8	53.6	57.7
	四级河流	65.0	64.3	146.7	134.4	218.0
	总计	85.3	75.6	172.4	188.0	275.8
2015	三级河流	20.2	11.3	26.4	56.9	56.1
	四级河流	57.2	44.7	118.7	110.5	187.0
	总计	77.4	56.0	145.0	167.4	243.0

表 3-21 研究片区支流水系长度变化统计

统计项		河流类型	老城区	罗村	桂城	南庄	乐从
变化量/km	2005～2010 年	三级河流	0.15	0	1.37	-2.54	5.71
		四级河流	-4.06	-12.7	-51.28	-5.03	-29.84
		总计	-3.91	-12.7	-49.91	-7.57	-24.13
	2010～2015 年	三级河流	-0.14	-0.04	0.6	3.25	-1.65
		四级河流	-7.83	-19.58	-28	-23.85	-31.09
		总计	-7.97	-19.62	-27.4	-20.6	-32.74
	2005～2015 年	三级河流	0.01	-0.04	1.97	0.71	4.06
		四级河流	-11.89	-32.28	-79.28	-28.88	-60.93
		总计	-11.88	-32.32	-77.31	-28.17	-56.87

续表

统计项		河流类型	老城区	罗村	桂城	南庄	乐从
变化率/%	2005～2010 年	三级河流	0.7	0.0	5.6	-4.5	11.0
		四级河流	-5.9	-16.5	-25.9	-3.6	-12.0
		总计	-4.4	-14.4	-22.4	-3.9	-8.0
	2010～2015 年	三级河流	-0.7	-0.4	2.3	6.1	-2.9
		四级河流	-12.0	-30.5	-19.1	-17.7	-14.3
		总计	-9.3	-25.9	-15.9	-11.0	-11.9
	2005～2015 年	三级河流	0.0	-0.4	8.1	1.3	7.8
		四级河流	-17.2	-41.9	-40.1	-20.7	-24.6
		总计	-13.3	-36.6	-34.8	-14.4	-19.0

总体上，各分区末级河流变化较为剧烈，且均呈现逐年递减的趋势，2005～2015 年减少幅度为 17.2%～41.9%。其中，中等城市化区的罗村和桂城减少幅度较大，分别为 41.9% 和 40.1%，损失程度明显超过位于低等城市化区的南庄和乐从；从损失量来看，桂城>乐从，罗村>南庄，尽管乐从和南庄的末级河流基数分别小于桂城、罗村。此外，老城区、罗村和南庄的末级河流损失主要出现在 2010～2015 年，损失量分别占总损失量的 65.9%、60.7% 和 82.6%；乐从在前后两个时期损失相当，后期略多；桂城损失主要集中在 2005～2010 年，占 64.7%。该现象主要是各研究分区下垫面环境变化不同而造成的末级河流变化时空差异。

分析表 3-22，各研究片区支流河网密度以及支流盒维数均随时间的推移下降。其中，2005 年支流河网密度大小为乐从>桂城>南庄>罗村>老城区；2010 年和 2015 年为乐从>南庄>桂城>罗村>老城区。同样，盒维数大小也呈现相同的规律。根据表 3-23，支流河网密度前期减少幅度分别为 4.4%、14.6%、22.3%、3.9%、7.8%，后期减少分别为 9.2%、26.0%、16.1%、11.0%、11.9%。盒维数前期减少幅度分别为 1.1%、1.6%、4.2%、0.9%、2.1%，后期减少分别为 2.3%、5.3%、3.9%、2.3%、2.6%。可看出各研究片区河网水系结构均向简单化发展，河流退化、损失明显。中等城市化区支流河网退化程度最为严重，其次是低等城市化区。

表 3-22　研究片区支流水系结构参数

年份	项目	老城区	罗村	桂城	南庄	乐从
2005	河网密度/(km/km^2)	1.14	1.98	2.64	2.55	3.84
	盒维数	1.082	1.209	1.273	1.271	1.374
	曲度	1.169	1.124	1.177	1.175	1.148
2010	河网密度/(km/km^2)	1.09	1.69	2.05	2.45	3.54
	盒维数	1.070	1.190	1.219	1.260	1.345
	曲度	1.169	1.128	1.153	1.209	1.180

续表

年份	项目	老城区	罗村	桂城	南庄	乐从
2015	河网密度/(km/km^2)	0.99	1.25	1.72	2.18	3.12
	盒维数	1.045	1.127	1.172	1.231	1.310
	曲度	1.235	1.099	1.151	1.182	1.191

表 3-23 不同城市化片区支流水系河网密度 （单位：km/km^2）

年份	高等城市化区	中等城市化区	低等城市化区
2005	1.14	2.41	3.20
2010	1.09	1.93	3.00
2015	0.99	1.56	2.65

3.2.4 下垫面变化对末级河流的影响分析

1. 研究方法

空间依赖性（相关性）是指在某个地理空间内，事物属性的变化具有相关性：具体来说是位置相近事物间表现出关联性，可能为正相关或负相关（谢花林等，2006）。在经典统计学分析中，该特性的出现将引起空间自相关问题，根本原因是：其与时间序列自相关一样，违反了传统统计学中样本数据须独立均匀分布的基本条件（De Knegt et al.，2010）。因此，对于具有空间依赖性的研究对象，在回归分析中如果忽视该特性则可能会导致不稳定的参数估计结果，并产生不可靠的显著性检验。空间依赖性（spatial dependence）一般表现为以下两个方面：

（1）空间实质相关，其体现为事物在地理空间上存在的相互关联；从统计学的角度看，被解释变量（因变量）存在的数据相关性，使得解释变量（自变量）构造的矩估计不再是无偏估计量，在估计过程中将损失部分信息，可考虑引入空间相关性因子作为补偿。

（2）空间扰动相关，这是由误差项的空间自相关引起的，原因是忽略了潜在的解释变量，导致误差项不满足随机分布；由于误差项存在相关性，此时大数定理（LLN）和中心极限定理（CLT）便不再成立，回归结果准确性下降，采用经典方法难以消除这一影响。

经典的线性回归方法如普通最小二乘法没有考虑数据的空间相关性，针对该缺点，Anselin（1988）提出了考虑空间相关性的空间回归方程，将空间相关性纳入信息来源，从而更加合理、严谨地描述事物间的关联性。

上述空间回归方程实质上是一种全局分析方法，表现在其估计参数不变性，而除非空间是统一无间的，否则每个位置都将具有相对于其他位置一定程度的唯一性。事实上，解释变量的贡献程度随着空间位置不同会有差异，这一位置效应也称为空间异质性（spatial heterogeneity），意味着整个系统估计的总体参数可能无法充分描述所有位置的特征，该效应与空间依赖性并列，作为空间计量分析的两大基础。实际使用中，常用地理加权模型（GWR）来描述空间异质性，反映参数的空间非平稳性，进而获取更多研究区的信息，更加充分地描述研究对象。

1）全局分析——空间回归模型

a. 全局空间自相关指数

空间相关分析可以分为两类：探索性空间分析（统计分析）和确定性空间分析（回归分析），两类分析相辅相成，前者是后者的分析基础；分析的一般过程是通过探索性空间分析来描述空间数据，以确定是否具有相关性，并进一步通过确定性空间分析定量研究问题。探索性空间分析通常涉及两种类型的方法：第一类用于分析整个系统中空间数据的分布特征，通常被称为全局空间自相关，由莫兰指数（Moran's I）或盖勒指数（C）进行测量（Uptom and Fingleton，1985）。第二类用于分析局部系统的分布特征，也称为局部空间自相关，其具体形式包括空间聚集区、非典型地区、异常值或空间管理区，由 G 统计、Moran 散点图和空间集聚图（LISA）进行测量（Wainwright et al.，2011）。采用 Moran's I 值对研究区进行空间相关性的检验，从整体来确定整个研究区的空间属性，其计算原理如下所示。

$$I = \frac{\sum_{i=1}^{n}\sum_{j=1}^{n} \boldsymbol{W}_{ij}(Y_i - \overline{Y})(Y_j - \overline{Y})}{S^2 \sum_{i=1}^{n}\sum_{i=1}^{n} \boldsymbol{W}_{ij}} \tag{3-10}$$

$$S^2 = \frac{1}{n}\sum_{i=1}^{n}(Y_i - \overline{Y}) \qquad \overline{Y} = \frac{1}{n}\sum_{i=1}^{n} Y_i \tag{3-11}$$

式中，Y_i、Y_j 分别为所选研究区域 i 和 j 的观测值；n 为研究区域的总数；$\overline{Y}$ 为研究区域观测的平均值；$\boldsymbol{W}_{ij}$为空间邻接权重矩阵，用于定义相邻对象的关系，使用 Rook'case 方法构建矩阵，表示的是某个网格单元与周围 4 个邻边接壤的单元相关。如果 Moran's I 值为 0，则表示空间样本服从随机分布，不考虑空间自相关。

b. 空间回归模型及其类别

空间回归模型中常用的模型包括空间滞后模型（SLM）和空间误差模型（SEM）；SLM 将被解释变量 $\boldsymbol{y}$ 的空间滞后项 $\boldsymbol{W}_y$添加到经典线性模型 $\boldsymbol{y}=\boldsymbol{\alpha}\times\boldsymbol{I}_n+\boldsymbol{X}\times\boldsymbol{\beta}+\boldsymbol{\varepsilon}$ 中，其回归方程如下：

$$\boldsymbol{y}=\rho\times\boldsymbol{W}_y+\boldsymbol{\alpha}\times\boldsymbol{I}_n+\boldsymbol{X}\times\boldsymbol{\beta}+\boldsymbol{\varepsilon} \tag{3-12}$$

$$\boldsymbol{\varepsilon}\in N(0,\sigma^2\boldsymbol{I}_n) \tag{3-13}$$

式中，$\boldsymbol{y}$ 为 n 维的可变列向量；$\boldsymbol{X}$ 为 n 维的解释变量矩阵；$\boldsymbol{I}_n$ 为当元素为 1 时的 n 维列向量；ρ 为空间自相关系数（标量），其反映了空间单位之间的关系（即相邻空间单位对该空间单位的影响程度）；$\boldsymbol{\alpha}$ 和 $\boldsymbol{\beta}$ 为模型的参数向量，其中 $\boldsymbol{\beta}$ 主要反映了自变量 $\boldsymbol{X}$ 对因变量 $\boldsymbol{y}$ 的影响；$\boldsymbol{\varepsilon}$ 为随机误差。

SEM 将空间误差项 $\boldsymbol{W}_u$引入经典线性模型中，回归方程如下：

$$\boldsymbol{y}=\boldsymbol{X}\times\boldsymbol{\beta}+\boldsymbol{u}$$
$$\boldsymbol{u}=\lambda\times\boldsymbol{W}_u+\boldsymbol{\varepsilon}，且\ \boldsymbol{\varepsilon}\in N(0,\ \sigma^2\boldsymbol{I}_n) \tag{3-14}$$

式中，$\boldsymbol{u}$ 为随机误差项向量；λ 为空间自相关系数；$\boldsymbol{\varepsilon}$ 为正态分布的随机误差向量。

c. 空间回归模型选用判别

关于模型的选择，Anselin 和 Florax（1995）提出了以下标准：可使用两个拉格朗日乘数 LMlag、LMerr 及其稳健的 R-LMlag、R-LMerr 作为检验统计量；针对 P 值，如果统计量 LMlag 比 LMerr 更加显著，稳健的 LMlag 比稳健的 LMerr 显著，则一般选用空间滞后模型；如果统计量 LMerr 比 LMlag 更加显著，稳健的 LMerr 比稳健的 LMlag 显著，则一般选用空间误差模型。

选择模型时，首先在创建空间权重矩阵后采用普通最小二乘法（OLS）进行回归并检验，得到结果并依此确定分析模型（沈洁等，2015）。

2）局部分析——地理加权模型

地理加权模型实质是一种局部加权最小二乘法，是从传统的线性回归方法演化而来的。它通过引入位置权重，来反映变量间关系在空间上的差异。基本的 GWR 模型表达式如下所示：

$$y_i=\gamma_0(\mu_i,\nu_i)+\sum_{i=1}^{p}\gamma_n(\mu_i,\nu_i)\xi_{in}+\delta_i,\quad i=1,2,\cdots,n \tag{3-15}$$

式中，(μ_i,ν_i) 为第 i 个样本数据的位置；$\gamma_n(\mu_i,\nu_i)$ 为第 i 个样本数据中的第 n 个估计参数，是能够反映不同地理位置的函数项；$\gamma_0(\mu_i,\nu_i)$ 为估计方程的常数项；ξ_{in} 为第 i 个样本数据的第 n 项解释变量；$\delta_i\sim N(0,\sigma^2)$，$\mathrm{Cov}(\varepsilon_i,\varepsilon_j)=0(i\neq j)$。使用该模型时选择一个合适的最优带宽最为关键，采用的是 Brunsdon 等提出的适用于判断 GWR 权函数最优带宽的 AIC 准则（宁秀红等，2013），其公式如下：

$$\mathrm{AIC}=-2n\ln L(\hat{\sigma})+n\ln(2\pi)+n\left[\frac{n+\mathrm{tr}(\boldsymbol{S})}{n-2-\mathrm{tr}(\boldsymbol{S})}\right] \tag{3-16}$$

式中，$\boldsymbol{S}$ 为帽子矩阵；$\mathrm{tr}(\boldsymbol{S})$ 为矩阵的迹；$\hat{\sigma}$ 为随机误差项方差的极大似然估计。判断准则是：最优的带宽是当 AIC 值最小时所对应的带宽（宁秀红等，2013）。

2. 结果分析

1）变量的空间统计分析

a. 分布影响因子的选取

为分析末级河流分布的影响因素，对 7 种土地利用类型（水田、旱地、林地、水域、城镇用地、农村居民点和工业用地）进行逐步回归分析，将显著性大于 5% 的变量剔除，所得显著变量如表 3-24 所示，其分布情况如图 3-5 所示。

使用共线性诊断，发现各年份所选驱动因子的共线性统计量 VIF 值均小于 10，共线性诊断结果的特征值均不等于 0，且条件指数均小于 10，表明所选驱动因子间不存在明显共线性。

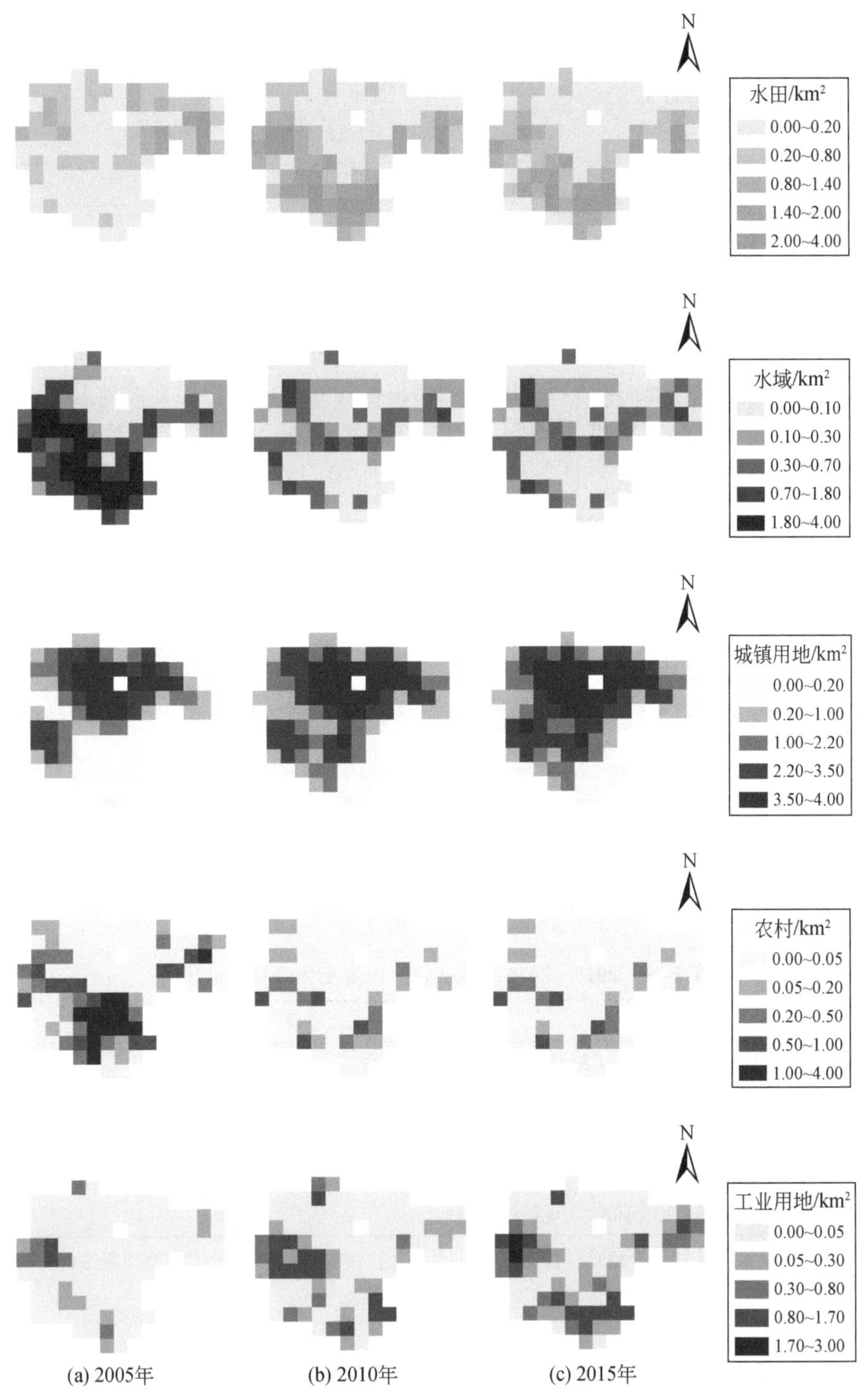

图 3-5　末级河流分布影响因子的分布情况

表 3-24　末级河流分布影响因子

年份	显著变量
2005	水域、水田、城镇用地、农村居民点（4 个）
2010	水田、城镇用地（2 个）
2015	水田、城镇用地、工业用地（3 个）

b. 变化驱动因子的选取

分别将 2005～2010 年、2010～2015 年两期显著性大于 5% 的经初步筛选驱动因子剔除，所得显著变量分别为：2005～2010 年的水域–工业用地、水田–城镇用地和水田稳定部分 3 个变量（表 3-25）；2010～2015 年的水田–工业用地和水田稳定部分 2 个变量（表 3-26）。两期所选驱动因子的共线性统计量 VIF 值均小于 10，共线性诊断结果的特征值均不接近 0，且条件指数均小于 10，表明所选驱动因子间不存在明显共线性。

表 3-25　2005～2010 年末级河流密度变化潜在驱动因子

被解释变量	末级河网密度变化
潜在驱动因子	38 种土地转移类型+7 种土地稳定类型
因子类型	不变类型（7 种）；水田–非水田（6 种）；旱地–非旱地（6 种）；林地–非林地（4 种）；水域–非水域（6 种）；城镇–非城镇（5 种）；农村–非农村（6 种）；工业–非工业（5 种）
初步筛选结果	不变类型（7 种）+水域–水田、农村居民点–城镇用地、水田–城镇用地、水域–城镇用地、水域–工业用地、城镇用地–工业用地（6 种）

注：初步筛选结果为对 38 种土地转移类型的筛选；经筛选出的转移类型面积占转移总面积的 80% 以上，为最主要的 6 种转移类型

表 3-26　2010～2015 年末级河流密度变化潜在驱动因子

被解释变量	末级河网密度变化
潜在驱动因子	37 种土地转移类型+7 种土地稳定类型
因子类型	不变类型（7 种）；水田–非水田（6 种）；旱地–非旱地（4 种）；林地–非林地（5 种）；水域–非水域（6 种）；城镇–非城镇（5 种）；农村–非农村（6 种）；工业–非工业（5 种）
初步筛选结果	不变类型（7 种）+水田–工业用地、工业用地–城镇用地、水田–城镇用地、林地–城镇用地、水域–城镇用地、林地–工业用地（6 种）

注：初步筛选结果为对 37 种土地转移类型的筛选；经筛选出的转移类型面积占转移总面积的 80% 以上，为最主要的 6 种转移类型

c. 变量空间自相关性

（1）末级河流分布。由图 3-6 可看出末级河流的分布存在集聚性，对各年份网格样本内的末级河流密度以及选取的影响因子进行空间自相关性检验，结果如表 3-27 和表 3-28 所示，发现 Moran's *I* 值均为极显著，表明末级河流分布和影响因子在空间上具有明显的相关性，其并非随机分布，而是受到其他空间同样变量的影响的。此为空间

表 3-27　末级河流分布 Moran's *I* 值及显著性检验

指标	2005 年	2010 年	2015 年
Moran's *I*	0.2954 **	0.3005 **	0.3293 **
P	0	0	0
Z-Score	4.1780	4.2485	4.6040

** *P* 值小于 0.01，为极显著

表 3-28　末级河流分布影响因子 Moran's *I* 值及显著性检验

<table>
<tr><td>年份</td><td>指标</td><td>水域</td><td>水田</td><td>城镇用地</td><td>农村居民点</td></tr>
<tr><td rowspan="3">2005</td><td>Moran's I</td><td>0.6538 **</td><td>0.4079 **</td><td>0.7074 **</td><td>0.6069 **</td></tr>
<tr><td>P</td><td>0</td><td>0</td><td>0</td><td>0</td></tr>
<tr><td>Z-Score</td><td>9.0726</td><td>5.8604</td><td>9.7417</td><td>8.7800</td></tr>
<tr><td>年份</td><td>指标</td><td colspan="2">水田</td><td colspan="2">城镇用地</td></tr>
<tr><td rowspan="3">2010</td><td>Moran's I</td><td colspan="2">0.5513 **</td><td colspan="2">0.6443 **</td></tr>
<tr><td>P</td><td colspan="2">0</td><td colspan="2">0</td></tr>
<tr><td>Z-Score</td><td colspan="2">7.6974</td><td colspan="2">8.8735</td></tr>
<tr><td>年份</td><td>指标</td><td>水田</td><td>城镇用地</td><td colspan="2">工业用地</td></tr>
<tr><td rowspan="3">2015</td><td>Moran's I</td><td>0.4963 **</td><td>0.6465 **</td><td colspan="2">0.4625 **</td></tr>
<tr><td>P</td><td>0</td><td>0</td><td colspan="2">0</td></tr>
<tr><td>Z-Score</td><td>6.8991</td><td>8.8423</td><td colspan="2">6.6874</td></tr>
</table>

** *P* 值小于 0.01，为极显著

自回归的基础和依据。

（2）末级河流变化。空间自相关分析结果表明（表 3-29 和表 3-30），末级河流变化及其驱动因子的 Moran's *I* 值均极显著，存在明显的空间依赖性，因此可进行空间自回归分析。

表 3-29　末级河流密度变化 Moran's *I* 值及显著性检验

指标	年份	末级河网密度变化
Moran's *I*	2005～2010	0.1990 **
P		0.0014
Z-Score		3.2004
Moran's *I*	2010～2015	0.2881 **
P		0
Z-Score		4.1260

** *P* 值小于 0.01，为极显著

表 3-30　末级河流变化驱动因子 Moran's *I* 值及显著性检验

年份	指标	水域-工业	水田-城镇	水田稳定部分
2005 ~ 2010	Moran's *I*	0.2457 **	0.3650 **	0.4358 **
	P	0.0002	0	0
	Z-Score	3.7108	5.3493	6.4654

年份	指标	水田-工业	水田稳定部分
2010 ~ 2015	Moran's *I*	0.3806 **	0.4972 **
	P	0	0
	Z-Score	5.6783	6.9161

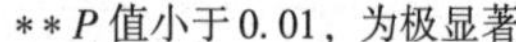
** *P* 值小于 0.01，为极显著

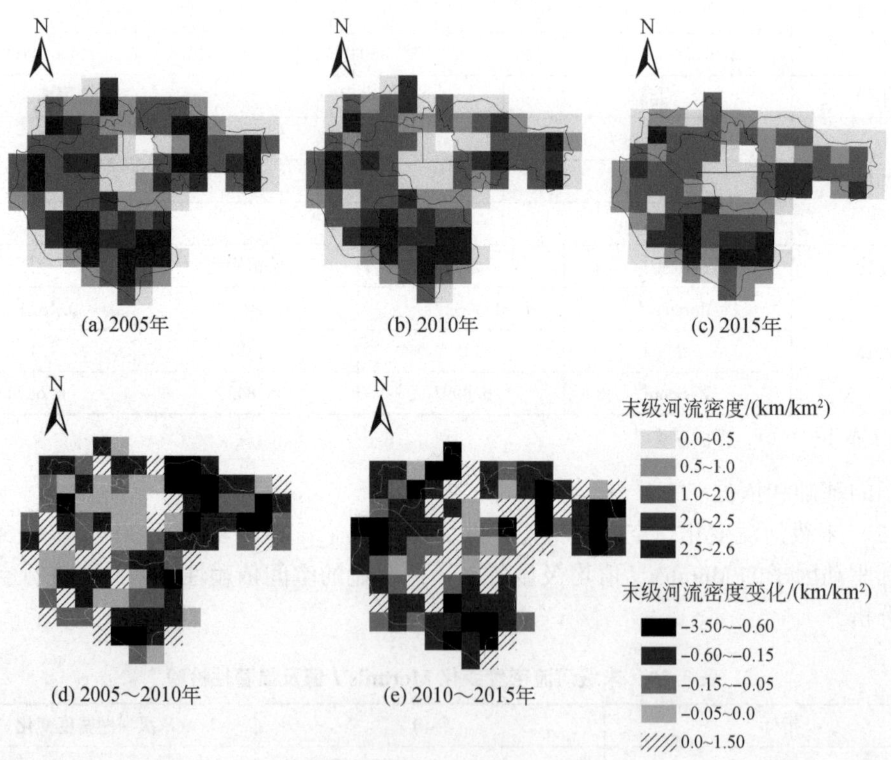

图 3-6　末级河流分布及其变化图

2）末级河流空间回归分析

a. 河流分布估计

从空间相关性检验结果看，三个年份 LMlag 值显著性均大于 LMerr，且 R-LMlag 值显著性均大于 R-LMerr（表 3-31）。因此，选用空间误差模型对末级河流分布的进行回归分析。结果发现，2010 年空间自相关系数（Lambda 值）显著性>0.05，不显著；而 2005 年和 2015 年表现为极显著；对比 OLS 模型可发现，与 2005 年和 2015

年一样，2010 年对数似然值（LIK）增加，赤池信息准则（AIC）和施瓦茨准则（SC）对应的值均减少，说明对三个年份使用空间误差模型均能更合理地对末级河流分布进行描述。

表 3-31　空间相关性检验结果

检验量	空间相关分析（2005 年）			空间相关分析（2010 年）			空间相关分析（2015 年）		
	MI/DF	VALUE	PROB	MI/DF	VALUE	PROB	MI/DF	VALUE	PROB
LMlag	1	7. 3804	0. 0066	1	0. 9961	0. 3183	1	4. 4932	0. 0340
R-LMlag	1	0. 1052	0. 7456	1	0. 1294	0. 7190	1	0. 1075	0. 7430
LMerr	1	9. 6633	0. 0019	1	2. 7258	0. 0987	1	6. 4937	0. 0108
R-LMerr	1	2. 3881	0. 1223	1	1. 8592	0. 1727	1	2. 1080	0. 1465

注：MI/DF 为自由度；VALUE 为 t 检验的 t 值；PROB 为 P 值，若 PROB<0. 05，表示模型显著，反之则不显著

纵观各年份的影响因子（表 3-32），发现水域、水田是末级河流分布的主要影响因素，可理解为末级河流主要分布于这两种类型的用地上。2010 年相对 2005 年减少了水域和农村居民点两个影响因子，主要是由于 2005 年分布在研究区的鱼塘、水塘等水域被大量整理而转变成为水田用地，原先分布在水域的末级河流同样转移到水田。类似地，城市化将大量农村居民点改造为城镇，导致分布在农村的河流发生转移。2015 年相对 2010 年增加了工业用地一项，主要是工业用地对水田的侵占一方面导致河流损失，另一方面使原先分布在水田的部分河流转移到工业用地上。低度城市化区在 2005 ~ 2015 年一直是水域、水田的主要分布区域，因此分布在该区域的末级河流总量最多。

表 3-32　中心组团末级河流分布的回归模型估计结果

年份	变量	OLS 模型		空间误差模型	
		估计系数	P	估计系数	P
2005		LIK = -124. 472		LIK = -119. 445	
		AIC = 258. 944	SC = 272. 446	AIC = 248. 89	SC = 262. 393
	系数 Lambda	—	—	0. 3802 **	0. 0004
	常数项	-0. 1205	0. 5445	-0. 2474	0. 2456
	水域	1. 0006 **	0	1. 0402 **	0
	水田	1. 1644 **	0	1. 0846 **	0
	城镇用地	0. 2688 **	0	0. 3352 **	0
	农村居民点	0. 3095 **	0. 0058	0. 3523 **	0. 0042
2010		LIK = -101. 999		LIK = -100. 501	
		AIC = 209. 998	SC = 218. 099	AIC = 207. 002	SC = 215. 104
	系数 Lambda	—	—	0. 2185	0. 0635
	常数项	0. 1062	0. 4451	0. 0615	0. 6780
	水田	1. 1548 **	0	1. 1699 **	0
	城镇用地	0. 2515 **	0	0. 2678 **	0

续表

年份	变量	OLS 模型		空间误差模型	
		估计系数	*P*	估计系数	*P*
2015		LIK=-86.1975		LIK=-82.4705	
		AIC=180.395	SC=191.16	AIC=172.941	SC=183.706
	系数 Lambda	—	—	0.3416 **	0.0021
	常数项	-0.0664	0.6169	-0.0768	0.5946
	水田	1.0501 **	0	1.0283 **	0
	城镇用地	0.2695 **	0	0.2728 **	0
	工业用地	0.3745 **	0.0023	0.4333 **	0.0004

** *P* 值小于 0.01，为极显著

注：LIK 越大，或 AIC 和 SC 越小，则模型拟合效果越好

总体来看，2005 年末级河流主要分布在农业用地和水域，2010 年、2015 年则主要分布在农业用地。建设用地是另一较显著的分布区域，但分布数量不及前者。

b. 河流变化估计

分别以 2005～2010 年、2010～2015 年末级河流密度变化量作为被解释变量，以经筛选的土地转移变量——水田-城镇用地、水域-工业用地和水田稳定部分（2005～2010 年）以及水田-工业用地和水田稳定部分（2010～2015 年）作为解释变量，根据空间检验结果（表 3-33），确定 2005～2010 年、2010～2015 年分别选用空间误差模型、滞后模型进行回归分析；与 OLS 模型估计结果比较，发现空间模型估计结果的 LIK 均大于 OLS 模型的，且 AIC 和 SC 均有下降，说明考虑了空间相关效应的空间回归模型能更加合理地描述现象。

表 3-33　空间相关性检验结果

检验量	空间相关分析（2005～2010 年）			空间相关分析（2010～2015 年）		
	MI/DF	VALUE	PROB	MI/DF	VALUE	PROB
LMlag	1	5.0236	0.0250	1	7.1988	0.0073
R-LMlag	1	0.0055	0.9409	1	0.2772	0.5986
LMerr	1	5.8640	0.0155	1	7.0816	0.0078
R-LMerr	1	0.8459	0.3577	1	0.1600	0.6892

从空间回归分析结果可看出（表 3-34），2005～2010 年三种驱动因子对末级河流损失均具负面作用，量纲相同情况下的估计系数（绝对值）为：水域-工业用地>水田-城镇用地>水田稳定部分，说明水域-工业用地转移类型为主导因素。从整个研究区范围来看，2005～2010 年末级河流的损失主要是因为建设用地对水田、水域用地的侵占，此外水田没有发生转移的部分也有末级河流损失的现象发生，这主要是由于作用于土地上的人类活动（如对农田进行整理、改造等农业活动）能够影响区域内的末级河流数量。平原河网地区在进行农业现代化建设和改造时，对耕地内部的田、水、路、林、村的综合整治以及对坑塘水面、养殖水面等的整理，以及围田建圩，规整格局，增强

河道沟渠的联系，同时导致旧的小圩、河汊、洼潭、渠道被填平，从而形成格式良田。上述的农业活动往往会改变水系微结构，使得区域河网支流发展受到限制。

表3-34　中心组团末级河流变化的回归模型估计结果

年份	变量	OLS模型		空间误差/滞后模型	
		估计系数	*P*	估计系数	*P*
2005～2010（误差模型）		LIK=-45.9381		LIK=-43.2198	
		AIC=99.8762	SC=110.678	AIC=94.4396	SC=105.242
	系数Lambda	—	—	0.2666*	0.0209
	常数项	-0.0697	0.1354	-0.0672	0.2187
	水田-城镇用地	-0.6648**	0.0001	-0.6158**	0.0002
	水域-工业用地	-0.7818**	0.0003	-0.8793**	0
	水田稳定部分	-0.2019*	0.0251	-0.1848*	0.0490
2010～2015（滞后模型）		LIK=-62.9584		LIK=-59.2493	
		AIC=131.917	SC=139.991	AIC=126.499	SC=137.264
	系数*W*-*ρ*	—	—	0.3065**	0.0039
	常数项	-0.0877	0.1100	-0.0325	0.5450
	水田-工业用地	-0.6105**	0.0001	-0.5167**	0.0003
	水田稳定部分	-0.1534*	0.0167	-0.1257*	0.0386

*　*P*值小于0.05，为显著；**　*P*值小于0.01，为极显著

2010～2015年，水田-工业转移和水田稳定部分为末级河流减少的显著驱动因子，且均具负面影响。其中，工业用地对水田的侵占为末级河流损失的最主要原因，说明2005～2015年建设用地扩张与末级河流主要分布土地类型——水田和水域之间的矛盾对末级河流产生持续的负面影响。此外，分布在水田用地的河流整体上有所减少。

3）变化驱动因子的空间异质性

分析图3-7，2005～2010年，水域-工业转移主要分布于南庄和乐从，然而该转移类型在低度城市化区所占比重不大，其中在南庄约9%，在乐从则不属于主要的转移类型；在桂城东部也有工业扩张侵占水域的现象，但规模和程度均不及以上两个分区。水田-城镇转移主要分布于桂城和罗村，这在两个中度城市化分区均为最主要的土地转移类型，其中在桂城约占43%，在罗村约占23%；其次，在老城区的边界处也出现城镇用地扩张侵占水田的现象，尤其是与桂城、南庄和罗村交界处。稳定的水田土地利用类型则主要分布在老城区东南部，桂城东部和南部，以及罗村的西部，南庄的北部和乐从的东、北边界处。

2010～2015年，水田-工业用地转移主要发生在桂城、南庄和乐从三个区域，且均为最主要的土地转移类型。具体分布在桂城西南部和东部，以及南庄和乐从大部分区域。水田稳定部分分布广泛，除了南庄、乐从、罗村，还有桂城东部和西南部，以及老城区西部和东南部边界处。

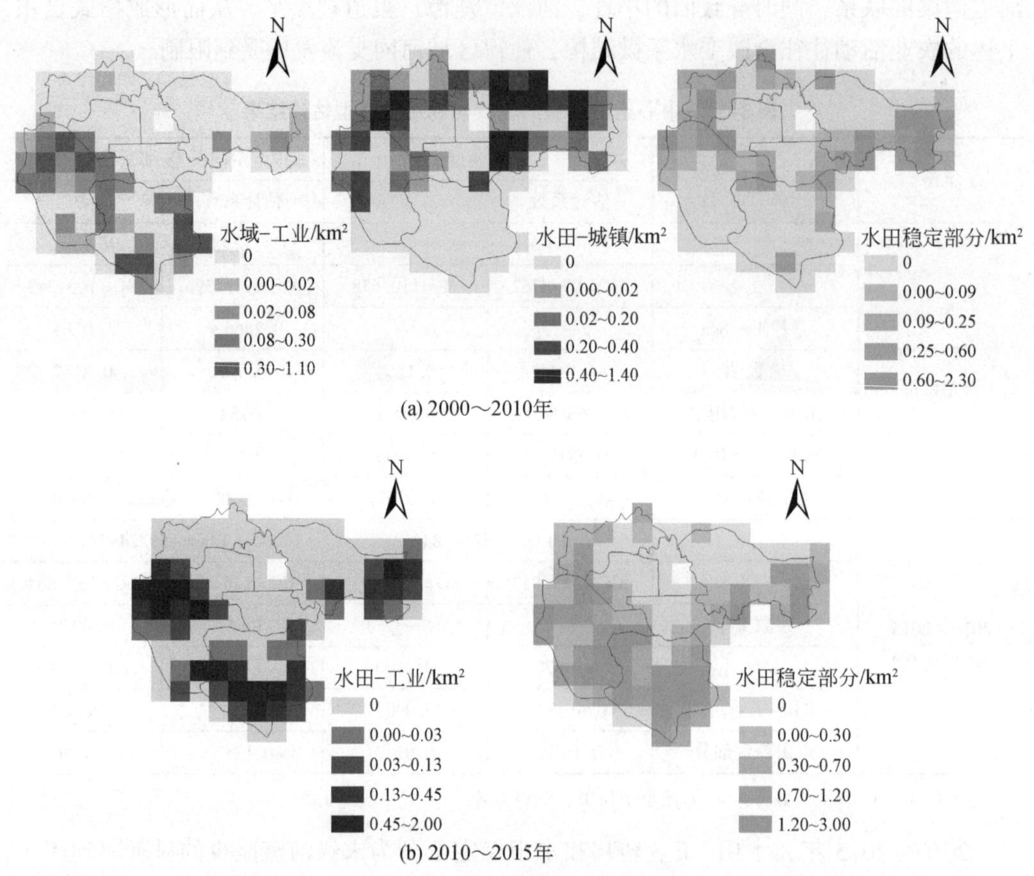

图 3-7 变化驱动因子分布情况

结合图 3-7 发现 2005 ~ 2010 年水田-城镇土地转移对末级河流的负面影响在罗村、老城区、南庄北部和桂城西部较为显著（回归系数绝对值>0.5）；水域-工业土地转移的负面影响分布广泛，以桂城东部最为显著，其对末级河流的损失作用大于南庄和乐从。分布在水田末级河流损失以乐从最为明显，桂城东部、南部，南庄北部以及老城区东南部均有不同程度的损失。2010 ~ 2015 年水田-工业转移的负面影响在桂城西南部最为显著，大于南庄和乐从。分布在罗村东部、桂城东部以及乐从中部、南部水田的末级河流损失现象较为明显。

2005 ~ 2010 年，描述建设用地侵占水田和水域的驱动因子（水域-工业、水田-城镇）在高度和中度城市化区的影响最为显著；与农业活动有关的驱动因子（水田稳定部分）在低度城市化区的乐从具最显著的影响。在 2010 ~ 2015 年，除研究区北端，工业用地对水田侵占的负面影响分布广泛，又以桂城西南部最为显著。水田稳定部分在桂城东部，罗村东部以及乐从南部较为显著。通过以上全局及局部的定量分析，可对末级水系变化差异的现象进行解释，即尽管 2005 ~ 2010 年低度城市化区的综合土地利用动态度和土地利用程度变化指数明显高于中度城市化区的，但后者末级河流损失程度却最为严重，导致 2005 ~ 2015 年中度城市化区的损失总量最多。

2005～2010 年末级河流损失的主要驱动因子分别为工业用地扩张对水域的侵占和城镇扩张对水田的侵占，据统计工业侵占主要发生在低度城市化区，约 7.3km^2，而城镇侵占主要在中度城市化区，约 10.9km^2，且中度城市化区的河流对城镇侵占较为敏感，同时工业侵占导致桂城东部分布在水域的河流大量减少，该时期中度城市化区河流大量损失，超过低度城市化区，以桂城为甚。此外，低度城市化区土地利用类型发生较大的变化，但主要是以水域向水田的转化，这并非末级河流变化的显著变量。

2010～2015 年主要驱动因子为工业用地对水田的侵占，主要发生在低度城市化区，虽然该期间农业活动的不利影响分布范围更广，但水田主要还是集中在低度城市化区，故末级河流损失程度在低度城市化区最严重。

3.3　人类活动对河网区河道地形的影响

西北江三角洲河道地形变化是河道水文动力的直接驱动因子之一，进而影响三角洲的水资源利用和管理。本书基于 1952～2005 年不同年代的实测河道地形数据，构建了西北江三角洲各河道的断面高程数据库，计算各河道的形态参数，从纵向、横向和容积三个方面系统地判断三角洲内各河道的演变方向和程度。

河道地形演变是指河道在自然条件下或受人类活动影响时所发生的冲淤变化过程，包括河床在垂直和水平方向上的变形以及河型的转化（谢鉴衡等，1982）。随着社会发展的需求增大，人类对河道的开发力度不断增强，直接改变了河流泥沙的运动和河道形态。河道地形的变化会改变西北江水位、潮流动力等水文条件，对上游防汛工程、下游取水、水环境生态等造成较大影响，引发诸如洪水、咸潮等一系列灾害，从而影响西北江三角洲社会经济的可持续发展。因此，有必要对西北江三角洲河道地形变化进行系统、深入的研究。

西北江三角洲 1952 年、1990 年和 2005 年三套实测河道地形资料分别代表处于自然冲淤状态的天然期河道、大量人类活动的变化期河道及人类活动有所收敛后的稳定期河道，本书通过对河道进行概化，分别计算三个年份的河道地形参数，通过平均河底高程、宽深比、河道容积等河道形态参数的变化来判断河道的演变方向和变化程度，定性和定量地对比不同时期不同人类活动影响程度下的河道地形及同一时期不同河道的受影响程度。

3.3.1　河道形态纵向演变特征

河道地形纵向变化是指河底的纵向深度变化，通过河道河床的高程变化来表示，常用参数为平均河底高程和深泓高程，可判断河道地形的纵向变化程度。

1）平均河底高程

河道平均河底高程是指河床相对某一基面的平均高程，即河道内各断面河底高程的平均值。断面河底高程是指平滩水位与平均水深之差，而平均水深是平滩水位下过水面积与平滩河宽之商。则计算公式如下：

$$\overline{H}=H_1-\overline{D} \tag{3-17}$$

$$\overline{D}=\frac{S}{L} \tag{3-18}$$

式中，$\overline{H}$ 为平均河底高程；H_1为平滩水位；$\overline{D}$ 为平均水深；S 为过水面积；L 为平滩河宽。

2）深泓高程

断面深泓高程是指断面河床最低点的高程，实际就是河底高程的最小值。在河道地形数据库的基础上，运用最小值函数，找到各断面高程最小值。深泓高程的最终计算结果以深泓高程沿程变化线来展示，可对比同一河道三个年代的变化线，分析河道深泓线的上下位移变化，从而判断纵向变化的方向和程度。

西北江主流河道的平均河底高程见图 3-8、图 3-9，可以得到以下规律：①20 世纪 50～90 年代，除北江上游的北江干流水道外，西江、北江主流河道纵向变化大致相同，河床小幅度抬升或基本稳定。其中，西江干流水道、西海水道及李家沙水道的抬升幅度在 15%～20%，下游磨刀门水道及洪奇沥水道基本稳定，高程变化幅度在 8% 以内；北江干流水道则表现为河床下切，且整体下切幅度为 108%。②20 世纪 90 年代～21 世纪初，西江、北江主流河道河床均下切，且上游下切幅度大于中下游。西江上游河道平均下切幅度大于 80%，北江上游大于 140%，北江干流水道整体下切高度为 5.97m，下游的磨刀门水道及洪奇沥水道下切幅度为 40%～50%，可推断该时期河道的河床纵比降减小。

总体而言，北江主流上游更早发生河床下切的现象，且下切幅度大于西江、北江主流的其他河道，在 1952～2005 年整体持续下切高度为 8.14m，下切幅度高达 408%。1952～2005 年，西江、北江主流河道的纵向演变整体表现为河床下切，且下切幅度上游大于下游，北江大于西江。有学者研究表明：人工采沙是河床下切的直接原因（陈晓宏和陈永勤，2002）。同时，受对采沙行为的控制和砂石的开采难易度的影响，西北江三角洲河道挖沙主要发生在上游（Luo et al.，2007），且北江强度大于西江（谭超等，2008），使得三角洲内河道演变程度不均匀，北江上游的河道下切现象更严重。

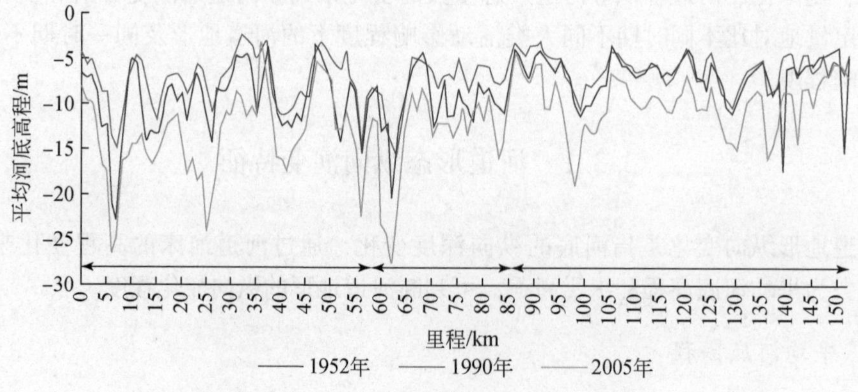

图 3-8　西江主流河道各年份平均河底高程对比

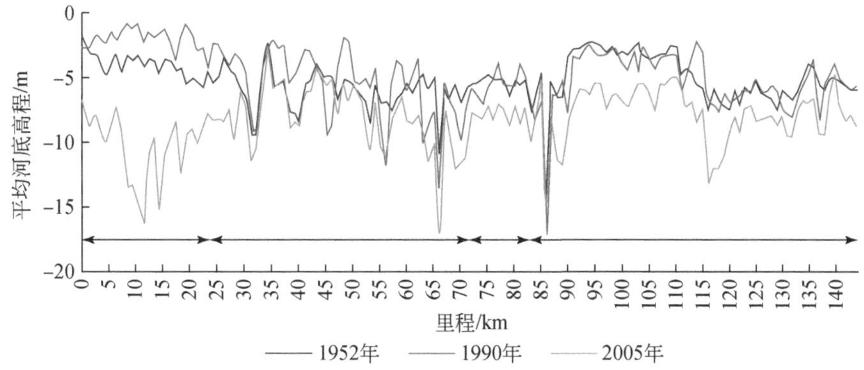

图 3-9　北江主流河道各年份平均河底高程对比

3. 3. 2　河道形态横向演变特征

河道形态横向变化主要是指河道的平面形态变化，涉及河宽尺度，常用参数为河槽平均宽度、平均水深和宽深比三项指标。

1）河槽平均宽度

河槽平均宽度为平滩水位下、断面两端间的距离，可采用线性插值的方法求出平滩水位下两起点的距离。

2）平均水深

平均水深是指过水断面面积与水面宽度的比值。计算平均水深是为了计算出宽深比，从而判断河道形态的演变。

3）宽深比

宽深比，即河相系数，其定义为明渠的水面宽与相应断面平均水深的比值。通过对比同一河道三个年份的宽深比值，可以推测河道形态的变化，若宽深比随时间增大，说明河道向宽浅的形态发展，反之，则向窄深的形态发展。宽深比的计算公式如下：

$$\mathrm{WDR}=\frac{\sqrt{W}}{\bar{D}} \tag{3-19}$$

式中，WDR 为宽深比；W 为河槽平均宽度；$\bar{D}$ 为平均水深。

西北江三角洲河道宽深比变化见图 3-10。1952 ~ 2005 年，西北江三角洲整体横向往窄深方向演变。其中，西江河网与西四门的崖门水道、虎跳门水道和鸡啼门水道的横向变化表现为先扩宽后缩窄，最终呈现缩窄的结果；北江河网区、磨刀门水道及东四门水道始终向窄深的方向演变，且程度不断加深。具体规律如下：①20 世纪 50 ~ 90

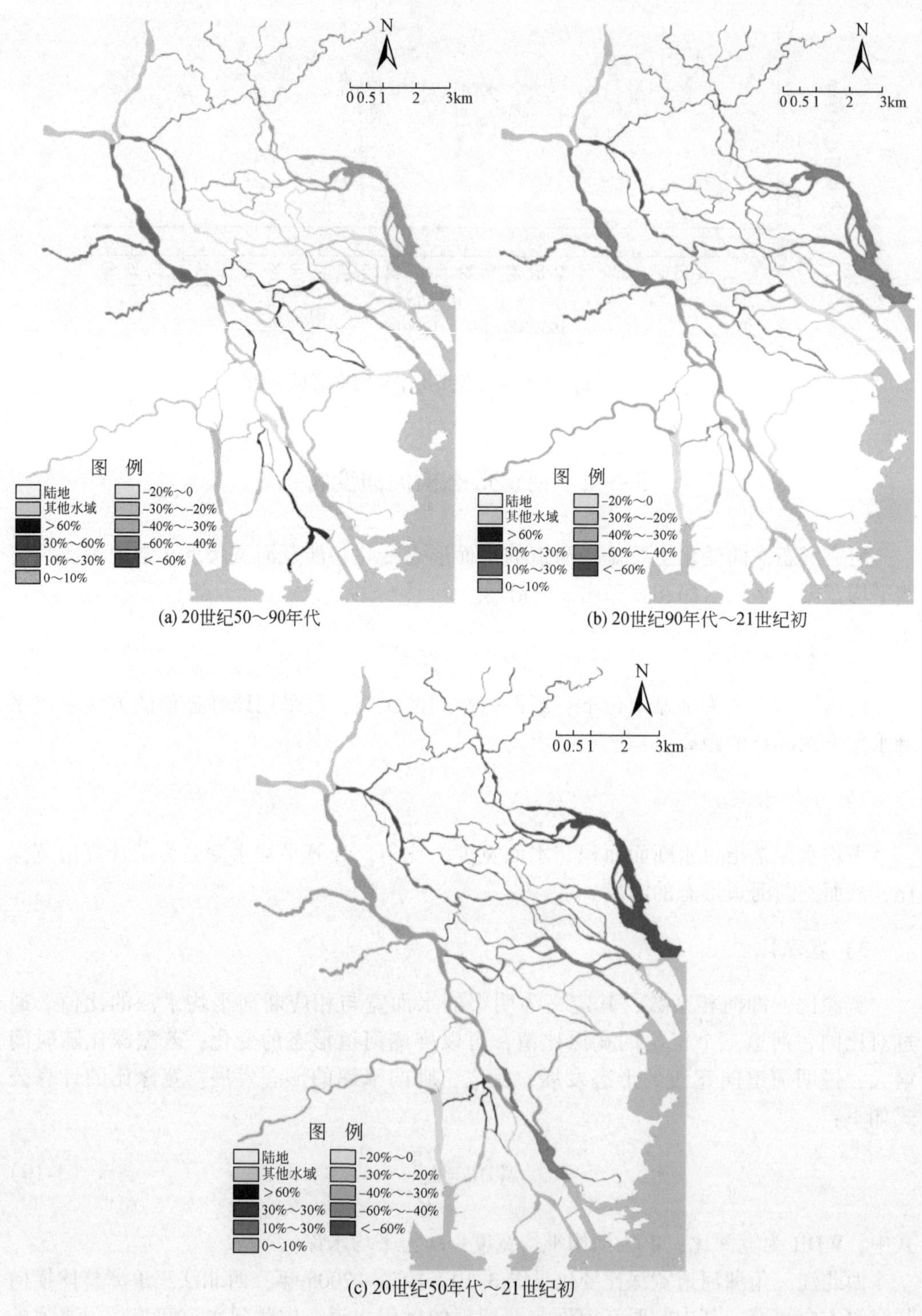

图 3-10 西北江三角洲河道宽深比变化幅度

年代，西江河网区宽深比增大，北江河网区则相反，主要为减小，河口区内，西四门除磨刀门水道呈-26%明显减小外，其他三条水道的宽深比均增大，而东四门均减小，可推测西江中上游河道扩宽，北江河道和磨刀门水道向窄深方向发展。②20 世纪 90 年代～21 世纪初，整个西北江三角洲，除虎坑水道和荷麻溪外，其余河道宽深比均减小，可推测该时段西北江三角洲的河道形态向窄深方向演变。且上游减小幅度为 40%～70%，下游为 0～20%，上游减小幅度远大于下游，这与上下游河床下切的规律也是一致的。

综合 1952～2005 年水道的宽深比变化，整个西北江三角洲主要表现为减小趋势，说明三角洲内河道横向形态往更窄更深的方向演变。且北江河网区的减小幅度达到 40%～60%，超出西江河网区的 20%～40%。河口区内，除鸡啼门水道呈增大趋势外，其他七条水道均减小，且东四门的四条水道减小程度大于西四门。

西北江沿岸不断的人类活动使得河道面积减小，促使三角洲河道往窄深方向发展。例如，20 世纪 50 年代的联围筑闸、80 年代末至 90 年代初的航道整治、城市化加强滩地利用、河道围垦等（乔彭年，1984b）。大量的人类活动直接破坏了河道形态，使西北江三角洲内河道横向演变受到严重干扰，且当河道横断面面积减小后，河道径流动力变大，水流水速增大且携带流沙能力增强，则间接也加剧了河道下切宽深比变小，河道向更窄更深的方向演变。

3.3.3　河道容积演变特征

河道容积变化会影响河道的过流能力，对于河道发挥泄洪功能有直接影响。容积增大，则河道过流能力增强，反之，则减弱。常用参数为断面过水面积和河槽容积，可判断河道容积的增减和变化幅度，这两个参数也是河槽冲淤变化的重要衡量指标。

1）断面过水面积

断面过水面积是指在河流横断面内，通过水流部分的面积。目前，一般采用梯形求积法计算过水面积。梯形求积的原理为：把平滩水位下的过水面积划分为多个小梯形，对于每个小梯形，其上底等于前一个河底高程值减平滩水位值（即水深），下底等于后一个河底高程值减平滩水位值（水深），梯形的高是相邻两个点的距离，求出每个小梯形的面积后，小梯形面积之和就是总的断面过水面积。图 3-11 表示梯形法计算断面过水面积的原理。

2）河槽容积

河槽容积是指某段河长的河道可容纳的体积 V，计算公式为

$$V=(S_1+S_2)\times\frac{L}{2} \tag{3-20}$$

式中，S_1+S_2 为相邻两个断面的面积；L 为这两个断面之间的间距。

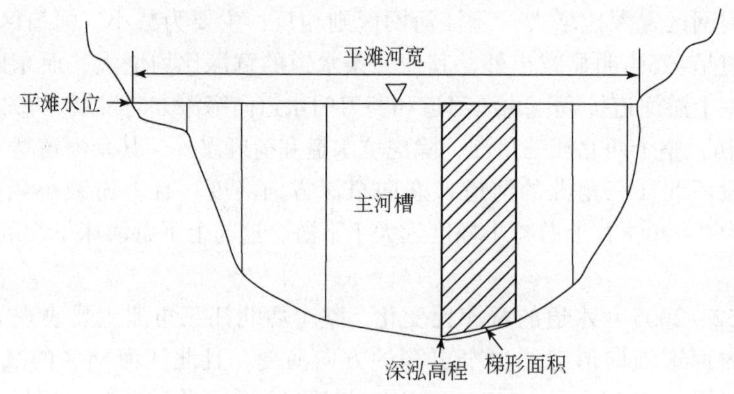

图 3-11　断面过水面积示意图

1952～2005 年，西北江三角洲整体特点为中上游河槽容积增加，且北江河网区的冲刷程度始终大于西江河网区冲刷；河道淤积则主要出现于下游河口区，西四门河道淤积现象更明显，东四门则偏向于河道冲刷。分析图 3-12，具体规律如下：①20 世纪 50～90 年代，整个西北江三角洲上游及中游的水道容积增大，河道呈冲刷状态，冲刷程度最严重的是北江干流水道，河槽容积增大 58.18 亿 m^3，变化幅度达 440.42%。下游河口区西四门中崖门水道河槽容积略有增大，增幅为 11%，说明河道小幅度冲刷，其他三条水道均淤积，东四门的河槽容积变化与西四门相反，蕉门水道容积减少 29%，河道淤积，其他水道冲刷。②20 世纪 90 年代～21 世纪初，西北江三角洲上游水道容积继续增大，河道冲刷，平洲水道冲刷最严重，河槽容积增大 0.59 亿 m^3，变化幅度为 71.29%，下游则表现为淤积，河口区淤积最深的为磨刀门水道，淤积量为 436.34 亿 m^3，减小幅度为 33.69%。

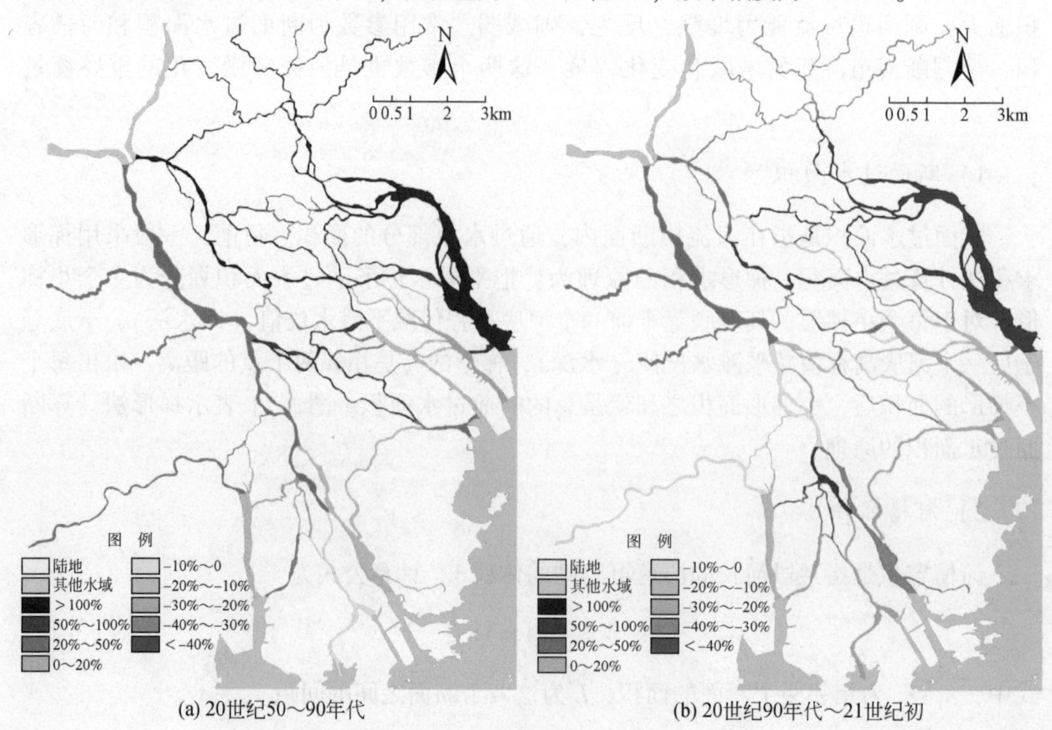

(a) 20世纪50～90年代　　(b) 20世纪90年代～21世纪初

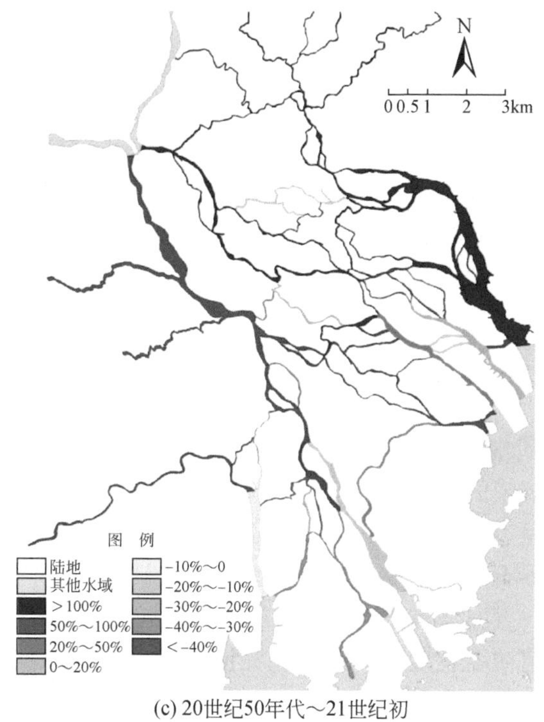

(c) 20世纪50年代～21世纪初

图3-12　西北江三角洲河道容积变化幅容积演变分析

综合1952～2005年的演变结果，整个西北江三角洲上游及中游水道整体容积增大，河道冲刷，且北江河网区增幅几乎均大于60%，北江干流水道增幅达467%，远大于西江河网区各水道；河口区中西四门的四条水道均淤积，东四门中蕉门水道淤积，其他三条水道冲刷。

在受到大量人类活动影响以前，西北江三角洲河道以缓慢淤积为主（乔彭年，1984a）。根据中山大学河口海岸研究所的调查研究，1985～1999年的河道采沙量相当于三角洲在1952～2005年的自然淤积量，人工采沙量已超过了自然冲淤量，故导致河道容积冲淤发生变化，上游河道容积增大，河道冲刷。此外，河口区的围垦和堵海工程，如20世纪60～70年代的西四门的泥湾门白藤堵海工程、三灶湾围垦等系列工程，导致河口萎缩，西四门水道发生明显淤积。

3.3.4　河道演变成因分析

20世纪90年代以后，西北江三角洲河道地形变化主要是受人类活动的影响，河道采沙、泥沙分配、联围筑闸等从不同程度上直接改变了河道形态，产生了上述河道地形演变。

1）河道采砂

在受到大量人类活动影响以前，西北江三角洲河道以缓慢淤积为主，20世纪50～

60 年代，年淤积量为 $1341\times10^4m^3$（乔彭年，1984b）。根据中山大学河口海岸研究所的调查研究，1985 ~ 1999 年，西北江三角洲河网区年均采沙量为 5000×10^4 ~ $6000\times10^4m^3$，河道采沙量约为 $7.6\times10^8m^3$，相当于三角洲在 1952 ~ 2005 年的自然淤积量。对比可知，三角洲采沙量巨大，人工采沙量已超过了自然冲淤量，因此，河道采沙是西北江三角洲河道演变规律发生变化的关键因素。人工采沙是河床下切的直接原因（陈晓宏和陈永勤，2002），使河床由缓慢淤积变为强烈增深（罗章仁，2004），故导致河道纵向演变和容积冲淤发生变化，使得 20 世纪 90 年代 ~ 21 世纪初，三角洲河道明显下切，上游河道容积增大，河道冲刷。

2）泥沙分配

自 20 世纪 80 年代中期以来，大规模的城市化建设使得建筑和围垦用沙需求量剧增，珠三角出现了大规模的采掘河床泥沙的现象。根据相关部门统计，1998 年西北江三角洲河网区采沙总量达到 $5069\times10^4m^3$，其中西江 $2968\times10^4m^3$，北江 $2101\times10^4m^3$。受对采沙行为的控制和砂石的开采难易度的影响，西北江三角洲河道挖沙主要发生在上游（Luo et al.，2007），且北江强度大于西江（谭超等，2008）。这种大规模无序采沙活动导致三角洲内河道演变程度不均匀，北江河床高程大幅降低，进而使得西北江三角洲上游控制站马口站和三水站的分流比及分沙比出现异常。三水站分流比和分沙比变异十分相似，分流比的变异也许正是导致分沙比变异的直接原因。根据相关研究（谢平等，2010），在 1960 ~ 2002 年，三水站分沙比序列在 1992 年发生显著变异，出现明显上升。受大型水库的兴建及植被保护的影响，西北江上游总体来沙量明显较少（蔡华阳和杨清书，2009）。分析图 3-13，2000 年前后，西江、北江最大输沙量降幅超过 75%。在上游来沙量减少的情况下，三水站的输沙量由于其分沙比的增加反而有所增加，而马口站年输沙量有所减少。90 年代以来，马口年均输沙量由 $8000\times10^4m^3$ 左右减小至 $2000\times10^4m^3$ 左右，降幅约 75%，而三水输沙量经历了先增加后减少的变化过程，总体上输沙量变化幅度小于马口站。与西江马口站相比，北江控制站三水站的分流比和分沙比都大幅增加（蔡华阳和杨清书，2009），北江流量增大，径流能力明显增强。因此，北江河道地形的演变程度总是比西江更明显。

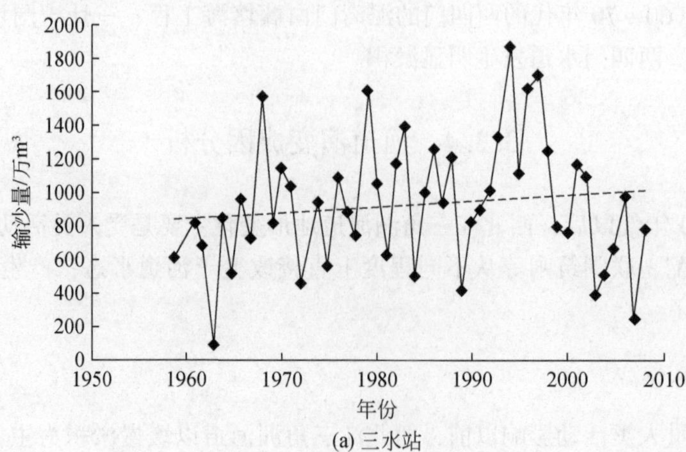

(a) 三水站

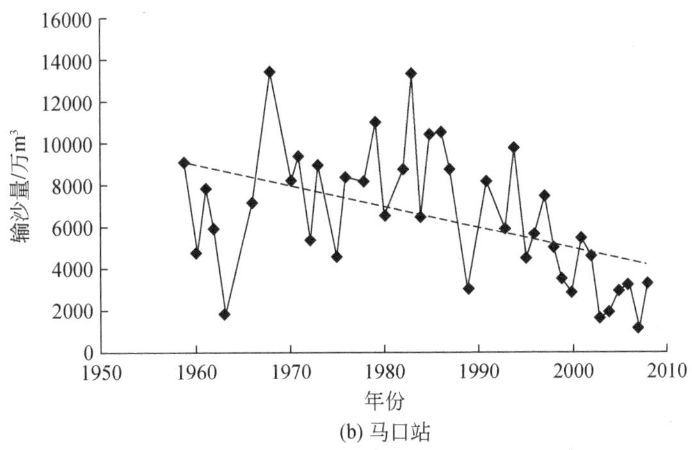

(b) 马口站

图 3-13　三水站、马口站输沙量过程线

3）联围筑闸

20 世纪 50 年代，三角洲内已开始着手联围筑闸的工程，将小堤围合并为大堤围（乔彭年，1984b），此后 80 年代末至 90 年代初，又出现了大规模的航道整治，整治建筑物缩窄了部分河道的河床宽度。随着城市化发展，对滩地的利用也愈发普遍，1991～1994 年，网河腹地的顺德滩地利用面积为 $128\times10^4 m^2$，平均每米河滩利用 3～$4m^2$，滩地利用也使得河道宽度窄缩。河道围垦、航道整治及滩地利用都直接破坏了河道形态，使西北江三角洲内河道横向演变受到影响，且当河道横断面面积减小后，河道径流动力变大，水流水速增大且挟带流沙能力增强，则间接也加剧了河道下切宽深比变小，河道向更窄更深的方向演变。

3.4　小　　结

（1）分析流溪河流域土地利用变化的特点，主要表现在不同土地利用类型的构成占比以及空间分布上，在 1980～2015 年整个研究时段内，主要变化结果如下：耕地持续减少、城镇用地持续大幅度增加、其他建设用地先缓慢波动后快速增加，林地大部分时段皆为小幅度减少，草地和水域则为波动式增长但幅度不定，未利用土地波动式减少幅度较大；幅度增加最多的是城镇用地和其他建设用地，减少最多的是耕地和未利用土地，而林地作为主要控制类型，具有比较良好的稳定性。

（2）分析佛山中心组团 2005～2015 年的下垫面变化结果可得，该区域城镇用地、水田（耕地）、工业用地以及林地空间得到扩张，水域、农村居民点和旱地的空间大幅度减少。在此期间，面积数量增加最多的土地利用类型为城镇用地。城镇用地和工业用地的扩张是最主要的土地变化趋势；研究区内一级河流主要为大型天然河流，其间长度未发生不变，二、三级河流的规模明显增加，末级河流河数和河长明显减少。

（3）分析 1952～2005 年西北江三角洲水道的整体变化特征，河床纵向由小幅抬升或基本稳定变为明显下切，河道宽深比减小，向更窄深的形态演变，三角洲上游河槽容积增大，发生冲刷，下游河口区西四门和蕉门水道容积减小，河道淤积。主要是20世纪80年代以来，西北江三角洲大量的河底挖沙行为直接导致流域范围内的河床下切加深，三角洲人类活动对河道地形演变的影响远大于自然冲淤下河道地形演变的程度。

参考文献

鲍文东. 2007. 基于GIS的土地利用动态变化研究. 山东科技大学博士学位论文.

蔡华阳，杨清书. 2009. 西北江网河来水来沙及分水分沙变化特征. 热带地理，29(5)：434-439.

陈晓宏，陈永勤. 2002. 珠江三角洲网河区水文与地貌特征变异及其成因. 地理学报，04：429-436.

陈彦光，刘继生. 2001. 城市土地利用结构和形态的定量描述：从信息熵到分数维. 地理研究，20(02)：146-152.

韩龙飞，许有鹏，邵玉龙，等. 2013. 城市化对水系结构及其连通性的影响——以秦淮河中、下游为例. 湖泊科学，03：335-341.

刘庆. 2016. 流溪河流域景观特征对河流水质的影响及河岸带对氮的削减效应. 中国科学院研究生院(广州地球化学研究所)博士学位论文.

刘帅磊. 2017. 广州流溪河与生态修复塘底栖动物群落结构特征及生态健康评估. 暨南大学硕士学位论文.

罗章仁. 2004. 人类活动引起的珠江三角洲网河和河口效应. 海洋地质动态，07：35-36.

宁秀红，郭龙，张海涛. 2013. 基于空间自回归和地理加权回归模型的不同尺度下土地利用程度研究. 华中农业大学学报，04：48-54.

乔彭年. 1984a. 珠江三角洲河道冲淤特性的初步分析(上). 人民珠江，04：13-25.

乔彭年. 1984b. 珠江三角洲河道冲淤特性的初步分析(下). 人民珠江，05：9-18.

沈洁，赵军，尚钊仪. 2015. 基于空间自回归模型的景观格局变化对河网水系连通性影响分析. 华东师范大学学报(自然科学版)，03：124-135.

谭超，杨清书，刘秋海，等. 2008. 东平水道上段30年来河道演变研究. 热带地理，04：311-316.

谢花林，刘黎明，李波，等. 2006. 土地利用变化的多尺度空间自相关分析——以内蒙古翁牛特旗为例. 地理学报，04：389-400.

谢鉴衡，等. 1982. 河流泥沙工程学(上册). 北京：水利出版社.

谢平，唐亚松，陈广才，等. 2010. 西北江三角洲水文泥沙序列变异分析——以马口站和三水站为例. 泥沙研究，5：26-31.

徐光来. 2012. 太湖平原水系结构与连通变化及其对水文过程影响研究. 南京大学博士学位论文.

张明阳，王克林，刘会玉，等. 2009. 喀斯特生态脆弱区桂西北土地变化特征. 生态学报，06：3105-3116.

赵军，单福征，杨凯，等. 2011. 平原河网地区河流曲度及城市化响应. 水科学进展，05：631-637.

周斐. 2015. “数字流溪河”方案设计. 华南理工大学硕士学位论文.

Anselin L. 1988. Spatial econometrics：Methods and models. Dordrecht：Kluwer Academic Publishers.

Anselin L，Florax R J. 1995. New Directions in Spatial Econometrics. Berlin：Springer Verlag.

De Knegt H J，Van Langevelde F，Coughenour M B，et al. 2010. Spatial autocorrelation and the scaling of species-environment relationships. Ecology，91(8)：2455-2465.

Luo X L，Zeng E Y，Ji R Y，et al. 2007. Effects of in-channel sand excavation on the hydrology of the Pearl River Delta，China. Journal of Hydrology，343(3)：230-239.

Melton M A. An analysis of the relations among the elements of climate, surface properties and geomorphology. 1957. New York: Department of Geology, Columbia University. Project NR 389042, Technical Report 11.

Upton G, Fingleton B. 1985. Spatial data analysis by example. Volume 1: Point pattern and quantitative data. New York: John Wiley & Sons.

Wainwright J, Turnbull L, Ibrahim T G, et al. 2011. Linking environmental regimes, space and time: Interpretations of structural and functional connectivity. Geomorphology, 126(3): 387-404.

第4章　河网区降水过程演变研究

珠三角河口区地处地球上最大的大洋太平洋和最大的大陆亚欧大陆的交界处，受多种天气系统的影响，加之城市化建设等人类活动剧烈，其降水变化非常复杂，是我国发生雨涝最严重的地区之一，也是我国汛期洪涝的重点关注地带（张婷，2008）。本章选取广州市为典型研究区域，该区域作为国际性大都市和商贸中心，具备人口居住密集、城镇化程度高和经济发展快速等特点，雨涝往往造成严重灾情和巨大经济损失。在全球气候变化和人类剧烈活动的综合影响下，广州市总云量、日照时数、相对湿度、平均风速和蒸发量等多个影响降水的气象因子和气候环境均发生了一些变化（宋艳华，2012）；广州市区因受城市化下垫面性质、城市化人口数量等要素的影响，年平均温度上升速率更加显著，出现城郊热力空间差异（封静和潘安定，2011）。研究变化环境对该地区降水过程的影响，具有十分重要的意义。

4.1　典型研究区（广州市）基本概况

4.1.1　自然地理概况

广州市（112°57′E～114°03′E，22°26′N～23°56′N）地处珠三角北缘，作为广东省省会、国际性的大都市和商贸中心，在我国南方政治、经济和文化层面占据举足轻重的地位。行政管辖范围包括北侧的从化、增城和花都，中部的天河、白云、荔湾、海珠、越秀、黄埔，南侧的番禺和南沙（图4-1）。广州市交通区位优越，既是我国航运的重要海港和珠三角的主要进出口岸，又是多条重要铁路（京广、广深、广茂和广梅汕）的交汇点和华南民用航空交通中心，向来有中国“南大门”之称。

广州市地势东北高、西南低。北部是山区，典型代表为海拔1200m以上的天堂顶；东北部为中低山地，典型代表是白云山；中部散布着众多丘陵、盆地；南部是河流冲积而成的珠三角平原，地势相对平坦。此外，土地类型和土壤植被多种多样，呈现出规律的垂直分布格局。东北部中低山地成土母质主要为适宜发展生态林和开发水电的花岗岩和砂页岩；中部丘陵地区成土母质主要为适宜种植用材林和经济林的砂页岩、花岗岩和变质岩；岗台地成土母质主要为适宜经济林、水果和牧草等农用植物生长的堆积红土、红色岩系和砂页岩；冲积平原土层深厚、土壤肥沃，发展为广州市粮食、甘蔗和蔬菜的主要生产基地；沿海一带的土壤以滩涂为主。

4.1.2　社会经济发展

广州市作为广东省省会，是国际性大都市和商贸中心。地理区位优势明显，位于

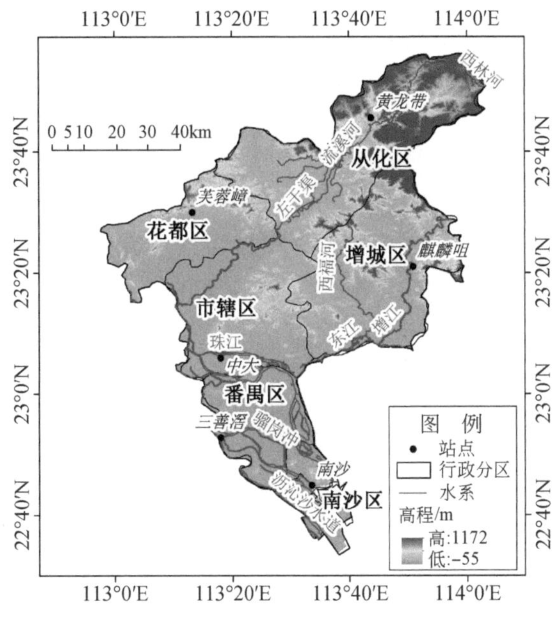

图 4-1　广州市地理位置概况与气象监测站点

东江、北江、西江交汇处，毗邻香港、澳门，濒临南海，是我国海上丝绸之路的起点之一，相当于中国的“南大门”；交通便利，枢纽中心地位稳固，配备有旅客吞吐量位居世界第十三位、中国第三位（2017 年排位）的白云国际机场和港口货物吞吐量位居世界第六位、中国第四位（2016 年排位）的广州市港，为广州市经济发展奠定了坚实的硬件基础和地理优势。根据《2016 广州市国民经济和社会发展统计公报》，2016 年广州市 GDP 为 19611 亿元左右，同比增长 8. 2%，增速较全国（6. 7%）高出 1. 5 个百分点，较全省（7. 5%）高出 0. 7 个百分点。其中，第一、第二和第三产业增加值分别约为 240 亿元、5926 亿元和 13445 亿元，三次产业增加值的比例为 1. 22 ∶ 30. 22 ∶ 68. 56，三次产业同比分别下降 0. 2%、增长 6. 0%、增长 9. 4%。可以看出，随着经济结构的调整和转型，第二、第三产业的增长态势更加明显，其对经济增长的贡献率分别为 23. 0% 和 77. 0%。具体来说，工业生产做到在稳步发展中逐步提高质量水平，全市规模以上工业总产值超过 19556 亿元，同比增长 6. 5%。现代化服务业发展迅速，金融业增加值高达 1800 亿元，GDP 占比（9. 18%）同比提高 0. 18 个百分点。国际交通枢纽功能增强，国际机场旅客吞吐量超过 5500 万人次，全国排行第三；港口货物吞吐量超过 5 亿 t，集装箱吞吐量超过 1800 万标箱，全球排行前列。

广州市经济的快速发展吸引大量的外来务工人员涌入，常住人口远多于户籍人口。2016 年广州市常住人口超过 1404. 35 万人，远高于同期户籍人口（870. 49 万人），超过珠三角常住人口的 25%，跻身于“超级大城市”行列。随着社会经济的快速发展，居民生活水平得到了极大的提升。城市、农村常住居民人均可支配收入分别为 5. 09 万元和 2. 14 万元左右，分别增长 9. 0% 和 11. 0%。城市、农村常住居民恩格尔系数分别降低至 32. 8% 和 39. 5%；教育文化娱乐支出所占比重分别提高到 13. 1% 和 9. 5%。此外，广州市还是对外贸易的重要平台，外籍人士众多，有“第三世界首都”之称。截至2014年，在广州市居住的外国人为11.8万人，其中亚洲、欧美和非洲人口分别达到了5.7万人、3.6万人和1.6万人。与此同时，广州市作为有名的侨乡，是中国华侨人数最多的城市，华侨华人、港澳同胞和归侨、侨港澳眷属分布在亚洲、北美洲、大洋洲等全球100多个国家和地区，有利于吸引更多华侨华人资本对华投资，更好地促进社会经济的发展。

4.1.3 气象水文特征

广州市位于南亚热带，归属亚热带季风区，气候特征主要表现为温暖多雨、光热充足、霜期短。全年热量充足，年平均气温基本在20℃以上，年平均太阳总辐射约100kCal/cm^2，年平均日照时数超过1800h（王晓静，2007），北部无霜期为290天，南部长达346天。年雨量充沛，年平均降水量约1700mm。与此同时，季风气候突出，具有夏、冬季风规律交替的特征。夏季风是由源自于热带海洋的暖性气团向北推进的过程中形成，天气偏湿偏热；冬季风是由来自极地大陆的冷性气团向南扩张的过程中产生，天气偏冷偏干。与此同时，夏、冬季风转换的时机具有明显的规律性，夏（冬）季风转换为冬（夏）季风一般发生于每年9（4）月。随着每年夏、冬季风的转换，降水在年内分布不均匀，分别对应汛期（4～9月）和非汛期（10月至次年3月），汛期降水占总降水量的80%以上（黄伟峰和沈雪频，1986）。汛期降水主要受西南低槽、静止锋、低空急流和热带低压系统的影响，常出现大雨和暴雨；同时在台风和其他热带天气系统的影响下，出现降水高峰；此外，盛夏季节，由于热岛效应加强，气层处于条件性不稳定状态，城区易出现局部性雷暴（降水率达88%）（陈秀洪等，2017）。由于独特的气候条件，水、热、光同期，具备高水平的生物资源潜力（超70000kg/hm^2）；动植物资源丰富，包括数千种植物和200多种野生动物。此外，降水空间分布亦不均匀，呈现由南向北逐渐增加的分布规律。北部从化区、增城区为降水偏多区（超过1400mm），南沙区、番禺区为降水偏少区（低于1200mm）。

广州市河流水系发达，水网密布，水域面积超过7万hm^2，相当于全市总面积的10%。广州市水系组成主要为珠江及其众多支流，东北部主要为山区河流，包括流经从化区、花都区和白云区的流溪河，流经增城区的西福河和增江等；南部位于珠三角河网区，水网密布、河涌众多，由西江、北江、东江下游水道和珠江前、后航道交织形成河网，包括紫坭河、骝岗冲和沥沁沙水道等。河流多年平均本地年径流量约80亿m^3，丰水年雨水补给充足，年径流量可以达到111亿m^{3}以上；枯水年雨水补给有限，年径流量约为56亿m^3。过境水资源量丰富，为1200亿m^{3}左右，为本地水资源量的15倍（王晓静，2007）。与此同时，位于广州市南部的三大口门（虎门、蕉门、洪奇沥）每年由涨落潮运动带来的水量中存在部分可利用的淡水资源。

4.1.4 气象灾害事件

受气候特征和海陆位置的影响，广州市气象灾害种类多，包括暴雨、强对流、高温、寒冷、干旱等，具有发生频率高、分布地域广、造成损失大等特点。从时间尺度上看，汛期（4~9月）降水丰富，热量充足，常出现暴雨、雷电、强对流、高温等灾害，由强降水引发的城市内涝、中小河流洪水、山洪和滑坡、泥石流等次生灾害也较严重；枯水期（10月至次年3月）降水较少，冷空气来袭，往往出现低温阴雨、灰霾、干燥、干旱、寒冷等灾害。从空间尺度上看，综合多种气象灾害的空间分布情况，广州市气象局发布的《广州市气象灾害防御规划（2011—2020年）》，给出了广州市综合气象灾害风险区划，包括最高、次高、中等、次低和低风险5个等级。以最高和次高风险分布为例，气象灾害风险最高的区域主要分布在越秀、天河、荔湾、海珠四个区，以及黄埔区中部、番禺区大部、白云区西南部、南沙区中部和增城区南部等地区；次高风险区主要分布在天河区北部、白云区西北部、黄埔区南部、南沙区北部和南部、花都区中部和东南部、增城区中部和南部，以及从化区中部等地。

暴雨和高温天气是广州市最主要及典型的灾害性天气之一。根据广州市气象局（http：//gd. cma. gov. cn/）发布的气候年公报，广州市暴雨和高温日数统计如图4-2所示。近年来，随着全球气候变化与城市化建设的快速发展，广州市极端天气频发，气象灾害增多，对全市人民生命财产安全、经济社会建设、生态环境安全等构成严重威胁。2000~2016年，广州市发生112次（约7次/a）暴雨事件，造成大量的财产损失和人员伤亡。2010年5月7日，遭遇高空槽和切变线的双重控制，全市最大日雨量超过200mm，多个站点出现接近历史极值雨量的情况，以广州市和增城区为例，最大日雨量分别达到214.7mm和172.6mm，分别接近各自历史极值水平（215.3mm和179.7mm）。该场暴雨超过85个镇（街）遭受水浸困扰，超过50000亩①农田遭遇水淹。2016年8月12日，受热带扰动的控制，从化区、增城区和花都区大范围发生大暴雨，多处测站6h累积雨量超过200mm。该场暴雨造成直接经济损失超过一亿元，受灾群众高达2.5万人以上。

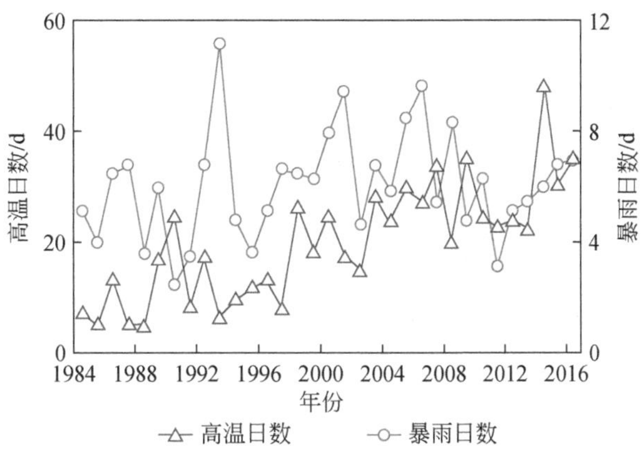

图4-2 广州市高温日数与暴雨日数年际变化

① 1亩≈666.7m²。

1984~2016年广州市高温日数持续上升，上升速度达到8.6d/10a。自2000年以来，高温日数更是频繁出现、居高不下。以2014年为例，地区高温日数出现历史新高，达48.6d，远高于常年平均水平（31.9d）；受双台风外围下沉气流的控制，年内高温持续过程长达11d（7月27日~8月6日）；其中8月1日气温最高，平均达到38.1℃（五山站39.2℃）。以2016年为例，年高温日数达到35.6d，远高于常年同期水平；年内发共生9次大范围的高温天气事件，其中7月22日~7月31日因受西太平洋副热带高压控制，高温过程持续9.4d；尤其7月30日多数地方出现38℃以上的高温。持续高温造成电网负荷大幅攀升，高温致使患呼吸系统疾病、感冒发烧和腹泻等患者的数量明显增加。

对于气象灾害事件，广州市政府投入大量资金用于预报预警与工程建设等工作。例如，对于暴雨造成的城市内涝问题，及时发布暴雨预警信息，做好排水管网和泵站的调度工作，落实城市低影响开发等工程措施。对于高温天气，及时发布高温预警信息，发放高温补贴，为群众提供解暑凉茶等。

4.2 研究方法与数据来源

4.2.1 数据来源及处理

采用的站点降水资料（南沙站、三善滘站、中大站、芙蓉嶂站、麒麟咀站和黄龙带站）来自水文年鉴（资料来源于广州市水文局），选取1984~2016年汛期逐时降水数据。6个站点均属于省气象站，气象资料整编符合相应规范。

采用全球网格气象数据和海洋表面温度资料表征环流，进而探讨环流作用对降水演变的影响。全球网格气象数据，包括垂直八层等压面（1000hPa、925hPa、850hPa、700hPa、600hPa、500hPa、400hPa和300hPa）上的平均比湿、气压、经向风分量、纬向风分量，均来自于美国国家大气研究中心（NCAR）和美国国家环境预报中心（NCEP）发布的1948~2016年月平均再分析资料，分辨率为2.5°×2.5°；海洋表面温度资料来自NOAA发布的1854~2016年全球逐月平均数据，分辨率为1.0°×1.0°。此外，采用土地利用数据表征城市化建设进程，进而探讨城市化建设对降水演变的影响。土地利用数据采用中国科学院资源环境科学数据中心开发的土地利用类型数据集（http://www.resdc.cn），数据源主要为Landsat-TM/ETM+，分辨率为30m×30m，利用实测的地面控制点和高分辨率的数字高程模型对TM影像按照1∶100000的比例尺进行解译，精度达到95%。

4.2.2 指标选取及定义

降水事件包括日降水过程和场次降水过程。其中，日降水过程定义为（银磊等，2013）：在北京时间8点至次日8点的时段内发生的降水作为完整一日共24h的降水。场次降水过程定义为（李建等，2008）：从降水开始时间算起，到降水结束时间点为止，作为一场完整的降水过程。当相邻两场降水的间歇时间不足 2h 则将其合并为一场降水，间歇时间大于 2h 则作为两场独立的降水过程。选取的降水指标包括降水总量、降水日数、降水强度和降水过程四个层面。其中，降水总量和日数综合考虑了不同量级降水事件的情况，包括汛期降水总量、分等级降水量和异常降水量；降水强度既考虑了汛期降水平均强度、分等级降水强度和平均小时雨强等平均态雨强，也同时兼顾了异常降水强度、极端小时雨强和最大小时雨强等极端态雨强；降水过程从历时、发生时间、雨量时程分配和集中程度考虑，挑选了降水持续性、集中期、日变化、雨型等多个指标。具体降水指标及其定义如表 4-1 所示。

表 4-1　降水指标及其定义

指标体系	具体指标	定义
降水总量	汛期降水总量	1984～2016 年降水数据长序列逐年的总降水量
	分等级降水量	根据日降水量对降水事件分等级［小雨（<10mm）、中雨（10～25mm）、大雨（25～50mm）、暴雨及以上等级（≥50mm）］，并统计各等级降水事件的雨量
	异常降水量	根据百分位法，定义日降水量>第 95 个百分位平均值为非常湿天降水量（R95），定义日降水量>第 99 个百分位平均值为极端湿天降水量（R99），并统计各等级降水事件的雨量
降水日数	汛期降水总日数	1984～2016 年降水数据长序列逐年的总降水日数
	分等级降水日数	统计各等级降水事件的日数
	异常降水日数	统计异常降水事件的日数
降水强度	汛期降水平均强度	1984～2016 年降水数据长序列逐年降水总量和降水总日数的比值
	分等级降水强度	分等级降水量和分等级降水日数的比值
	异常降水强度	异常降水量和异常降水日数的比值
	平均小时雨强	定义小时降水量>0.1mm 为有雨，取小时降水总量和小时降水数的比值
	极端小时雨强	定义小时降水量≥10mm 为极端小时降水，取极端小时降水总量和极端小时数的比值
	最大小时雨强	分别统计最大 1h、3h、5h、7h 降水量作为雨强
降水过程	日降水持续性	定义连续 n 日降水量>0.1mm 为连续 n 天降水事件，≤6d 为短连续降水事件
	场次降水持续性	定义连续 n 小时降水量>0.1mm 为 n 小时降水事件，≤6h 为短历时降水事件
	累积频率降水发生时间	定义逐日降水累积量与年降水总量的比值为累积频率值，累积频率值对应的时间
	降水集中期	定义为一年中单位时间最大降水量出现的时段，采用合成向量法计算，详见 2.4 节

续表

指标体系	具体指标	定义
降水过程	降水日变化	描述降水在一日内某个时间段的出现频率
	雨型	指降水过程中雨量随历时的分配，反映降水发生、发展和消亡的过程。理论雨型采用苏联的莫落科夫和施果林 1959 年提出的 STRP 雨型（单峰型雨峰靠前、居中、靠后；均匀型；双峰型雨峰前中期、前后期和中后期）
	次降水达 50mm 历时	一场降水过程中累积雨量最快达到 50mm 的历时

此外，选取水汽通量、水汽通量散度、西太平洋副高面积指数、强度指数和西伸脊点等因子反映环流作用对降水的影响；副高指标采用的是国家气候中心（http：//www. ncc-cma. net/cn/）发布的数据。另外，挑选对流雨反映城市化建设对降水的影响；根据热带降雨测量任务（TRMM）卫星降水反演方案和我国各城市气象局的实际情况，规定当降水雷达（PR）回波出现超过 35dBZ 的信号，定义为对流性降水阈值；根据 PR 回波与降水强度的反演关系，确定对流性降水阈值为 5. 6mm/h。

4. 2. 3 研究方法

1. 降水指标计算方法

1）降水集中期

降水集中期表征降水量时间分配特征，计算方法采用张录军和钱永甫（2004）提出的向量方法。该方法中，将单位时间（月、旬、候等）降水量值和发生时间点分别作为向量的长度和方向，所有单位时间降水合成后的总体效应即为降水集中期。此时，合成向量重心对应的角度，即为一年中单位时间最大降水量出现的时段。具体计算公式如下：

$$R_{xi} = \sum_{j=1}^{N} r_{ij}\sin\theta_j \tag{4-1}$$

$$R_{yi} = \sum_{j=1}^{N} r_{ij}\cos\theta_j \tag{4-2}$$

$$R_{PC} = \arctan\left(\frac{R_{xi}^2}{R_{yi}^2}\right) \tag{4-3}$$

式中，R_i 为测站研究时段内降水总量，根据向量原理，R_{xi} 为单位降水量 x 分量之和，R_{yi} 为单位降水量 y 分量之和；R_{PC} 为降水集中期；r_{ij} 为研究时段中单位降水量；θ_j 为研究时段中单位降水量对应的方位弧度角（整个研究时段的方位弧度角为 2π）；i 为年份；j 为研究时段的单位长度。

2）降水日变化

降水日变化是描述降水在一日内某个时间段的出现频率，与降水形成的物理机制和区域天气发展演变规律有关（殷水清等，2014），对开展相关降水预报服务有重要参考。具体方法如下所示：

$$\overline{I(t)} = \frac{1}{n}\sum_{i=1}^{i=n} I(t) \tag{4-4}$$

式中，$\overline{I(t)}$为降水日变化分布；$I(t)$为某一场降水强度的时间分布序列；n 为研究时段内的样本总数。降水强度的标准化 $P(t)$ 为各时次降水强度占全天总降水强度的百分比：

$$P(t) = \frac{\overline{I(t)}}{\sum_{t=1}^{t=24} \overline{I(t)}} \times 100\% \tag{4-5}$$

逐时降水资料采用北京时间（Beijing time，BT），需将其换算成当地的地方太阳时（local solar time，LST），并采用四位数字表示时间，如“0830LST”，前两位数字表示小时（08 时），后两位表示分钟（30 分）。某地当太阳所处位置的天顶角为一天中最小时，对应的地方太阳时为 12 时。设某点经度为 lon（角度制），则北京时间和当地时间的转换公式为：LST = BT -（120 - lon）×4。计算可得广州市地方太阳时比北京时间约慢 27min。

3）降水雨型

降水雨型是指降水过程中雨量随历时的分配，反映降水发生、发展和消亡的过程，对降水入渗、径流等过程有重要影响（殷水清等，2014）。目前，国际上关于降水雨型的划分方法多种多样，包括 STRP（seven typical rainfall patterns）雨型、Huff 雨型、芝加哥雨型、不对称三角形雨型等。其中，STRP 雨型充分细致地考虑了不同峰型降水过程的特征，具有细致、定量的优势，因此选取 STRP 雨型作为理论雨型（冯萃敏等，2015）。STRP 雨型包括七种理论雨型，如图 4-3 所示。Ⅰ、Ⅱ、Ⅲ型为单峰型雨型，雨峰分别集中于降雨前期、后期和中期；Ⅳ型为均匀型雨型，降水量均匀分布于整个降水过程；Ⅴ、Ⅵ、Ⅶ型为双峰型雨型，Ⅴ型双雨峰分别出现在降雨前期和后期，Ⅵ型双雨峰分别出现在降雨的前期和中期，Ⅶ型双雨峰分别出现在降雨的中期和后期。

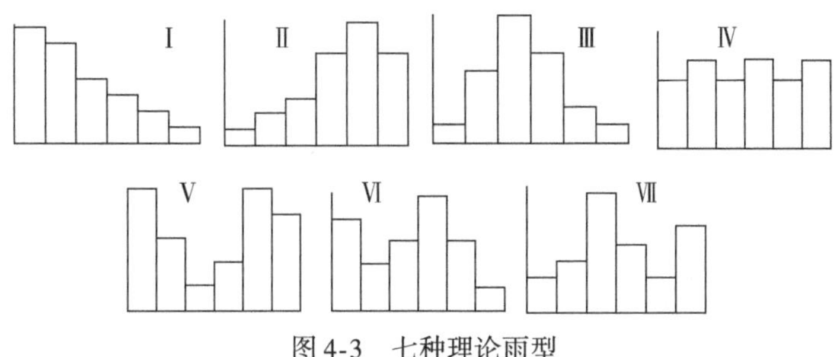

图 4-3　七种理论雨型

选用模糊识别法（银磊等，2013）确定各场降水的雨型分类。该方法根据百分比例定量确定各场实际降水的模式矩阵，通过与七种理论雨型的模式矩阵比较，按照择近原则决定各场降水的雨型分类。具体方法如下所示。

（1）实际降水过程的模式矩阵。分别统计各场降水事件的历时和降水量，每时段雨量占总雨量的比例表示为

$$x_i = \frac{H_i}{H_z}(i = 1,\ 2,\ \cdots,\ m) \tag{4-6}$$

式中，H_i为每段时间的雨量；H_z为过程总雨量。将该组 x_i 作为该场实际降水的模式矩阵，用$\boldsymbol{X}$表示，即

$$\boldsymbol{X} = (x_1,\ x_2,\ \cdots,\ x_m) \tag{4-7}$$

（2）七种理论雨型模式矩阵。表示为

$$\boldsymbol{V} = (v_{k1},\ v_{k2},\ \cdots,\ v_{km}) \quad (k = 1,\ 2,\ \cdots,\ 7) \tag{4-8}$$

（3）模糊识别分类。计算并比较实际降水与理论雨型之间的贴近度（σ_k），按照贴近度最大原则，将实际场次降水划分到相应理论雨型：

$$\sigma_k = 1 - \sqrt{\frac{1}{m}\sum_{i=1}^{m}(v_{ki} - x_i)^2} \quad (k = 1,\ 2,\ \cdots,\ 7) \tag{4-9}$$

2. 降水时间演变计算方法

时间趋势检验方法采用 MK 趋势检验法。该方法在研究气候及水文序列趋势方面得到广泛应用。在 MK 检验中，原假设 H_0为时间序列数据（X_1，…，X_n）是 n 个独立的、随机变量同分布的样本；备择假设 H_1是双边检验，对于所有的 k，$j\leqslant n$，且 $k\neq j$，X_k和X_j的分布是不相同的，检验的统计量 S 计算如下：

$$S = \sum_{k=1}^{n-1}\sum_{j=k+1}^{n}\mathrm{Sgn}(X_j - X_k) \tag{4-10}$$

$$\mathrm{Sgn}(X_j - X_k) = \begin{cases} +1 & (X_j - X_k) > 0 \\ 0 & (X_j - X_k) = 0 \\ -1 & (X_j - X_k) < 0 \end{cases} \tag{4-11}$$

S 为正态分布，其均值为 0，方差 $\mathrm{Var}(S) = n(n-1)(2n+5)/18$。当 $n>10$ 时，标准的正态系统变量通过下式计算：

$$Z = \begin{cases} \dfrac{S-1}{\sqrt{\mathrm{Var}(S)}} & S > 0 \\ 0 & S = 0 \\ \dfrac{S+1}{\sqrt{\mathrm{Var}(S)}} & S < 0 \end{cases} \tag{4-12}$$

在双边的趋势检验中，在给定的 α 置信水平上，如果 $|Z| \geqslant Z_{1-\frac{\alpha}{2}}$，则原假设是不可接受的，即在 α 置信水平上，时间序列数据存在明显的上升或下降趋势。对于统计量 Z，大于 0 时是上升趋势；小于 0 时是下降趋势。Z 的绝对值在大于等于 1.28、1.64 和 2.32 时，分别表示通过了信度 90%、95%、99% 的显著性检验。

3. 降水影响要素计算方法

选取整层水汽通量、整层水汽通量散度共同表征大气环流下水汽在空间运移情况，

反映水汽的来源、去向和大小。水汽通量用于表示水汽输送的强度，是指单位时间通过垂直于风向底边的单位长度、单位面积上整层大气柱的水汽通量 $\vec{Q}$，其计算公式如下：

$$\vec{Q}=\frac{1}{g}\int_{P_s}^{P_t}\vec{V}\times q\mathrm{d}p \tag{4-13}$$

由此可以分别得出纬向水汽通量 Q_w 与经向水汽通量 Q_j 的计算表达式：

$$Q_w=\frac{1}{g}\int_{P_s}^{P_t}\mu\times q\mathrm{d}p \tag{4-14}$$

$$Q_j=\frac{1}{g}\int_{P_s}^{P_t}\nu\times q\mathrm{d}p \tag{4-15}$$

式中，$\vec{Q}$、Q_w 及 Q_j 的单位均为 kg/(m·s)；μ 为纬向风分量；v 为经向风分量；q 为比湿；g 为重力加速度；P_s 为地面气压，均为常用变量；P_t 为大气顶气压，由于区域高层水汽含量少，选取 300hPa 作为大气顶处的气压值。

水汽通量散度用于反映大气中水汽的辐合和辐散情况，是指单位时间汇入或流出单位体积的水汽质量，可通过各方向上的水汽通量得出，具体计算公式如下：

$$F=\frac{\partial Q_w}{\partial x}+\frac{\partial Q_j}{\partial y} \tag{4-16}$$

式中，F 为水汽通量散度；Q_w 及 Q_j 分别为纬向和经向水汽通量。

4.3　研究区降水时间演变特征分析

4.3.1　降水总体分布特征

广州市汛期降水量为 1100～1700mm，空间上呈现由南向北逐渐增加的分布规律（图 4-4）。其中，从化区和增城区为降水偏多区（1467mm 和 1638mm），南沙区和番禺区为降水偏少区（1252mm 和 1175mm）。王晓静（2007）认为该现象主要是由地形北高南低造成的，来自海洋的暖湿气流在北部山地抬升，容易形成降水，南部平原区对气流的抬升作用小，因此降水相对较少。为进一步探讨降水量空间分布特征，根据气象学中分类方法将降水类型划分为小雨（<10mm）、中雨（10～25mm）、大雨（25～50mm）和暴雨及以上（≥50mm）四个等级。结果表明，六个站点（黄龙带站、麒麟咀站、芙蓉嶂站、中大站、三善滘站和南沙站）的小雨量分别为 181mm、171mm、171mm、154mm、157mm 和 146mm，中雨量分别为 342mm、343mm、339mm、332mm、291mm 和 281mm，大雨量分别为 426mm、493mm、430mm、423mm、377mm 和 339mm，暴雨及以上等级降水量分别为 518mm、632mm、473mm、447mm、349mm 和 486mm。对比可知，小雨和中雨在空间上分布较为均匀（C_v 值均不超过 8%），其最大值［黄龙带站（181mm）和麒麟咀站（343mm）］仅分别比最小值［南沙站（146mm）和南沙站（281mm）］高 35mm 和 62mm；大雨和暴雨及以上等级降水事件在空间分布上较不均匀（C_v 值均接近 20%），其最大值［麒麟咀站（493mm）和麒麟咀站（632mm）］分别比最小值［南沙站（339mm）和三善滘站（349mm）］高 154mm 和 283mm。该现

象与郑腾飞等（2017）对广东省1961～2010年等级降水的空间分布特征分析的结果一致。可以看出，广州市汛期降水总量在空间上的不均匀特征主要由大雨及以上等级降水事件在空间上分布不均匀造成。

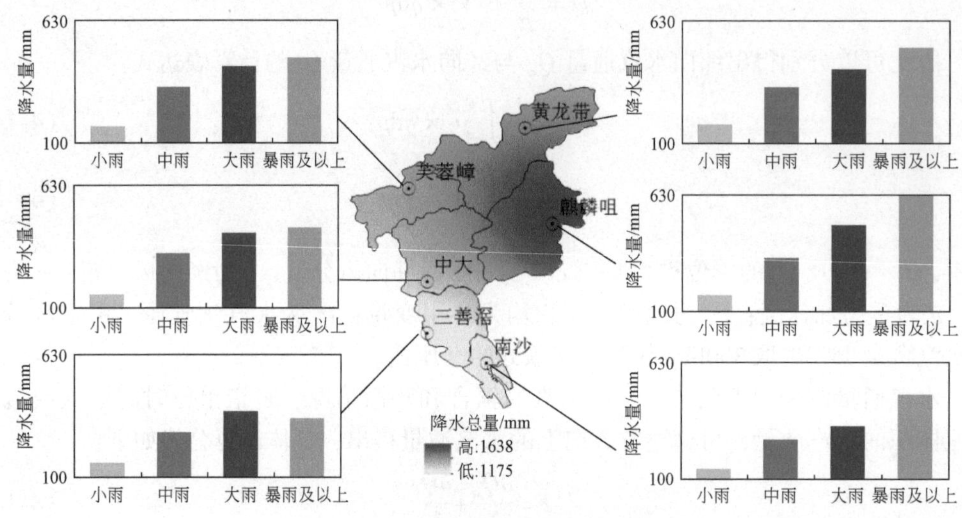

图4-4　广州市汛期降水量空间分布图

进一步分析降水量年内分布的空间特征，如图4-5所示。可以看出，汛期降水在5～6月比例较大，均超过20%（20.7%和23.4%），其他月份（4月、7～9月）的比例相对较小，分别为13.5%、15.8%、15.6%和11.0%。此外，对于同一累积频率对应的降水量，北部区域（芙蓉嶂、麒麟咀站和黄龙带站）的发生时间较南部区域（南沙站、三善滘站和中大站）提前，且这种现象在累积频率越大的时候越明显。以累积频率25%为例，北部区域降水出现在5月18日左右，南部区域降水发生于5月21日附近；以累积频率50%为例，北部区域降水出现在6月19日左右，南部区域降水发生于6月26日附近；以累积频率75%为例，北部区域降水出现在7月27日左右，南部区域降水发生于8月6日附近。对比发现，同一累积频率对应的降水量，北部区域出现的时间较南部区域提前4～10天。

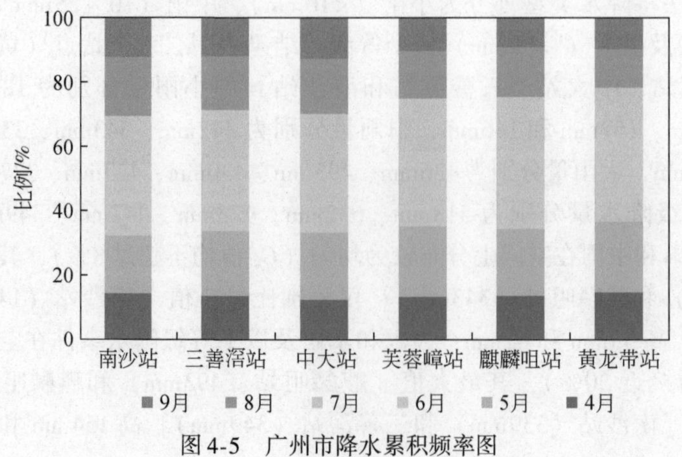

图4-5　广州市降水累积频率图

4.3.2　降水时间演变基本特征

1. 降水总量

广州市汛期降水总量波动变化，在20世纪80年代至90年代中期，汛期降水量较常年偏枯；90年代中期之后，汛期降水量逐渐回升，汛期降水量较常年偏丰（图4-6）。此外，汛期降水年际差异较大，其中1985年、1990年、1991年和2011年汛期降水总量异常偏少，相应降水量分别为1135mm、889mm、904mm和1001mm，约为多年平均值（1383mm）的71.0%；1993年、2001年、2006年和2008年汛期降水总量异常偏多，相应降水量分别为1854mm、1898mm、1722mm和1827mm，约为多年平均值的132.0%。

1984～2016年广州市汛期降水量呈现稳定上升趋势，其倾向率为75.2mm/10a，通过$P<0.1$的显著性检验。进一步对不同等级降水量的变化情况进行分析，结果如图4-6（b）所示。各等级降水（小雨、中雨、大雨、暴雨及以上）多年平均值分别为163mm、321mm、415mm和484mm。其中，大雨、暴雨及以上等级降水对汛期降水总量的贡献较大，相应贡献率分别为30.0%和35.0%，远高于小雨量和中雨量的贡献（11.8%和23.2%）。1984～2016年广州市汛期小雨量减少，中雨、大雨、暴雨及以上等级降水量增加。具体分析，各等级降水量倾向率分别为-5.6mm/10a、16.4mm/10a、32.7mm/10a和31.7mm/10a，其中，大雨量上升趋势最为明显，通过$P<0.05$显著性检验；其次为中雨量，上升趋势通过$P<0.1$显著性检验。与此同时，对异常降水量年际变化进行分析，结果如图4-6(c)所示。分析表4-2，广州市异常降水（R95和R99）多年平均值分别为445mm和196mm，分别占汛期降总量的32.2%和14.2%。1984～2016年广州市汛期异常降水增加，具体来说，R95和R99降水量的上升趋势分别为32.7mm/10a和13.4mm/10a。

表 4-2　广州市汛期降水量倾向率及 MK 趋势检验表

要素	汛期降水	小雨	中雨	大雨	暴雨及以上等级降水	R95	R99
平均值/mm	1383	163	321	415	484	445	196
倾向率/(mm/10a)	75.2	-5.6	16.4	32.7	31.7	32.7	13.4
Z 统计值	19.37*	-1.549	1.797*	2.526**	1.007	1.100	0.542

*通过$P=0.1$的显著性检验；**通过$p=0.05$的显著性检验

综上分析，1984～2016年广州市汛期降水总量稳定上升，且主要表现为量级较大的降水（中雨及以上等级）明显增加。李德帅（2016）在研究1982～2012年全国汛期降水时空变化特征时，同样发现华南与华南沿海地区汛期降水量呈现上升趋势；蒋鹏等（2015）发现广东省1961～2010年极端降水量存在增加趋势，且进一步分析该现象与区域极端水汽辐合的关系；Dan和Fu（2014）研究也发现1960～2010年珠三角地区小雨呈现显著减少趋势，中雨及以上等级降水有所增加，同时发现珠三角地区小雨在夏季气溶胶浓度明显增大的时候下降趋势更加明显，并指出这可能与气溶胶有效减小云滴半径有关。

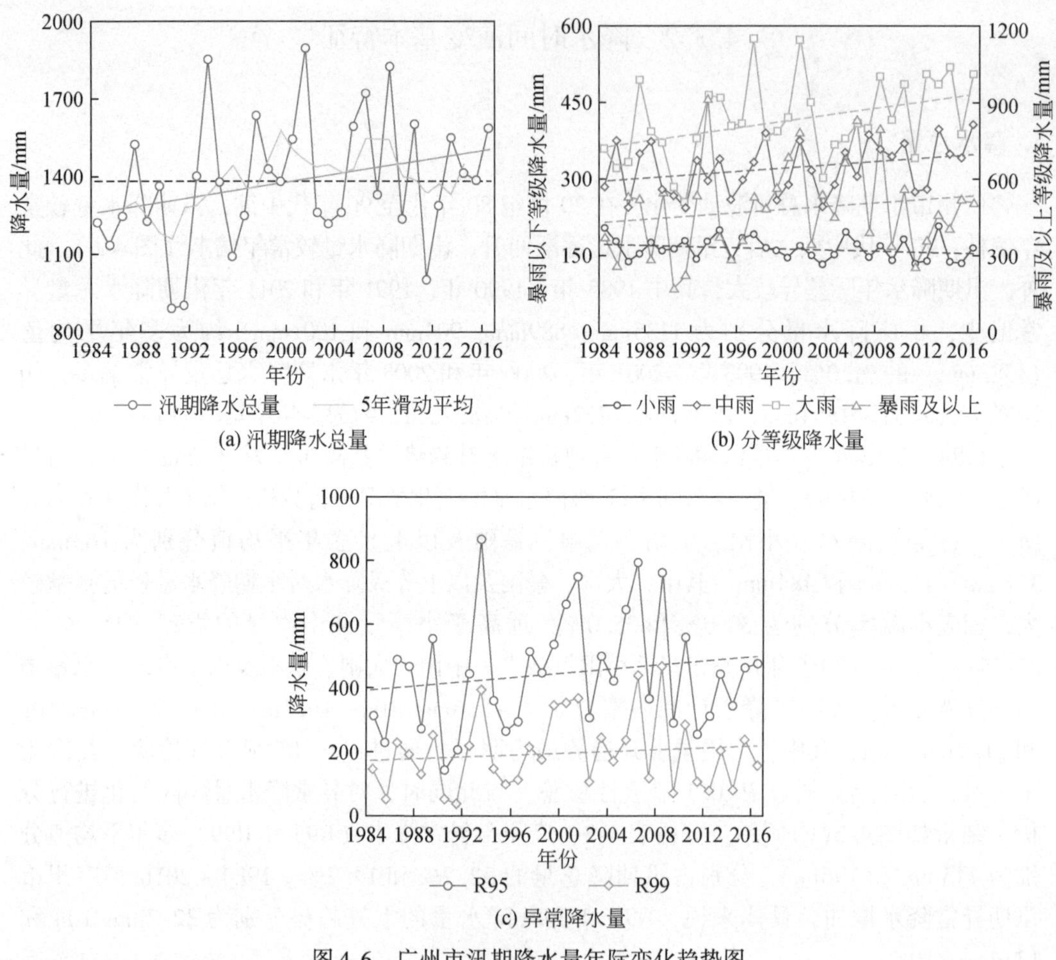

(a) 汛期降水总量　(b) 分等级降水量

(c) 异常降水量

图 4-6　广州市汛期降水量年际变化趋势图

2. 降水日数

广州市汛期降水日数呈现波动变化（图 4-7），降水日数在 20 世纪 80 年代至 90 年代中期较常年偏少；在 90 年代中期至 21 世纪初期较常年偏多；之后，降水日数再一次较常年偏少。1984 ~ 2016 年广州市汛期降水日数变化趋势微弱，气候倾向率为-1. 1d/10a，未通过 $P<0.1$ 的显著性检验。

进一步对不同等级降水日数的变化情况进行分析，结果如图 4-7(b)所示。各等级降水（小雨、中雨、大雨、暴雨及以上）多年平均值分别为 49d、20d、12d 和 6d。与汛期降水量不同的是，小雨、中雨事件发生更加频繁，分别占汛期降水日数的 56. 9% 和 23. 0%，远高于大雨、暴雨及以上等级降水事件的发生频率（13. 7% 和 7. 0%）。这主要是由不同等级降水事件的发生特点造成，其他条件一致的情况下，量级小的降水事件较量级大的降水事件需要的水汽量更少，更容易发生；相应地，相同发生频率下，量级大的降水事件带来的降水量远高于量级小的降水事件。1984 ~ 2016 年广州市汛期小

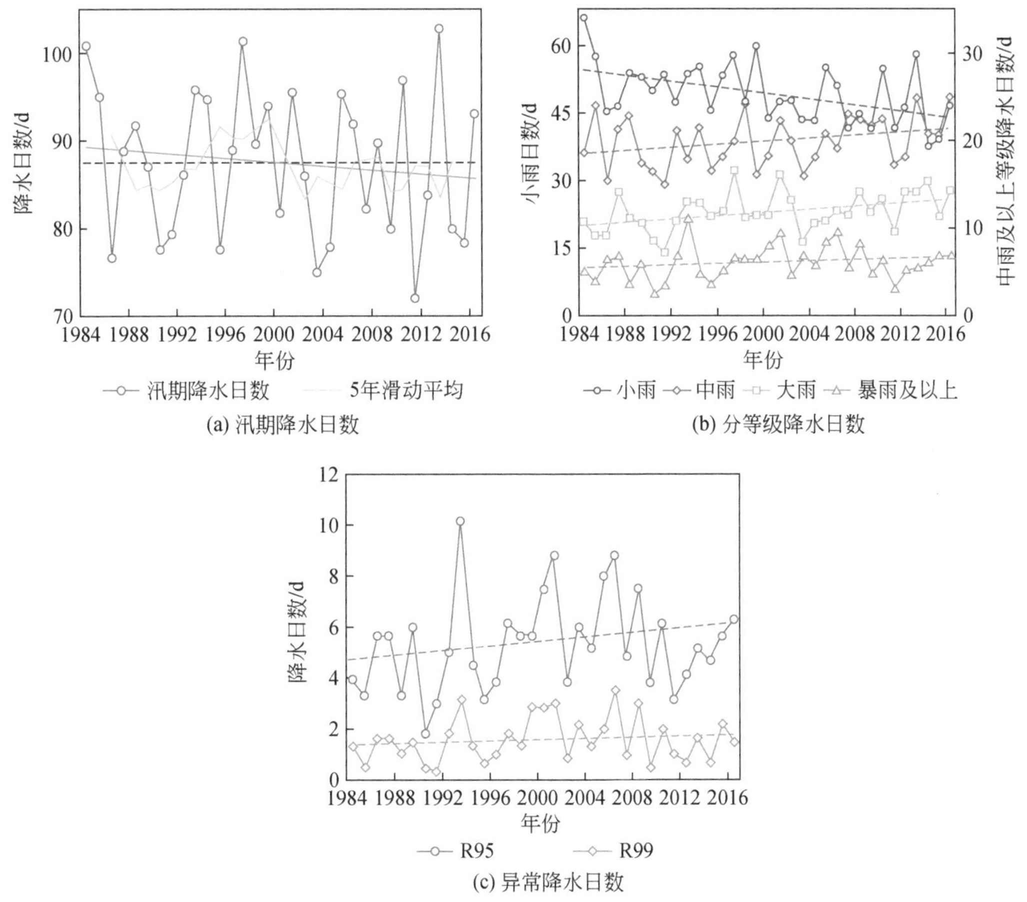

图 4-7　广州市汛期降水日数年际变化趋势图

雨日数减少，中雨、大雨、暴雨及以上等级降水日数增加。具体来说，各等级降水日数倾向率分别为-3.3d/10a、0.9d/10a、0.9d/10a 和 0.4d/10a。其中，小雨日数显著下降，通过 $P<0.05$ 显著性检验，中雨和大雨日数上升趋势明显，分别通过 $P<0.1$ 和 $P<0.05$ 显著性检验。此外，对异常降水日数年际变化进行分析，结果如图 4-7(c) 所示。广州市异常降水（R95 和 R99）多年平均发生日数分别为 5d 和 2d，分别占汛期降水日数的 5.7% 和 2.3%。1984 ~ 2016 年广州市汛期异常降水日数呈现微弱上升趋势，倾向率分别为 0.4d/10a 和 0.1d/10a（表 4-3）。

表 4-3　广州市汛期降水日数倾向率及 MK 趋势检验表

要素	汛期降水	小雨	中雨	大雨	暴雨及以上等级降水	R95	R99
平均值/d	87	49	20	12	6	5	2
倾向率/(d/10a)	-1.1	-3.3	0.9	0.9	0.4	0.4	0.1
Z 统计值	-0.620*	-2.619**	1.658*	2.433**	1.147	1.162	0.759

*通过 $P=0.1$ 的显著性检验；**通过 $P=0.05$ 的显著性检验

综上分析，1984～2016年广州市汛期降水日数总体波动不大，但表现为小雨日发生频率减少，中雨及以上等级降水日发生频率明显增大。

3. 降水强度

1）日降水强度

广州市汛期降水强度呈现波动变化（图4-8），与汛期降水量相应，降水强度在20世纪80年代至90年代末期较常年偏低，90年代末期之后较常年偏高。1984～2016年广州市汛期降水强度显著增强，其倾向率为1.0mm/(d·10a)，通过$P<0.05$显著性检验。结合上述分析结果可知，广州市汛期降水强度增强主要是由降水日数变化不大的情况下降水量持续增加造成的。

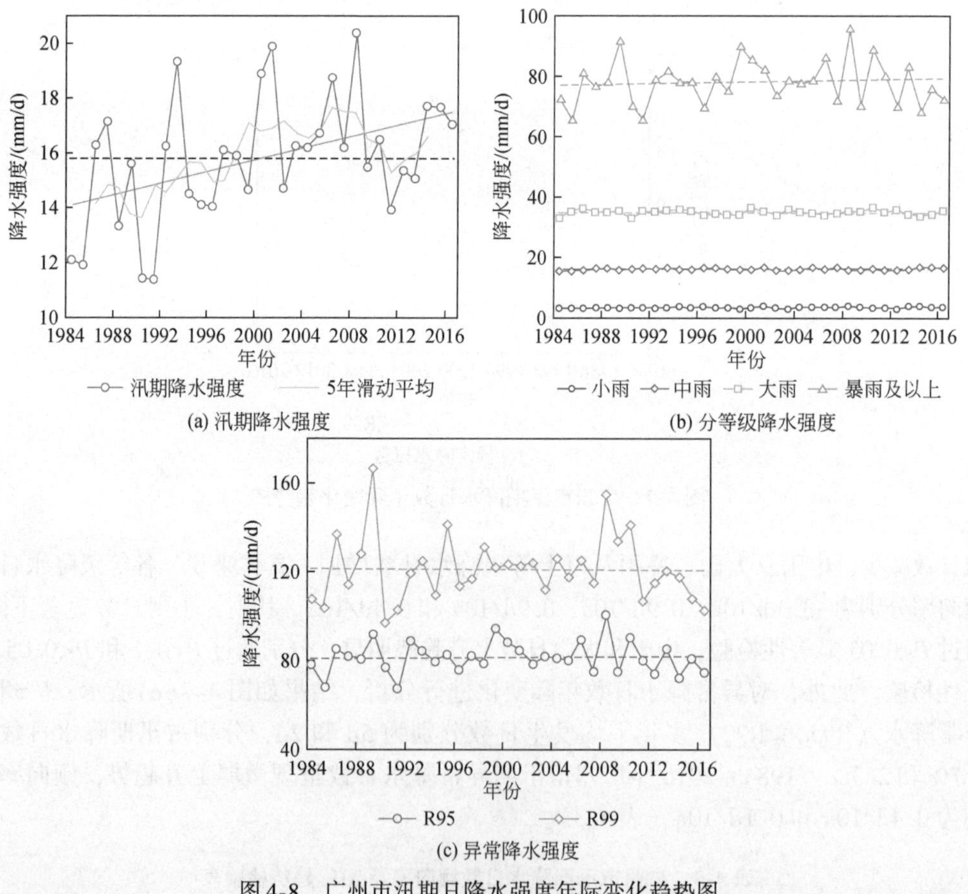

图4-8 广州市汛期日降水强度年际变化趋势图

进一步对不同等级降水强度的变化情况进行分析，结果如图4-8(b)所示。各等级降水（小雨、中雨、大雨、暴雨及以上）多年平均值分别为3.3mm/(d·10a)、16.1mm/(d·10a)、34.9mm/(d·10a)和78.3mm/(d·10a)。1984～2016年广州市汛期小雨强度增强趋势明显，倾向率为0.1mm/(d·10a)，通过$P<0.05$显著性检验；中雨、大雨、暴雨及以上等级降水强度上升趋势微弱，分别为0.1mm/(d·10a)、

0. 0mm/(d·10a)、0. 7mm/(d·10a)。此外，对异常降水强度年际变化进行分析，结果如图 4-8(c) 所示。广州市异常降水（R95 和 R99）多年平均发生强度分别为 81. 8mm/d 和 121. 4mm/d，分别为汛期降水平均强度的 5. 2 倍和 7. 7 倍。1984 ~2016 年广州市汛期异常降水强度呈现微弱上升趋势，倾向率分别为 0. 3mm/(d·10a) 和 0. 2mm/(d·10a)（表 4-4）。

表 4-4　广州市汛期日降水强度倾向率及 MK 趋势检验表

要素	汛期降水	小雨	中雨	大雨	暴雨及以上等级降水	R95	R99
平均值/(mm/d)	15. 8	3. 3	16. 1	34. 9	78. 3	81. 8	121. 4
倾向率/[mm/(d·10a)]	1. 0	0. 1	0. 1	0. 0	0. 7	0. 3	0. 2
Z 统计值	2. 293 * *	2. 696 * *	0. 604	0. 093	0. 310	0. 403	0. 124

* 通过 $P=0.1$ 的显著性检验；* * 通过 $P=0.05$ 的显著性检验

2）逐时降水强度

分析广州市汛期小时降水强度，结果如图 4-9 和表 4-5 所示。1984 ~2016 年广州市汛期小时降水平均雨强显著增强，其倾向率为 0. 7mm/(h·10a)，通过 $P<0.05$ 显著性检验；汛期极端小时降水平均雨强和最大 1h、3h、5h、7h 雨强变化趋势微弱，相应的倾向率分别为 0. 0mm/(h·10a)、0. 7mm/(h·10a)、0. 5mm/(h·10a)、0. 4mm/(h·10a) 和 0. 4mm/(h·10a)。

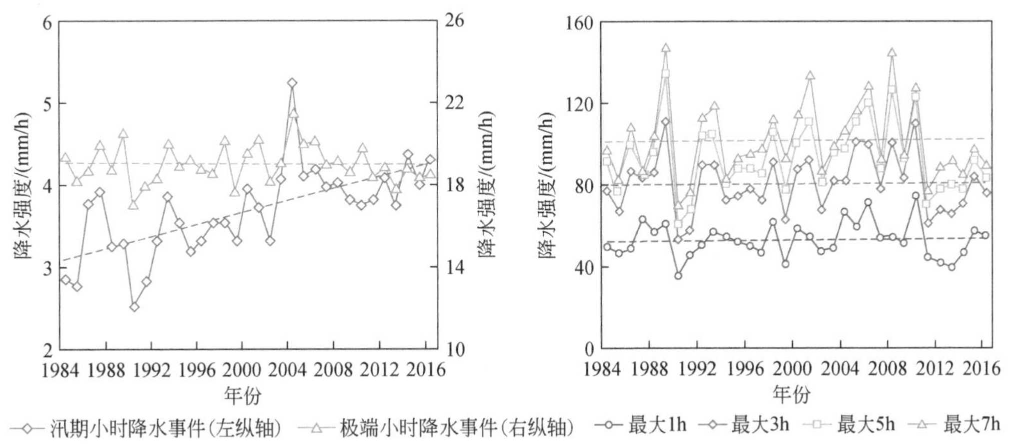

图 4-9　广州市汛期小时降水强度年际变化趋势图

表 4-5　广州市汛期小时降水强度倾向率及 MK 趋势检验表

要素	汛期降水	极端降水	最大 1h 降水	最大 3h 降水	最大 5h 降水	最大 7h 降水
平均值/(mm/h)	3. 7	19. 0	53. 1	80. 9	93. 2	102. 1
倾向率/[mm/(h·10a)]	0. 4	0. 0	0. 7	0. 5	0. 4	0. 4
Z 统计值	4. 261 * *	-0. 325	0. 232	0. 294	0. 263	0. 139

* 通过 $P=0.1$ 的显著性检验；* * 通过 $P=0.05$ 的显著性检验

综上分析，1984～2016年广州市汛期降水强度显著增强，且主要表现为强度较小降水事件的雨强明显增强（如小雨等级雨强、小时降水雨强），强度较大降水事件的雨强波动不大（极端小时降水雨强、最大小时雨强）。这可能是由不同强度降水事件的特点决定，强度较大的降水事件本身强度已经达到相当的量级水平，较强度较小的降水事件不容易发生明显变化。

4. 降水过程

1）日降水持续性

分析广州市汛期日降水持续性特征，结果如图4-10所示。随着连续降水日数的增加，相应事件的降水量和降水日数均呈现先增多后减少的趋势。可以看出，广州市汛期连续降水以短连续降水（≤6d）为主，其降水量贡献率和降水日数贡献率分别达到68.4%和72.7%。其中，连续2d、3d和4d降水事件对降水量和降水日数的贡献率均较大，贡献率分别为13.4%、13.8%、14.1%和14.7%、14.6%、13.5%。该结论与余家材等（2009）对广州市年降水天数统计的规律基本一致。

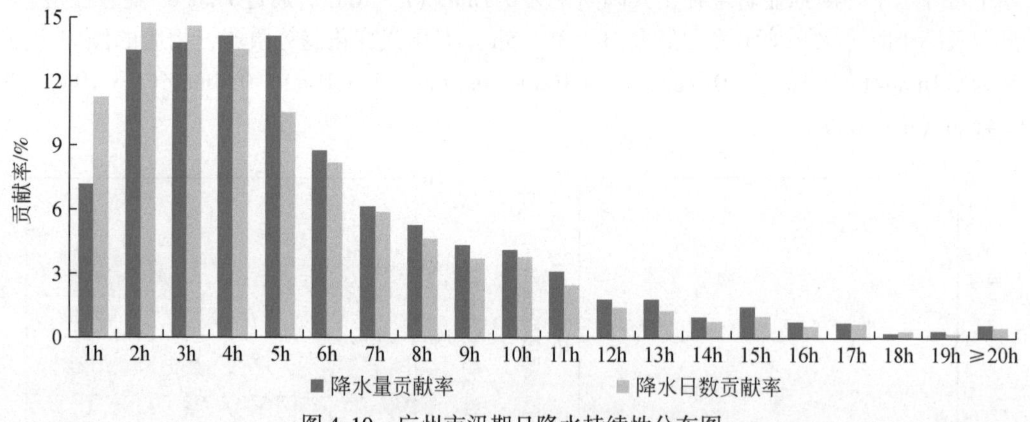

图4-10 广州市汛期日降水持续性分布图

分析日降水连续性的年际变化趋势，结果如图4-11和表4-6所示。广州市汛期日降水以短连续降水事件为主，年平均发生次数为27次，远高于长连续降水事件的发生次数（3次）。1984～2016年广州市短连续降水明显减少，倾向率为-1.5次/10a，通过$P<0.05$显著性检验；长连续降水呈现增加趋势，倾向率为0.3次/10a，通过$P<0.1$显著性检验。此外，进一步分析极端日降水连续性的年际变化趋势，结果如图4-11(b)所示。可以看出，短连续极端日降水多年平均发生次数为3次，趋势微弱，倾向率仅为0.1次/10a，长连续极端日降水多年平均发生次数为1次，趋势明显上升，倾向率为0.2次/10a，通过$P<0.1$显著性检验。

综上所述，广州市汛期日降水事件以短连续降水为主导，长连续降水事件对降水量和降水日数的贡献率较低；1984～2016年，长持续降水事件发生次数呈现明显增加趋势，尤其是长连续极端日降水事件。因此，气象等相关部门在重视短持续降水事件的同时，仍然需要警惕长持续降水事件可能带来的不利影响。

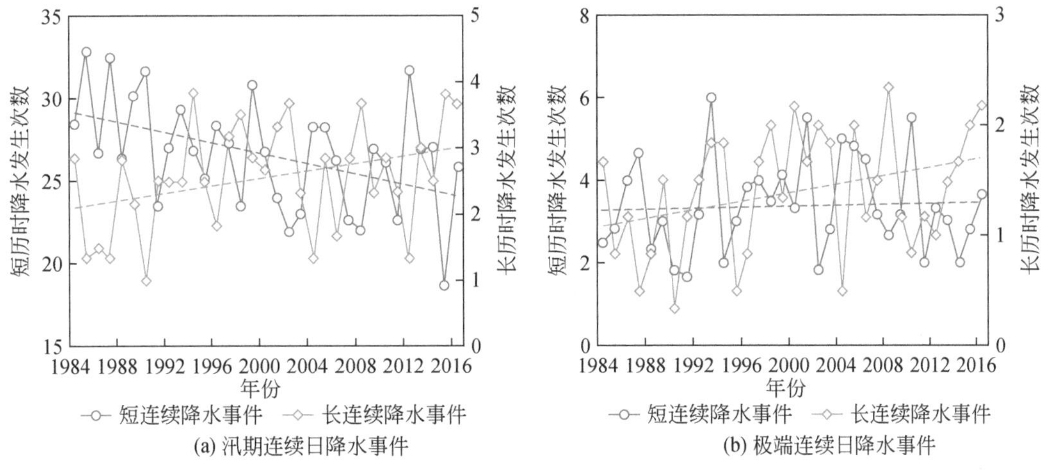

图 4-11　广州市汛期日降水持续性年际变化趋势图

表 4-6　广州市汛期降水持续性倾向率及 MK 趋势检验表

要素	汛期日降水		极端日降水		汛期场次降水		极端场次降水	
	短连续	长连续	短连续	长连续	短历时	长历时	短历时	长历时
平均值	27	3	3	1	64	12	18	7
倾向率/(次/10a)	-1.5	0.3	0.1	0.2	7.9	-0.6	2.8	0.0
Z 统计值	-2.603**	1.813*	0.418	1.890*	4.168**	-1.162	4.060**	-0.170

*通过 $P=0.1$ 的显著性检验；**通过 $P=0.05$ 的显著性检验

2）场次降水持续性

分析广州市汛期场次降水持续性特征，结果如图 4-12 所示。随着场次降水历时的增加，相应事件的降水量和降水日数均呈现减少的趋势。可以看出，广州市汛期场次降水以短历时降水（≤6d）为主，其降水量贡献率和降水日数贡献率分别达到 58.9% 和 84.6%。

分析场次降水连续性的年际变化趋势，结果如图 4-13 和表 4-6 所示。广州市汛期场次降水以短历时降水事件为主，年平均发生次数为 64 次，远高于长历时降水事件的发生次数（12 次）。1984～2016 年广州市短历时降水显著增加，倾向率达到 7.9 次/10a，通过 $P<0.05$ 显著性检验；长历时降水变化趋势微弱，倾向率为-0.6 次/10a。此外，进一步分析极端场次降水连续性的年际变化趋势，结果如图 4-13(b) 所示。可以看出，短历时极端场次降水多年平均发生次数为 18 次，趋势上升显著，倾向率达到 2.8 次/10a，通过 $P<0.05$ 显著性检验；长历时极端场次降水多年平均发生次数为 7 次，变化趋势微弱。

综上所述，广州市汛期场次降水事件以短历时降水为主导，且 1984～2016 年，短历时降水事件发生次数呈现明显增加趋势，尤其是短历时极端场次降水事件。即广州市汛期场次降水雨量更加集中，雨强更猛烈。

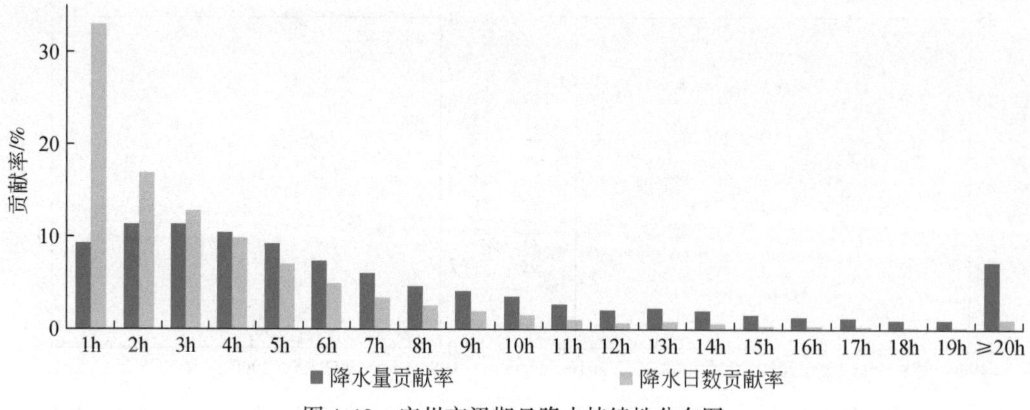

图 4-12　广州市汛期日降水持续性分布图

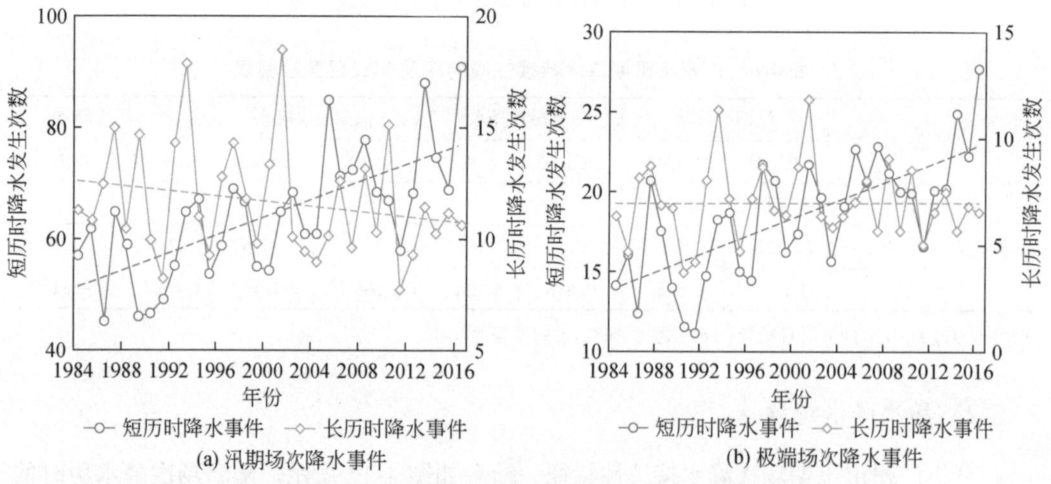

图 4-13　广州市汛期场次降水持续性年际变化趋势图

3）累积频率降水发生时间

分析广州市汛期累积频率降水发生时间特征，结果如图 4-14 所示。就多年平均情况来看，广州市汛期降水分布相对均匀，多年平均降水累积频率曲线接近于线性。具体来说，4 月 30 日、5 月 31 日、6 月 30 日、7 月 31 日、8 月 31 日累积降水量分别达到 14.1%、34.9%、57.7%、73.6%和 89.8%，即 4 月、5 月、6 月、7 月、8 月和 9 月降水量分别占汛期降水总量的 14.1%、20.8%、22.8%、15.9%、16.2%和 10.2%。相对而言，汛期 5 月和 6 月降水量较其他月份稍多。此外，就不同年份降水累积频率曲线分布来看，特定累积频率降水量发生的时间点存在波动现象，但波动过程均未形成明显变化趋势。

图 4-15 展示了不同累积频率降水量发生的时间的年际变化情况。以累积频率 10%降水量为例，发生时间主要集中在 4 月底到 5 月初；其中，2002 年累积频率 10%降水量发生时间较迟（5 月 20 日）；累积频率为 50%降水量，发生时间主要集中在 6 月中

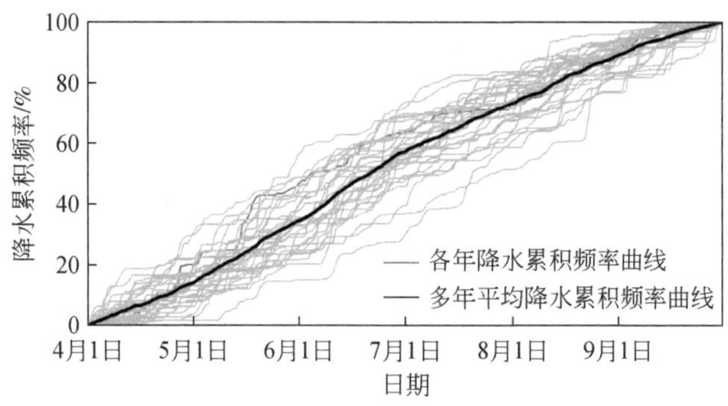

图 4-14　广州市汛期降水累积频率分布

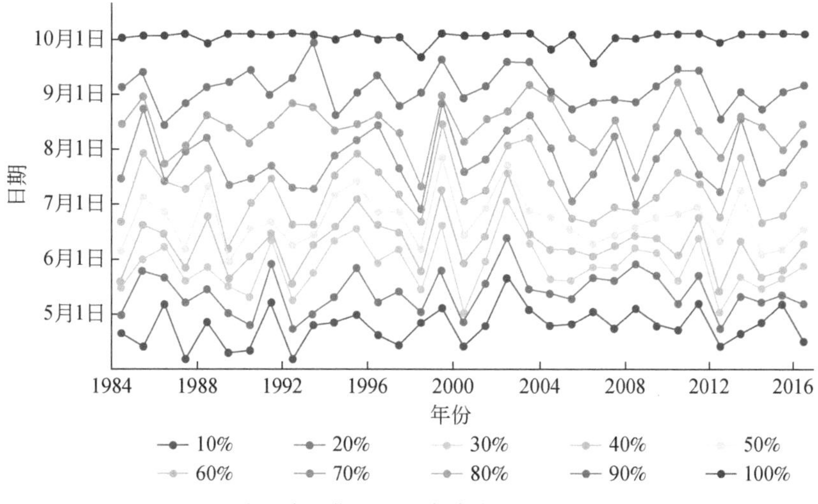

图 4-15　广州市汛期累积频率降水发生时间年际变化

到 7 月初；其中，1989 年累积频率 50% 降水量发生时间较早（5 月 29 日），1999 年和 2002 年累积频率 50% 降水量发生时间较迟（7 月 25 日和 7 月 20 日）；累积频率为 90% 的降水量，发生时间主要集中在 8 月底到 9 月初；其中，1993 年累积频率 90% 降水量发生时间较迟（9 月 25 日）。

4）降水集中期

分析广州市汛期降水集中期特征，如图 4-16 和图 4-17 所示。广州市多年平均汛期降水集中期出现在 6 月 11 日，不同年份降水集中期分布特征存在差异。有些年份汛期降水集中期相对靠前，如 1992 年、2000 年和 2012 年，其降水集中期分别为 5 月 8 日、4 月 26 日和 4 月 20 日，较多年平均汛期降水集中期（6 月 11 日）提前了 30 ~ 60 天；有些年份汛期降水集中期相对靠后，如 1995 年、1999 年、2002 年和 2013 年，其降水集中期分别为 7 月 30 日、7 月 19 日、7 月 24 日和 8 月 18 日，较多年平均汛期降水集中期延迟了 40 ~ 70 天。但总体来说，广州市汛期降水集中期主要位于 5 月底到 6 月底这段时间（图 4-16），且可以看出，1984 ~ 2016 年广州市汛期降水集中期变化趋势微弱，倾向率仅为 1. 3d/10a，未通过 $P<0.1$ 的显著性检验。

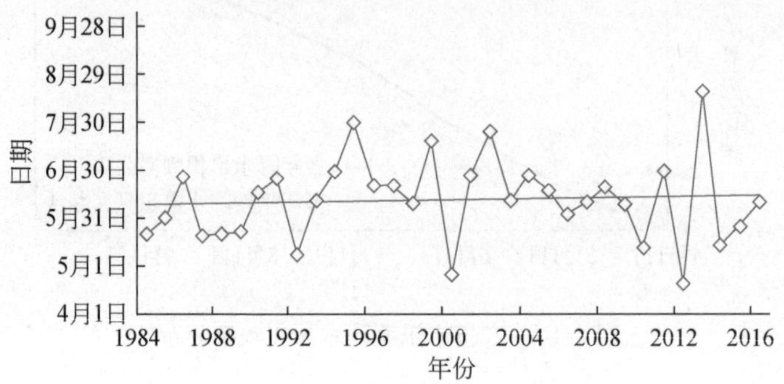

图 4-16　广州市汛期降水集中度年际变化

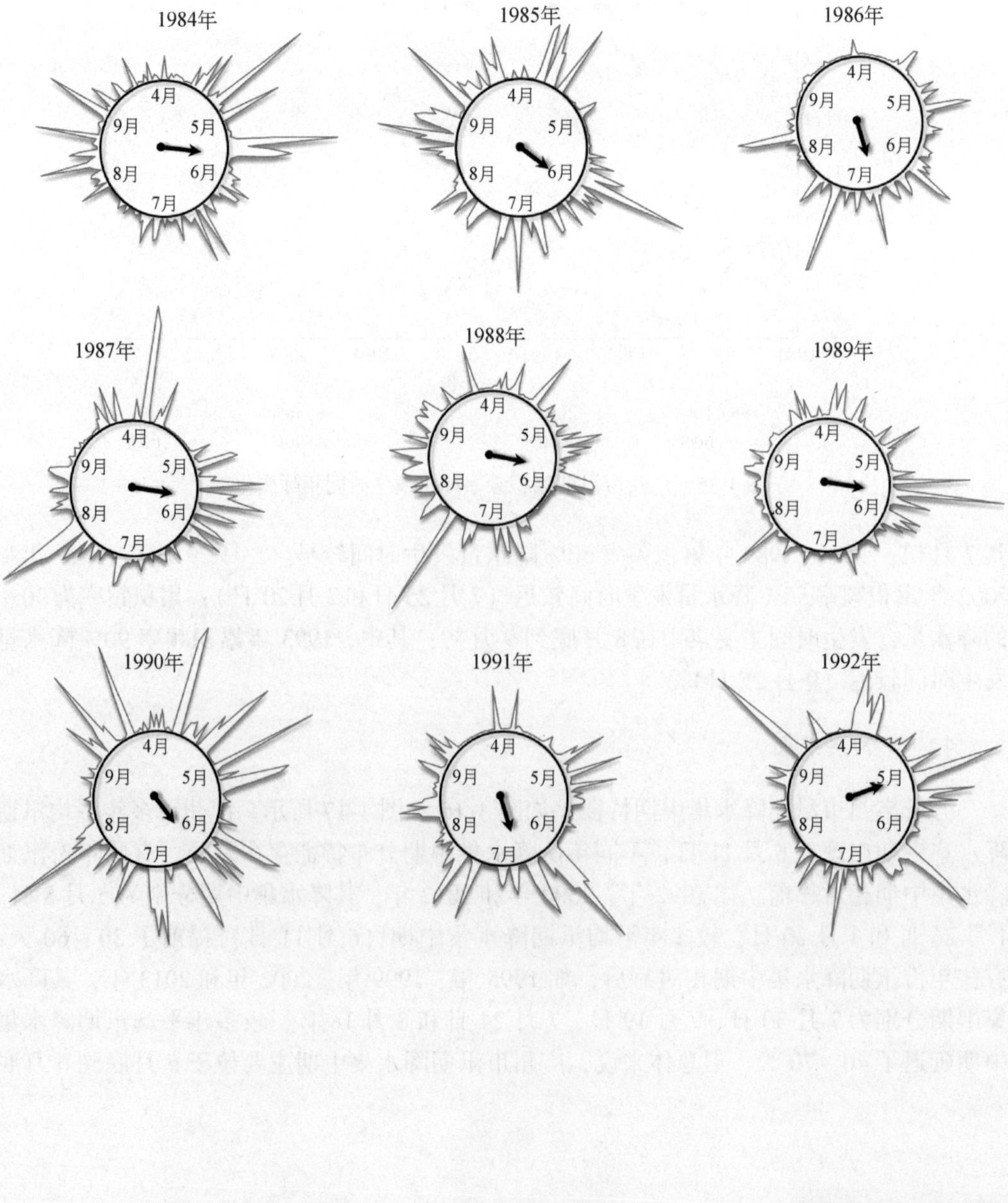

1984年　1985年　1986年

1987年　1988年　1989年

1990年　1991年　1992年

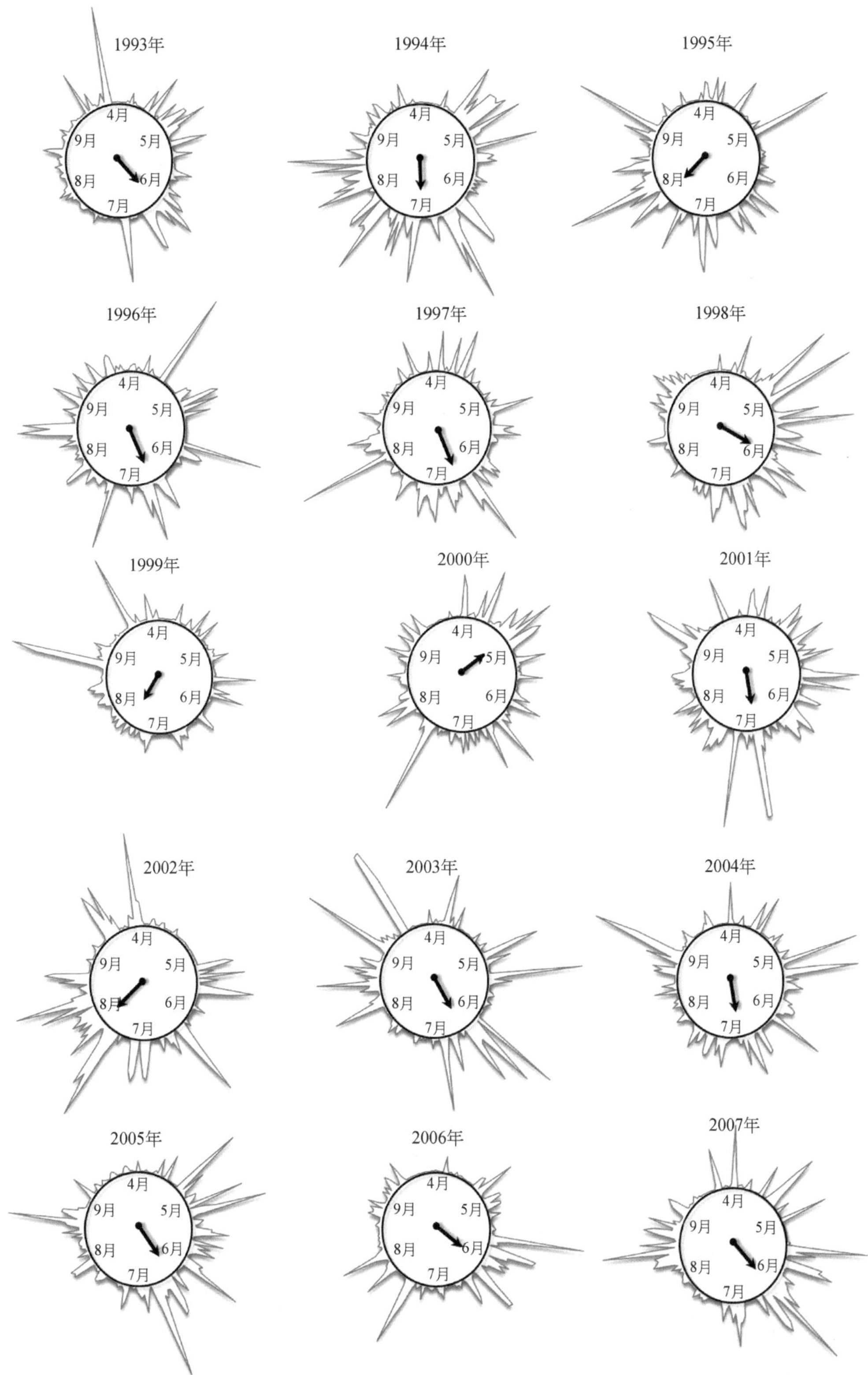

图4-17　广州市汛期降水量年内分布及降水集中期

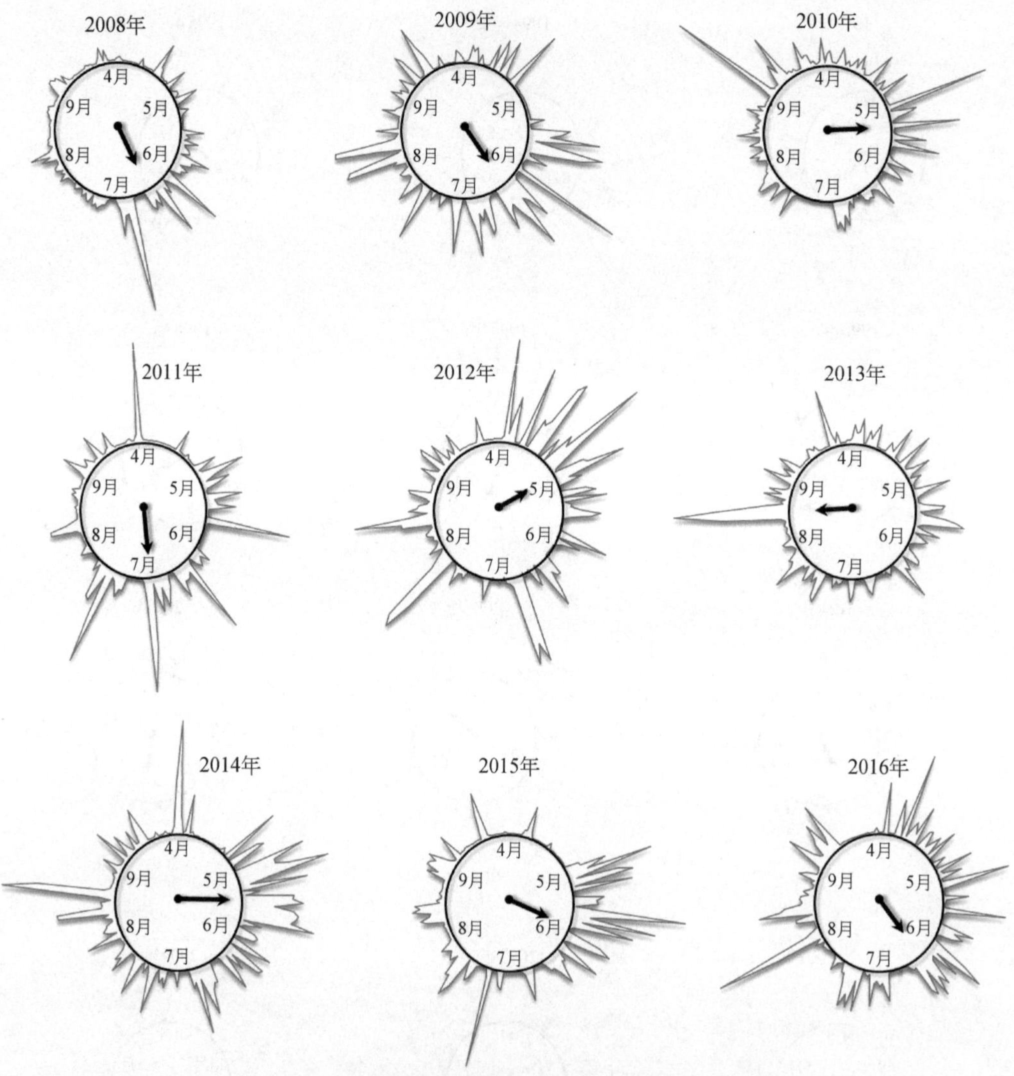

图 4-17 广州市汛期降水量年内分布及降水集中期（续）

蓝色实线表示汛期逐日降水量（数据标准化处理），距离圆周越远，说明该日降水量越大；

黑色箭头表示汛期降水总量的集中期

4.4 环流作用对降水过程的影响

通过上述对降水时间演变特征的分析，发现 1984～2016 年广州市汛期降水在量级、日数、强度和降水过程等方面随时间变化明显。以汛期降水总量为例，1984～2016 年降水量稳定上升（75.2mm/10a，$P<0.1$）；与此同时，降水量年际差异较大，1985 年、1990 年、1991 年和 2011 年汛期降水总量异常偏少，仅约为多年平均值的 71.0%；1993 年、2001 年、2006 年和 2008 年汛期降水总量异常偏多，约为多年平均

值的132.0%。关于降水时间尺度的演变，众多学者研究认为其主要受到大气环流的影响，且不同区域因高低纬度位置、海陆相对位置和海拔等要素的差异，其主要环流系统会有所不同（王艳姣和闫峰，2014；Jones，2000；Cavazos，1999；黄翀等，2016；王月等，2016；叶正伟等，2013）。钱代丽（2008）、程肖侠等（2010）和尚雷等（2013）通过相关性分析发现西太平洋副高与华南地区降水密切相关；赵一飞等（2014）、郑江禹等（2017）指出水汽通量是珠江流域降水的重要影响因素。基于此，从西太平洋副高和水汽通量的角度尝试探索广州市汛期降水年际变化的可能机制，并且通过对比降水异常偏多和偏少年份的异常环流模式（高度场、风场和水汽通量场），突出环流异常对降水异常的影响。

4.4.1 环流作用对降水年际变化的影响

1. 西太平洋副高对降水年际变化的影响

西太平洋副高（WPSH）是位于太平洋上空的一个半永久性高压环流系统，其形态和位置对我国降水具有重要的影响（李德帅，2016）。与此同时，多数研究指出WPSH受前期海温影响巨大，关键海区前期海温异常通过影响后期环流异常，导致WPSH异常来影响水汽输送，从而影响区域降水（陈艺敏和钱永甫，2005）。

为更好表征WPSH的年际变化，同时讨论关键海区前期海温的年际变化情况。选取面积指数、强度指数和西伸脊点3个指标表征WPSH的特征。分别求WPSH面积指数、强度指数和西伸脊点3个指标与前期及同期的全球海温的相关关系，发现汛期（4~9月）WPSH与前期（1~6月）海温的相关性最好、稳定性最高（图4-18）。可以看出，WPSH面积指数［图4-18(a)］、强度指数［图4-18(b)］和海温在热带印度洋和赤道中东太平洋存在明显的正相关区，最大的正相关系数超过了0.5，相关性通过了0.01的显著性检验；与此同时，WPSH西伸脊点［图4-18(c)］和海温在热带印度洋和赤道中东太平洋存在明显的负相关区，最大的负相关系数绝对值达到了0.75以上，相关性通过了0.01的显著性检验。相似地，赵汉光（1986）同样发现WPSH强弱对海温场的响应具有明显的敏感区和滞后效应；王冰等（2005）采用谱分析方法探讨海温对WPSH的影响，同样发现海温对WPSH的影响延迟2~3个月。基于此，综合分析WPSH面积指数、强度指数和西伸脊点对前期海温相关系数的空间分布特征，可确定影响汛期WPSH特征的关键海温区为热带印度洋和赤道中东太平洋。孙圣杰（2016）、钱代丽（2008）的研究同样表明赤道中东太平洋和热带印度洋的前期海温对WPSH影响显著。

图4-19进一步给出1984~2016年海温的变化情况。可以看出，全球大范围海温基本呈现上升趋势，上升幅度在0~0.6℃/10a。其中，关键海区之一的热带印度洋海温上升速度较为明显，达到0.15~0.3℃/10a，且上升速度基本上通过0.01的显著性检验。另一个关键海区——赤道中东太平洋海温的变化幅度较热带印度洋小，除小部分海域出现轻微下降趋势外，大部分海域为上升趋势，幅度为0~0.15℃/10a。图4-20给出WPSH面积指数、强度指数和西伸脊点的年际变化情况。可以看出，1984~2016年，受

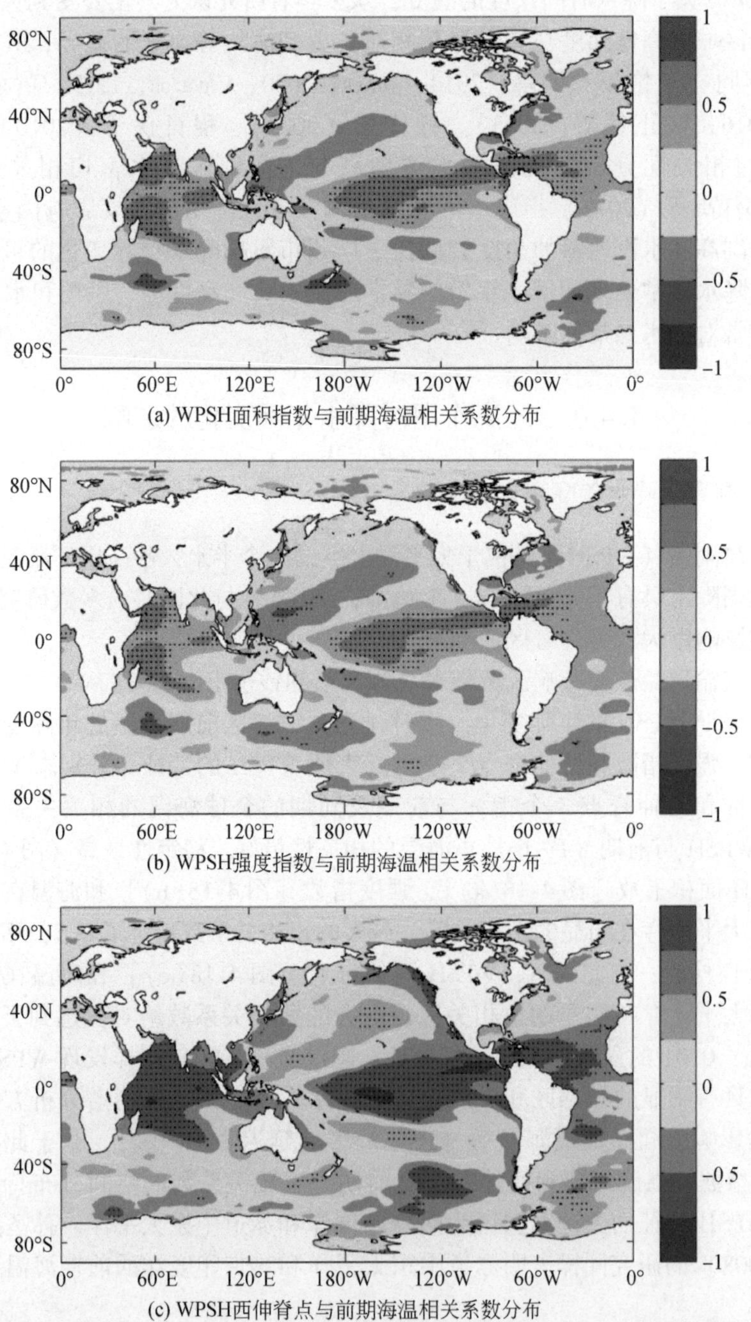

(a) WPSH面积指数与前期海温相关系数分布

(b) WPSH强度指数与前期海温相关系数分布

(c) WPSH西伸脊点与前期海温相关系数分布

图 4-18 汛期 WPSH 各指标与前期海温相关系数的空间分布

填充图表示相关系数，红色为正相关，蓝色为负相关；黑色点区域代表相关性通过 0.01 显著性检验

关键海区海温升高的影响，WPSH 面积指数持续增大，强度指数持续增强，西伸脊点所在经度持续减小。其中，面积指数和强度指数的上升速度分别为 1.3/10a 和 2.6/10a，西伸脊点所在经度的下降速度达到 3.1°/10a。即关键海区前期海温升高，造成汛期

WPSH 面积增大、强度增强、西伸脊点向西移动。目前，普遍认为 WPSH 面积的增大、强度的增强和西伸脊点的西进会造成华南地区降水增加。但关于 WPSH 的形态变化具体通过何种途径和机制影响到降水的变化，仍有不同学者给出不同的意见。钱代丽（2008）从环流和整层水汽含量分布的角度出发，研究发现 WPSH 面积的增大、强度的

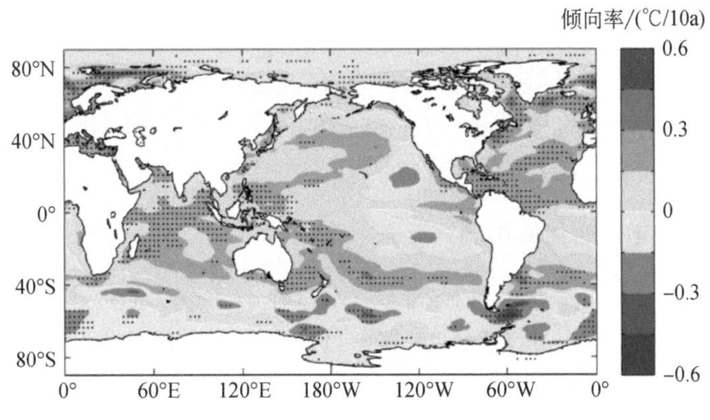

图 4-19　1984～2016 年前期海温变化速度

填充图表示海温变化速度；黑色点区域代表海温上升速度通过 0.01 显著性检验

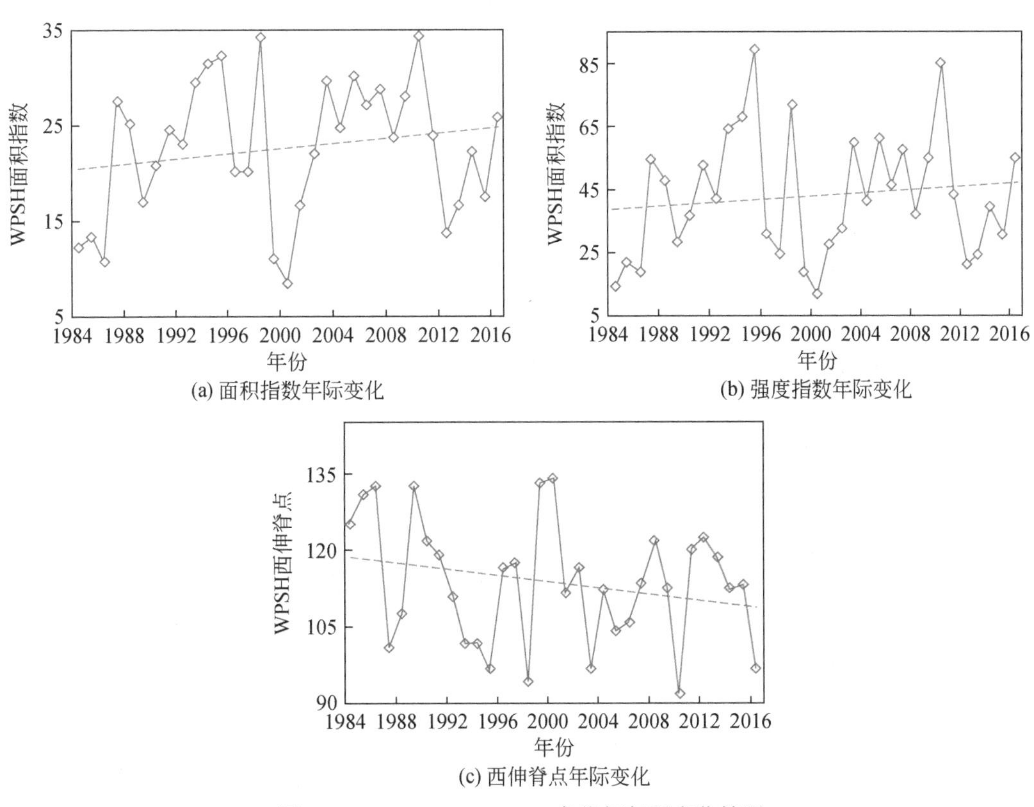

图 4-20　1984～2016WPSH 各指标年际变化情况

增强和西伸脊点的西进造成我国降水“北少南多”的空间分布特点，尤其是广东地区由于受到气旋性辐合环流增长的影响，水汽丰富的东南风异常增强，造成地区降水增多。朱玲（2010）从WPSH阻隔效应的角度出发，认为WPSH面积偏大、西伸脊点偏西时，WPSH西南侧东南暖湿气流被阻隔而停留在南方地区，造成南部地区降水偏多。李德帅（2016）从低层涡度的角度出发，认为WPSH向西伸展，有利于华南地区中高层辐散，低层涡度的增加造成降水发生的天气系统增多或强度变大，继而导致华南地区降水的增加。此外，杨辉等（2011）从冷暖气流交汇的角度出发，表明WPSH偏强和偏西时，华南沿海西南气流增强，该气流与WPSH西北侧西风槽带来的冷空气汇合，使得华南低空辐合增强，诱发华南降水。

2. 水汽通量对降水年际变化的影响

水汽通量又称水汽输送量，是表征大气水汽在空间运移的一个物理量，表征水汽的来源和水汽的大小，也是影响区域水汽含量、降水分布的重要因素。水汽通量散度是表示区域上空水汽净收支的物理量，反映水汽在区域内能否汇合，当水汽通量散度为负数时为水汽汇，水汽通量散度为正数时则为水汽源。区域降水的形成与环流作用下区域内水汽通量的输入输出、辐合辐散等因素密切相关。原文杰（2014）、蒋鹏等（2015）表明区域降水特点主要取决于水汽输送特征，水汽辐合的变化是影响降水变化的重要气候因子。

图4-21给出汛期合成的整层积分的大气水汽输送通量及其变化趋势。从多年气候平均场来看，广州市汛期水汽输送来源主要包括两个途径，一是水汽从太平洋沿着气旋途经南海和孟加拉湾输送，为东南支输送；二是水汽从热带印度洋途经阿拉伯海、印度半岛、中南半岛以气旋式输送到中国东南部上空，为西南支输送。太平洋气旋西南边缘和热带印度洋气旋边缘水汽通量均达到100～200kg/(m·s)。浦建（2014）研究表明，华南汛期水汽主要来自孟加拉湾-南海、印度洋和太平洋，并指出在气候平均态下，这三个区域水汽通量对华南汛期降水的贡献率超过85%。

进一步分析研究时段内上述两条水汽输送通道上整层水汽通量的变化趋势，如图4-21所示。可以看出，太平洋和热带印度洋上的两个气旋边缘位置水汽通量均呈现上升趋势。太平洋气旋西南边缘位置水汽通量增长趋势明显，倾向率基本超过5kg/(m·s·10a)，南部边缘位置水汽通量倾向率超过15kg/(m·s·10a)。热带印度洋气旋边缘水汽通量上升速度略低于太平洋气旋，倾向率为0～10kg/(m·s·10a)。综上，位于我国东南部地区的广州市汛期水汽通量持续增强，为降水稳定增加提供水汽条件。进一步对比图4-21(b)和(c)，发现水汽通量增加主要由经纬度风速增大造成，比湿变化相对微弱，对水汽通量影响较小。

4.4.2 环流作用对降水异常现象的影响

为探讨环流模式对广州市降水时间演变特征的影响，进一步从大气高度场、风场

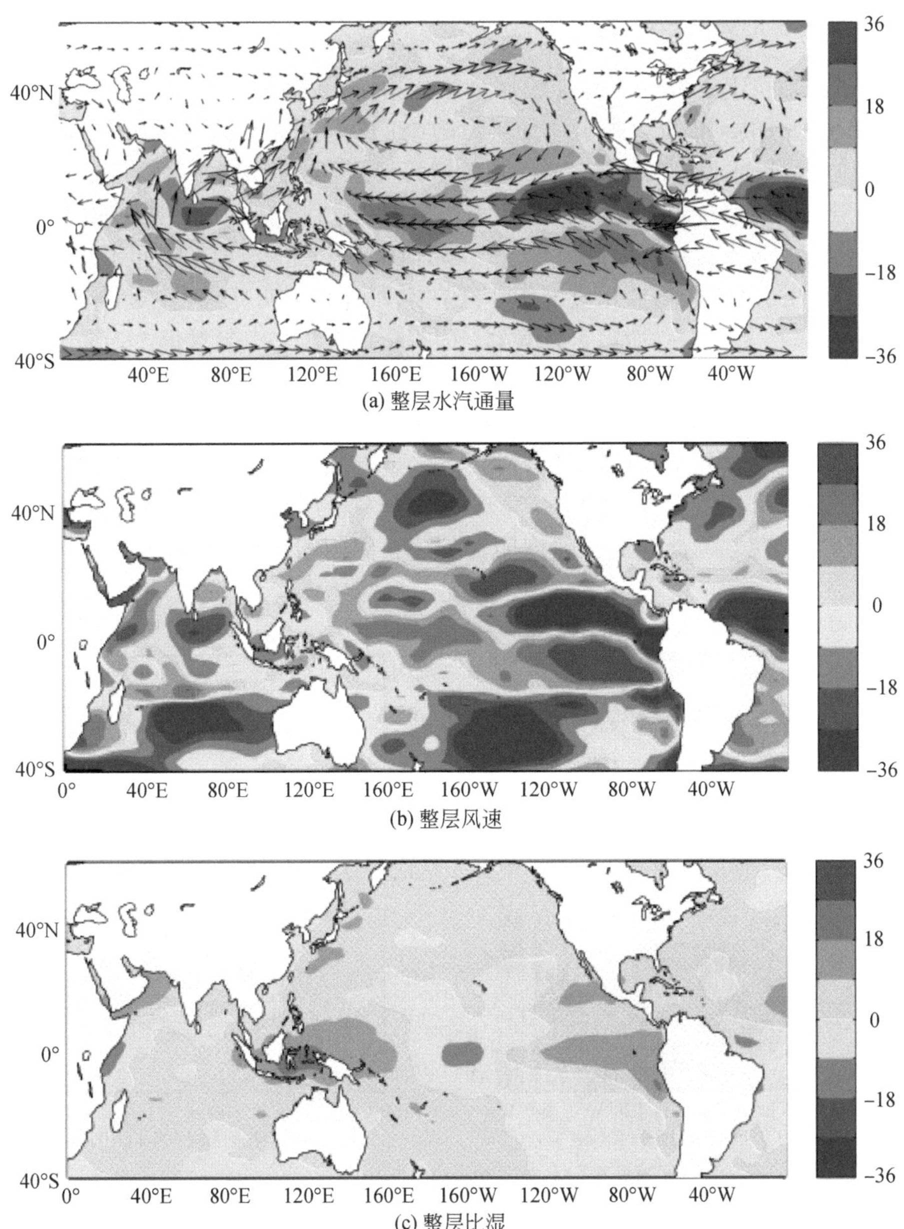

图 4-21　1984～2016 年整层大气水汽、风速及比湿变化情况

图（a）中矢量箭头为多年平均整层水汽通量，单位为 kg/(m·s)；填充图为年整层水汽通量多年变化趋势，单位为 kg/(m·s·10a)

和水汽通量场的角度对比降水异常多和降水异常少年份的环流模式。以 1984～2016 年作为多年气候平均态，以 1993 年、2001 年、2006 年和 2008 年作为广州市汛期降水偏多时期进行合成分析，以 1985 年、1990 年、1991 年和 2011 年作为汛期降水偏少时期进行合成分析。

1. 降水异常年份的高度场对比

高度场选取位于500hPa的588线作为量化指标，588线表征西太平洋副热带高压的位置和形态。图4-22表示降水异常年份的588线位置、形态及其相应的前期海温。可以看出，对于降水偏多的年份，WPSH关键海温区（赤道中东太平洋和热带印度洋）的前期海温均表现为异常正距平。其中，赤道中东太平洋前期海温较多年平均值普遍升高0～0.2℃，局部区域明显升高0.3℃；热带印度洋前期海温较多年平均值升高0～0.1℃。受前期海温的影响，相应的588线在空间分布上明显偏西，西伸脊点位置为110°E，异常偏西3°左右；面积明显偏大，面积指数为24.3，异常偏大2个单位；与此同时，强度相对较强，强度指数达到44.0，异常偏高1个单位。对于降水偏少的年份，WPSH关键海温区的前期海温均表现为异常负距平。其中，赤道中东太平洋和热带印度洋前期海温均较多年平均值降低0～0.1℃。与前期海温相对应，588线在空间分布上偏东，西伸脊点位置为123°E，异常偏东9°左右；面积偏大，面积指数为20.7，异常偏小2个单位；与此同时，强度明显偏弱，强度指数仅为38.7，异常偏弱4个单位。

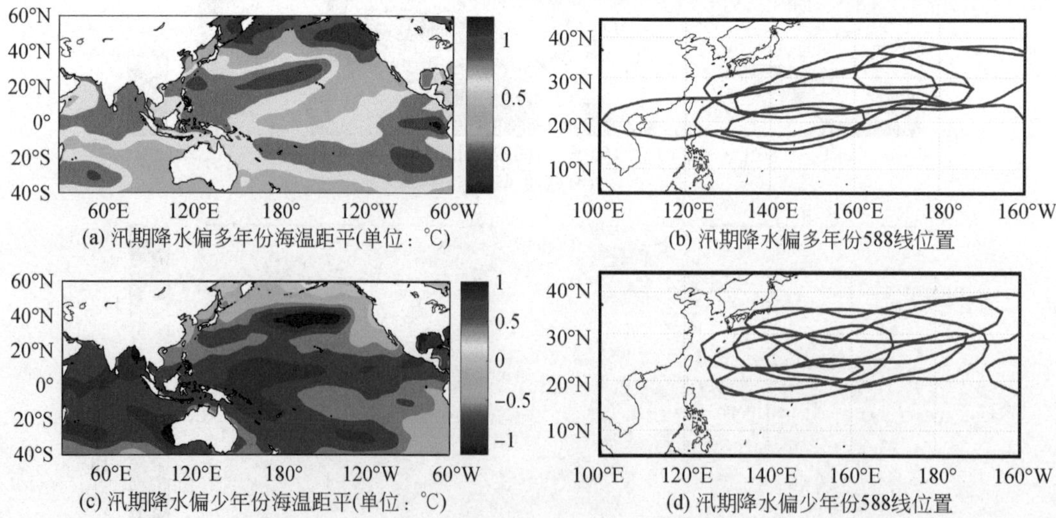

图4-22 汛期降水异常年份的海温距平及500hPa高度层588线分布情况

图(a)、(c)中暖色表示海温偏高，冷色表示海温偏低

2. 降水异常年份的风场对比

图4-23表示降水异常年份的850hPa低层大气和200hPa高层大气风速距平场。对于降水偏多的年份，研究区域低层大气为异常气旋环流，高层大气为异常反气旋环流。上述高低层风场配置在垂直空间上形成低层水汽辐合、高层水汽辐散的模式，为水汽形成降水提供动力条件。对于降水偏少的年份，研究区域低层大气为异常反气旋环流，高层大气为异常气旋环流。上述高低层风场配置在垂直空间上形成低层水汽辐散、高

层水汽辐合的模式，不利于产生降水。周波涛和赵平（2010）在研究风场对中国东部降水时，同样发现当高层为异常反气旋环流，低层为异常气旋环流时，中国东部降水偏多。宋自福（2013）、伯忠凯等（2017）对降水数值模拟研究中，发现低层辐合、高层辐散的高低层风场配置有效加大大气的抽吸作用，造成降雨区上空垂直上升运动增强，促使降水加强。

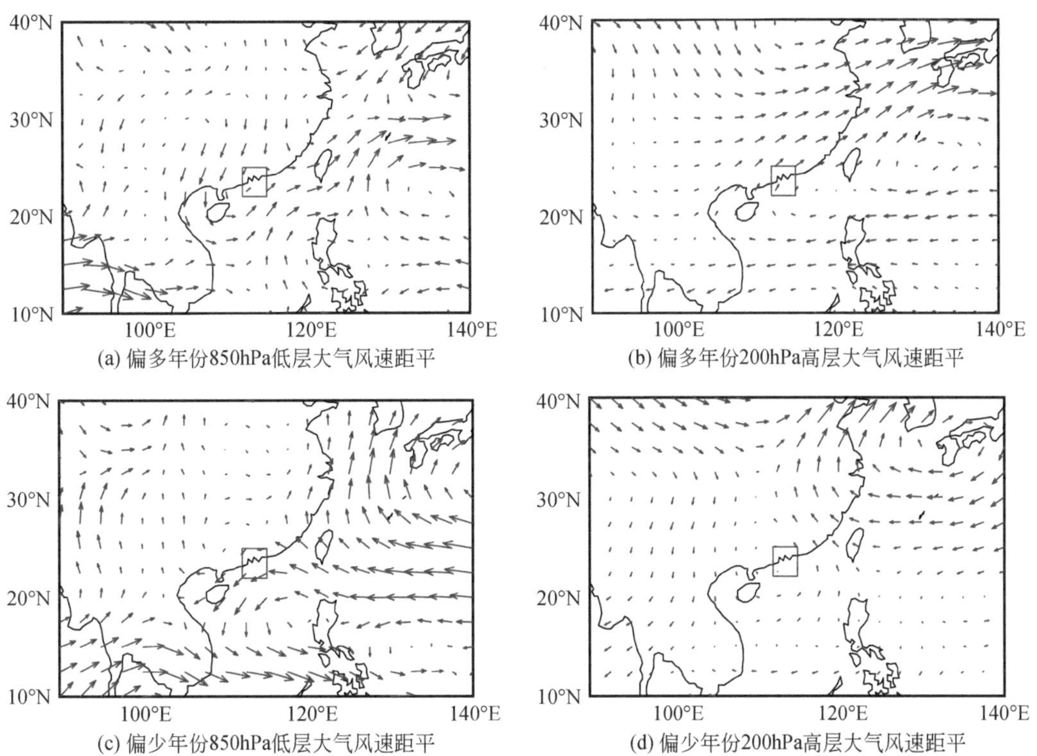

图4-23　广州市汛期降水异常年份850hPa低层大气和200hPa高层大气风速距平场

矢量箭头表示风速距平，单位为m/s；红色矩形区域为研究区域

3. 降水异常年份的水汽通量场对比

图4-24表示汛期降水异常年份的整层水汽输送及散度。其中，图4-24(a)、(b)分别表示降水偏多和偏少年份的水汽输送和散度。可以看出，对于降水偏多的年份，区域表现为明显的水汽通道，即来自印度洋孟加拉湾的西南气流和太平洋的东南气流，整层水汽通量量值超过100kg/(m·s)，与此同时，区域为水汽辐合区，水汽通量散度超过0.3g/(m^2·s)。对于降水偏少的年份，水汽通道有减弱的特征，强度明显小于降水偏多的年份，整层水汽通量量值不超过100kg/(m·s)，与此同时，区域虽仍然为水汽辐合区，但水汽通量散度量值减小，为0.2~0.3g/(m^2·s)。

进一步对比降水偏多和偏少年份的水汽通量及散度距平场，结果如图4-24(c)、(d)所示。可以看出，对于降水偏多的年份，水汽通量异常表现为西南方向，量值较多年平均水平增加10~15kg/(m·s)，水汽在研究区域进行辐合，散度异常值大小为

0~0.04g/(m^2·s)。对于降水偏少的年份，水汽通量异常表现为东北方向，量值较多年平均水平减少超过20kg/(m·s)，水汽在研究区域辐散，散度异常值大小为0.04~0.08g/(m^2·s)。

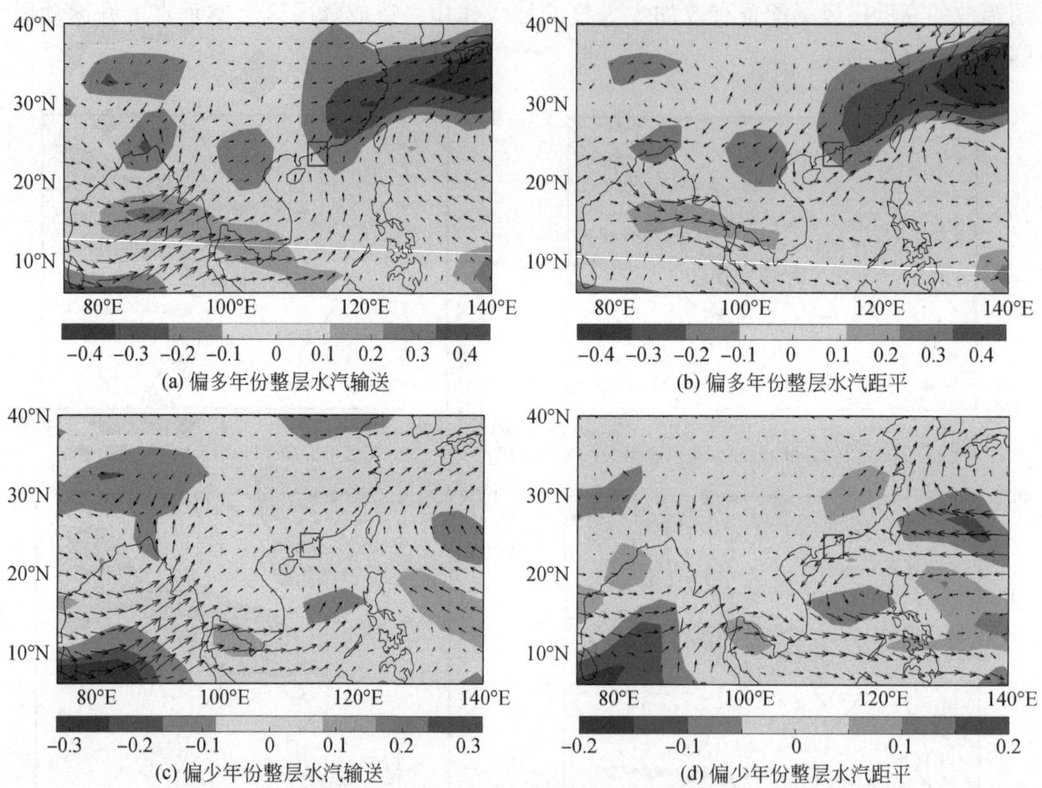

图4-24 广州市汛期降水异常年份整层水汽输送情况及其相应距平场

矢量图表示水汽通量，单位为kg/(m·s)；等值线填充图表示水汽辐散情况，单位为g/(m^2·s)。其中绿蓝色为水汽辐合区，黄红色为水汽辐散区，红色矩形区域为研究区域

4.5 城市化作用对降水过程的影响

4.5.1 城市化进程与代表站选取

1. 城市化进程分析

城市化进程是衡量一个区域城市发展程度的重要指标。目前，量化城市化进程的方法多种多样，包括城镇人口比重法、DMSP/OLS夜间灯光法等。为细致体现城市化进程对局地降水的影响，从城郊土地利用差异的角度出发，采用城镇土地比重和城镇扩张速度衡量广州市城市化进程。选取广州市1980年、1990年、2000年和2010年土地利用数据，对比1980年、1990年、2000年和2010年城镇用地情况（图4-25与表4-7），广州市城市化进程具有如下特点。

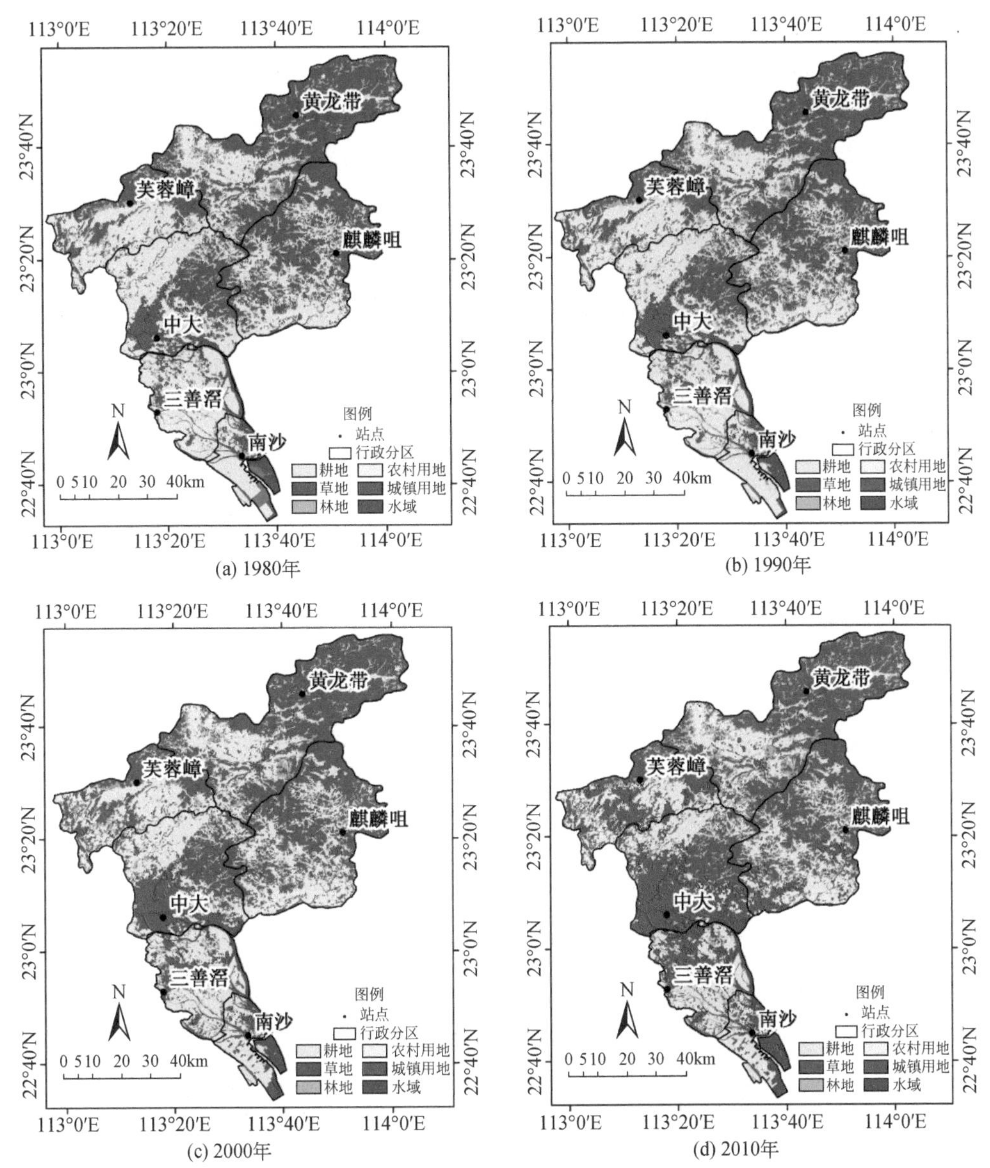

(a) 1980年　(b) 1990年

(c) 2000年　(d) 2010年

图 4-25　广州市各年代土地利用类型分布图

表 4-7　广州市各年城镇土地比重　（单位:%）

区域	1980 年	1990 年	2000 年	2010 年
南沙区	5. 2	5. 5	10. 4	11. 3
番禺区	3. 6	5. 3	10. 7	26. 1
市辖区	10. 2	12. 9	21. 3	39. 2
花都区	1. 3	1. 9	4. 0	17. 3
增城区	0. 4	0. 6	0. 8	6. 3
从化区	1. 1	1. 3	1. 3	2. 6

（1）城市化进程主要集中在市辖区。1980 年、1990 年、2000 年和 2010 年，市辖区城镇土地比重分别为 10.2%、12.9%、21.3% 和 39.2%，番禺区城镇土地比重分别为 3.6%、5.3%、10.7% 和 26.1%，花都区城镇土地比重分别为 1.3%、1.9%、4.0% 和 17.3%，南沙区城镇土地比重分别为 5.2%、5.5%、10.4% 和 11.3%，增城区城镇土地比重分别为 0.4%、0.6%、0.8% 和 6.3%，黄龙带城镇土地比重分别为 1.1%、1.3%、1.3% 和 2.6%。对比发现市辖区城镇土地比重明显大于其他各区。

（2）市辖区城市化建设进程不断加快。1980～1990 年、1990～2000 年和 2000～2010 年市辖区城镇扩张速度分别为 3.1km²/a、9.5km²/a 和 20.3km²/a。具体表现为 1990 年之前市辖区城市化进程水平相对较低；1990～2000 年，城镇土地比重增加 8.4%；2000～2010 年城镇土地比重增加 17.9%，2010 年城镇土地比重超过 2000 年水平的 84.1%。对比发现，2000 年附近市辖区城镇土地比重变化显著，城镇化扩张速度明显加快。吴艳艳（2016）同样发现，随着《广州市土地利用第十个五年规划（2001-2005 年）》和《广州市土地利用第十一个五年规划（2006-2010 年）》的实施，广州市在 2000 年之后进入了城市高速扩张阶段。与此同时，该时间点也与其他一线城市进入城市快速发展阶段的时间点相近。李青春（2012）综合土地利用变化、环路建设情况、常住人口和基本建设投资额等社会经济指标，确定 1995 年作为北京进入城市化快速发展期的时间点；金义蓉等（2017）综合人口、铺装道路面积和民用汽车拥有量等发展指标，确定 2000 年作为上海进入城市化快速发展期的时间点。综上所示，选用 2000 年作为分界点，将广州市城市化进程分为城市化缓慢期（1984～1999 年）和城市化快速期（2000～2015 年）。

2. 城郊站点选取及合理性分析

城市化城区与郊区划分标准，一般城区城镇土地比重超过 15%，且比重应为郊区建设用地占比的 2 倍左右（杨勇和任志远，2009；惠彦等，2009）；且城区下风向受城市化影响较大，而城区上风向基本不受城市化的影响（时少英等，2012；Yang et al.，2014）。与此同时，结合广州市汛期盛行风向为偏南风，且考虑到南沙站（113°34′E）、中大站（113°18′E）和黄龙带站（113°44′E）经度差距较小，总体上呈现从南到北排列，选取市辖区中大站作为城区站，南沙站为区域背景代表站，黄龙带站作为城区下风向的典型站点。采用城郊对比分析的方法，认为城市化缓慢期区域背景站、城区站和下风向站的降水均主要受环流作用的影响；城市化快速期区域背景站降水依然主要受环流背景的影响，城区和下风向降水受环流背景和城市化作用的综合影响，通过对比三站城市化快速期相对于缓慢期的变化幅度，进而突出城市化建设对降水的影响。

进一步论证南沙站表征区域气候背景的代表性，结果如图 4-26 所示。南沙站、中大站和黄龙带站汛期降水量之间存在良好的相关关系，均表现如下：20 世纪 80 年代至 90 年代末期为降水相对偏少期，90 年代末期之后为降水相对偏多期。其中，南沙站与中大站降水量的相关系数为 0.556，南沙站和黄龙带站的相关系数为 0.460。结合相关系数的显著性检验，当自由度为 31 时，$r_{0.01}=0.442$。对比发现，南沙站与中大站、南沙站与黄龙带站的相关概率高达 99%。此外，南沙站（22°45′N，113°34′E）、中大站（23°06′N，113°18′E）和黄龙带（23°46′N，113°44′E）之间的经纬度相差均不超过 2°，参照廖镜彪等（2011）的判断依据，认为三站点属于同一气象分区，背景气候相似。综上所述，认为城区上风向南沙站可作为区域背景的代表站。

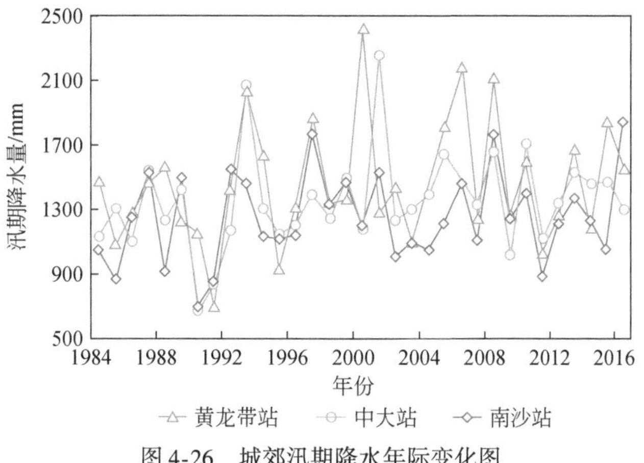

图 4-26　城郊汛期降水年际变化图

进一步论证城市化进程转折时间节点的可靠性，结果如图 4-27 所示。城区中大站和南沙站、城区下风向站和南沙站的汛期双累积曲线均在 2000 年附近发生明显转折，相关点逐渐偏离 1∶1 直线，这与上述土地利用变化的分析结果相吻合。因此，2000 年前后，较城区上风向南沙站而言，城区中大站、城区下风向黄龙带站降水特征确实发生了较大变化。以汛期降水总量为例，1984 ~ 1999 年南沙站、中大站和黄龙带站平均降水量分别为 1227mm、1268mm 和 1369mm；2000 ~ 2016 年，南沙站平均降水量较前期略有增加，为 1287mm，中大站和黄龙带站平均降水量较前期增加 150 ~ 200mm，分别达到 1438mm 和 1559mm。综上所述，认为 2000 年可作为广州市进入城市化快速发展期的时间节点。

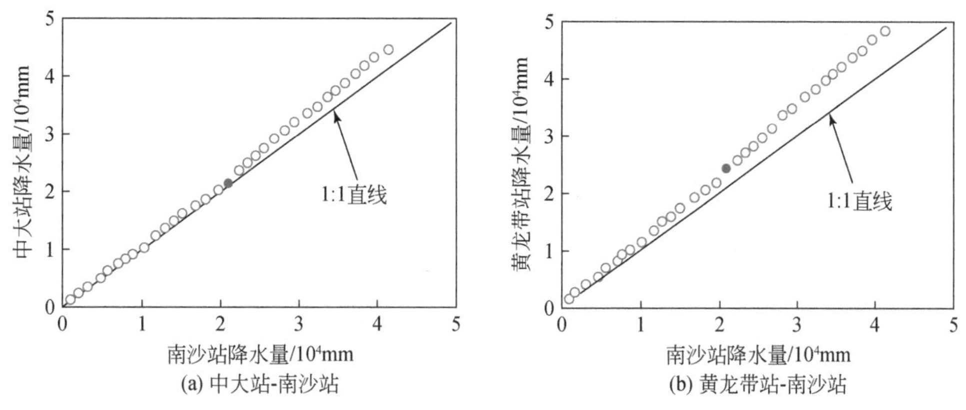

图 4-27　汛期降水量双累积曲线

4.5.2 降水空间演变基本特征

1. 城市化建设对城郊降水总量的影响

分析城市化建设对降水量的影响，结果如图 4-28 和图 4-29 所示。由图 4-28 可以看出，受环流大背景的影响，广州市不同区域均表现为小雨量减少，中雨及以上等级雨量增加的现象，但不同区域降水量变化趋势的显著性存在差异。具体来说，位于城区的中大站汛期降水总量增加明显，倾向率为 79. 1mm/10a，通过 $P<0.05$ 的显著性检验；与此同时，其小雨量以-14. 9mm/10a 的速度减少，中雨及以上等级降水雨量以 94. 0mm/10a 的速度增加，均通过 $P<0.05$ 的显著性检验。位于下风向的黄龙带站汛期降水总量倾向率为 80. 0mm/10a，其小雨量以-7. 6mm/10a 的速度减少，中雨及以上等级降水雨量以 87. 7mm/10a 的速度增加，均通过 $P<0.1$ 的显著性检验。位于上风向的南沙站汛期降水总量倾向率为 65. 1mm/10a，其小雨量以-4. 9mm/10a 的速度减少，中雨及以上等级降水雨量以 60. 2mm/10a 的速度增加，但未通过 $P<0.1$ 的显著性检验。

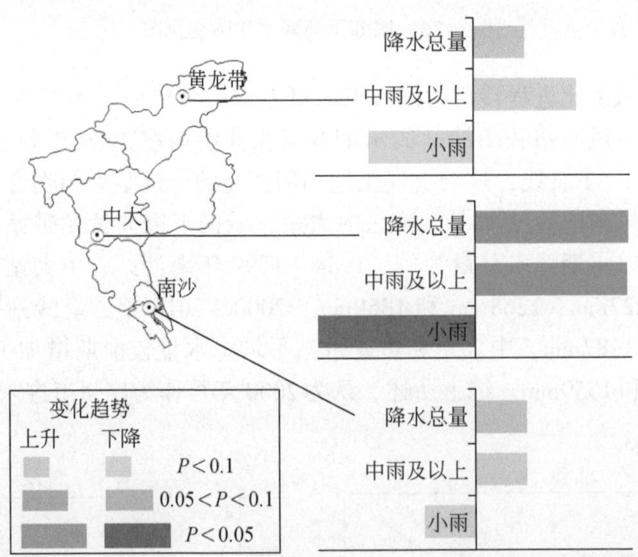

图 4-28 1984 ~ 2016 年南沙站、中大站和黄龙带站汛期降水量变化趋势显著性对比

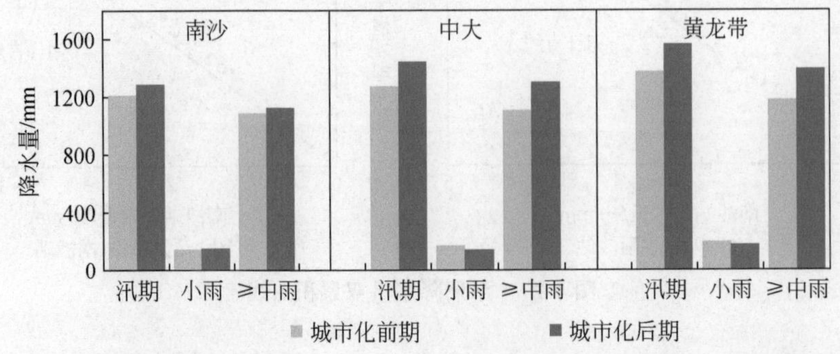

图 4-29 不同城市化阶段下南沙站、中大站和黄龙带站降水量差异性对比

进一步对比城市化不同阶段下各站点降水量级的差异性，结果如图4-29所示。对比城市化缓慢期（1984～1999年），城市化快速期降水量在城区和下风向的增加幅度更加明显，且增加现象主要出现在量级较大的降水事件。具体来说，城市化快速期南沙站、中大站和黄龙带站汛期降水总量分别为1287mm、1438mm和1559mm，分别较城市化缓慢期水平增加76mm、169mm和190mm，较多年平均水平分别增加6.1%、12.5%和13.0%。城市化快速期三站小雨量分别为149mm、139mm和172mm，分别较城市化缓慢期水平减少7mm、31mm和19mm，较多年平均水平分别减少4.8%、20.2%和10.3%。城市化快速期三站中雨及以上等级降水量分别为1126mm、1299mm和1387mm，分别较城市化缓慢期水平增加72mm、200mm和209mm，较多年平均水平分别增加6.5%、16.7%和16.2%。综上所述，对比城市化缓慢期，城市化快速期城区和下风向降水量较上风向增加幅度更加明显，主要体现在中雨及以上等级降水雨量。

2. 城市化建设对城郊降水日数的影响

分析城市化建设对降水日数的影响，结果如图4-30和图4-31所示。由图4-30可以看出，受环流大背景的影响，广州市不同区域均表现为降水日数略微减少的现象，但不同区域分等级降水日数变化趋势的显著性存在差异。具体来说，位于城区的中大站小雨日数以-5.1d/10a的速度减少，中雨及以上等级降水日数以3.2d/10a的速度增加，均通过$P<0.05$的显著性检验。位于下风向的黄龙带站小雨日数以-3.9d/10a的速度减少，中雨及以上等级降水日数以2.3d/10a的速度增加，均通过$P<0.1$的显著性检验。位于上风向的南沙站小雨日数以-0.6d/10a的速度减少，中雨及以上等级降水日数以1.8d/10a的速度增加，但未通过$P<0.1$的显著性检验。

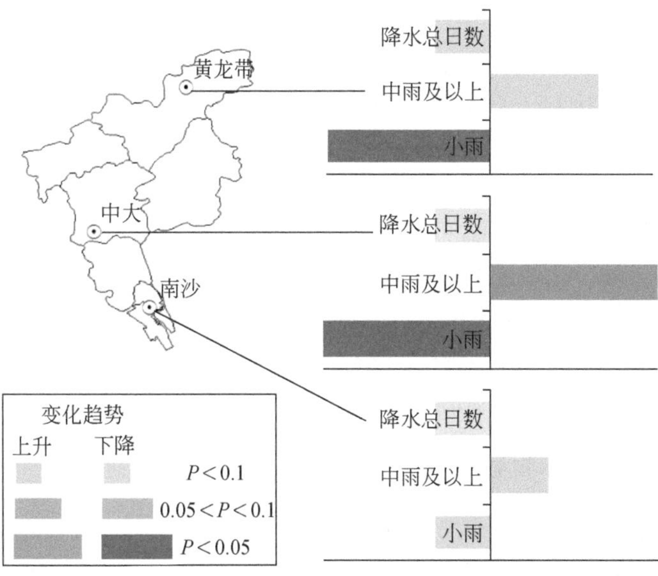

图4-30　1984～2016年南沙站、中大站和黄龙带站汛期降水日数变化趋势显著性对比

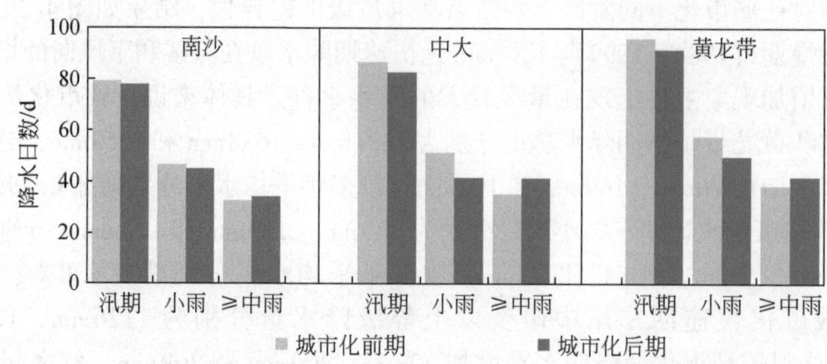

图4-31 不同城市化阶段下南沙站、中大站和黄龙带站降水日数差异性对比

进一步对比城市化不同阶段下各站点降水日数的差异性，结果如图4-31所示。对比城市化缓慢期，城市化快速期小雨日数（中雨及以上等级降水日数）在城区和下风向减少（增加）的现象更加明显。具体来说，城市化快速期南沙站、中大站和黄龙带站小雨日数分别为45d、41d和50d，分别较城市化缓慢期水平减少1.6d、9.9d和7.8d，较多年平均水平分别减少3.5%、21.4%和14.6%。城市化快速期三站中雨及以上等级降水日数分别为34d、41d和42d，分别较城市化缓慢期水平增加1.7d、5.7d和3.4d，较多年平均水平分别增加5.2%、14.9%和8.5%。综上所述，对比城市化缓慢期，城市化快速期城区和下风向小雨日数减少更加明显，中雨及以上等级降水日数增加更加明显。

3. 城市化建设对城郊降水强度的影响

分析城市化建设对降水强度的影响，结果如图4-32和图4-33所示。由图4-32可以看出，受环流大背景的影响，广州市不同区域均表现为降水强度增强的现象，但不同区域降水强度变化趋势的显著性存在差异。具体来说，位于城区的中大站汛期降水强度增强明显，倾向率达到1.3mm/(d·10a)，通过$P<0.05$的显著性检验；位于下风向的黄龙带站汛期降水强度倾向率为1.1mm/(d·10a)，通过$P<0.1$的显著性检验；位于上风向的南沙站汛期降水强度倾向率为0.8mm/(d·10a)，未通过$P<0.1$的显著性检验。

进一步对比城市化不同阶段下各站点降水强度的差异性，结果如图4-33所示。对比城市化缓慢期，城市化快速期降水强度在城区和下风向的增强幅度更加明显。具体来说，城市化快速期南沙站、中大站和黄龙带站汛期降水强度分别为16.1mm/d、17.4mm/d和16.9mm/d，分别较城市化缓慢期水平增强0.5mm/d、2.8mm/d和2.8mm/d，较多年平均水平分别增加7.5%、17.7%和17.7%。

4. 城市化建设对城郊降水过程的影响

1）城市化建设对城郊降水日变化的影响

统计1984~2016年南沙站、中大站和黄龙带站的降水日变化，结果如图4-34所示。广州市降水频率峰值主要集中在11：27~18：27LST，其中南沙站、中大站和黄龙

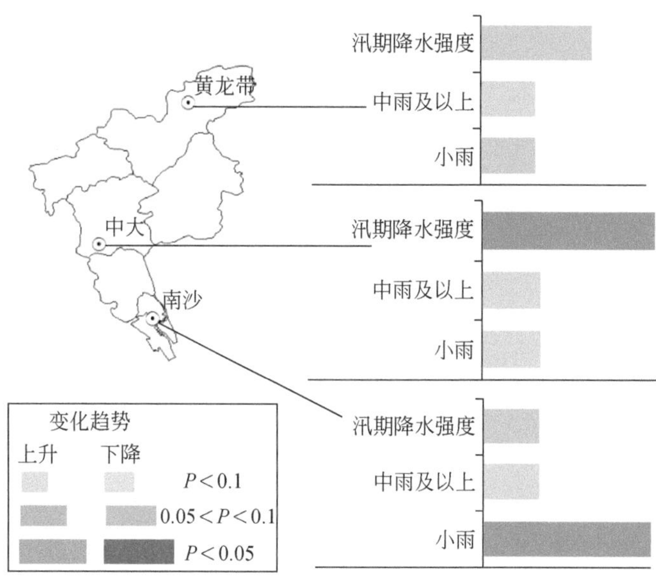

图 4-32　1984～2016 年南沙站、中大站和黄龙带站汛期降水强度变化趋势显著性对比

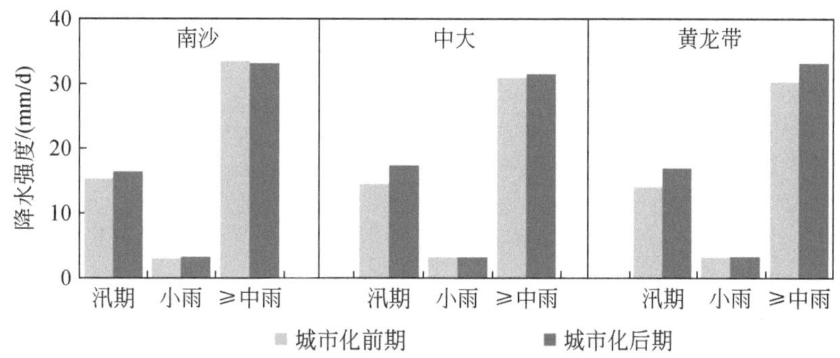

图 4-33　不同城市化阶段下南沙站、中大站和黄龙带站降水强度差异性对比

带站对应时段内的累积降水频率分别达到 41.5%、46.3% 和 45.0%；降水低谷出现在 20：27～2：27LST，其中三站该时段内的累积降水频率分别为 19.4%、19.1% 和 19.9%。该研究结果与潘巧英（2016）、李德帅（2016）、宇如聪（2014）的研究结果基本一致。潘巧英（2016）基于 2000～2012 年 TRMM3B42 实时多卫星观测数据探讨珠三角地区降水日变化特征，研究发现珠三角大部分地区的降水位相集中在 14：00～17：00LST；李德帅（2016）基于华南地区逐小时资料，分析发现 110°E 以东降水峰值出现在 13：00～19：00BST；宇如聪等（2014）研究发现中国东南地区的降水主要集中在下午。

进一步分析城市化建设对降水日变化的影响，结果如图 4-35 所示。对比城市化缓慢期（1984～1999 年），城市化快速期短历时降水事件在城区上风向、城区和城区下风向的降水日变化存在差异性。其中，城市化快速期短历时降水日变化在城区上风向南沙站的波动不明显，在城区中大站和城区下风向站黄龙站的变化明显。对比城市化缓慢期，城

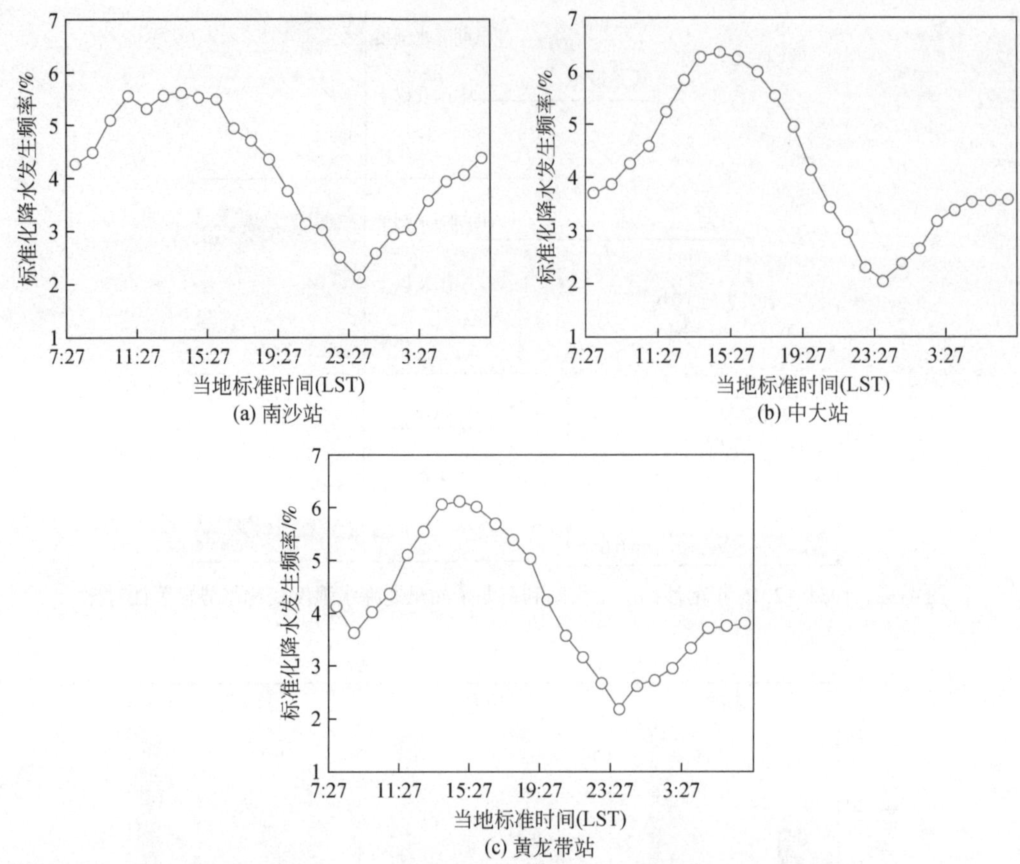

图4-34　1984～2016年南沙站、中大站和黄龙带站降水日变化

市化快速期中大站短历时1～3h、4～6h降水事件分别在午后（13：27～17：27LST）和深夜至凌晨（22：27～4：27LST）的发生频率明显增大。具体来说，城市化快速期中大站短历时1～3h、4～6h降水事件分别发生于午后、深夜至凌晨的频率分别为36.1%和20.6%，分别较城市化缓慢期增加3.5%和5.2%。与此同时，对比城市化缓慢期，城市化快速期黄龙带站短历时1～3h、4～6h降水事件分别在午后（15：27～18：27LST）和清晨（6：27～10：27LST）的发生频率明显增大。具体来说，城市化快速期黄龙带站短历时1～3h、4～6h降水事件分别发生于午后、清晨的频率分别为29.0%和19.6%，分别较城市化前期增加3.7%，短历时4～6h降水事件在清晨的发生频率较城市化缓慢期增加3.1%。

此外，对比城市化缓慢期，城市化快速期长历时降水事件在各区域（城区上风向、城区和城区下风向）的降水日变化基本一致。城市化快速期城区上风向南沙站、城区中大站和城区下风向站黄龙带站长历时降水事件在各时次的发生频率较城市化缓慢期的波动基本均在0.5%以内。并且，基本上均呈现白天（7：27～19：27LST）出现降水的比例略微下降，黑夜（20：27～6：27LST）出现降水的比例略微上升的现象。以长历时降水事件在白天的发生频率为例，城市化快速期南沙站、中大站和黄龙带站的

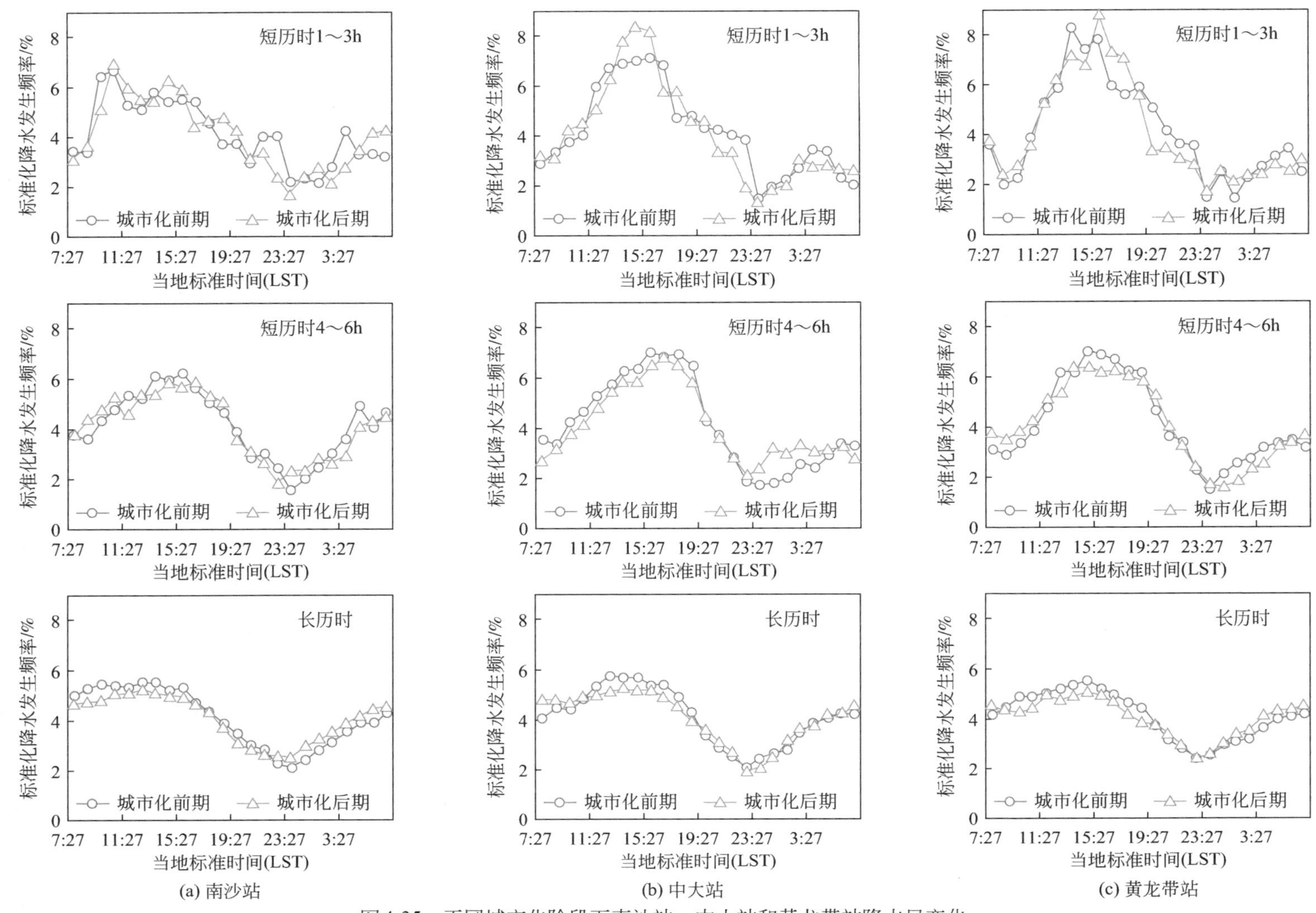

图 4-35　不同城市化阶段下南沙站、中大站和黄龙带站降水日变化

发生频率分别为61.6%、63.2%和60.1%，分别较城市化缓慢期增加3.4%、3.0%和3.1%。

综上所述，对比城市化缓慢期，城市化快速期短历时降水事件在城区上风向各时次的发生频率波动不大，而城区和城区下风向均表现为短历时1～3h降水事件发生于午后的频率增大，短历时4～6h降水事件发生于深夜至清晨的频率增大，且城区降水发生频率增加明显的时段（13：27～17：27LST和22：27～4：27LST）较城区下风向（15：27～18：27LST和6：27～10：27LST）提前。另外，长历时降水事件在城区上风向、城区和城区下风向的变化基本一致，均表现为白天（7：27～19：27LST）出现降水的比例略微下降，黑夜（20：27～6：27LST）出现降水的比例略微上升。

2）城市化建设对城郊降水雨型的影响

选用逐时降水资料分析降水雨型，因短历时1～3h降水过程无法显示雨型，故只分析短历时4～6h和长历时降水雨型。统计1984～2016年南沙站、中大站和黄龙带站降水雨型，结果如图4-36所示。南沙站Ⅰ～Ⅶ型比例分别为49.5%、12.5%、16.8%、6.0%、7.7%、4.1%和3.5%，中大站Ⅰ～Ⅶ型比例分别为55.0%、12.0%、18.7%、4.9%、7.7%、6.5%和2.8%，黄龙带站Ⅰ～Ⅶ型比例分别为51.7%、18.6%、21.2%、7.4%、10.7%、7.9%和5.6%。可以看出，广州市降水雨型以单峰型降水为主，三站单峰型降水比例均超过75%，其中以Ⅰ型降水发生比例最高，基本超过50%；其次为双峰型降水，三站双峰型降水比例均超过15%；均匀型降水所占比例最少，三站均匀型降水比例均低于7%。该结果与Chen等（2015）对广州市2009～2014年暴雨雨型的研究成果基本一致。

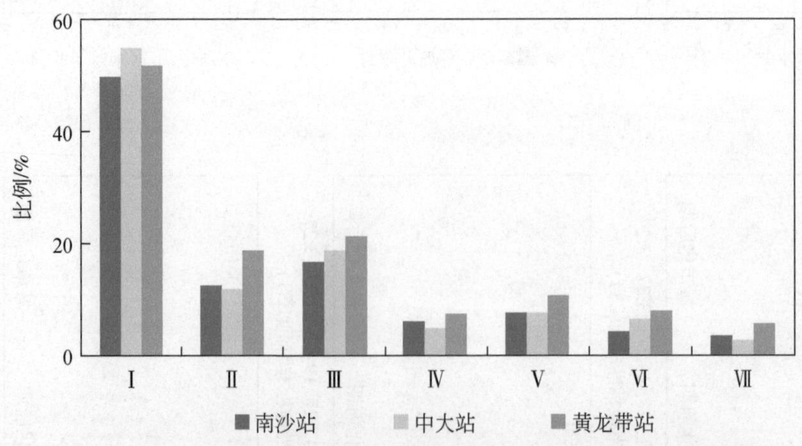

图4-36 1984～2016年南沙站、中大站和黄龙带站降水雨型分布特征

为更细致地分析城市化建设对降水雨型的影响，进一步对不同城市化发展阶段下南沙站、中大站和黄龙带站场次降水划分雨型。对比城市化缓慢期（1984～1999年），城市化快速期短历时降水雨型的变动幅度在城区上风向、城区和城区下风向存在差异性。其中，城市化快速期短历时4～6h各雨型比例在城区上风向南沙站的波动不明显，

在城区中大站和城区下风向黄龙带站的变化明显（图 4-37）。对比城市化缓慢期，城市化快速期南沙站Ⅰ～Ⅶ型降水事件的比例的波动幅度均不超过 1%；中大站和黄龙带站均表现为Ⅰ型和Ⅵ型的比例明显增加。具体来说，城市化快速期中大站短历时 4～6h 降水事件中Ⅰ～Ⅶ型的比例分别为 60.6%、7.8%、16.3%、2.0%、5.2%、6.8%和 1.3%，其中Ⅰ型、Ⅵ型的比例分别较城市化缓慢期增加 3.3%和 3.8%，其他雨型（Ⅱ型、Ⅲ型、Ⅳ型、Ⅴ型和Ⅶ型）的比例分别较城市化缓慢期波动-2.8%、-0.5%、-2.0%、-2.7%和0.9%。城市化快速期黄龙带站短历时 4～6h 降水事件中Ⅰ～Ⅶ型的比例分别为 48.0%、11.6%、17.9%、3.3%、10.3%、7.3%和 1.7%，其中Ⅰ型、Ⅵ型的比例分别较城市化缓慢期增加 2.0%和 4.8%，其他雨型（Ⅱ型、Ⅲ型、Ⅳ型、Ⅴ型和Ⅶ型）的比例分别较城市化缓慢期波动-1.7%、-0.4%、-2.5%、-1.3%和-0.9%。

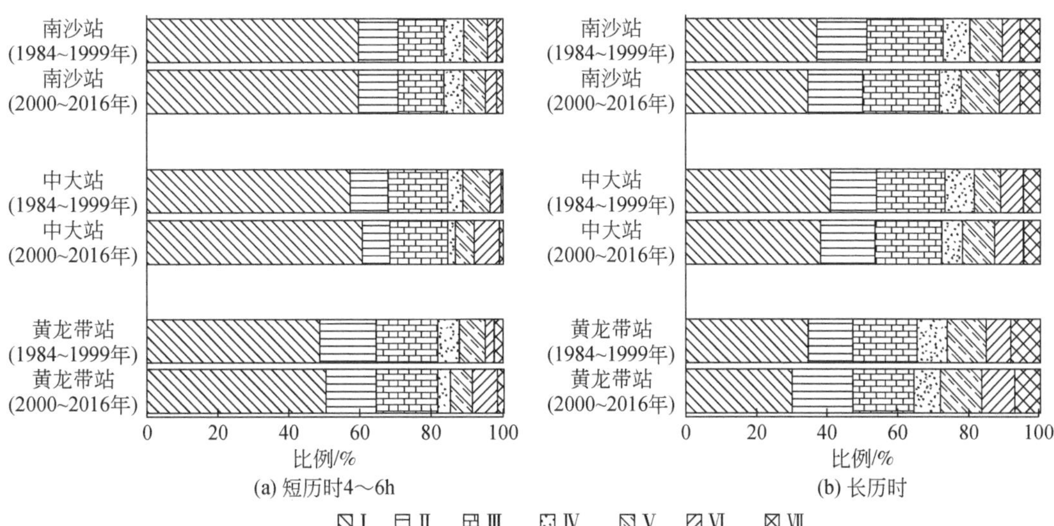

图 4-37　不同城市化阶段下南沙站、中大站和黄龙带站降水雨型

此外，对比城市化缓慢期，城市化快速期长历时降水事件在各区域（城区上风向、城区和城区下风向）的雨型变化基本一致，均表现为Ⅱ型、Ⅴ型和Ⅵ型比例增加，Ⅰ型和Ⅳ型比例下降明显。具体来说，城市化快速期南沙站Ⅰ～Ⅶ型的比例分别为 36.8%、14.1%、21.6%、7.6%、9.2%、4.9%和 5.9%；其中，Ⅱ型、Ⅴ型和Ⅵ型的比例较城市化缓慢期分别增加 1.4%、1.5%和 1.7%，Ⅰ型和Ⅳ型的比例分别下降 2.2%和 1.6%。城市化快速期中大站Ⅰ～Ⅶ型的比例分别为 40.6%、13.3%、18.9%、8.3%、7.8%、6.1%和 5.0%；Ⅱ型、Ⅴ型和Ⅵ型的比例较城市化缓慢期分别增加 2.1%、1.0%和 2.1%，Ⅰ型和Ⅳ型的比例分别下降 2.6%和 2.3%。城市化快速期黄龙带站Ⅰ～Ⅶ雨型的比例分别为 34.5%、12.5%、17.7%、8.6%、11.2%、7.3%和 8.2%；Ⅱ型、Ⅴ型和Ⅵ型的比例较城市化缓慢期分别增加 4.6%、0.4%和 1.9%，Ⅰ型和Ⅳ型的比例分别下降 4.4%和 1.2%。

综上所述，对比城市化缓慢期，城市化快速期短历时 4～6h 降水中Ⅰ～Ⅶ型的比例在城区上风向的波动幅度不大，均不超过1%，而城区和城区下风向均表现为单峰型降水中雨峰靠前的降水事件和双峰型降水中雨峰位于前、中期的降水事件的比例明显增加7.1%和6.8%。与此同时，长历时降水雨型在城区上风向、城区和城区下风向的变化情况基本一致，均表现为单峰雨峰靠后型、双峰雨峰前后期型和双峰雨峰前中期型降水事件的比例增加，幅度为4.5%~7.0%。

3）城市化建设对城郊次降水达50mm历时的影响

统计1984~2016年南沙站、中大站和黄龙带站次降水达50mm历时分布情况，结果如图4-38所示。一方面，可以看出广州市不同降水事件雨量集中程度的差异性较大，具体表现为次降水达50mm历时在1~18h变动。另一方面，可以看出广州市发生强降水的频率较高，具体表现为次降水达50mm历时在1~3h的比例高，其中南沙站、中大站和黄龙带站次降水达50mm历时在1~3h的比例分别为56.0%、57.9%和44.3%；次降水达50mm历时超过12h的比例极低，其中南沙站、中大站和黄龙带站次降水达50mm历时超过12h的比例分别为1.8%、2.0%和6.8%。

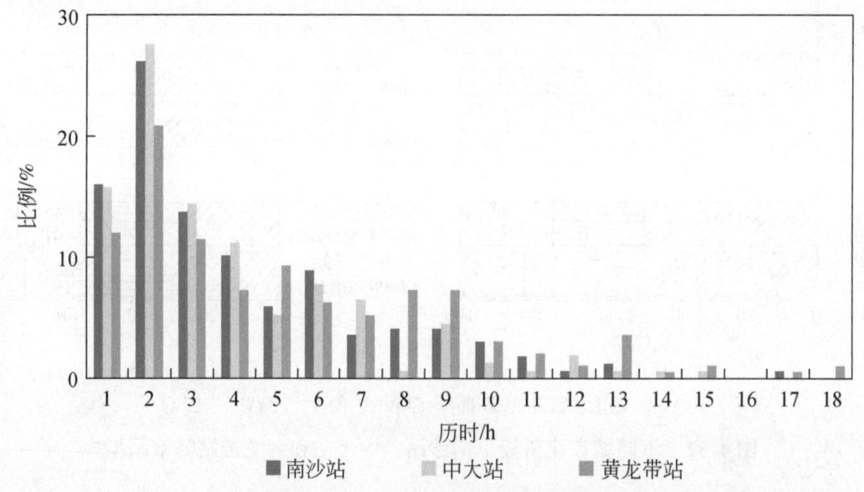

图4-38 1984~2016年南沙站、中大站和黄龙带站次降水达50mm历时分布图

进一步分析城市化建设对次降水达50mm历时的影响，结果如图4-39所示。对比城市化缓慢期，城市化快速期城区上风向次降水达50mm历时的变动幅度不大，城区和城区下风向次降水达50mm历时为1~3h的发生频率明显上升。具体来说，城市化快速期中大站1h、2h、3h雨量达到50mm的次数分别为12次、30次和14次，分别较城市化缓慢期增加2次、18次和6次，累积增加频率达到19.3%；城市化快速期黄龙带站1h、2h、3h雨量达到50mm的次数分别为16次、25次和14次，分别较城市化缓慢期增加9次、10次和6次，累积增加频率达到14.3%。综上所述，对比城市化缓慢期，城市化快速期城区上风向次降水达50mm历时波动不大，而城区和城区下风向次降水达50mm历时明显缩短，雨量分布更加集中。

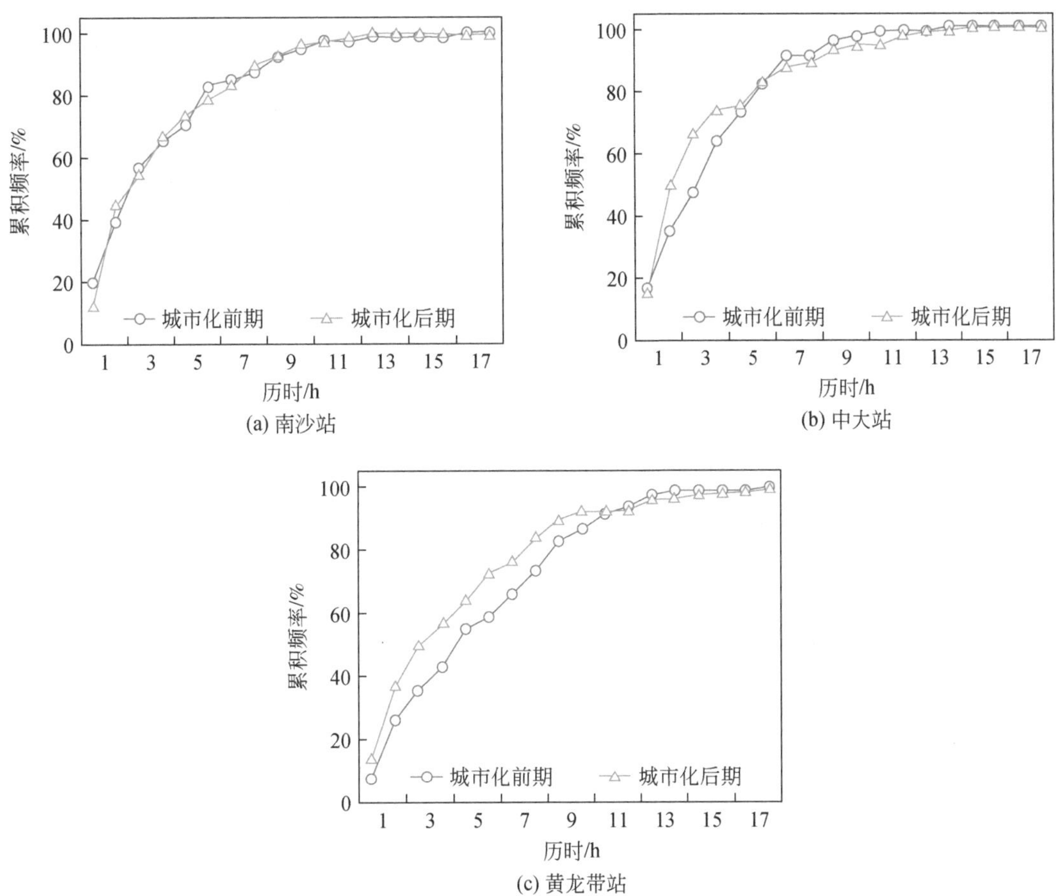

图 4-39　不同城市化阶段下南沙站、中大站和黄龙带站次降水达 50mm 历时的累积频率分布

4.5.3　城市化建设对城郊降水空间变化的驱动分析

通过上述对降水空间演变特征的分析，可以发现，对比城市化缓慢期，城市化快速期城区、下风向降水特征与上风向的区别主要体现在短历时降水事件上。具体来说，与城市化缓慢期相比，城市化快速期城区和下风向短历时 1～3h 降水事件发生于午后的频率分别增大 3.5% 和 3.7%，短历时 4～6h 降水事件发生于深夜至清晨的频率分别增大 5.2% 和 3.1%，远高于上风向各时次降水发生频率的波动（<0.5%）；城区和下风向雨峰位于前、中期（Ⅱ型、Ⅴ型和Ⅵ型）的短历时降水比例分别增加 7.1% 和 6.8%，远高于上风向Ⅰ～Ⅶ型降水事件的比例的波动（<1%）；城区和下风向次降水达 50mm 历时明显缩短，雨量分布更加集中，1～3h 雨量达 50mm 的场次降水累积频率分别增加 19.3% 和 14.3%，远高于上风向次次降水达 50mm 历时波动（1.6%）。为了进一步探究广州市城市化建设如何造成上风向、城区和下风向降水空间分布差异，进一步挑选、统计并对比短历时对流雨和短历时非

对流雨的空间分布特征。

统计1984～2016年上风向南沙站、城区中大站和下风向黄龙带站短历时对流降水和短历时非对流降水如图4-40和图4-41所示，并对比城市化缓慢期和快速期三站短历时对流雨和短历时非对流雨年均发生次数如图4-42所示。1984～2016年南沙站、中大站和黄龙带站短历时对流雨均超过500场，年均发生次数均超过15场；短历时对流雨场次降水量为5.6～100mm，场次降水强度为5.6～83mm/h。1984～2016年三站短历时对流雨次数均呈现上升趋势，倾向率分别为1.4次/a、2.7次/a和3.8次/a，但城区和下风向增加幅度更加明显，通过$P<0.01$的显著性检验；此外，对比城市化缓慢期，城市化快速期上风向、城区和下风向短历时对流雨年均发生次数均增加，但城区和下风向短历时对流雨年均发生次数增加幅度明显高于上风向（10%～20%）。具体来说，城市化快速期上风向、城区和下风向短历时对流雨年均发生次数分别为16次、22次和20次，分别较城市化缓慢期增加1.8次、3.9次和6.2次，分别较城市化前期增加12.3%、21.5%和35.8%［图4-42（a）］。

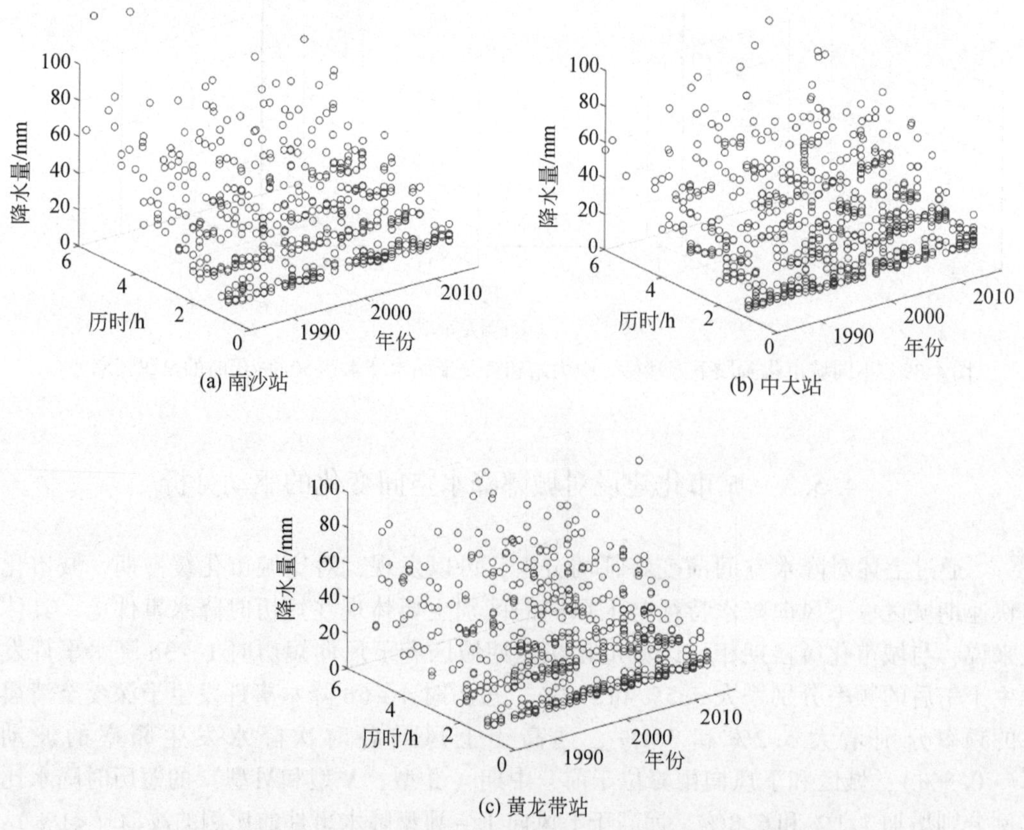

图4-40　1984～2016年南沙站、中大站和黄龙带站短历时对流雨汇总

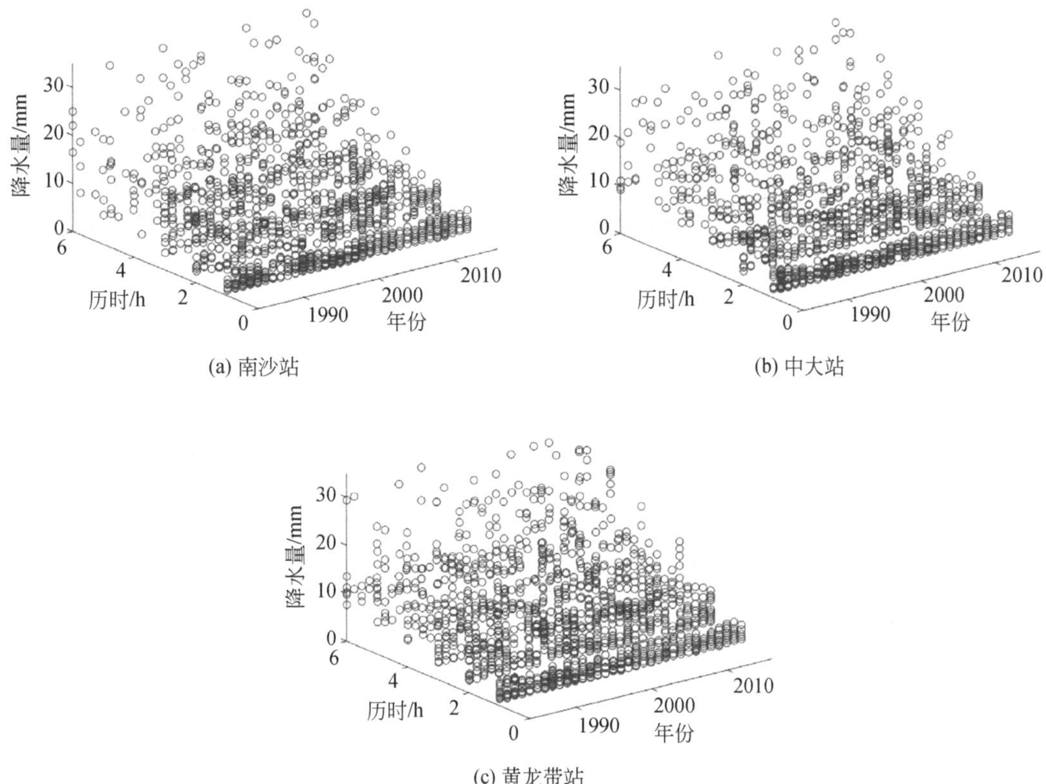

图4-41　1984～2016年南沙站、中大站和黄龙带站短历时非对流雨汇总

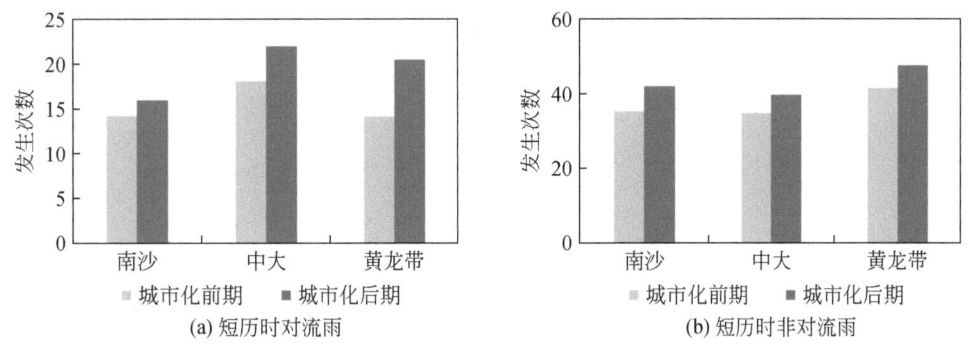

图4-42　不同城市化阶段下南沙站、中大站和黄龙带站短历时（非）对流雨年均发生次数

此外，1984～2016年上风向南沙站、城区中大站和下风向黄龙带站短历时非对流雨均超过1200场，年均发生次数均超过35场；短历时非对流雨场次降水为1～35mm，场次降水强度为1～5.6mm/h（图4-41）。对比城市化缓慢期，城市化快速期上风向、城区和下风向短历时非对流雨年均发生次数变化幅度基本一致。具体来说，城市化快速期上风向、城区和下风向短历时非对流雨年均发生次数分别为42次、40次和47次，

分别较城市化缓慢期增加 6.6 次、4.9 次和 6.0 次，均较对应缓慢期增加 13% ~16% [图 4-42(b)]。

对比发现，短历时对流雨发生情况在空间上存在差异性，城区和下风向短历时对流雨发生次数较上风向增加更加明显；短历时非对流雨发生情况在上风向、城区和下风向基本一致，初步推测城市化建设主要影响短历时对流雨。

以城区中大站为例，进一步分析城市化缓慢期和快速期短历时对流雨和短历时非对流雨特征要素（降水日变化和次降水达 50mm 历时）的变化情况，结果如图 4-43 所示。可以发现，对比城市化缓慢期，城市化快速期城区中大站短历时 1 ~3h、4 ~6h 对流雨事件分别在午后（13：27 ~15：27LST）和深夜至凌晨（22：27 ~2：27LST）的发生频率明显增大，与此同时，短历时非对流雨变动微弱。该现象与城市化快速期城区降水日变化较城市化缓慢期的变动情况基本吻合。具体来说，城市化快速期中大站短历时 1 ~3h、4 ~6h对流雨事件分别发生于午后（13：27 ~15：27LST）、深夜至凌晨（22：27 ~2：27LST）的频率分别较城市化缓慢期增加 6.9% 和 11.2%。相应地，城市化快速期中大站短历时 1 ~3h、4 ~6h 降水事件分别发生于午后（13：27 ~17：27LST）、深夜至凌晨（22：27 ~4：27LST）的频率分别较城市化缓慢期增加 3.5% 和 5.2%。

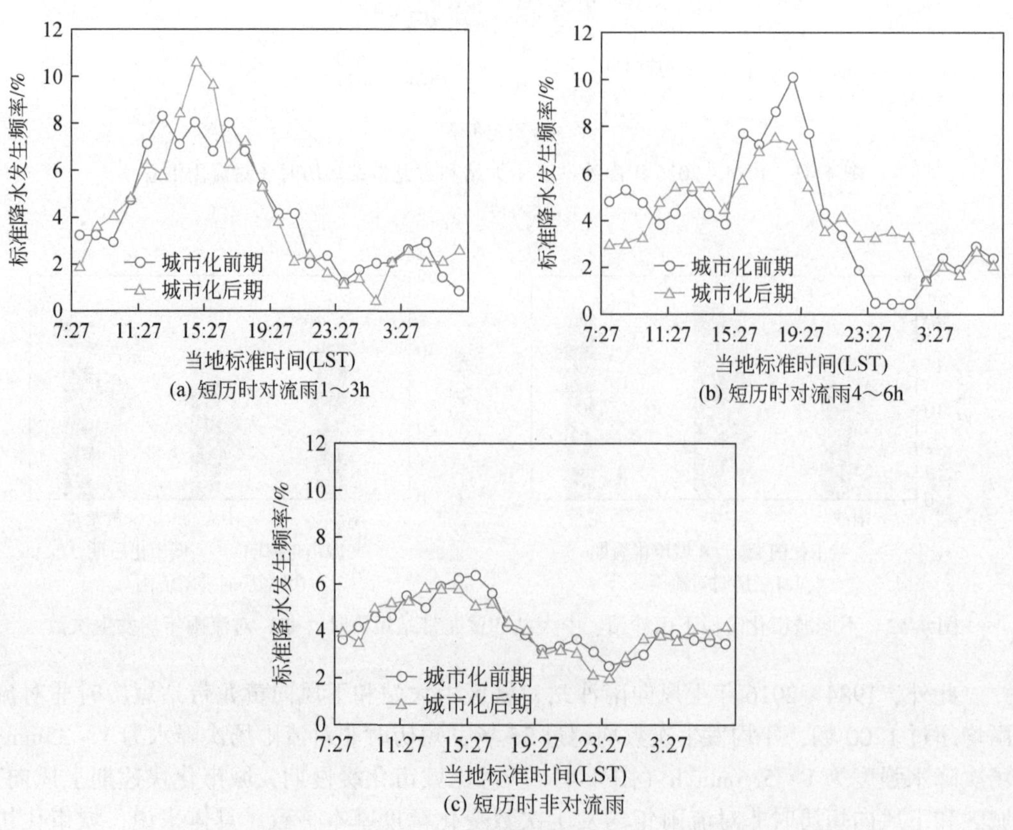

图 4-43　不同城市化阶段下中大站短历时（非）对流雨降水日变化

此外，对比城市化缓慢期，城市化快速期城区中大站短历时对流雨 1 ~ 3h 雨量达 50mm 的累积频率较城市化缓慢期明显增加（图 4-44），该现象与城市化快速期城区次降水达 50mm 历时较城市化缓慢期的变化情况基本吻合。具体来说，城市化快速期城区中大站短历时对流雨 1 ~ 3h 雨量达 50mm 的累积频率较城市化缓慢期增加 18.1%；相应地，城市化快速期城区次降水 1 ~ 3h 雨量达 50mm 的累积频率较城市化缓慢期增加 19.3%。另外，短历时非对流雨未出现降水量达 50mm 以上的情况。

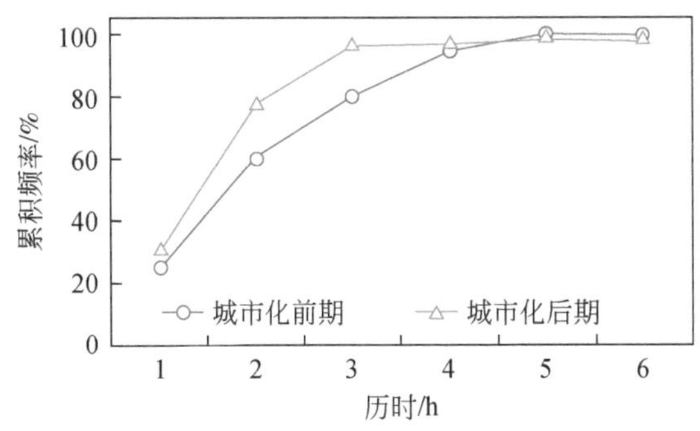

图 4-44　不同城市化阶段下中大站短历时对流雨次降水达 50mm 历时分布图

综上分析，城市化建设主要通过影响对流雨，进而造成城郊降水特征出现空间差异。统计广州市城郊近年来气温资料，发现 2010 ~ 2016 年广州市城区年平均气温比郊区高 1.2 ~ 1.8℃（汤超莲等，2014），容易引起局地气流辐合并触发城区对流发展（蒙伟光等，2007a）。对流雨的云中气流垂直速度大，阵性强降水的发生频率提高，进而造成城区中雨及以上等级降水事件增加，降水强度较郊区明显增大；此外，对流雨历时短暂，来势迅猛，造成城市化快速期城区短历时前期与中期型降水发生概率明显增多。与此同时，城郊热力条件差异在 13：00 左右（蒙伟光等，2007b）和 20：00 左右（江学顶等，2006）达到最强，最高温差接近 3℃，城郊热力条件差异在时间上的强弱分布为城区午后和深夜降水提供条件，与前面所述城区降水发生在午后和凌晨的比例增加的现象存在良好对应关系。此外，从对流雨过程典型个例的角度出发，城郊对流雨空间发生特点主要与温度、湿度、对流有效位能等气象条件的空间分布特征有关。以 2005 年 8 月 4 日夜间短时雷暴过程为例（蒙伟光等，2007），降水发生时间为 22：00 ~ 24：00，降水中心位于城区。早在降水开始之前，城区气象条件已经发生变化，为后续降水储蓄能量和物质。从 8：00 到雷暴发生之前，广州市城区对流有效位能从 1059J/kg 升高至 2326J/kg，大气层结稳定指数（K 指数）从 32.1°K 增加到 35.7°K，抬升指数从-2.8°K 升高到-5.3°K，城区大气不稳定。在此背景下，随着热岛效应增强，热岛强度（城郊温度差：城区气象自动站，G1001；郊区气象自动站，G1023）在 19：00 迅速从不到 1℃上升到 3℃，引起低层气流辐合，对流回波进一步发展、增强，并且范围扩大。城区上空受大范围强回波控制，强度普遍达到 45dBZ 以上，造成城区发生短历时强对流降水。以 2011 年 6 月 21 日午后强对流降水过程为例（蒙伟光等，2014），降水时间为 14：00 ~ 20：00，降水中心位于城区（花都区），过程雨量主要集中在17：00 ~ 18：00，18：00 雨量强度达到 58.1mm/h。早在降水发生之前，城区形成明显、小范围的热岛，最大温度达到35℃，与周边温差达到3～4℃，为午后城区对流雨的产生提供了有利的条件。在降水发生后，城区温度明显下降至24～26℃。可以看到，城区热岛效应通过影响城郊温度场、湿度场和对流有效位能等城郊分布特征，进而引发城区对流发展。相关研究同样表明，对流雨发生的时间和位置与城区热岛效应的演变及其相应的辐合区具有良好对应关系（蒙伟光等，2007a，2007b，2014；江学顶等，2006；林亚茗等，2011）。

结合相关研究，城市的位置和对流降水的分布存在一定的关联关系。美国气象综合观测实验（METROMEX）发现城市化效应可以改变云和风暴动力结构，触发雷暴、强降水等对流天气（胡庆芳等，2018）；张珊等（2015）利用耦合单层城市冠层模块的中尺度数值模式，发现城市地表特征影响潜热通量和对流有效位能进而改变深对流活动。黎伟标等（2009）利用卫星观测TRMM降水和QuikSCAT风场资料，发现城市化效应对对流降水产生影响较大。蒙伟光等（2007a）利用雷达回波和卫星Tbb资料，分析广州市两场雷暴过程及城市效应的关系，发现对流降水发生的时间、位置和城市热岛的演变及其相应的辐合区有良好的对应关系，指出城市效应引起局地气流辐合并引发对流发展。此外，部分学者对城区下风向降水变化的成因进行了探讨，目前普遍认为城区下风向对流降水的增强主要由移动性雷暴受到城市建筑物阻挡作用引起，阻挡作用引起移动性雷暴回波分裂并沿着城市外围向下风向移动，造成对流降水出现在下风向地区（蒙伟光等，2007a）。

4.6　小　　结

在气候变化和人类剧烈活动的影响下，降水变化越来越明显，对于人口居住密集、城镇化程度高和经济发展迅猛的地区，雨涝往往造成严重灾情和巨大经济损失。利用广州市6个站点1984～2016年逐小时降水资料、全球网格气象数据和土地利用数据集，综合考虑日降水和场次降水事件，从降水总量、降水日数、降水强度和降水过程等多个角度分析区域降水时空演变特征，并尝试环流作用和城市化建设探讨降水变化的可能成因，得到以下主要结论。

（1）1984～2016年广州市汛期降水在量级、日数、强度和持续性等方面随时间变化明显。广州市汛期降水量稳定上升（$P<0.1$），主要为量级较大的降水（中雨及以上等级）雨量明显增加；降水总日数变化微弱，小雨日数明显减少，中雨及以上等级降水日数增加；日降水强度和小时降水强度均显著增强（$P<0.05$），主要为量级较小的降水（小雨）雨强明显增强，量级较大的降水（中雨及以上等级降水，极端小时降水、最大小时降水）雨强变化微弱。此外，广州市汛期长连续降水（>6d）稳定增加（$P<0.1$），短历时降水（≤6h）显著增加（$P<0.05$）；降水集中期和累积频率降水发生时间点波动不大。

（2）从整体趋势分析，广州市汛期降水年际变化与西太平洋副热带高压、整层水汽通量密切相关。1984～2016年，西太平洋副热带高压面积指数和强度指数增大（1.3/10a、2.6/10a），西伸脊点西进（3.1°/10a）；太平洋气旋西南边缘和热带印度洋气旋边缘输送至华南地区的水汽通量增长明显（>5kg/(m·s·10a)、0～10kg/(m·s·10a)，为广州市汛期降水增加提供有利的环流配置。从降水异常的典型时期分析，降水异常偏多的年份，西太平洋副热带高压面积异常偏大、强度异常偏强、西伸脊点异常偏西；850hPa 低层大气为异常气旋环流，200hPa 高层大气为异常反气旋环流，在垂直空间上形成低层水汽辐合、高层水汽辐散的模式；整层水汽通量异常增加 10～15kg/(m·s)，整层水汽异常辐合通量增加 0～0.04 g/(m^2·s)，为降水提供了有利的高度场、风场和水汽通量场配置，反之，情况相反。

（3）广州市城市化进程主要集中在市辖区，1980 年、1990 年、2000 年和 2010 年，市辖区城镇土地比重分别为 10.2%、12.9%、21.3% 和 39.2%；城镇土地比重明显高于对应时期的其他各区。与此同时，2000 年之后市辖区城镇土地以 20.3km^2/a 的速度迅速扩张，进入城市化快速期。

（4）对于日降水过程，对比城市化缓慢期，城市化快速期城区和下风向降水量、日数和强度的变化程度较上风向更加明显；以降水量为例，城市化快速期城区和下风向汛期降水总量分别增加 16.7% 和 16.2%，远高于上风向（6.5%）。与此同时，对于场次降水过程，对比城市化缓慢期，城市化快速期长历时降水事件在上风向、城区和下风向的变化基本一致，而城区和下风向短历时降水在雨量发生时间、时程分布和集中程度的变化幅度明显大于上风向；具体表现为城市化快速期城区和下风向短历时降水发生于午后（13：27～17：27LST 和 15：27～18：27LST）、深夜至清晨（22：27～4：27LST 和 6：27～10：27LST）的频率增大，雨峰位于前、中期（Ⅰ型和Ⅵ型）的短历时降水比例提高，50mm 暴雨量所需历时明显缩短。

（5）城市化建设主要通过影响短历时对流雨，进而造成城郊降水特征出现空间差异。对比城市化缓慢期，城市化快速期城区和下风向短历时对流雨增加的比例（21.5% 和 35.8%）较上风向（12.3%）更加明显；短历时非对流雨发生情况在上风向、城区和下风向基本一致，均较对应缓慢期增加 13%～16%。此外，以城区中大站为例，进一步发现城市化快速期短历时对流雨在降水日变化和次降水达 50mm 历时较缓慢期的变化与降水总样本对应的变化情况基本吻合。

参考文献

伯忠凯，曾刚，武英娇，等．2017．华南夏季降水 20 世纪 90 年代初的年代际变化及其与南亚高压关系．山东气象，37（2）：65-73.

陈晓宏，陈永勤，2002．珠江三角洲网河区水文与地貌特征变异及其成因．地理学报，57（4）：429-436.

陈秀洪，刘丙军，李源，等．2017．城市化建设对广州市夏季降水过程的影响．水文，01：25-32.

陈艺敏，钱永甫．2005．西太平洋暖池海温对华南前汛期降水影响的数值试验．热带气象学报，01：14-23.

程肖侠，石正国，李万莉．2010．西太平洋副高强度变化与中国东部四季降水的关系．安徽农业科学，38（15）：7976-7979，8068.

封静，潘安定．2011．广州市气温变化特征及其与城市化进程的关系．广州市大学学报（自然科学版），06：89-94.

冯萃敏，米楠，王晓彤，等．2015. 基于雨型的南方城市道路雨水径流污染物分析．生态环境学报，03：418-426.

胡庆芳，张建云，王银堂，等．2018. 城市化对降水影响的研究综述．水科学进展，29（1）：138-150.

黄翀，张强，肖名忠．2016. ENSO、NAO、IOD 和 PDO 对珠江流域降水的影响研究．中山大学学报（自然科学版），02：134-142.

黄伟峰，沈雪频．1986. 广州市城市对降水的影响．热带地理，04：309-315.

惠彦，金志丰，陈雯．2009. 城乡地域划分和城镇人口核定研究——以常熟市为例．地域研究与开发，01：42-46.

江学顶，夏北成，郭泺．2006. 快速城市化区域城市热岛及其环境效应研究．生态科学，02：171-175.

蒋鹏，王大刚，陈晓宏．2015. 广东省近 50 年极端降水事件的时空特征及成因分析．水文，02：77-84.

金义蓉，胡庆芳，王银堂，等．2017. 快速城市化对上海代表站降水的影响．河海大学学报（自然科学版），03：204-210.

黎伟标，杜尧东，王国栋，等．2009. 基于卫星探测资料的珠江三角洲城市群对降水影响的观测研究．大气科学，06：1259-1266.

李德帅．2016. 基于逐小时资料的华南地区汛期降水时空变化特征及其成因研究．兰州大学博士学位论文．

李建，宇如聪，王建捷．2008. 北京市夏季降水的日变化特征．科学通报，07：829-832.

李青春．2012. 城市化背景下北京夏季降水的若干特征．灾害天气研究与预报．

廖镜彪，王雪梅，李玉欣，等．2011. 城市化对广州降水的影响分析．气象科学，04：384-390.

林亚茗，何瑞琪，王大海．2011-07-16. 广州雷暴形成与热岛有关．南方日报，A05 版．

蒙伟光，闫敬华，扈海波．2007a. 热带气旋背景条件下的城市效应与广州夏季雷暴．中国科学（D辑：地球科学），37（12）：1660-1668.

蒙伟光，闫敬华，扈海波．2007b. 城市化对珠江三角洲强雷暴天气的可能影响．大气科学，31（2）：364-376.

蒙伟光，郑艳萍，王宝民，等．2014. 热岛与海风相互作用对珠三角午后强降水影响的观测和模拟研究．热带气象学报，06：1011-1026.

潘巧英．2016. 基于 TRMM 卫星观测的珠江三角洲地区降水日变化特征．第 33 届中国气象学会年会．中国陕西西安．

浦建．2014. 中国东部雨季水汽输送源地的年代际变化．南京信息工程大学硕士学位论文．

钱代丽．2008. 西太平洋副高面积变动与热带印度洋太平洋海温异常的联系及其对中国降水的影响．南京信息工程大学硕士学位论文．

尚雷，敖建，徐晓，等．2013. 中国东部夏季降水与西太平洋副高之联系．贵州省气象学会 2013 年学术年会．中国贵州安顺．

时少英，孙继松，王国荣．2012. 北京地区城市化和低空风对汛期降水空间分布的可能影响．强化科技基础 推进气象现代化——第 29 届中国气象学会年会．中国辽宁沈阳．

宋艳华．2012. 1961 ~ 2008 年广东省气候变化特征．兰州大学硕士学位论文．

宋自福．2013. 豫北一次暴雨天气诊断分析及数值模拟．创新驱动发展 提高气象灾害防御能力——第 30 届中国气象学会年会．中国江苏南京．

孙圣杰．2016. 气候变暖背景下西太平洋副高特征的变异及可能原因．南京信息工程大学硕士学位论文.
汤超莲，陈特固，蔡兵，等. 2014. 近百年广州中心城区（天河）地表年平均气温变化趋势. 热带地理，06：729-736.
王冰，焦泽红，曹杰. 2005. 热带海洋海表温度和西太平洋副高西伸脊点的关系研究. 云南大学学报（自然科学版），04：332-336.
王晓静. 2007. 广州市主要气象灾害及其影响研究. 广州市大学硕士学位论文.
王艳姣，闫峰. 2014. 1960-2010 年中国降水区域分异及年代际变化特征. 地理科学进展，10：1354-1363.
王月，张强，顾西辉，等. 2016. 淮河流域夏季降水异常与若干气候因子的关系. 应用气象学报，01：67-74.
吴艳艳. 2016. 城市化过程广州土地覆盖变化对净初级生产力格局的影响. 中山大学博士学位论文.
杨辉，李崇银，潘静. 2011. 一次引发华南大暴雨的南海季风槽异常特征及其原因分析. 气候与环境研究，16（1）：1-14.
杨清书，傅家谟，罗章仁，等. 2002. 西北江三角洲来水来沙的非线性分形特征. 泥沙研究，（6）：15-18.
杨勇，任志远. 2009. 基于 GIS 的西安市城镇建设用地扩展研究. 遥感技术与应用，01：46-51.
叶正伟，许有鹏，潘光波. 2013. 江淮下游汛期降水与 ENSO 冷暖事件的关系——以里下河腹部地区为例. 地理研究，10：1824-1832.
殷水清，王杨，谢云，等. 2014. 中国降雨过程时程分型特征. 水科学进展，25（5）：617-624.
银磊，陈晓宏，陈志和，等. 2013. 广州市典型雨量站暴雨雨型研究. 水资源研究，2（6）：409-414.
余家材，谭伯楷，莫贤清，等. 2009. 广州市降水天数的统计规律. 广东气象，06：29-31.
宇如聪，李建，陈昊明，等. 2014. 中国大陆降水日变化研究进展. 气象学报，05：948-968.
原文杰. 2014. 华南前汛期降水及水汽输送特征研究. 安徽农业大学硕士学位论文.
张录军，钱永甫. 2004. 长江流域汛期降水集中程度和洪涝关系研究. 地球物理学报，04：622-630.
张珊，黄刚，王君，等. 2015. 城市地表特征对京津冀地区夏季降水的影响研究. 大气科学，05：911-925.
张婷. 2008. 华南地区强降水概率分布特征及环流背景. 中国气象科学研究院硕士学位论文.
赵汉光. 1986. 副高与海温相互作用的时空特征分析及预报. 气象，7：21-23.
赵一飞，邹欣庆，许鑫，等. 2014. 珠江流域极端降水事件及其与大气环流之间的关系. 生态学杂志，09：2528-2537.
郑江禹，张强，史培军，等. 2017. 珠江流域多尺度极端降水时空特征及影响因子研究. 地理科学，02：284-291.
郑腾飞，刘显通，万齐林，等. 2017. 近 50 年广东省分级降水的时空分布特征及其变化趋势的研究. 热带气象学报，02：212-220.
周波涛，赵平. 2010. 亚洲-太平洋涛动与中国东部春季降水. 第 27 届中国气象学会年会. 北京.
朱玲. 2010. 海河流域大气水汽特征及环流背景场分析. 兰州大学硕士学位论文.
Cavazos T. 1999. Large-scale circulation anomalies conducive to extreme precipitation events and derivation of daily rainfall in northeastern Mexico and southeastern Texas. Journal of Climate, 12 (5): 1506-1523.
Chen Z H, Yin L, Chen X H, et al. 2015. Research on the characteristics of urban rainstorm pattern in the humid area of Southern China: a case study of Guangzhou City. International Journal of Climatology, 35 (14): 4370-4386.
Dan L, Fu C B. 2014. Trends in the different grades of precipitation over South China during 1960-2010 and

the possible link with anthropogenic aerosols. Advances in Atmospheric Sciences, (31): 480-491.

Jones C. 2000. Occurrence of extreme precipitation events in California and Relationships with the Madden-Julian Oscillation. Journal of Climate, 13 (20): 3576-3587.

Yang L, Tian F Q, Smith J A, et al. 2014. Urban signatures in the spatial clustering of summer heavy rainfall events over the Beijing metropolitan region. Journal of Geophysical Research: Atmospheres, 119 (3): 1203-1217.

第5章　河网区径流过程演变研究

上游来水变化、河网区快速城市化建设以及河道挖沙、围垦、清障等典型人类活动影响，导致河网区河流形态、地形条件以及下垫面条件发生显著变化，进而导致水文要素发生显著变化，如水文水资源极值和特征值偏离常规，同一断面水量频率与水位频率不对应，同一次水文事件上下游水文要素频率不一致等。因此，本章选取西北江三角洲河网区，分析变化环境下河网区主要水文要素变异特征、水文要素重构以及变异后水位-流量关系曲线重构，以期为珠三角河网区水资源利用与管理提供科学依据。

5.1　径流变化特征分析

西北江三角洲的水资源主要依靠西江、北江的过境水量，其径流在思贤窖汇合再分流进入西北江三角洲，高要站、石角站是西江、北江下游重要的控制站，马口站、三水站是径流在思贤窖分流后的主要控制站。西北江三角洲的供水态势与上游来水量、思贤窖的水量分配密切相关，主要选用高要站、石角站、马口站和三水站四个水文站的长系列水文实测资料对西北江三角洲来水情况进行分析，高要站、石角站代表着西北江三角洲上游来水的情况，马口站、三水站则代表西江、北江汇合后再分流的水量分配情况，这四个站点能很好地代表西北江三角洲上游来水的特征，主要分析其径流的年内分布、年际变化趋势和变异情况。

5.1.1　分析方法

1. 年内分布指标方法

1）年内分配不均匀系数

气候的季节替换，导致降水、气温都有明显的季节性变化，从而决定了径流的年内分布不均匀性。高要站、石角站、马口站和三水站的径流年内分布不均匀系数 C_u 计算公式如下：

$$C_u = \frac{\sigma}{\bar{R}},\quad \sigma = \sqrt{\frac{1}{12}\sum_{i=1}^{12}(R_i - \bar{R})^2}, \bar{R} = \frac{1}{12}\sum_{i=1}^{12}R(t) \tag{5-1}$$

式中，$R(t)$ 为各站点年内月径流量；$\bar{R}$ 为年内月平均径流量；σ 为均方差。C_u 值越大表明年内分配越不均匀，各月径流量悬殊。

2）年内集中度和集中期

径流集中度（RCD）与不均匀系数意义近似，通过对各研究站点的月径流量按月以向量方式累加，其各分量之和的合成量占年径流量的百分数为反映径流量在年内的集中程度；集中期（RCP）表示集中期出现的月份，1 月取 15°，2 月取 45°，依次按 30°累加。计算公式如下：

$$\mathrm{RCD}=\frac{\sqrt{R_x^2+R_y^2}}{R_{\mathrm{year}}},\quad \mathrm{RCP}=\arctan\left(\frac{R_x}{R_y}\right) \tag{5-2}$$

$$R_x=\sum_{i=1}^{12} r_i\sin\theta_i,\quad R_y=\sum_{i=1}^{12} r_i\cos\theta_i \tag{5-3}$$

式中，R_{year}为年径流量；R_x、R_y 分别为各月的分量之和所构成的水平、垂直分量；r_i 为第 i 个月的径流量；θ_i 为第 i 个月的径流矢量角度。

3）变化幅度极大比、极小比

高要站、石角站、马口站和三水站的变化幅度极大比 $C_{\max}$为年内最大月径流量与年内径流均值的比值，极小比 $C_{\min}$为年内最小月径流量与年内径流均值的比值。

2. 趋势分析

1）滑动平均法

滑动平均方法是对水文序列进行平滑处理来显示变化趋势。对数据量为 n 的水文序列 x，其滑动平均序列表示为

$$\hat{x}_j=\frac{1}{k}\sum_{i=1}^{k} x_{i+j-1}\quad (j=1,2,\cdots,n-k+1) \tag{5-4}$$

式中，k 为水文序列的滑动长度。作为一种规则，k 最好取奇数（5、7、9、11 等），以使平均值可以加到水文时间序列中项的时间坐标上，在高要站、石角站、马口站和三水站的水文序列滑动平均分析中，k 取为 5 年。

2）斯皮尔曼趋势检验

斯皮尔曼（Spearman）检验是一种基于秩相关的检验方法，以 Spearman 秩相关系数来衡量评估高要站、石角站、马口站和三水站年径流数据的变化趋势，计算公式如下：

$$D=1-\frac{6\sum_{i=1}^{n}\left(R(x_i)-i\right)^2}{n(n^2-1)} \tag{5-5}$$

式中，$R(x_i)$为高要站、石角站、马口站和三水站当中一个的水文数据 x_i 在相应站点水文序列中的排序（秩），定义 Spearman 检验统计量 Z_{sp}：

$$Z_{\mathrm{sp}}=\frac{D}{\sqrt{\frac{1}{n-1}}} \tag{5-6}$$

如果水文序列从小到大排序，则有：

$Z_{sp}>0$，表明该水文序列有上升趋势；

$Z_{sp}<0$，表明该水文序列有下降趋势；

$Z_{sp}=0$，表明该水文序列有没有趋势；

如果水文序列从大到小排序，则相反。

$|Z_{sp}| \leqslant Z_{\alpha/2}$，则接受零假设，即该水文序列趋势不显著；否则，趋势显著。

3. 变异分析

变异是水文序列产生急剧变化的一种形式，全球气候变化和人类活动的剧烈影响是水文序列出现突变的主要原因。低通过滤法、滑动 t 检验法、Cramer 法、滑动 F 识别与检验法、MK 法等都能够分析一个水文序列是否发生突变。主要是利用滑动平均法和 Hurst 系数法对高要站、石角站、马口站和三水站进行变异的初步判断分析，判断序列是否存在变异，如果存在显著变异则利用差积曲线-秩检验联合识别法对存在变异的径流序列进行变点判断。

1）Hurst 系数法

Hurst 系数 H 可表征水文序列是否变异或者变异程度。一般认为如果 $H=0.5$，表明其序列过程是随机、天然的，即其过去变化与未来变化无关；如果 $H>0.5$，表明序列过去变化与未来变化相关值大于 0，过去的变化趋势将对未来变化趋势将产生同方向的影响（正持续效应）；如果 $H<0.5$，表明序列过去变化与未来变化相关值小于 0，过去的变化趋势将对未来变化趋势产生反方向的影响（反持续效应）。当 H 偏离 0.5 的程度越大，这种正（反）持续效应将越强烈，因而变异程度也越大。因此可以根据 Hurst 系数的大小，判断序列是否变异以及变异的程度 。

利用 R/S 分析方法计算 Hurst 系数，该方法又称重标极差分析，计算原理为：考虑一个时间序列 $\{X(t)\}$，$t=1, 2, \cdots$，对于任意正整数 $\tau \geqslant 1$，定义均值序列

$$\bar{X}_\tau = \frac{1}{\tau}\sum_{i=1}^{\tau} X(t), \quad \tau = 1,2,\cdots,n \tag{5-7}$$

用 $\xi(t)$ 表示累积离差

$$\xi(t,\tau) = \sum_{u=1}^{t} (X(u) - \bar{X}_\tau), \quad 1 \leqslant t \leqslant \tau \tag{5-8}$$

极差 R 定义为

$$R(\tau) = \max_{1\leqslant t\leqslant \tau} \xi(t,\tau) - \min_{1\leqslant t\leqslant \tau} \xi(t,\tau), \quad \tau = 1,2,\cdots,n \tag{5-9}$$

标准差 S 定义为

$$S(\tau) = \left[\frac{1}{\tau}\sum_{t=1}^{\tau} (X(t) - \bar{X}_\tau)^2\right]^{\frac{1}{2}}, \quad \tau = 1,2,\cdots,n \tag{5-10}$$

对于任何长度 τ 均可计算出 $R(\tau)/S(\tau)=R/S$，且 Hurst 系数存在如下的指数律，即

$$R/S=(c\tau)^{H} \tag{5-11}$$

对式（5-11）取对数可得

$$\ln[R(\tau)/S(\tau)]=H(\ln c+\ln\tau) \tag{5-12}$$

可用线性回归法求参数 c 和 H。另外，分数布朗运动增量的相关函数与 H 之间存在如下对应关系：

$$C(t)=2^{2H-1}-1 \tag{5-13}$$

采用与统计学相关系数检验类似的方法对分数布朗运动增量的相关函数进行检验，以此判断序列是否变异及变异程度。详细见表 5-1。

表 5-1　变异程度分级表（Richter et al.，1998）

相关函数 $C(t)$	Hurst 系数（H）	变异程度
$0\leqslant C(t)\leqslant r_\alpha$	$0.5\leqslant H\leqslant H_\alpha$	无变异
$r_\alpha\leqslant C(t)\leqslant r_\beta$	$H_\alpha\leqslant H\leqslant H_\beta$	弱变异
$r_\beta\leqslant C(t)\leqslant 0.6$	$H_\beta\leqslant H\leqslant 0.839$	中变异
$0.6\leqslant C(t)\leqslant 0.8$	$0.839\leqslant H\leqslant 0.924$	强变异
$0.8\leqslant C(t)\leqslant 1.0$	$H\geqslant 0.924$	巨变异

注：α、β 为显著性水平，且 $\alpha>\beta$；r_α、r_β 为 α、β 下的相关系数 $C(t)$ 的最低值；且 $H_\alpha=\frac{1}{2}[1+\ln(1+r_\alpha)/\ln 2]$。

2）*差积曲线-秩检验联合识别法*

差积曲线-秩检验联合识别法的计算原理如下。

对序列进行累积离差计算，做累积距平曲线，确定极值点为可能变异点。

$$P_t=\sum_{i=0}^{t}(P_i-\bar{P}) \tag{5-14}$$

式中，P_i 为各站点的径流量；$\bar{P}$ 为径流序列$(P_1,P_2,\cdots,P_n)$的均值；n 为序列长度；P_t 为前 t 项之和；$i\in(1,t)$，$t\in(1,n)$。

秩和检验通常是将一个序列$(P_1,P_2,\cdots,P_n)$分成了$(P_1,P_2,\cdots,P_t)$和$(P_{t+1},P_{t+2},\cdots,P_n)$两个序列，其中序列样本个数较小者为 n_1，较大者为 n_2，即 $n_1<n_2$，得出统计量 U：

$$U=\frac{W-n_1(n_1+n_2+1)/2}{\sqrt{n_1n_2(n_1+n_2+1)/12}} \tag{5-15}$$

式中，W 为 n_1 中各数值的秩之和，U 服从正态分布，取 $\alpha=0.05$，若 $|U|\geqslant U_{0.05/2}=1.96$，表明变异点显著，否则，变异点不显著。

5.1.2　径流变化趋势分析

1. 高要站与石角站

以 1957～2008 年的高要站、石角站实测月、年径流资料，定量分析西北江三角洲上游径流变化规律，具体结果见表 5-2。

表 5-2　高要站、石角站各月平均径流量及占年径流量百分比

水文站		1 月	2 月	3 月	4 月	5 月	6 月	7 月	8 月	9 月	10 月	11 月	12 月
高要站	径流量/亿 m^3	54. 59	51. 12	70. 48	128. 03	238. 43	372. 55	413. 57	344. 84	226. 76	134. 14	96. 62	64. 31
	百分比/%	2. 49	2. 33	3. 21	5. 83	10. 86	16. 97	18. 84	15. 71	10. 33	6. 11	4. 4	2. 93
石角站	径流量/亿 m^3	11. 76	14. 87	28. 07	51. 67	71. 53	80. 02	50. 39	40. 5	28. 4	18. 94	14. 34	11. 3
	百分比/%	2. 79	3. 53	6. 65	12. 25	16. 96	18. 97	11. 95	9. 6	6. 73	4. 49	3. 4	2. 68

1）径流年内分配特征分析

高要站、石角站的径流分配都很不均匀，主要集中在汛期 4 ~ 9 月，汛期的径流量占全年径流的 75% 以上。由图 5-1 可以看出，高要站和石角站都属于径流“单锋型”，但高要站、石角站径流最大月份较为一致，高要站的径流量最大都出现在 7 月，而石角站径流最大出现在 6 月。

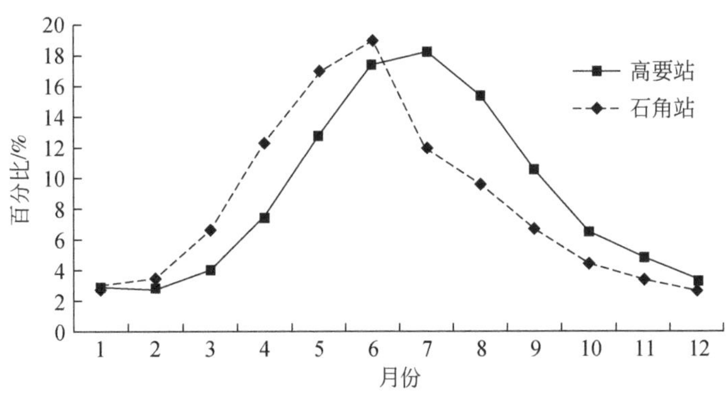

图 5-1　高要站、石角站径流年内分布曲线

以下分析高要站、石角站不同年代径流的不均匀系数、集中度、集中度和变化幅度的变化。由表 5-3 可以看出，高要站径流的不均匀性系数和集中度比较一致，20 世纪 50 ~ 80 年代呈下降趋势，90 年代后有所回升，总体有所下降，表明年内径流趋于均匀化；集中期变化不大，径流主要集中在 6 月、7 月。石角站径流的不均匀性系数和集中度比较一致，总体呈下降趋势，年内径流分配也趋于均匀化，集中期在 80 年代有所提前，径流主要集中在 5 月、6 月。高要站、石角站径流变化幅度极大比和极小比都变化不大。

西北江三角洲过境水量非常丰富，只是年内分布十分不均匀，容易出现枯水期缺水现象和咸潮上溯现象。因此本书重点分析高要站、石角站的枯季径流占年内分布（枯水期径流/年径流量）的变化。由图 5-2 和图 5-3 可以看出，高要站和石角站的枯季

表 5-3　高要站、石角站各年代年内分配特征

水文站	年份	C_u	RCD	RCP	C_{max}	C_{min}
高要站	1957 ~ 1959	0.79	0.52	192.35	2.49	0.2
	1960 ~ 1969	0.72	0.48	198.46	2.28	0.25
	1970 ~ 1979	0.7	0.48	197.34	2.22	0.25
	1980 ~ 1989	0.57	0.4	197.22	1.83	0.33
	1990 ~ 1999	0.76	0.49	195.12	2.66	0.28
	2000 ~ 2008	0.75	0.48	189.29	2.49	0.3
	1957 ~ 2008	0.69	0.47	195.3	2.27	0.28
石角站	1957 ~ 1959	0.82	0.49	156.31	3.05	0.21
	1960 ~ 1969	0.73	0.46	165.97	2.72	0.29
	1970 ~ 1979	0.68	0.42	160.2	2.51	0.36
	1980 ~ 1989	0.65	0.42	145.7	2.4	0.31
	1990 ~ 1999	0.61	0.42	161.28	2.19	0.31
	2000 ~ 2008	0.66	0.44	168.77	2.39	0.31
	1957 ~ 2008	0.65	0.43	160.11	2.3	0.32

径流比重变化较为一致，高要站的枯季径流比重最大为0.355，石角站的枯季径流比重最大为0.45，都在1983年；高要站在1979年达到最小，只有0.15，石角站在1968年达到最小，仅为0.12。总体来说，高要站、石角站的枯季径流比重滑动平均序列基本围绕均值上下波动。另外，高要站、石角站的枯季径流比重都有下降的趋势，Z_{sp}均小于0，但趋势不显著。由表5-4可知，高要站枯季径流比重序列Hurst系数为0.664，小于$H_\alpha=0.674$，因此判定该序列无明显变异。同样石角站的枯季径流比重序列Hurst系数为0.544，小于$H_\alpha=0.674$，判定序列无明显变异。

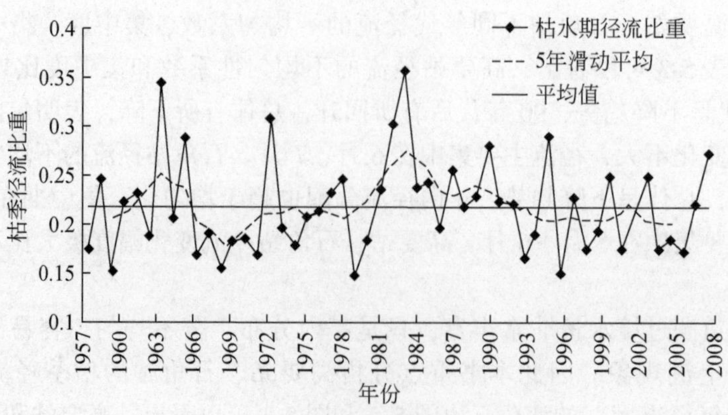

图 5-2　高要站枯季径流比重变化过程

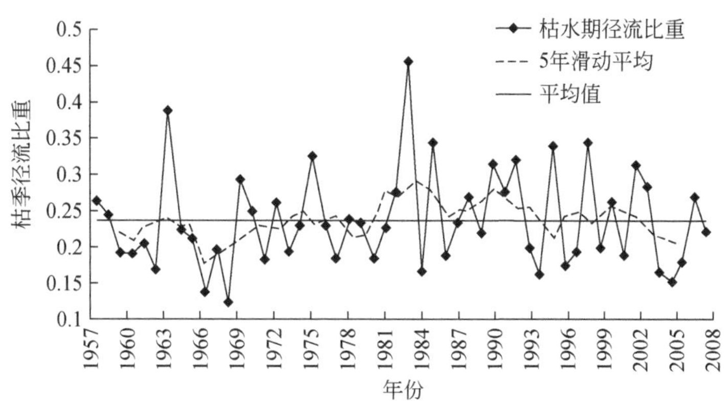

图 5-3　石角站枯季径流比重变化过程

表 5-4　高要站、石角站枯季径流比变化特征

水文站	均值	变差系数	Z_{sp}	趋势性	显著性	Hurst 系数	变异结果
高要站	0.218	0.23	-0.511	下降	不显著	0.664	无变异
石角站	0.235	0.29	-0.536	下降	不显著	0.544	无变异

2）径流年际变化特征

从高要站的年径流序列过程线（图 5-4）可以看出，序列基本围绕均值上下波动。1965 年之前的滑动平均值处于均值之下，1965 ~ 1985 年的滑动平均值处于均值之上，1985 ~ 1991 年则处于均值之下，1992 ~ 2002 年的则基本处于均值之上，之后则处于均值之下。由此可以看出，高要站的年径流滑动平均序列在均值上下波动，不存在显著性突变。

从石角站的年径流序列过程线（图 5-5）可以看出，序列基本围绕均值上下波动。1961 ~ 1970 年石角站的滑动平均值在均值以下，1971 ~ 1983 年滑动平均值基本在均值以上，1984 ~ 1991 年在均值以下，1992 ~ 2000 年在均值以上，之后则处于均值以下。由此可以看出，石角站的年径流滑动平均序列在均值上下波动，不存在显著性突变。

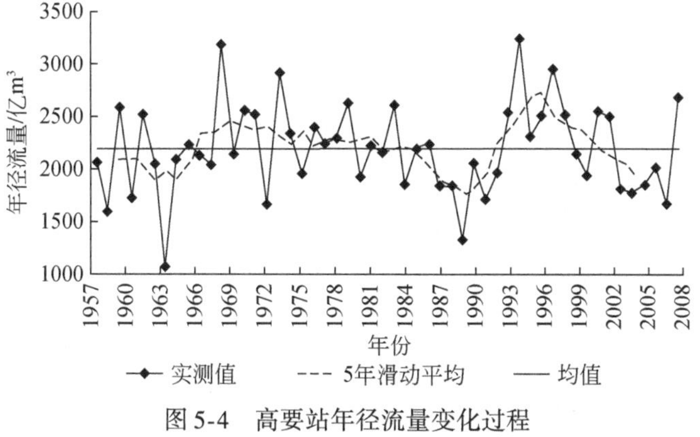

图 5-4　高要站年径流量变化过程

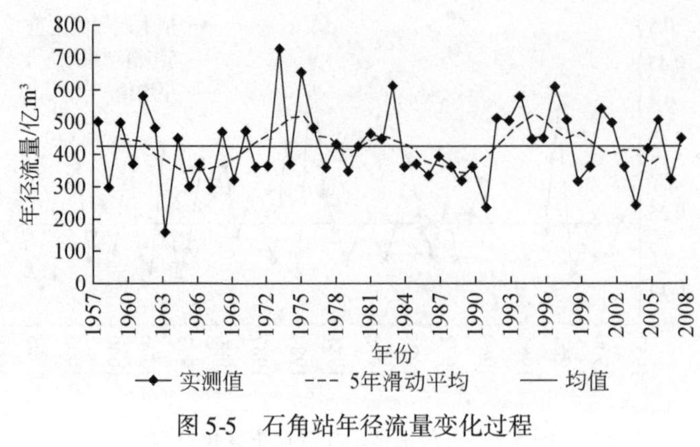

图 5-5　石角站年径流量变化过程

通过对高要站、石角站的年径流序列进行 Spearman 趋势检验和 Hurst 系数法，结果见表 5-5。高要站年径流量均存在下降趋势，$Z_{sp}=-0.01$，下降趋势不显著；石角站年径流量存在上升趋势，$Z_{sp}=0.27$，同样上升趋势不显著。高要站年径流序列的 Hurst 系数为 0.59，石角站年径流序列的 Hurst 系数为 0.53，都小于 H_{α}，都不存在明显的变异。

表 5-5　高要站、石角站年径流序列统计成果分析

水文站	年份	均值/亿 m³	C_v	Z_{sp}	趋势性	显著性	Hurst 值	变异结果
高要站	1957～2008	2195.44	0.19	-0.01	下降	不显著	0.59	无变异
石角站	1957～2008	421.79	0.26	0.27	上升	不显著	0.53	无变异

2. 三水站与马口站

西北江三角洲上游径流在思贤窖汇合再分流进入西北江三角洲，马口站、三水站是径流在思贤窖分流后的主要控制站，研究马口站、三水站的来水特征能很好地分析上游径流进入西北江三角洲后的水量分配情况。本次以 1960～2009 年的马口站、三水站实测月、年径流资料为基础，定量上游径流在思贤窖的水量分配规律，为西北江三角洲水资源合理配置提供科学依据。

1）径流年内变化特征

马口站和三水站的径流分配都主要集中在汛期 4～9 月，马口站汛期的径流量占全年径流的 76.88%，三水站汛期径流量占全年径流的 84.31%，径流分配极不均匀。由图 5-6 可以看出，马口站和三水站同样属于径流“单锋型”，马口站和三水站年内分配曲线较为一致，最大径流量都出现在 7 月，其中三水站 6 月、7 月径流量占全年径流的比重均超过 20%。具体结果见表 5-6。

表 5-6　马口站、三水站各月平均径流量及占年径流量百分比

水文站		1月	2月	3月	4月	5月	6月	7月	8月	9月	10月	11月	12月
马口站	径流量/亿 m^3	63.54	61.7	88.46	160.62	272.76	373.14	392.01	327.8	223.72	138.56	102.87	71.09
	百分比/%	2.79	2.71	3.89	7.06	11.98	16.39	17.22	14.4	9.83	6.09	4.52	3.12
三水站	径流量/亿 m^3	7.71	7.95	13.7	30.13	59.21	93.63	96.54	75.47	44.38	21.87	14.44	8.58
	百分比/%	1.63	1.68	2.89	6.36	12.5	19.77	20.38	15.93	9.37	4.62	3.05	1.81

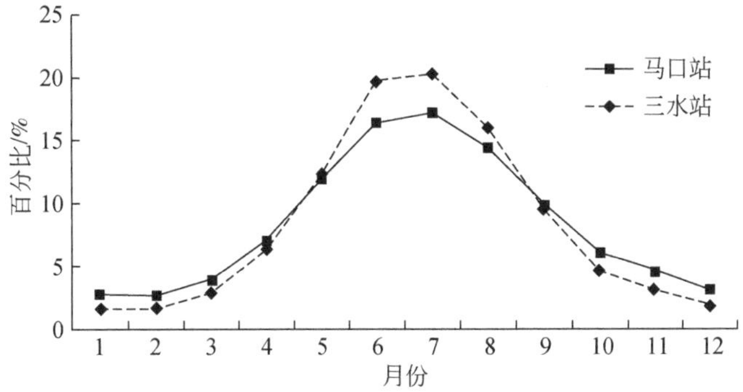

图 5-6　马口站、三水站径流年内分布曲线

分析马口站、三水站各年代的年内分配指标（表 5-7），径流在思贤窖汇合分流后，各年代马口站、三水站的年内分配指标变化趋势都比较一致，20 世纪 60～80 年代，两站年径流的不均匀系数和集中度呈下降趋势，在 80 年代，马口站和三水站年内分配最均匀，不均匀系数分别为 0.54 和 0.69，其后在 90 年代回升。径流集中期方面，马口站和三水站均呈下降趋势，表明最大径流集中时间有所提前。马口站径流极大比最大达到 2.43，径流极小比最小为 0.28；三水站径流极大比最大达到 2.72，径流极小比最小达到 0.1。

表 5-7　马口站、三水站各年代年内分配特征

水文站	年份	C_u	RCD	RCP	C_{max}	C_{min}
马口站	1960～1969	0.64	0.44	194.96	2.04	0.28
	1970～1979	0.64	0.44	192.86	1.97	0.29
	1980～1989	0.54	0.37	186.9	1.79	0.35
	1990～1999	0.68	0.45	190.39	2.43	0.3
	2000～2009	0.7	0.45	188.47	2.36	0.34
	1960～2009	0.63	0.45	190.88	2.07	0.33
三水站	1960～1969	0.96	0.63	192.03	2.67	0.1
	1970～1979	0.9	0.6	189.39	2.48	0.12
	1980～1989	0.69	0.47	185.14	2.17	0.21
	1990～1999	0.8	0.53	189.75	2.69	0.21
	2000～2009	0.84	0.54	186	2.72	0.24
	1960～2009	0.82	0.55	188.55	2.45	0.2

分析马口站、三水站的枯季径流占年内径流的比重（图 5-7、图 5-8 和表 5-8）马口站枯季径流比重最大为 0.377，三水站枯季径流比重最大为 0.345，都出现在 1983 年；马口站枯季径流比重在 1968 年达到最小为 0.163，三水站在 1966 年达到最小仅为 0.063。总体来说，马口站枯季径流比重的滑动平均序列基本围绕均值上下波动，而三水站滑动平均序列在 20 世纪 80 年代后就在均值以上。马口站枯季径流比重存在下降的趋势，Z_{sp} 为 -0.207，下降趋势不显著；而三水站枯季径流比重有上升趋势，Z_{sp} 为 2.815，趋势显著。计算马口站、三水站枯季径流比重序列的 Hurst 系数，分别为 0.503 和 0.672，都小于 H_α = 0.674，判定该序列无明显变异。

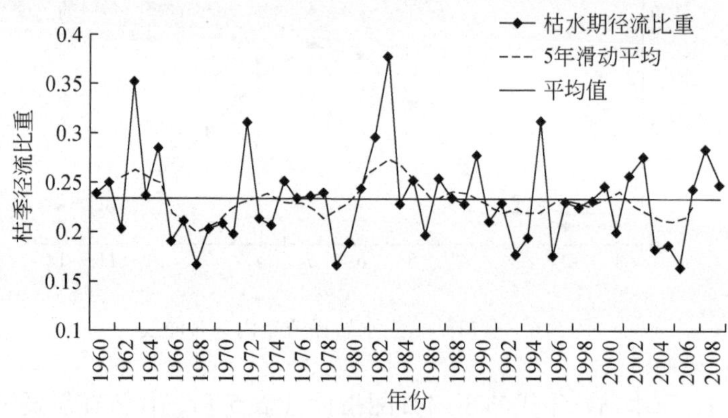

图 5-7 马口站枯季径流比重变化过程

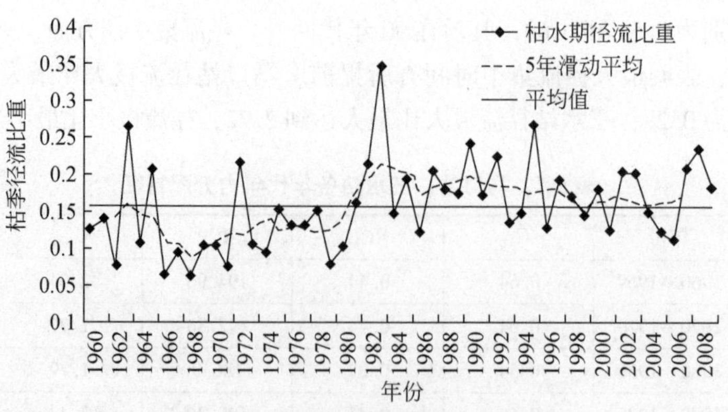

图 5-8 三水站枯季径流比重变化过程

表 5-8 马口站、三水站枯季径流比变化特征

水文站	均值	变差系数	Z_{sp}	趋势性	显著性	Hurst 系数	变异结果
马口站	0.232	0.19	-0.207	下降	不显著	0.503	无变异
三水站	0.157	0.37	2.815	上升	显著	0.672	无变异

2）径流年际变化特征

分析马口站和三水站年径流量序列（图 5-9 和图 5-10），马口站年径流丰枯变化与三水站并不一致，马口站滑动平均序列基本围绕均值上下波动，不存在显著性的突变。而三水站滑动平均序列在 1992 年后有一个明显的上升趋势，1992 年后的滑动平均值都在均值之上，有明显的变化。对马口站和三水站年径流序列进行皮尔趋势检验和 Hurst 系数法，结果见表 5-9。马口站年径流量均存在下降趋势，$Z_{sp}=-1.34$，下降趋势不显著；三水站存在显著的上升趋势，$Z_{sp}=3.82$。马口站 Hurst 系数为 0.802，三水站 Hurst 系数达到 1.157，均大于 H_{α}，马口站属于中变异类型，三水站属于强变异类型；因此要对马口站和三水站年径流序列进行进一步的变异点分析。

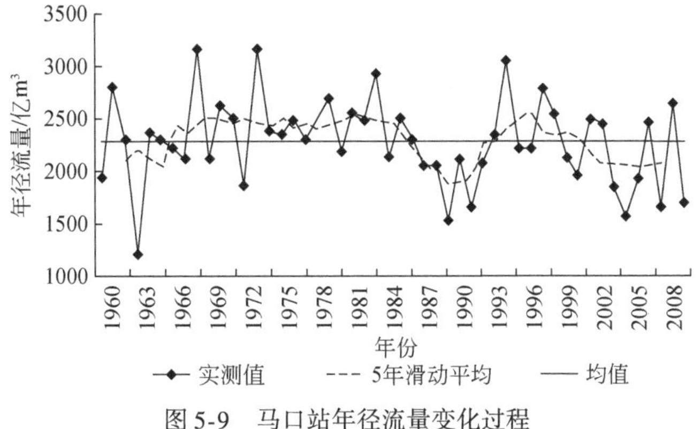

图 5-9　马口站年径流量变化过程

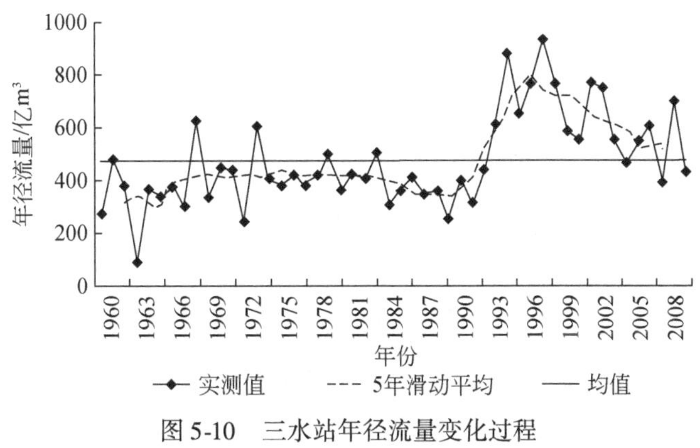

图 5-10　三水站年径流量变化过程

表 5-9　马口站、三水站年径流序列统计成果分析

水文站	年份	均值/亿 m³	C_v	Z_{sp}	趋势性	显著性	Hurst 值	变异结果
马口站	1960～2009	2276.27	0.18	−1.34	下降	不显著	0.802	中变异
三水站	1960～2009	473.6	0.36	3.82	上升	显著	1.157	强变异

利用差积曲线-秩检验联合识别法对马口站和三水站径流量进行进一步的变异点分析。由图 5-11 和图 5-12 可以看出，马口站的累计距平差积曲线的最小点和最高点分别在 1967 年和 1986 年，三水站的累积距平曲线在 1992 年有一个明显的最小点。通过秩检验法对这些变异点进行检验，结果见表 5-10。马口站 1967 年统计量 $U<1.96$，变异不显著，而 1986 年统计量 $U=2.287>1.96$，认为该变异点变异显著，表明 1986 年为马口站年径流序列的变异点；三水站 1992 年统计量 $U=4.967>1.96$，检验结果显著，表明 1992 年为三水站年径流序列的变异点。

表 5-10 马口站、三水站变异点分析结果

站点	统计量 U	显著性	可能变异点	是否变异点
马口站	0.688	不显著	1967 年	否
	2.287	显著	1986 年	是
三水站	4.967	显著	1992 年	是

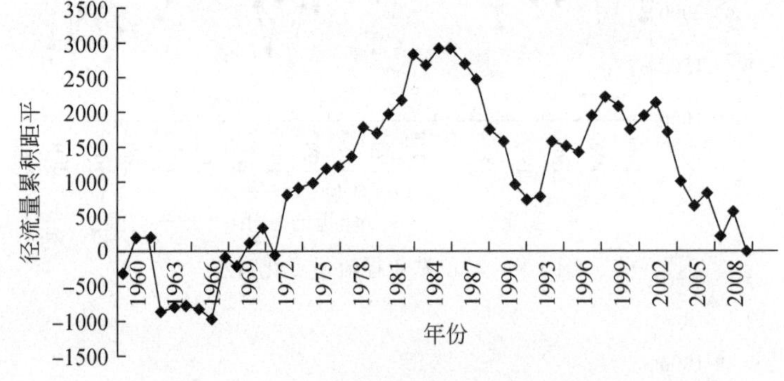

图 5-11 马口站径流量累计距平差积曲线

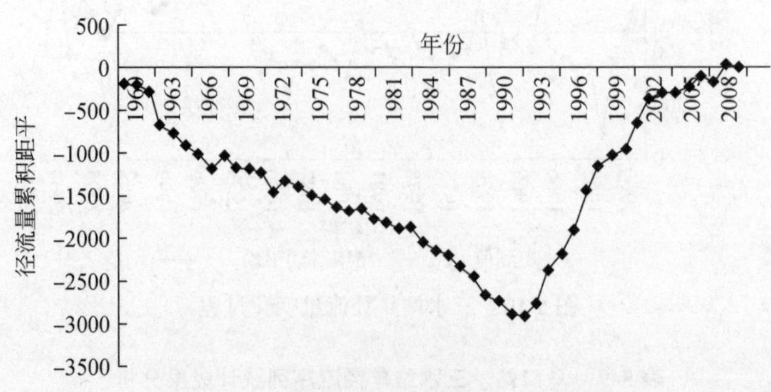

图 5-12 三水站径流量累积距平差积曲线

3. 分流比分析

思贤滘连接西江、北江，马口站为西江控制节点、三水站为北江控制节点。马口站和三水站在 20 世纪 80 ~ 90 年代发生了明显变异，变异点分别为 1986 年和 1992 年。通过查阅大量文献，相关研究表明，思贤窖分流比发生变异与 20 世纪末的剧烈人类活动密切相关（陈晓宏等，2002；杨清书等，2002）。20 世纪 80 年代中期到 90 年代初，大规模采掘西北江河床泥沙导致西北江三角洲上游河床下切严重，这是导致思贤窖分流比发生明显变异的关键性因素。

根据变异分析结果，马口站径流演变过程划分为两个时期，即 1960 ~ 1985 年，1986 ~ 2009 年；三水站径流演变过程划分为两个时期，即 1960 ~ 1991 年，1992 ~ 2009 年，分别计算径流年内分配特征和年际变化的各个统计指标值。

从变异前后的径流年内分配不均匀性看，三水站径流年内分配不均匀系数较马口站值要大；三水站变异后年内分配不均匀系数较变异前值要小；马口站则相反，变异后年内分配不均匀系数较变异前值要大。说明三水站的径流年内分配较马口站的不均匀；三水站变异后径流年内分配趋于均化；马口站变异后径流年内分配则更加不均匀。从径流年内分配集中度看，三水站和马口站的径流集中期基本没有变化。从径流年内变化幅度看，三水站变异后极大比较变异前要大，极小比也比变异前要大；马口站变异后极大比较变异前要大，极小比则与变异前相当。表明三水站变异后的径流年内分配变化幅度较变异前的变化幅度要小，马口站变异后的径流年内分配变化幅度较变异前的变化幅度要大。具体情况见表 5-11。

表 5-11　变异前后径流年内分配特征对比

水文站	年份	C_u	RCD	RCP	C_{max}	C_{min}
三水站	1960 ~ 1991	0.83	0.56	188.71	2.34	0.16
	1992 ~ 2009	0.82	0.54	188.37	2.58	0.23
	1960 ~ 2009	0.82	0.55	188.55	2.45	0.20
马口站	1960 ~ 1985	0.60	0.41	191.42	1.87	0.32
	1985 ~ 2009	0.67	0.45	190.29	2.30	0.34
	1960 ~ 2009	0.63	0.43	190.88	2.07	0.33

由表 5-12 可知，三水站变异前年径流量均值为 383.6 亿 m^3，变异后年径流量均值提升到 633.59 亿 m^3，有明显提升；马口站变异前年径流量均值为 2387.86 亿 m^3，变异后年径流量均值下降到 2155.38 亿 m^3。分流比方面，三水站变异前后平均年分流比为 0.14 和 0.22，有明显的提升，枯季分流比由 0.09 上升到 0.18；马口站变异前平均年分流比为 0.86，变异后平均年分流比下降为 0.80，枯季分流比变异后有所下降。以三水站为例，变异前后三水站各个月份分流比的增大幅度基本一致，都在 0.1 上下，如图 5-13 所示。

表 5-12　变异前后径流年际变化特征对比

水文站	年份	均值	C_v	年分流比	枯季分流比
三水站	1960～1991	383.6	0.25	0.14	0.09
	1992～2009	633.59	0.25	0.22	0.18
	1960～2009	473.6	0.37	0.17	0.12
马口站	1960～1985	2387.86	0.16	0.86	0.92
	1985～2009	2155.38	0.19	0.8	0.84
	1960～2009	2276.27	0.18	0.83	0.88

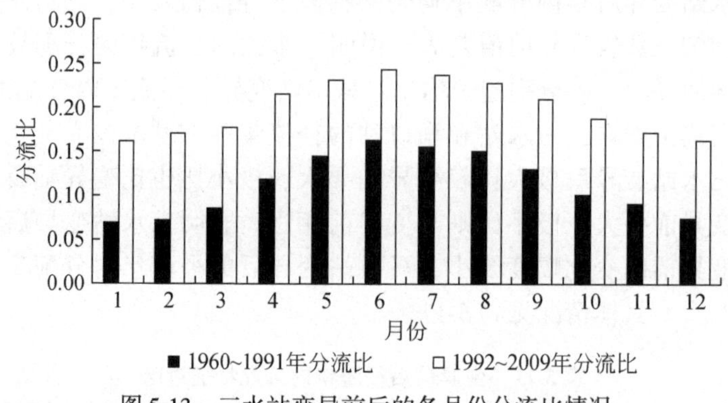

图 5-13　三水站变异前后的各月份分流比情况

5.2　河网区径流要素特征量重构

通过 5.1 节的分析可知西江、北江的水文情势发生了显著的变异，水文时间序列的一致性遭到破坏。如果运用传统的频率分析方法计算水文特征值，会对水利工程设计以及防洪抗旱工作带来风险。主要运用时变矩方法对西江、北江流量、水位单要素的特征值（年极大值和年极小值）进行重构，并将传统频率分析方法和时变矩方法的结果进行对比。在单要素极值重构的基础上，对西江、北江流量-水位组合要素进行重构。

5.2.1　分析方法

时变矩（time varying moments，TVM）是 Strupczewski（2001a，2001b，2001c）提出来的一种处理非一致性频率的方法。传统的水文频率分析方法认为水文变量的分布参数是恒定的，而 TVM 则认为分布参数是随时间变化的。其基本原理是假定变量的前两阶矩（均值 m 和标准差 σ）随着时间发生趋势性变化，也就是说均值 m 和标准差 σ 可表示为时间 t 的函数。然后根据分布参数和矩之间的关系，把矩的趋势模型嵌入概率分布当中，从而把原来的概率密度 $f(x)$ 转变为随时间变化的函数 $f(x,t)$。

1. 概率分布

选取 10 种常用的概率分布模型进行拟合，包括伽马分布、皮尔逊Ⅲ型分布、正态分布、两参数对数正态分布、三参数对数正态分布、耿贝尔分布、广义极值分布、威布尔分布、逻辑斯谛分布以及广义逻辑斯谛分布。各种分布的详细介绍见表 5-13。

表 5-13　常用水文概率分布(Rao and Hamed,2000;Stedinger,1993)

分布名称	概率密度	分布参数和矩的关系
伽马分布 Gamma	$f(x)=\frac{1}{\alpha^{\beta}\Gamma(\beta)}x^{\beta-1}\mathrm{e}^{-(x/\alpha)}\quad x\in(0,+\infty)$	$\alpha=\frac{\sigma_x^2}{m_x},\beta=\frac{m_x^2}{\sigma_x^2}$
皮尔逊Ⅲ型分布 PⅢ	$f(x)=\lvert\beta\rvert[\beta(x-\xi)]^{\alpha-1}\frac{\exp[-\beta(x-\xi)]}{\Gamma(\alpha)}$ $\alpha>0$, $\beta>0$ 时,$x>\xi$;$\beta<0$ 时,$x<\xi$	$\alpha=\frac{4}{\mathrm{Cs}_x^2},\beta=\frac{2}{\mathrm{Cs}_x\cdot\sigma_x},\xi=\frac{2\sigma_x}{\mathrm{Cs}_x}$
正态分布 N	$f(x)=\frac{1}{\sigma\sqrt{2\pi}}\exp\left[-\frac{1}{2\sigma^2}(x-\mu)^2\right]\quad x\in(-\infty,+\infty)$	$\mu=m_x,\sigma^2=\sigma_x^2$
两参数对数正态分布 LN2	$f(x)=\frac{1}{x\sigma_y\sqrt{2\pi}}\exp\left[\frac{-(\ln x-\mu_y)^2}{2\sigma_y^2}\right]\quad x\in(0,+\infty)$	$\sigma_y^2=\ln\left(\frac{\sigma_x^2}{m_x^2}+1\right)$ $\mu_y=\ln m_x-\sigma_y^2/2$
三参数对数正态分布 LN3	$f(x)=\frac{1}{(x-a)\sigma_y\sqrt{2\pi}}\exp\left\{-\frac{1}{2\sigma_y^2}[\ln(x-a)-\mu_y]^2\right\}$ $x\in(a,+\infty)$	$\sigma_y=\sqrt{\ln(z_2^2+1)}$ $\mu_y=(\ln(\sigma_x/z_2))-\frac{1}{2}\ln(z_2^2+1)$ $a=m_x-\sigma_x/z_2$ 其中:$z_2=\frac{1-w^{2/3}}{w^{1/3}}$ $w=\frac{-C_{sX}+(C_{sX}^2+4)^{1/2}}{2}$
耿贝尔分布 Gumbel	$f(x)=\frac{1}{\alpha}\exp\left\{-\left(\frac{x-\beta}{\alpha}\right)-\exp\left[-\left(\frac{x-\beta}{\alpha}\right)\right]\right\}$ $x\in(-\infty,+\infty)$	$\alpha=\frac{\sqrt{6}}{\pi}\sigma_x,\beta=m_x-0.45005\sigma_x$
广义极值分布 GEV	$f(x)=\frac{1}{a}\left[1-k\left(\frac{x-u}{a}\right)\right]^{1/k-1}\exp\left\{-\left[1-k\left(\frac{x-u}{a}\right)\right]^{1/k}\right\}$ $k>0$ 时,$-\infty<x<u+a/k$ $k<0$ 时,$u+a/k<x<+\infty$	$a=\sqrt{\frac{\sigma_x^2k^2}{\Gamma(1+2k)-\Gamma^2(1+k)}}$ $u=m_x-\frac{a}{k}[1-\Gamma(1+k)]$
威布尔分布 Weibull	$f(x)=\frac{b}{a}\left(\frac{x-m}{a}\right)^{b-1}\exp\left[-\left(\frac{x-m}{a}\right)^{b}\right]$ $a>0,b>0,m\in R,x>m$	$a=\sigma_x/[\Gamma(1+2/b)-\Gamma^2(1+1/b)]^{1/2}$ $m=m_x-a\Gamma(1+1/b)$
逻辑斯谛分布 Logistic	$f(x)=\frac{1}{a}\exp\left(\frac{x-m}{a}\right)\left[1+\exp\left(\frac{x-m}{a}\right)\right]^{-2}\quad x\in(-\infty,+\infty)$	$a=\frac{\sqrt{3}}{\pi}\sigma_x,m=m_x$
广义逻辑斯谛分布 GLO	$f(x)=\frac{1}{\alpha}\left[1-k\left(\frac{x-\varepsilon}{\alpha}\right)\right]^{(1/k-1)}\left\{1+\left[1-k\left(\frac{x-\varepsilon}{\alpha}\right)\right]^{1/k}\right\}^{-2}$ $k>0$ 时,$-\infty<x\leqslant\varepsilon+\alpha/k$ $k<0$ 时,$\varepsilon+\alpha/k\leqslant x<+\infty$	$a=\frac{\sigma_x\lvert k\rvert}{(g_2-g_1^2)^{1/2}},\varepsilon=m_x-\frac{a(1-g_1)}{k}$ 其中:$g_r=\Gamma(1+rk)\Gamma(1-rk)$

TVM 考虑了前两阶矩的趋势变化，对于三参数的概率分布，需要设定其中一个参数为非时变参数。Strupczewski（2001a）运用PⅢ型分布时曾作出两种假定，一是 C_s 值保持恒定，二是下界参数 ξ 保持恒定，结果发现在第一种假定下参数求解比较困难。因此，PⅢ型分布一般假定下界参数 ξ 保持恒定。根据以往研究经验，LN3 假定下界参数保持恒定，GEV、Weibull 和 GLO 则假定形状参数保持恒定（邱凯华，2013；张家鸣，2011）。

2. 趋势模型

Strupczewski 等（2001a）对均值和标准差随时间的变化提出四种假设，分别是：

（1）A——均值发生趋势变化，标准差保持恒定；

（2）B——均值保持恒定，标准差趋势变化；

（3）C——均值和标准差均发生趋势变化，两者以恒定 C_v 值成正比；

（4）D——均值和标准差均发生趋势变化，两者的趋势不相关。

趋势变化的具体形式又可以分为两种，一种是呈线性变化（L），另外一种是呈抛物线形变化（P）。由此可以衍生出 8 种不同的趋势模型，见表 5-14。

表 5-14 TVM 方法中的 8 种趋势模型

趋势模型	模型含义	表达式	增加参数个数
AL	均值呈线性变化，标准差恒定	$m=m_0+a_m t$ $\sigma=\sigma_0$	1
AP	均值呈抛物线形变化，标准差恒定	$m=m_0+a_m t+b_m t^2$ $\sigma=\sigma_0$	2
BL	均值恒定，标准差呈线性变化	$m=m_0$ $\sigma=\sigma_0+a_\sigma t$	1
BP	均值恒定，标准差呈抛物线形变化	$m=m_0$ $\sigma=\sigma_0+a_\sigma t+b_\sigma t^2$	2
CL	均值呈线性变化，标准差以固定 C_v 值成正比	$m=m_0+a_m t$ $\sigma=mC_v$	1
CP	均值呈抛物线形变化，标准差以固定 C_v 值成正比	$m=m_0+a_m t+b_m t^2$ $\sigma=mC_v$	2
DL	均值与标准差均具有线性趋势，两者趋势无关	$m=m_0+a_m t$ $\sigma=\sigma_0+a_\sigma t$	2
DP	均值与标准差均呈抛物线形变化，两者趋势无关	$m=m_0+a_m t+b_m t^2$ $\sigma=\sigma_0+a_\sigma t+b_\sigma t^2$	4

3. 参数估计

TVM 采用极大似然法（maximum likelihhod，ML）进行参数估计。引入时间变量 t 以后，其似然函数表达式为

$$L=f(x,t;\boldsymbol{\theta}) \tag{5-16}$$

式中，$\boldsymbol{\theta}$ 为参数矩阵。其对数形式为

$$\ln L=\sum_{t=1}^{n}\ln[f(x,t;\boldsymbol{\theta})] \tag{5-17}$$

式中，n 为序列长度。

求解过程即寻找使似然函数达到最大值的 $\boldsymbol{\theta}$。由于求解模型参数的偏微分方程比较困难，可以运用最速下降法搜寻对数似然函数的最大值。

极大似然估计法对均值和标准差趋势的拟合必须依附于特定的概率分布，造成参数估计结果的不确定性。Strupczewski（2001a）提出了参数估计的加权最小二乘（weighted least squares，WLS）法。该方法不需要依附于特定的概率分布。求解均值和标准差的最小平方方程［式(5-18)和式(5-19)］，即可得到趋势模型的参数。

$$\sum_{t=1}^{n}\frac{1}{\sigma_t^2}(x_t-m_t)\frac{\mathrm{d}m_t}{\mathrm{d}\boldsymbol{g}} \tag{5-18}$$

$$\sum_{t=1}^{n}\frac{1}{\sigma_t^4}((x_t-m_t)^2-\sigma_t^2)\frac{\mathrm{d}m_t}{\mathrm{d}\boldsymbol{h}} \tag{5-19}$$

式中，$\boldsymbol{g}$ 和 $\boldsymbol{h}$ 分别代表均值 m_t 和标准差 σ_t 的趋势模型参数矩阵，即 $m_t=m(\boldsymbol{g},t)$，$\sigma_t=\sigma(\boldsymbol{h},t)$。

4. 模型优选

采用 AIC 准则法进行模型优选。AIC 准则法从模型对样本的拟合程度以及模型参数个数两方面对模型进行评价，AIC 值最小的模型即为最优模型。其计算公式为

$$\mathrm{AIC}=-2\ln\mathrm{ML}+2k \tag{5-20}$$

式中，ML 为似然函数 L 的最大值；k 为模型参数个数。

5.2.2　河网区水文单要素特征值重构

1. 洪水极值重构

1）三水站洪水极值重构

a. 流量极值重构

根据 AIC 准则法，表 5-15 中最小的 AIC 值为 690.39，其对应的概率分布为 Gumbel，趋势模型为 CP，即三水站年最大一日平均流量的最优 TVM 模型为 GumbelCP。根据模型参数计算出逐年均值和标准差，见图 5-14。均值和标准差均呈抛物线形变化，先减小后增大。

表 5-15 三水站年最大一日平均流量 TVM 模型 AIC 值

TVM 模型	AL	AP	BL	BP	CL	CP	DL	DP
Gamma	704.06	706.06	700.78	702.43	696.18	691.88	697.71	697.69
PⅢ	708.33	710.33	701.96	706.37	698.12	692.19	699.64	698.88
N	699.67	697.59	700.73	702.50	697.79	695.93	699.08	697.01
LN2	697.86	692.06	701.83	703.26	696.71	691.84	698.29	697.69
LN3	710.27	693.41	702.35	704.91	698.42	692.64	699.98	697.59
Gumbel	698.18	691.87	701.27	703.83	697.19	690.39	698.83	698.26
GEV	699.57	693.55	701.86	703.68	698.16	692.33	699.62	695.45
Weibull	709.29	711.29	700.18	705.74	697.00	691.06	698.22	699.53
Logistic	701.02	696.41	702.55	709.90	699.65	698.84	701.30	702.10
GLO	701.26	694.10	704.53	703.96	700.36	692.83	702.19	696.24

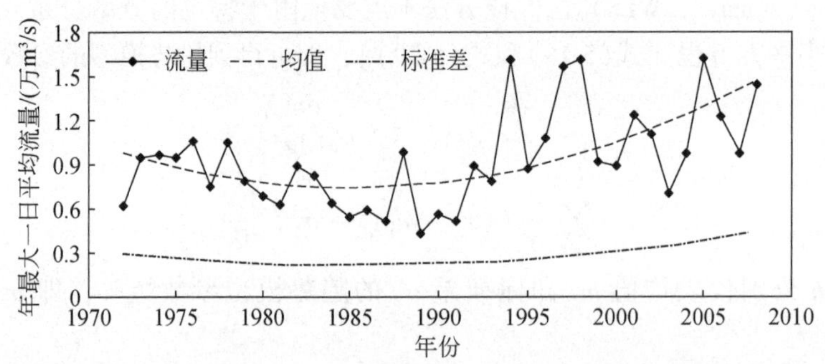

图 5-14 最优 TVM 模型下三水站年最大一日平均流量均值和标准差变化过程

指定重现期为 100a，以 TVM 最优模型推求逐年设计流量。如图 5-15 所示，设计值呈抛物线变化，先下降后上升。1972 年设计值为 18672m³/s，2008 年已上升到 28298m³/s。而按照传统方法，即不考虑水文序列的非一致性，以矩法推求分布参数，得到全系列的 T=100a 设计流量为 19527m³/s，远小于 TVM 方法 2008 年的设计值；指定流量为 TVM 最优模型下 1972 年 T=100a 设计流量。如图 5-16 所示，其重现期呈抛物线变化，先增大，在 1985 年达到最大值 1547a，然后减少，到 2008 年已减小为 6a，而传统方法得到的重现期为 28a，比 TVM 方法 2008 年的重现期大。

通过上述分析可知，三水站洪水流量经历了先减少后增多的变化过程。特别是 1994 年发生突变以后，洪水流量明显增大。仅在 1994 ~ 1998 年，西北江三角洲就先后经历了“94 · 6”、“94 · 7”、“97 · 7” 和 “98 · 6” 四场大洪水。

b. 水位极值重构

根据 AIC 准则法，表 5-16 中最小的 AIC 值为 135.06，其对应的概率分布为 Gamma，趋势模型为 DL，即三水站年最大一日平均水位的最优 TVM 模型为 GammaDL。根据模型参数计算出逐年均值和标准差，见图 5-17。均值呈线性下降，而标准差呈线性上升。

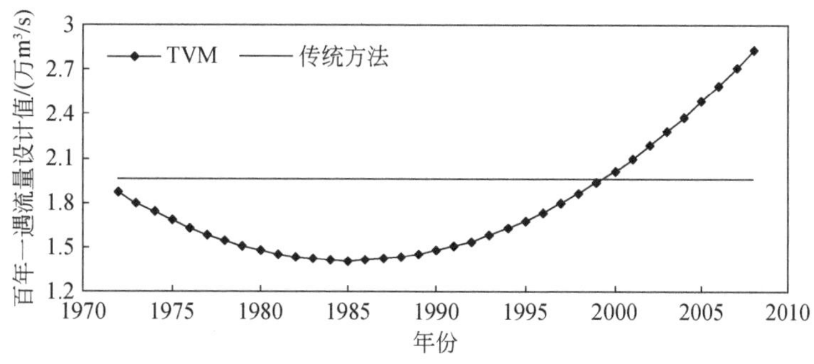

图5-15　三水站指定重现期设计流量变化过程

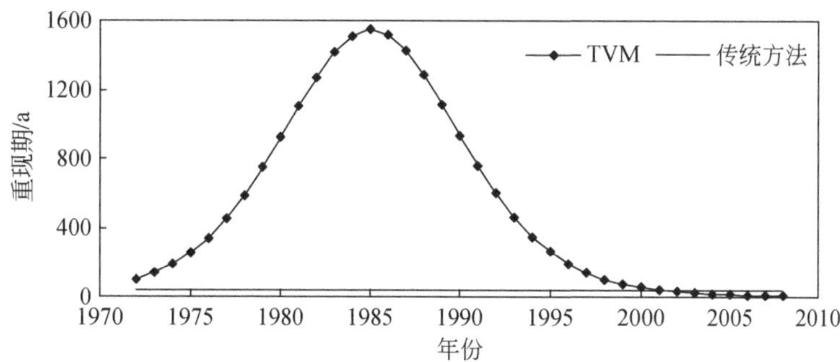

图5-16　三水站指定流量重现期变化过程

表5-16　三水站年最大一日平均水位TVM模型AIC值

TVM模型	AL	AP	BL	BP	CL	CP	DL	DP
Gamma	139.35	141.35	135.23	137.16	136.75	138.39	135.06	136.55
PⅢ	140.86	143.05	137.06	138.96	138.74	141.83	135.38	138.71
N	135.85	137.45	136.09	138.07	137.26	139.02	135.57	137.55
LN2	135.15	136.21	135.19	137.06	136.89	138.48	135.12	141.06
LN3	138.69	138.11	137.55	139.48	140.71	140.42	136.69	138.92
Gumbel	136.85	136.69	136.22	138.14	137.83	139.39	136.52	142.14
GEV	142.87	144.87	136.81	138.80	139.69	140.16	136.05	138.57
Weibull	140.19	142.19	135.51	137.39	139.99	140.33	135.12	137.37
Logistic	137.68	138.67	139.36	141.32	139.11	140.24	136.53	145.32
GLO	144.35	146.35	140.10	142.04	143.09	141.36	138.17	146.80

指定重现期为100a，以TVM最优模型推求逐年设计水位。如图5-18所示，设计值呈线性下降。1972年设计值为10.68m，2008年已下降至10.25m。而按照传统方法，得到全系列的$T=100$a设计水位为11.17m，大于TVM方法2008年的设计值；指定水位为TVM最优模型下1972年$T=100$a设计水位。如图5-19所示，其重现期逐渐增大，到2008年已增大到182a。而传统方法得到的重现期为52a，比TVM方法2008年的重

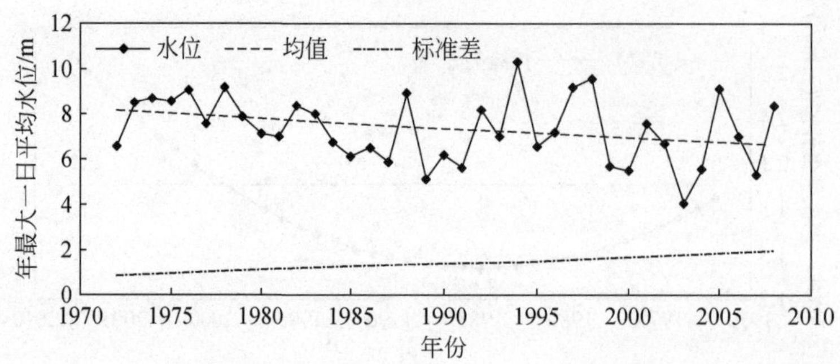

图 5-17　最优 TVM 模型下三水站年最大一日平均水位均值和标准差变化过程

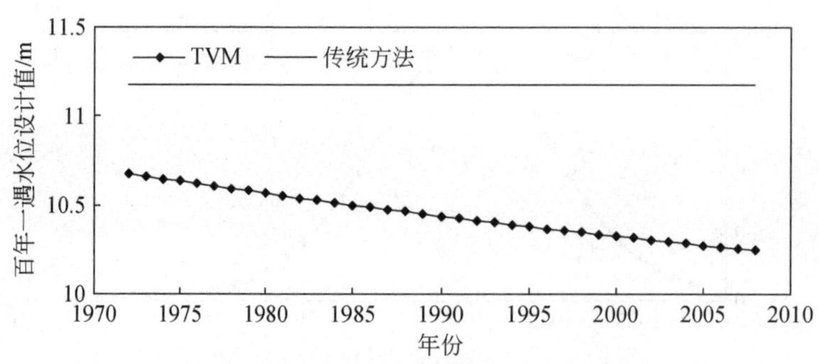

图 5-18　三水站指定重现期设计水位变化过程

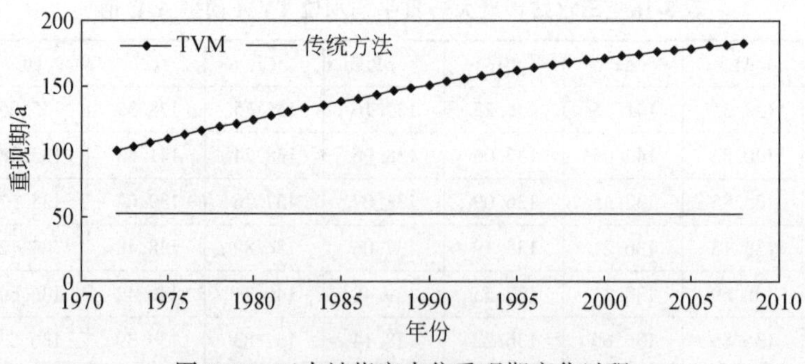

图 5-19　三水站指定水位重现期变化过程

现期大。

通过上述分析可知，虽然三水站洪水流量明显增加，但河床下切对三水站洪水水位的降低作用大于洪水流量增加对水位的提升作用，导致洪水水位呈现不断下降的趋势。

2）马口站洪水极值重构

a. 流量极值重构

根据 AIC 准则法，表 5-17 中最小的 AIC 值为 764.48，其对应的概率分布为 Weibull，趋势模型为CP，即马口站年最大一日平均流量的最优TVM模型为WeibullCP。根据模型参数计算出逐年均值和标准差，见图5-20。均值和标准差呈抛物线形变化，先减小，后增大。

表5-17　马口站年最大一日平均流量TVM模型AIC值

TVM模型	AL	AP	BL	BP	CL	CP	DL	DP
Gamma	771.36	768.80	770.25	772.25	770.10	767.39	770.84	773.23
PⅢ	819.82	766.71	769.73	770.60	782.47	765.33	770.09	784.49
N	774.98	772.99	772.65	774.30	773.29	771.30	773.67	776.30
LN2	770.15	768.28	769.68	771.64	769.18	767.27	770.12	772.36
LN3	776.89	767.75	770.95	772.26	769.75	766.16	771.32	769.07
Gumbel	769.19	766.36	769.58	771.53	768.55	764.69	770.01	772.13
GEV	770.93	768.13	771.56	773.21	770.44	766.47	772.00	769.36
Weibull	768.64	765.81	768.73	770.06	767.87	764.48	769.09	767.34
Logistic	776.21	772.44	774.42	776.26	775.26	771.44	776.04	778.85
GLO	772.09	768.82	772.88	773.40	771.83	766.97	773.67	772.37

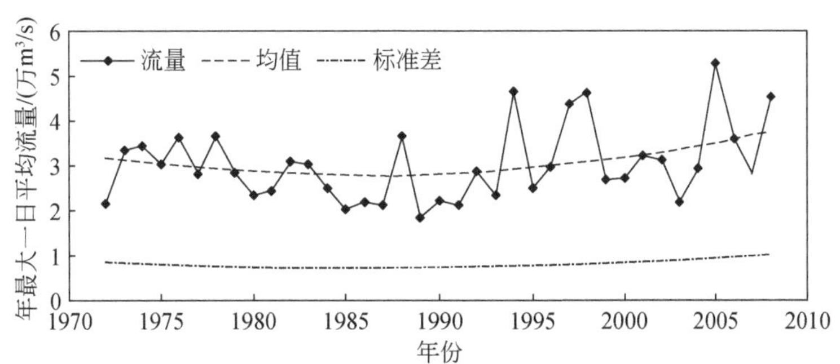

图5-20　最优TVM模型下马口站年最大一日平均流量均值和标准差变化过程

指定重现期为100a，以TVM最优模型推求逐年设计水位。如图5-21所示，设计值呈抛物线变化，先下降后上升。1972年设计值为57550m^3/s，到2008年上升到67377m^3/s。而按照传统方法得到全系列的设计值为55789m^3/s，远小于TVM方法2008年的设计值；指定流量为TVM最优模型下1972年$T=100a$设计流量。如图5-22所示，其重现期先增后减，到2008年已减小为25a。传统方法重现期为138a，远大于TVM模型2008年重现期。

通过上述分析可知，马口站洪水流量经历了先减后增的变化过程。1994年发生突变以后，马口站洪水流量明显增大，1972年百年一遇洪水已退化为一般洪水。

b. 水位极值重构

根据AIC准则法，表5-18中最小的AIC值为132.33，其对应的概率分布为LN2，趋势模型为AL，即马口站年最大一日平均水位的最优TVM模型为LN2AL。根据模型参数计算出逐年均值和标准差，见图5-23。均值呈线性下降，而标准差保持不变。

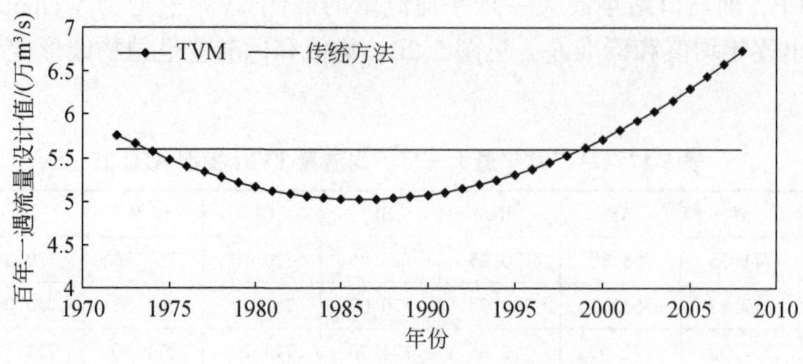

图 5-21　马口站指定重现期设计流量变化过程

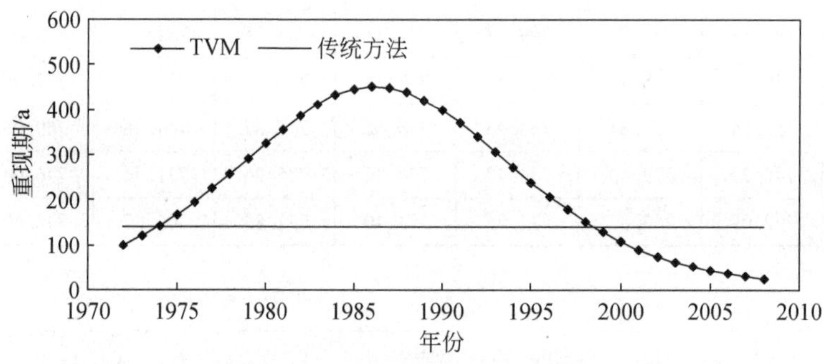

图 5-22　马口站指定流量重现期变化过程

表 5-18　马口站年最大一日平均水位 TVM 模型 AIC 值

TVM 模型	AL	AP	BL	BP	CL	CP	DL	DP
Gamma	135.60	137.60	133.51	135.35	133.36	135.21	132.68	139.35
PⅢ	137.39	139.39	135.67	137.50	135.36	137.21	134.88	139.03
N	132.70	134.52	133.85	135.78	133.67	135.57	132.99	136.71
LN2	132.33	134.15	133.75	135.52	133.63	135.46	133.00	139.52
LN3	134.22	136.05	135.76	137.63	137.08	137.26	134.92	138.56
Gumbel	133.66	135.61	135.37	137.08	135.09	136.95	135.04	141.08
GEV	139.02	141.02	134.51	136.50	135.90	136.79	134.01	137.91
Weibull	136.42	138.42	134.09	135.80	136.29	136.64	133.49	137.18
Logistic	134.76	136.12	136.98	138.90	135.71	137.20	135.33	142.90
GLO	141.00	143.00	138.74	145.94	139.70	138.74	137.28	140.26

指定重现期为100a，以 TVM 最优模型推求逐年设计水位。如图 5-24 所示，设计值呈线性减小。1972 年设计值为 11.70m，到 2008 年减小为 10.33m。而按照传统方法得到全系列的设计值为 11.12m，大于 TVM 方法 2008 年的设计值；指定水位为 TVM 最优模型下 1972 年 $T=100$a 设计水位。如图 5-25 所示，其重现期不断增大，到 2008 年已增大至 581a。传统方法重现期为 207a，小于 TVM 方法 2008 年重现期。

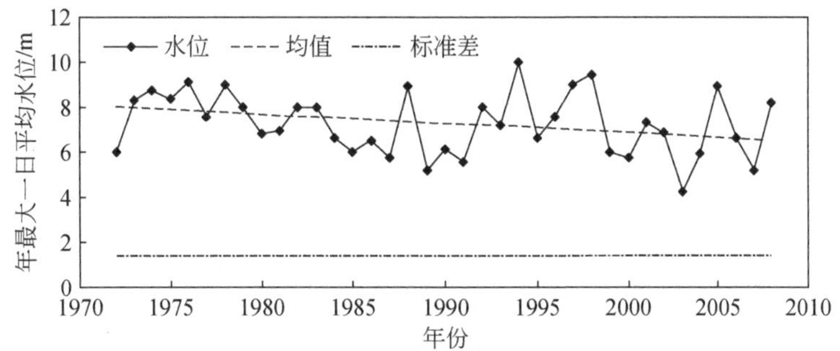

图5-23　最优TVM模型下马口站年最大一日平均水位均值和标准差变化过程

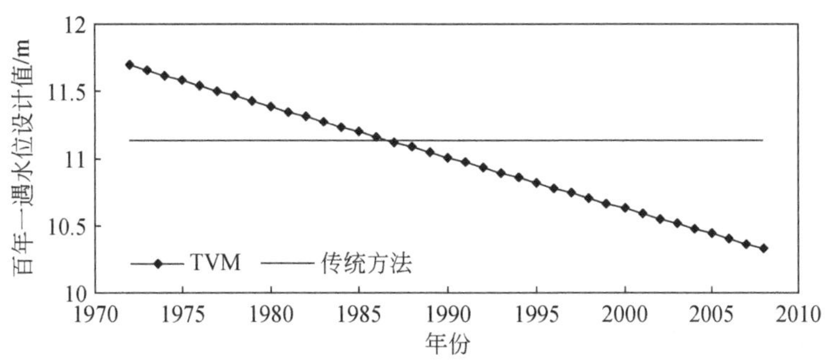

图5-24　马口站指定重现期设计水位变化过程

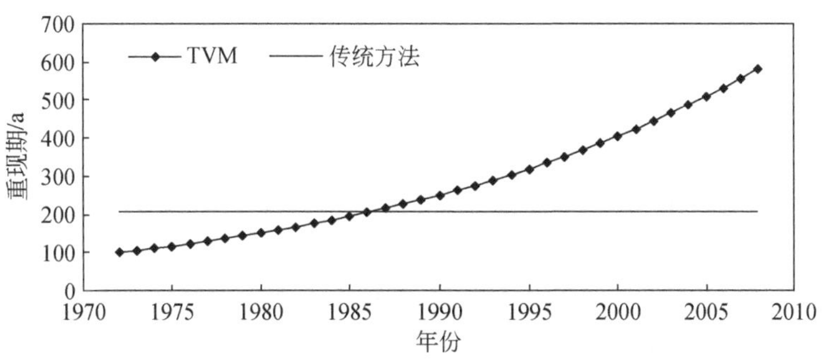

图5-25　马口站指定水位重现期变化过程

通过上述分析可知，虽然马口站洪水流量增加，但河床下切对洪水水位降低作用大于洪水流量增加对水位的提升作用，导致洪水水位呈现不断下降的趋势。

2. 枯水极值重构

1）三水站枯水极值重构

a. 流量极值重构

根据AIC准则法，表5-19中最小的AIC值为425.10，其对应的概率分布为LN2；趋势模型为CL，即三水站年最小一日平均流量的最优TVM模型为LN2CL。根据模型参数计算出逐年均值和标准差，见图5-26。均值和标准差均呈线性上升。

表5-19　三水站年最小一日平均流量TVM模型AIC值

TVM模型	AL	AP	BL	BP	CL	CP	DL	DP
Gamma	437.91	439.60	447.63	447.69	426.69	428.13	428.45	430.85
PⅢ	462.98	453.37	461.71	518.83	435.77	425.83	471.60	476.71
N	451.08	452.81	452.98	454.98	437.38	438.63	439.30	442.12
LN2	432.72	433.94	442.21	440.82	425.10	426.94	426.75	428.83
LN3	453.80	430.32	440.90	432.49	426.87	428.86	428.14	449.20
Gumbel	441.84	442.84	451.62	451.10	427.06	428.17	428.81	429.83
GEV	438.80	435.16	443.13	439.74	427.51	429.28	429.02	459.40
Weibull	466.28	468.28	439.31	434.15	441.10	436.60	434.51	428.70
Logistic	449.03	451.00	452.29	453.96	436.41	435.41	438.32	438.59
GLO	438.71	436.05	443.99	455.87	427.91	429.59	429.37	430.23

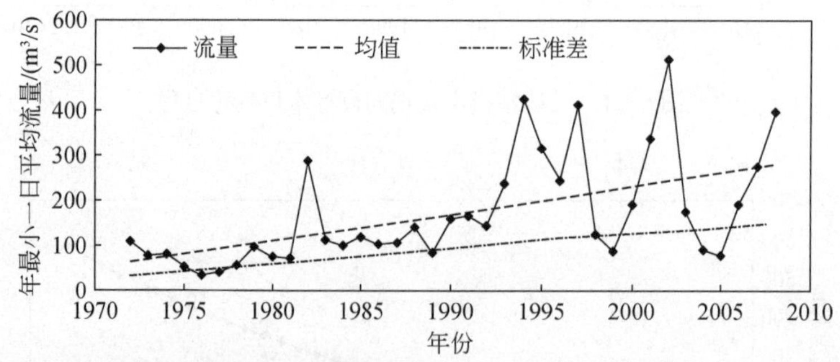

图5-26　最优TVM模型下三水站年最小一日平均流量均值和标准差变化过程

指定重现期为100a，以TVM最优模型推求逐年设计流量。如图5-27所示，设计值呈线性上升。1972年设计值为17m^3/s，到2008年已上升至73m^3/s。而按照传统方法得到全系列的设计值为31m^3/s，远小于TVM方法2008年的设计值；指定流量为TVM最优模型下2008年T=100a设计流量。如图5-28所示，其重现期不断增大，在1972年仅为1.4a，属于一般流量，随后不断增大至100a。而传统方法的重现期仅为6a，远小于TVM模型2008年的重现期。

通过上述分析可知，三水站枯水流量大幅增加，主要是三水站分流比增大。

b. 水位极值重构

根据AIC准则法，表5-20中最小的AIC值为110.41，其对应的概率分布为Logistic，趋势模型为CL，即三水站年最小一日平均水位的最优TVM模型为LogisticCL。根据模型参数计算出逐年均值和标准差，见图5-29。均值和标准差均呈线性下降。

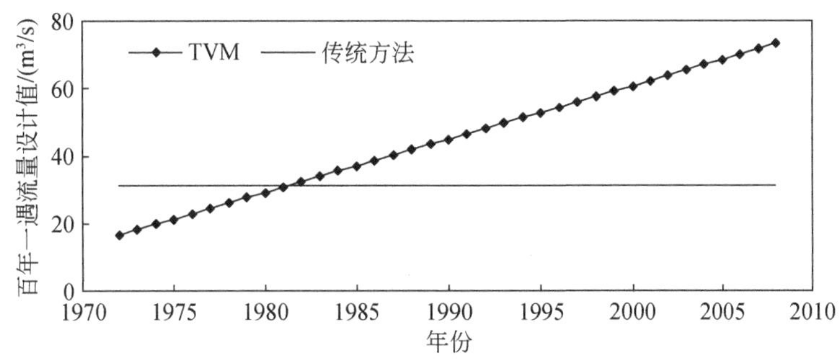

图 5-27　三水站指定重现期设计流量变化过程

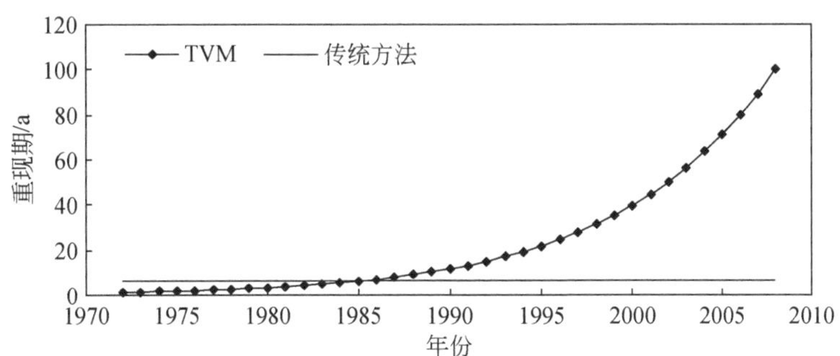

图 5-28　三水站指定流量重现期变化过程

表 5-20　三水站年最小一日平均水位 TVM 模型 AIC 值

TVM 模型	AL	AP	BL	BP	CL	CP	DL	DP
Gamma	136. 60	138. 60	136. 47	135. 02	111. 56	113. 56	112. 60	142. 46
PⅢ	140. 30	142. 30	137. 96	136. 89	113. 33	115. 43	114. 38	129. 82
N	113. 53	115. 53	136. 17	134. 70	110. 97	112. 97	112. 15	115. 95
LN2	114. 58	116. 55	136. 36	134. 91	112. 09	114. 08	113. 06	141. 84
LN3	116. 66	117. 53	138. 22	136. 74	138. 34	114. 97	114. 15	117. 95
Gumbel	120. 96	122. 81	136. 49	136. 78	118. 37	120. 32	118. 36	141. 66
GEV	138. 44	140. 44	134. 94	136. 12	138. 27	115. 20	114. 03	117. 89
Weibull	137. 37	139. 37	137. 12	136. 07	137. 28	115. 32	114. 20	118. 08
Logistic	111. 98	113. 96	137. 62	136. 26	110. 41	112. 41	112. 12	144. 38
GLO	143. 67	145. 67	138. 93	145. 15	139. 72	114. 41	114. 11	117. 74

指定重现期为 100a，以 TVM 最优模型推求逐年设计水位。如图 5-30 所示，设计值呈线性减小。1972 年设计值为-0. 17m，到 2008 年下降至-0. 42m。而按照传统方法得到全系列的设计值为-0. 41m，与 TVM 方法 2008 年的设计值接近；指定水位为 TVM 最优模型下 1972 年 T=100a 设计水位。如图 5-31 所示，其重现期不断减小，从 100a 下降至 1. 4a。而传统方法重现期为 6a，大于 TVM 方法的结果。

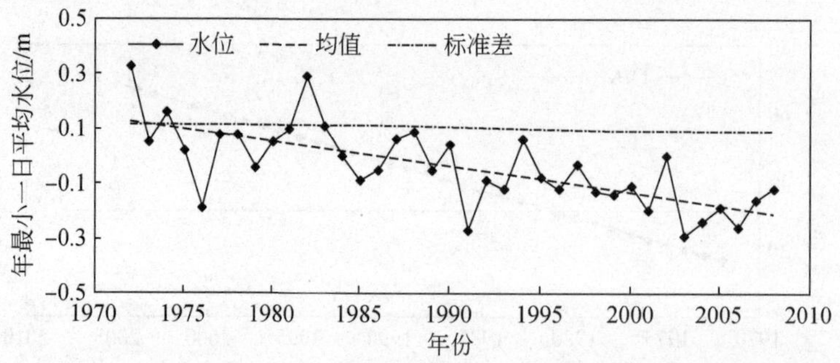

图 5-29　最优 TVM 模型下三水站年最小一日平均水位均值和标准差变化过程

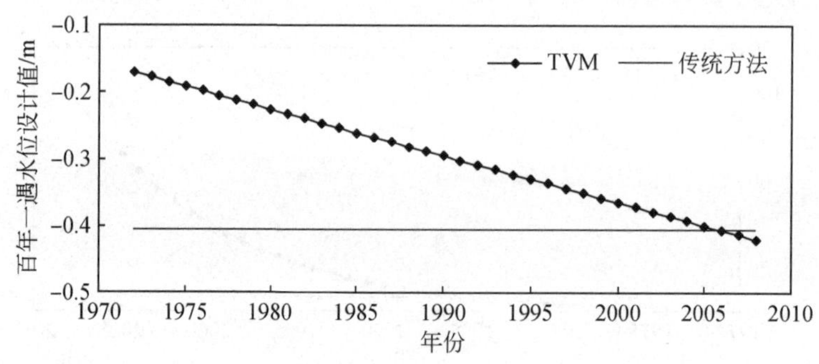

图 5-30　三水站指定重现期设计水位变化过程

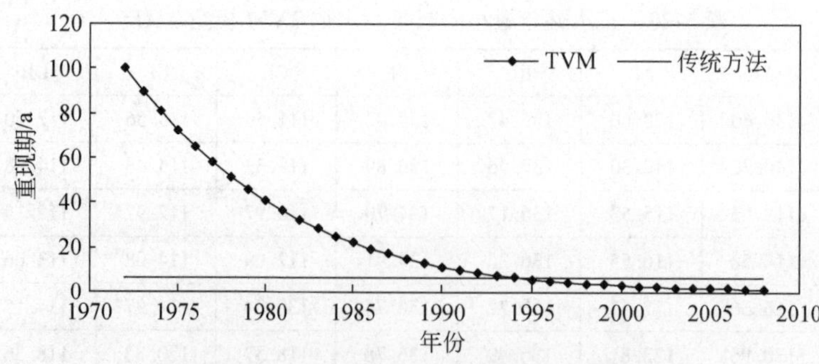

图 5-31　三水站指定水位重现期变化过程

通过上述分析可知，河床下切对三水站枯水水位的降低作用大于枯水流量增加对水位的提升作用，导致枯水水位呈现不断下降的趋势。

2）马口站枯水极值重构

a. 流量极值重构

根据 AIC 准则法，表 5-21 中最小的 AIC 值为 569. 99，其对应的概率分布为 Gumbel，趋势模型为 BP，即马口站年最小一日平均流量的最优 TVM 模型为 GumbelBP。根据模型参数计算出逐年均值和标准差，见图 5-32。均值保持稳定，标准差呈抛物线先增大后减小。

表 5-21　马口站年最小一日平均流量 TVM 模型 AIC 值

TVM 模型	AL	AP	BL	BP	CL	CP	DL	DP
Gamma	574. 77	575. 79	571. 19	570. 02	575. 96	577. 92	573. 19	571. 06
PⅢ	626. 86	574. 61	571. 57	570. 88	577. 68	579. 68	573. 33	570. 80
N	579. 76	581. 73	579. 11	573. 94	579. 99	581. 31	580. 82	575. 42
LN2	576. 67	577. 15	570. 88	570. 15	578. 42	579. 97	571. 66	575. 25
LN3	583. 47	576. 81	571. 95	570. 71	577. 60	579. 48	573. 72	572. 40
Gumbel	574. 27	574. 76	570. 21	569. 99	575. 82	577. 65	571. 95	576. 21
GEV	576. 22	576. 73	572. 09	570. 75	577. 62	579. 43	573. 87	572. 37
Weibull	576. 03	574. 52	570. 85	570. 01	578. 30	580. 06	572. 55	571. 74
Logistic	576. 28	578. 10	574. 16	571. 97	576. 61	578. 44	575. 58	580. 16
GLO	575. 39	576. 15	571. 74	570. 37	576. 31	578. 12	573. 54	571. 65

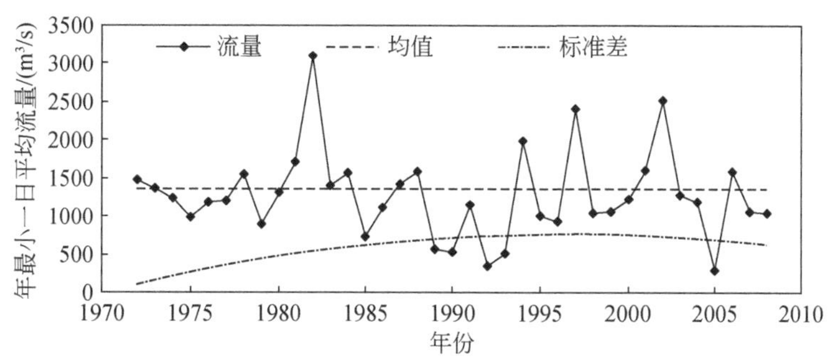

图 5-32　最优 TVM 模型下马口站年最小一日平均流量均值和标准差变化过程

指定重现期为 100a，以 TVM 最优模型推求逐年设计流量。如图 5-33 所示，设计值先下降后上升。1972 年设计值为 $932m^3/s$，2008 年为 $311m^3/s$。而按照传统方法得到全系列的设计值为 $299m^3/s$，略小于 TVM 方法 2008 年的设计值；指定流量为 TVM 最优模型下 1972 年 T=100a 设计流量。如图 5-34 所示，其重现期先急剧减小，1985 年已减小为 3a，随后比较稳定。由于流量序列前端数据在 $1000m^3/s$ 左右，波动较小，前端的设计值较大，而 20 世纪 80 年代以后，流量序列波动性明显增大，高流量和低流量均有出现。所以，指定流量的重现期急剧下降。传统方法重现期为 3a，与 TVM 方法重现期一致。

b. 水位极值重构

根据 AIC 准则法，表 5-22 中最小的 AIC 值为 110. 72，其对应的概率分布为 Logistic；趋势模型为 CL，即马口站年最小一日平均水位的最优 TVM 模型为 LogisticCL。根据模型参数计算出逐年均值和标准差，见图 5-35。均值和标准差均呈线性下降。

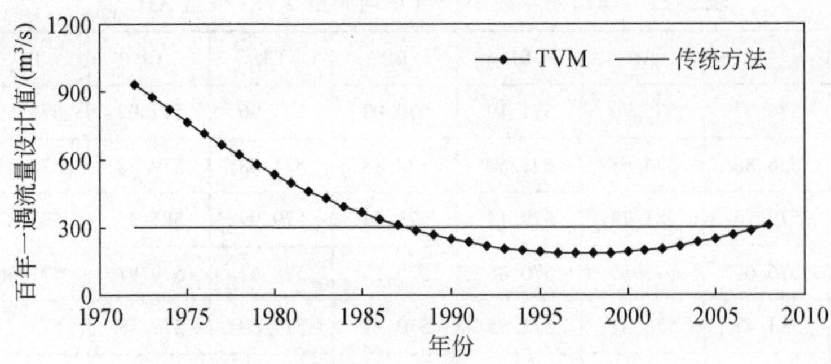

图 5-33　马口站指定重现期设计流量变化过程

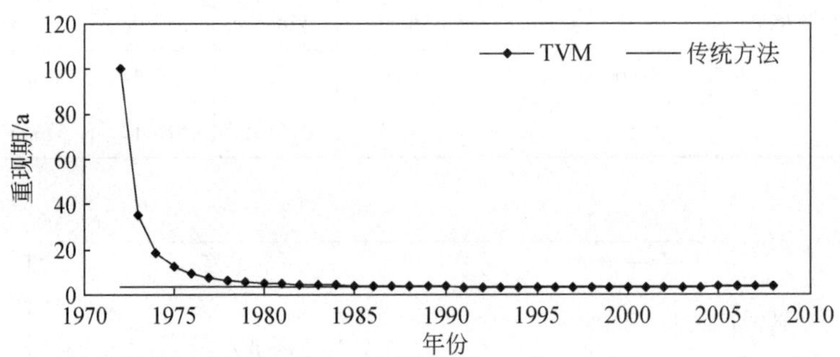

图 5-34　马口站指定重现期设计流量变化过程

表 5-22　马口站年最小一日平均水位 TVM 模型 AIC 值

TVM 模型	AL	AP	BL	BP	CL	CP	DL	DP
Gamma	132. 48	134. 48	131. 68	130. 44	111. 30	113. 15	112. 25	138. 42
PⅢ	134. 70	136. 70	133. 31	131. 97	113. 21	115. 35	114. 16	117. 15
N	113. 54	115. 44	131. 14	129. 74	111. 17	112. 91	112. 20	115. 09
LN2	113. 83	115. 81	131. 75	130. 63	111. 57	113. 45	112. 47	137. 96
LN3	117. 63	117. 42	133. 58	131. 74	133. 60	114. 91	114. 15	117. 08
Gumbel	118. 58	120. 53	131. 80	131. 88	116. 41	118. 41	116. 57	137. 19
GEV	133. 62	135. 62	132. 36	131. 71	133. 61	115. 38	114. 08	117. 05
Weibull	132. 86	134. 86	132. 63	131. 22	132. 85	115. 30	113. 97	116. 97
Logistic	112. 05	113. 98	131. 98	130. 99	110. 72	112. 50	112. 41	140. 04
GLO	140. 34	142. 34	134. 46	130. 14	134. 69	114. 50	114. 37	117. 37

指定重现期为 100a，以 TVM 最优模型推求逐年设计水位。如图 5-36 所示，设计值呈线性减小。1972 年设计值为-0. 16m，2008 年减小到-0. 38m。而按照传统方法得到的设计值为-0. 36m，略大于 TVM 方法 2008 年的设计值；指定水位为 TVM 最优模型下 1972 年 $T=100$a 设计水位。如图 5-37 所示，其重现期不断减小，到 2008 年已减小至 2a。而按传统方法得到的重现期为 8a，大于 TVM 方法 2008 年重现期。

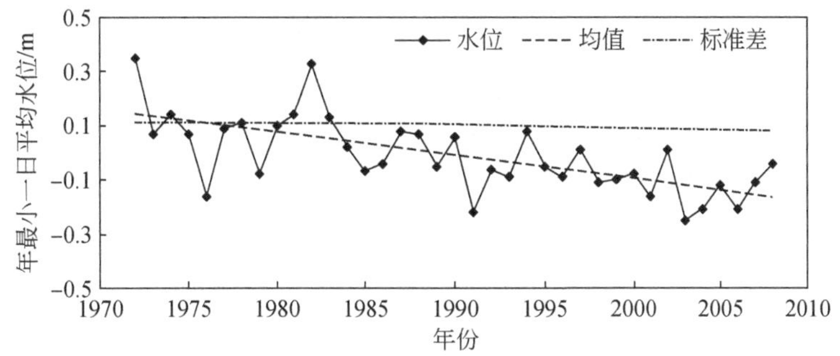

图 5-35　最优 TVM 模型下马口站年最小一日平均水位均值和标准差变化过程

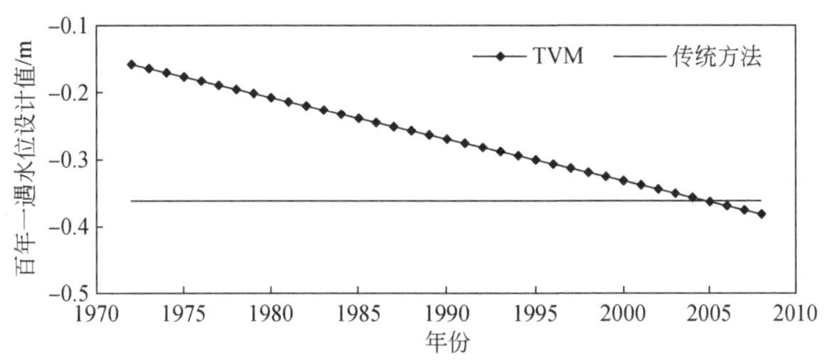

图 5-36　马口站指定重现期设计水位变化过程

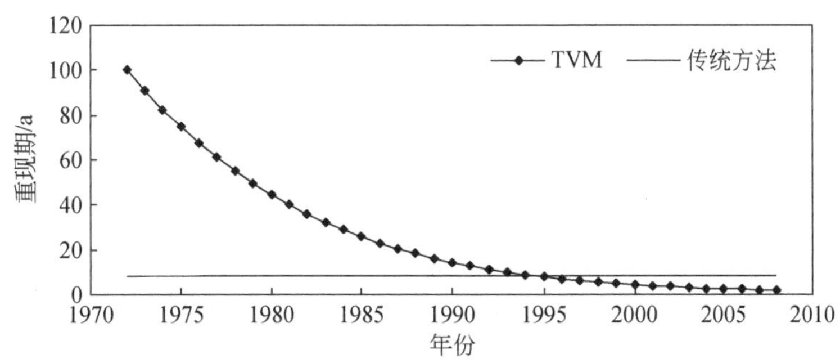

图 5-37　马口站指定水位重现期变化过程

通过上述分析可知，由于河道大幅下切，马口站枯水水位明显下降。

3. 模型合理性与不确定性分析

序列长度、趋势模型以及概率分布的选取会给极大似然估计的结果带来不确定性。以抛物线形趋势的马口站年最大一日平均流量和线性趋势的马口站年最小一日平均水位为例，对模型结果进行合理性和不确定性分析。

马口站年最大一日平均流量在 10 种概率分布下最优的趋势模型都是 CP，说明趋势模型的选择是稳定的。选取 CP 模型下，拟合效果次优的 Gumbel 分布、PⅢ型分布以及

WLS 方法的参数估计结果与最优的 Weibull 分布进行对比。如图 5-38 所示，不同模型对于均值和标准差的拟合结果比较接近，与实测点据的变化情况吻合。以上述几种模型推求各年 T=100a 设计流量值，见图 5-39。以最优的 weibull 模型为基准，Gumbel、PⅢ和 WLS 模型下各年设计值与 Weibull 模型结果的平均差值分别为 3842m^3/s(7.1%)、808m^3/s(1.5%)和 2088m^3/s(3.9%)。虽然不同模型的设计值存在差异，但差异较小。

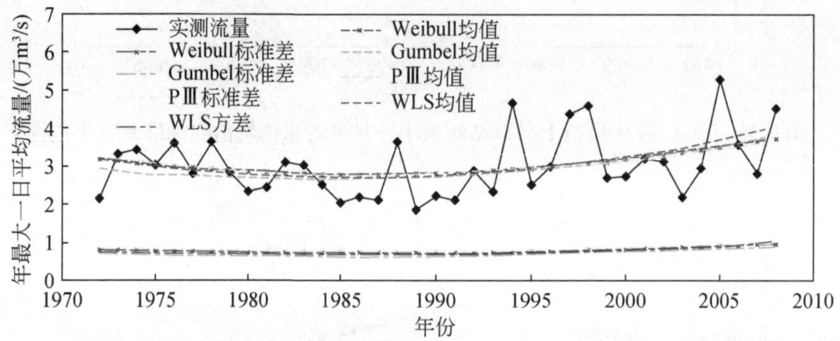

图 5-38 不同模型下马口站年最大一日平均流量均值和标准差变化过程

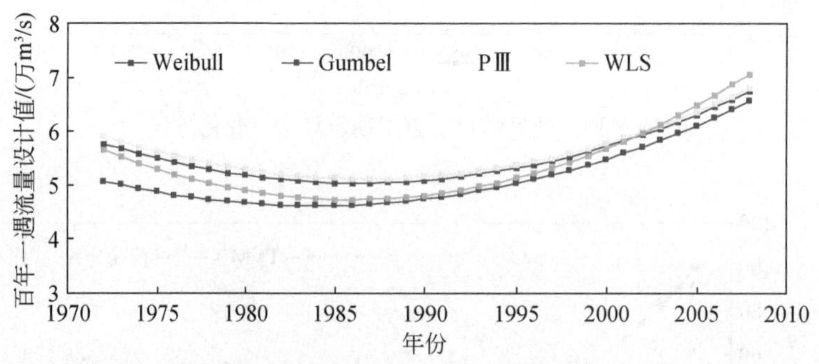

图 5-39 不同模型下马口站年最大一日平均流量 T=100a 设计值

马口站年最小一日平均水位在两参数概率分布下的最优趋势模型都是 CL，但在三参数概率分布下的最优趋势模型都是 DL。除了 GumbelCL，其他两参数分布的 CL 模型拟合效果均优于三参数分布的 DL 模型。因此，CL 应为首选的趋势模型。选取 DL 模型下最优的 Weibull 分布和全局最优模型 LogisticCL 的结果进行对比。如图 5-40 所示，在相同的趋势模型下，ML 法和 WLS 法的结果都非常接近。两种不同趋势模型对均值的拟合效果也非常接近，但 DL 模型标准差的斜率小于 CL 模型。以 WeibullDL 和 LogisticCL 推求各年设计值（图 5-41），两者的平均差值为 0.03m。

通过上述分析可知：①趋势模型的优选相对比较稳定。②基于不同概率分布的 ML 法和 WLS 法对于均值和标准差的拟合结果比较接近。③均值和标准差的拟合结果与实测点据的变化趋势吻合，而且本章前述内容已对各个指标的变化趋势做出相应的成因分析。④不同概率分布推求的设计值存在差异，但差异较小。综上，认为基于 10 种概率分布和 8 种趋势形式的 TVM 模型对于各年极值指标的拟合结果应是合理稳定的。

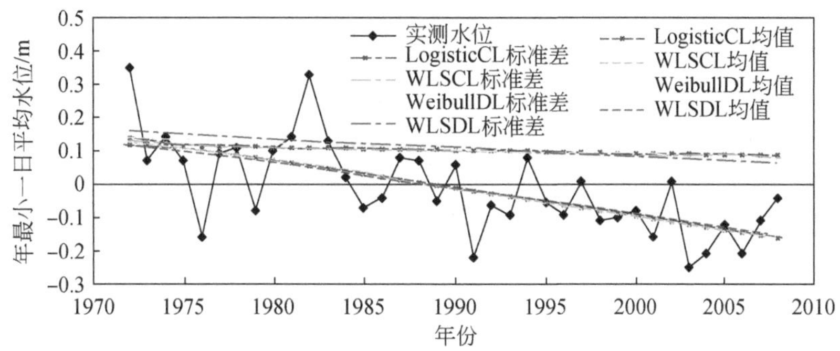

图 5-40 不同模型下马口站最小一日平均水位均值和标准差变化过程

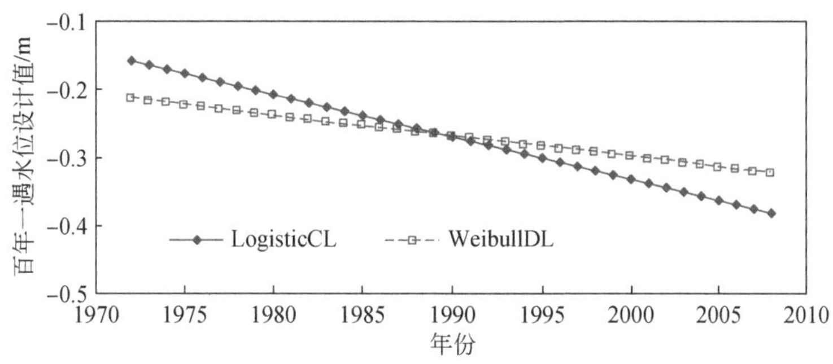

图 5-41 不同模型下马口站年最小一日平均水位 $T=100$a 设计值

5.3 河网区水位–流量组合要素重构

水位流量关系是指水文测站断面水位与相应流量之间的关系。西江、北江下游共布设有 6 个水文站，分别为高要站、石角站、四会站、腰古站、马口站、三水站。其中石角站、四会站和腰古站为上边界控制站，位于清水河段，其水文资料整编常根据实测水位、流量数据，基于测站特性在年内各个时期确定水位流量关系曲线后，用实测水位推算逐时流量，并进行不确定度计算和三性检验，采用面积包围法计算日、月、年平均流量。高要站、马口站和三水站为下边界控制站，位于潮洪混合河段，洪水期受上游洪水影响，流量整编方法与上述三站类似，枯季受潮汐要素影响显著，采用全潮要素法进行推流整编，高要站、马口站和三水站分别以马口站、甘竹站和紫洞站为参证辅助站。资料来源于水文年鉴，为整编后的日平均流量和水位，但珠三角为典型的半日潮，整编后的潮流量和水位数据已无法反映感潮河段枯季的水位流量关系。本节基于水位流量关系基本理论推导常见测站控制的水位流量关系的理论表达式，分析表达式中各参数的物理意义，以三水站和马口站为例，以期用物理意义明确的水位流量关系拟合洪水期两站不同时期下的水位流量关系，分析其在河床剧烈变化情况下的演变特征。

5.3.1 水位流量关系基本理论

水文测站控制断面的过流流量通常用断面平均流速乘以断面面积求得，将断面平均流速及断面面积分别用水位表示，即可得到流量关于水位的表达式，即水位流量关系模型。断面平均流速的计算与测站控制类型有关，测站控制可分为断面控制和河槽控制两类，前者用能量方程计算，后者用曼宁公式计算。断面面积与断面形状有关，可将断面面积表示为水位的函数。下面基于测站控制分析推导标准断面形式的水位流量关系表达式，以期探求表达式各参数的物理意义。

1）测站控制识别

断面控制：多发生在河流上游，利用测站下游石梁、急滩、卡口、弯道等断面控制，形成临界流，控制断面以上水面线较为稳定且几近水平，控制断面以下水面线下降较快，如图 5-42(a)所示。常在稳定水面线测量断面水位，用堰流或孔口出流的水力学公式确定断面流量，由此建立断面控制的水位流量关系。断面控制的水位流量关系主要受断面形式影响。

河槽控制：多发生在河流下游，依靠具有一定长度的顺直河段来实现，如图 5-42(b)所示。当该河段的水流为均匀流时，在控制断面测量水位，用曼宁公式确定断面流量，由此建立河槽控制的水位流量关系。根据曼宁公式，河槽控制的水位流量关系主要受测量河段过水断面几何形状、平均流动阻力及河底坡降影响。

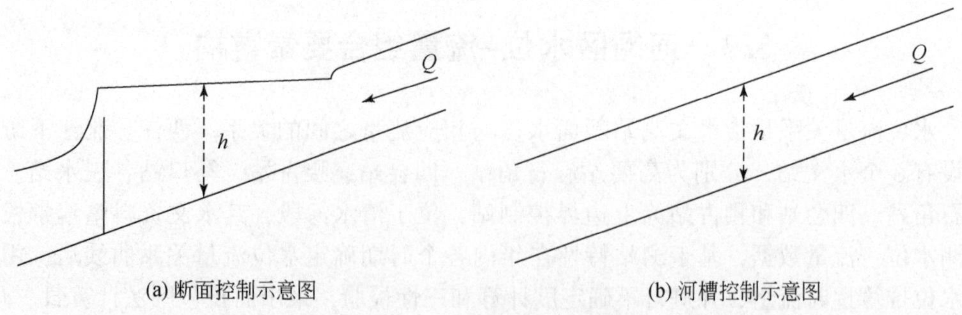

图 5-42 不同测站控制示意图

2）断面控制水位流量关系建立

堰流：由于薄壁堰具有稳定的水头与流量关系，一般多用于实验室及小河渠的流量测量，薄壁堰流量计算公式为

$$Q=A_{\mathrm{W}}\varphi\sqrt{1-k}\sqrt{2gH_0} \tag{5-21}$$

式中，Q 为过堰流量；A_{W} 为堰顶收缩断面过水面积；$\varphi\sqrt{1-k}\sqrt{2gH_0}$ 为堰顶收缩断面平均流速，其中 φ 为流速系数，k 为与堰进口形式和过水断面改变有关的系数，有 $k=h_{\mathrm{co}}/H_0$，h_{co}为堰上收缩断面水深；g 为重力加速度；H_0 为堰前全水头。堰前全水头等于堰前压

力水头与行近流速水头之和，行近流速水头量级较小，常可忽略不计，故堰上全水头 H_0 可近似等于堰上压力水头$(H-b)$。堰顶收缩断面面积与其断面形状有关，这里基于矩形、抛物线形、三角形三种标准形式常见堰的断面面积关于压力水头的表达式推导其水位流量关系理论方程。

（1）矩形堰：

$$A_{R1}=B_{w1}h_{co}=B_{w1}kH_0=B_{w1}k(H-b) \tag{5-22}$$

式中，A_{R1} 为矩形堰顶收缩断面过水面积；B_{w1} 为矩形堰净宽；H 为堰前水位；b 为堰顶高程，矩形堰断面控制如图 5-43(a)所示。由此可得矩形断面堰流控制的水位流量关系理论方程表达式为

$$Q(H)=C_R\sqrt{2g}B_{w1}(H-b)^{3/2} \tag{5-23}$$

（2）抛物线形堰：

$$A_{P1}=\frac{4}{3}\frac{1}{\sqrt{C_1}}h_{co}^{3/2}=\frac{4}{3}\frac{1}{\sqrt{C_1}}(kH_0)^{3/2}=\frac{4}{3}\frac{1}{\sqrt{C_1}}k^{3/2}(H-b)^{3/2} \tag{5-24}$$

式中，A_{P1} 为抛物线形堰顶收缩断面过水面积；C_1 为抛物线形状系数，满足 $y=C_1x^2$，代入坐标$\left(\frac{B_{P1}}{2},\ H_{P1}\right)$有 $C_1=\frac{4H_{P1}}{B_{P1}^2}$，其中 H_{P1} 为漫滩水位，B_{P1} 为漫滩水位下的堰宽；H 为堰前水位；b 为堰顶高程，抛物线形堰断面控制如图 5-43(b)所示。由此可得抛物线形断面堰流控制的水位流量关系理论方程表达式为

$$Q(H)=C_p\sqrt{2g}\frac{B_p}{\sqrt{H_p}}(H-b)^2 \tag{5-25}$$

（3）三角形堰：

$$A_{T1}=h_{co}^2\tan(v_1/2)=k^2\ (H-b)^2\tan(v_1/2) \tag{5-26}$$

式中，A_{T1} 为三角形堰顶收缩断面过水面积；v_1 为三角形堰夹角；H 为堰前水位；b 为堰顶高程，三角形堰断面控制如图 5-43(c)所示。由此可得三角线形断面堰流控制的水位流量关系理论方程表达式为

$$Q(H)=C_T\sqrt{2g}\tan(v/2)(H-b)^{5/2} \tag{5-27}$$

（4）孔口出流：

$$Q=A_0\varphi\sqrt{2gH_0} \tag{5-28}$$

当水体经孔口流入大气即自由出流情况，式中，Q 为孔口出流量；A_0 为孔口断面面积；$\varphi\sqrt{2gH_0}$ 为孔口出流后收缩断面平均流速，其中 φ 为流速系数；g 为重力加速度；H_0 为孔口前全水头。孔口出流断面控制如图 5-43(d)所示。由此可得原型断面孔口出流水位流量关系理论方程表达式为

$$Q(H)=C_0\sqrt{2g}A_0\ (H-b)^{1/2} \tag{5-29}$$

3）河槽控制水位流量关系建立

测量河段为明渠均匀流，用谢才公式 $v=C\sqrt{Ri}$ 确定过水断面平均流速，谢才系数 C

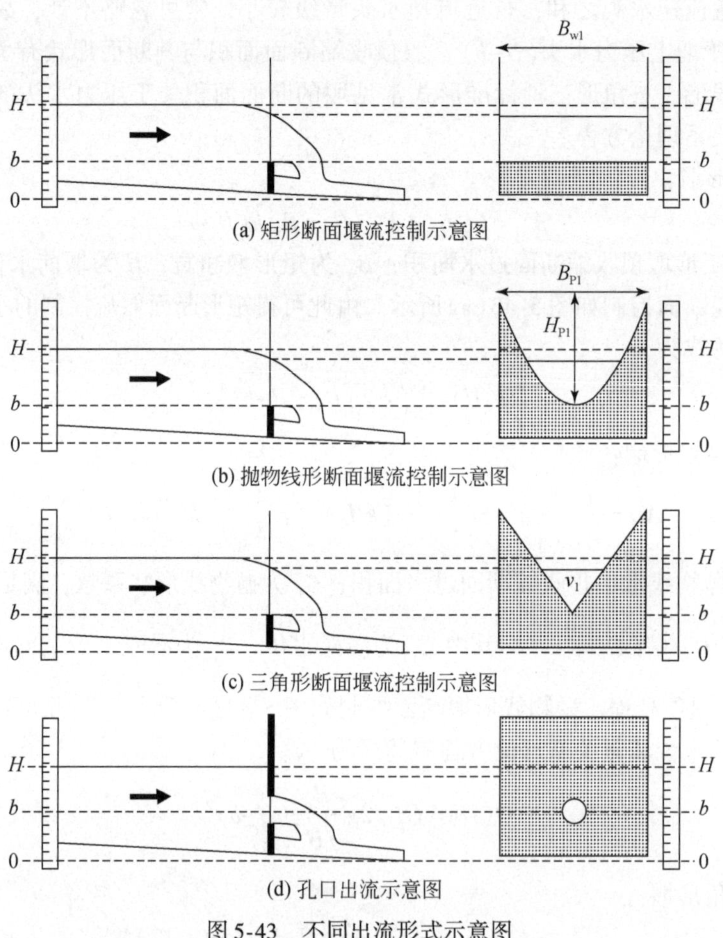

(a) 矩形断面堰流控制示意图

(b) 抛物线形断面堰流控制示意图

(c) 三角形断面堰流控制示意图

(d) 孔口出流示意图

图 5-43　不同出流形式示意图

用曼宁公式 $C=\frac{1}{n}R^{1/6}$ 计算，由此可得流量：

$$Q=A\frac{1}{n}R^{2/3}i^{1/2} \tag{5-30}$$

式中，Q 为测量河段平均流量；A 为过水断面面积；n 为曼宁糙率系数；R 为水力半径；i 为河底坡降；水力半径由式 $R=A/\chi$ 计算，其中 χ 为湿周。由于过水断面面积 A 和水力半径 R 均与断面形状有关，这里基于矩形、抛物线形、三角形三种标准形式常见河道断面面积及水力半径关于平均水深的表达式推导其水位流量关系理论方程。

（1）矩形断面河槽控制：

$$\begin{aligned} A_{R2} &= B_{w2}(H-b) \\ \chi_R &= B_{w2}+2(H-b) \\ R_R &= A_{R2}/\chi_R \end{aligned} \tag{5-31}$$

式中，A_{R2} 为矩形河道过水断面面积；B_{w2} 为矩形河道断面宽度；H 为河道水位；b 为零流水位；χ_R 为矩形河道湿周；R_R 矩形河道水力半径，矩形河道河槽控制如图 5-44（a）

所示。当河道宽浅时，水力半径近似等于平均水深，即 $R_R \approx H-b$。由此可得矩形断面河槽控制水位流量关系理论方程表达式为

$$Q(H)=\frac{1}{n}\sqrt{i}B_{w2}(H-b)^{5/3} \tag{5-32}$$

（2）抛物线形断面河槽控制：

$$\begin{aligned}A_{P2}&=\frac{4}{3}\frac{1}{\sqrt{C_2}}(H-b)^{3/2}\\ \chi_P&\approx B_H+\frac{8}{3}\frac{(H-b)^2}{B_H}\\ R_P&=A_{P2}/\chi_P\end{aligned} \tag{5-33}$$

式中，A_{P2}为抛物线形河道过水断面面积；C_2 为抛物线形状系数，这里 $C_2=\frac{4H_{P2}}{B_{P2}^2}$，其中 H_{P2}为漫滩水位，B_{P2}为漫滩水位下河道宽度；H 为河道水位；B_H 为水位为 H 时的河宽；b 为零流水位；χ_P 为抛物线形河道湿周；R_P 为抛物线形河道水力半径，消去 B_H 后，$R_P=\dfrac{\frac{2}{3}(H-b)}{1+\frac{8}{3}(H-b)\frac{H_{P2}}{B_{P2}^2}}$；抛物线形河道河槽控制如图 5-44(b)所示。当河道宽浅时，即$(H-b)\ll\frac{3}{8}\frac{B_{P2}^2}{H_{P2}}$，有 $R_P\approx\frac{2}{3}(H-b)$。由此可得抛物线形断面河槽控制水位流量关系理论方程表达式为

$$Q(H)=\frac{1}{n}\sqrt{i}\left(\frac{2}{3}\right)^{5/3}\frac{B_P}{\sqrt{H_P}}(H-b)^{13/6} \tag{5-34}$$

（3）三角形河道河槽控制：

$$\begin{aligned}A_{T2}&=(H-b)^2\tan(v_2/2)\\ \chi_T&=\frac{2(H-b)}{\cos(v_2/2)}\\ R_T&=A_{T2}/\chi_T\end{aligned} \tag{5-35}$$

式中，A_{T2}为三角形河道过水断面面积；v_2 为三角形河道夹角；H 为河道水位；b 为零流水位；R_T 为三角形河道水力半径；χ_T 为三角线形河道湿周。三角形河道断面河槽控制如图 5-44(c)所示。由此可得三角线形断面河槽控制水位流量关系理论方程表达式为

$$Q(H)=\frac{1}{n}\sqrt{i}\tan(v_2/2)\left(\frac{\sin(v_2/2)}{2}\right)^{2/3}(H-b)^{8/3} \tag{5-36}$$

观察七种典型情况下流量 Q 关于水位 H 的表达式，发现天然河道水位流量关系均符合 $Q=a(H-b)^c$ 的幂函数形式，只是不同情况下三个水力学参数的表达式有所不同，值得特别指出的是，标准形式断面情况下推导得出的指数均为恒定值。

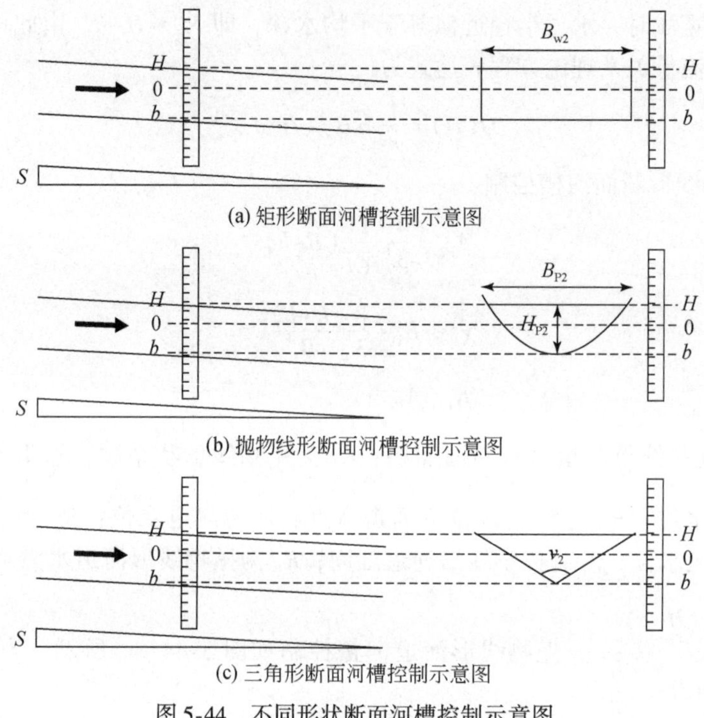

图 5-44　不同形状断面河槽控制示意图

5.3.2　三水马口水文站基本特性

三水站为北江进入珠三角河网区的主要控制站，位于北纬 112°50′，东经 23°10′。测流断面为复式河床，主槽流量大，水位级在 7.0m 时，滩地流量仅占断面流量 9% 左右。断面位置在基下约 380m，断面宽 1099m，最大流量 16200m³/s，最小流量-908m³/s。最高水位 10.39m，最低水位-0.93m。

马口站为西江进入珠三角河网区的主要控制测站，位于东经 23°07′，北纬 112°48′。测流断面在基本水尺断面下游 875m 处，右岸干砌石护坡，无冲淤，左岸滩地 140m 种植经济作物，当洪水位超出 7.2m 时，左岸漫滩，因地形条件的关系滩地流速微弱，向来均视作 0 处理，起点距 84.0m 处是测定的死水边界，断面上游约 140m 处，金马大桥在 1995 年初动工，受大桥施工影响于当年 6 月 25 日在基下 1082m 处增设测流断面。断面位置在基下 1082m（原在基下 875m），断面宽 1046m；最大流量 47000m³/s，最小流量-5240m³/s。最高水位 10.06m，最低水位-0.52m，最大潮差 1.42m。

5.3.3　分析方法

由上述水位流量关系基本理论及三水站、马口站基本特性可知，三水站、马口站控制均为河槽控制，受潮汐影响较弱的洪水期（4～9 月）水位流量关系基本符合如式（5-37）所示的幂函数关系：

$$Q=a\,(H-b)^{c} \tag{5-37}$$

式中，Q 为过流流量；H 为测站水位；a 为系数；b 零流水位；c 为指数。将幂函数进行对数转换变为线性形式后，如式（5-38）所示：

$$\ln Q=\ln a+c\ln(H-b) \tag{5-38}$$

当零流水位 b 值给定时，系数 a 和指数 c 可通过对点对$(\ln Q,\ln(H-b))$做线性回归拟合求出。拟合精度用如式（5-39）所示的均方根误差 RMSE 表示，RMSE 可表示为 b 的函数，即 $\mathrm{RMSE}(b)=f(b)$，以 $\mathrm{RMSE}(b)$ 为目标函数，对零流水位所在区间设定 0.01m 的搜索步长进行试算，满足$\dfrac{\partial f(b)}{\partial b}=0$ 时，RMSE 达到最小，即为最优拟合曲线。

$$\mathrm{RMSE}=\sqrt{\frac{\sum (Q_{\mathrm{mes}}-Q_{\mathrm{cal}})^{2}}{n}} \tag{5-39}$$

式中，RMSE 为均方根误差；Q_{mes} 为实测流量；Q_{cal} 为用实测水位通过水位流量关系曲线拟合求得的流量；n 为实测水位流量点对数量。

5.3.4　结果分析

1. 三水站

1）水位流量关系拟合

对三水站 1968 ~2009 年洪水期水位流量数据进行逐年拟合，拟合结果如图 5-45 所示，发现幂函数拟合曲线基本都能均匀穿过水位流量散点数据分布空间的中心，拟合效果较好，少数年份如 1986 年、1987 年、1989 年、1990 年在低水位时出现少数点对偏离拟合曲线中心，表现为同一水位时流量偏小，这可能是洪水期上游径流受下游潮汐上溯影响所致。此外，观察逐年拟合曲线的形状，发现 1990 年以前，拟合曲线在平均水深为 6m 以下的中低水位时呈典型的上凸形状，这一形状在 1990 年以后逐渐消失，整条曲线弧度减小，变成近似于直线的形状，到了 1999 年以后，曲线在中低水位呈现反凸形状，这表明增加相同程度有效水深时，流量增幅减小。由图 5-46（d）可知，RMSE 值在 1990 年前较均匀，平均值约为 130，1990 年后，RMSE 值呈上升趋势，2009 年达到了 605，表明在 1990 年前三水站水位流量关系严格符合标准幂函数关系，拟合效果优良，随着 1990 年后诸如河道采砂等剧烈人类活动的影响，水位流量关系曲线变异显著。

2）幂函数参数变化趋势分析

由前面所述的水位流量关系基本理论可知，河槽控制下标准形式的河槽断面形状一定时，水位流量关系曲线的指数是恒定的，如标准三角形断面指数为 2.67，标准抛物线形断面指数为 2.17，标准矩形断面指数为 1.67，尽管天然河道断面形状并不规则，但其水位流量关系拟合曲线指数的值相对标准形式的断面指数有一定的偏离，但也应该在 1.67 ~2.67，指数值随时间发生的变化可以反映河槽断面形状的变化。

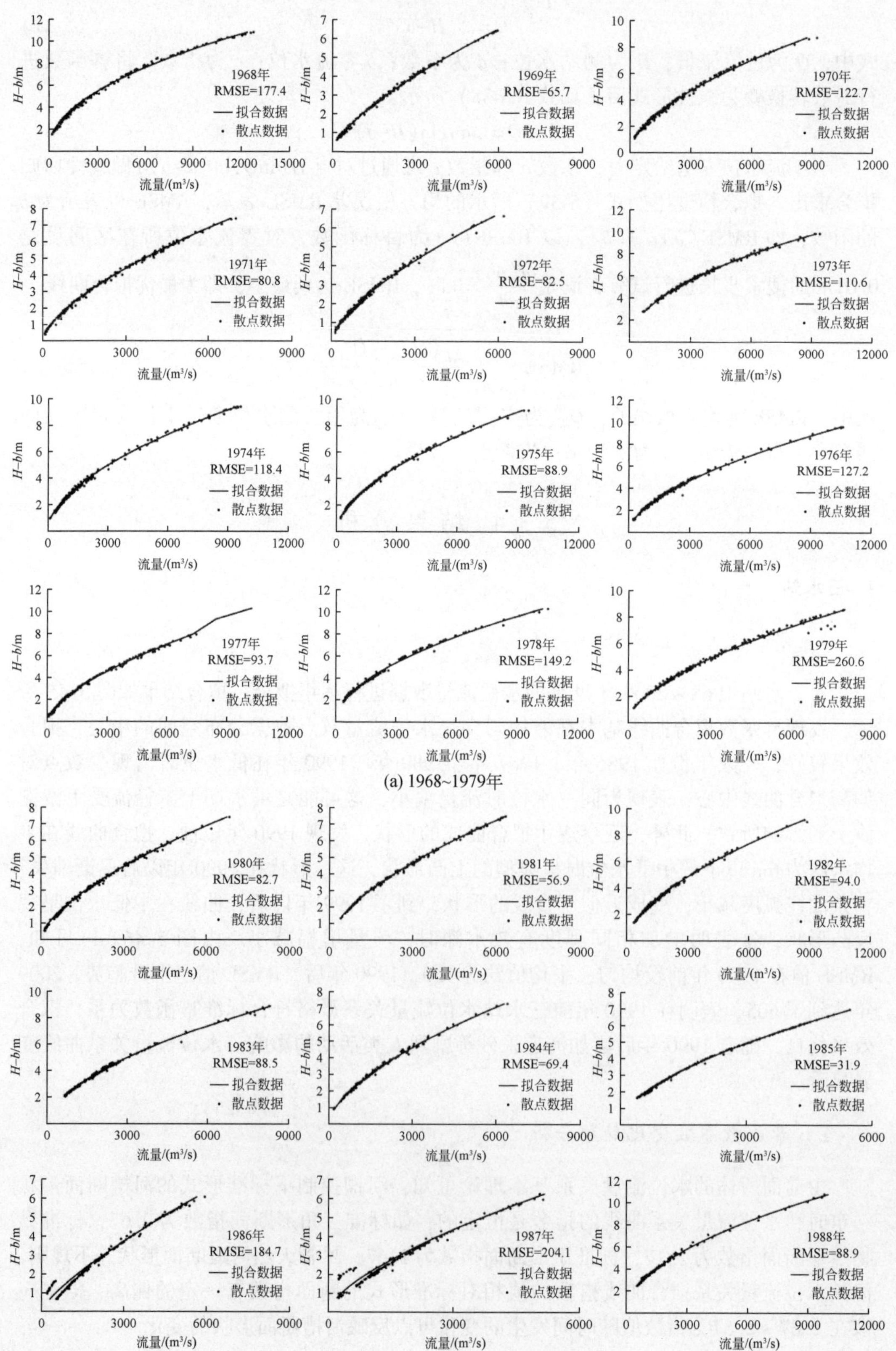
1968年
RMSE=177.4
1969年
RMSE=65.7
1970年
RMSE=122.7
1971年
RMSE=80.8
1972年
RMSE=82.5
1973年
RMSE=110.6
1974年
RMSE=118.4
1975年
RMSE=88.9
1976年
RMSE=127.2
1977年
RMSE=93.7
1978年
RMSE=149.2
1979年
RMSE=260.6
1980年
RMSE=82.7
1981年
RMSE=56.9
1982年
RMSE=94.0
1983年
RMSE=88.5
1984年
RMSE=69.4
1985年
RMSE=31.9
1986年
RMSE=184.7
1987年
RMSE=204.1
1988年
RMSE=88.9
拟合数据
散点数据
H–b/m
流量/(m³/s)

(a) 1968~1979年

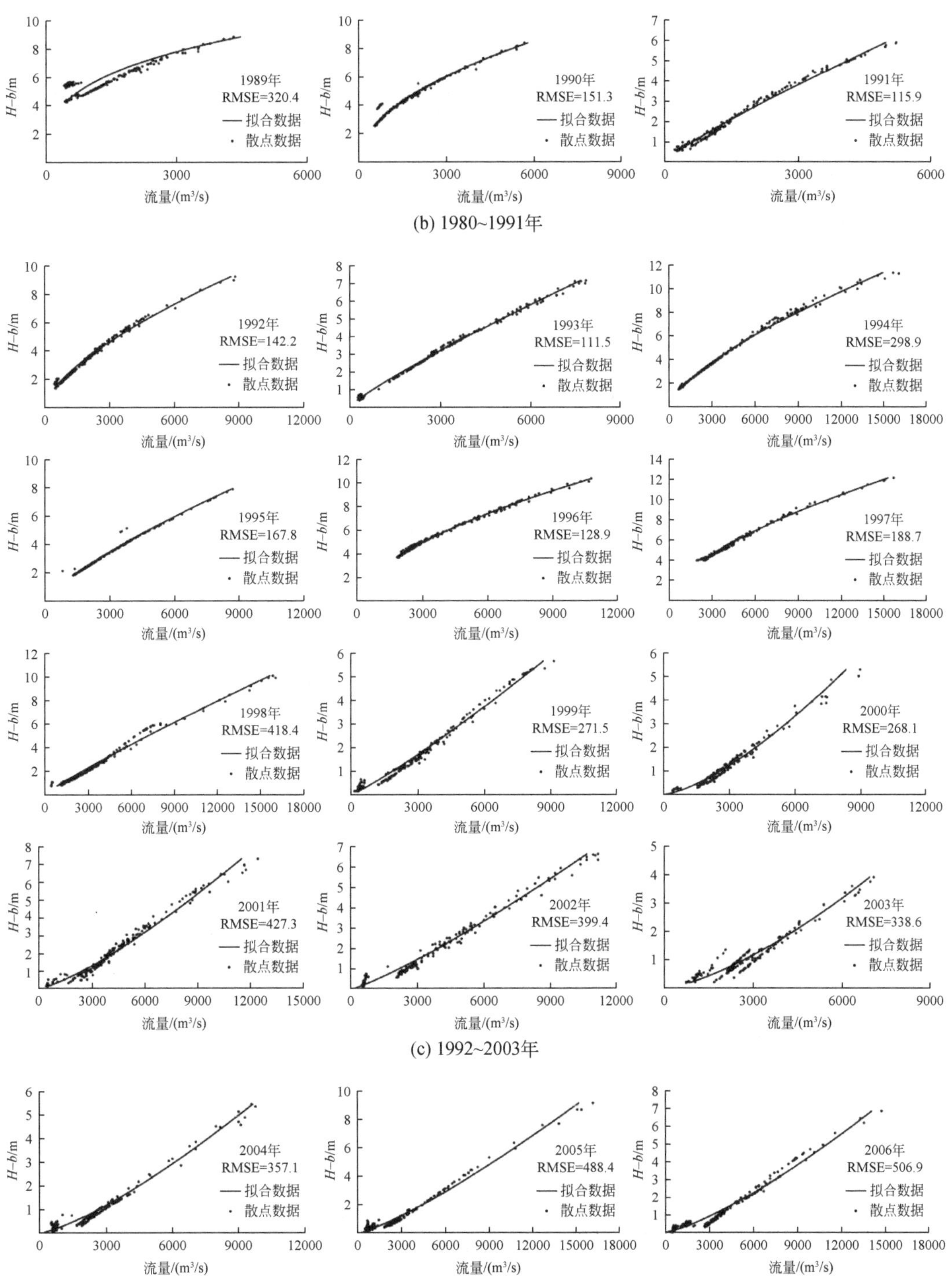

图 5-45　三水站 1968 ~ 2009 年逐年水位流量关系拟合

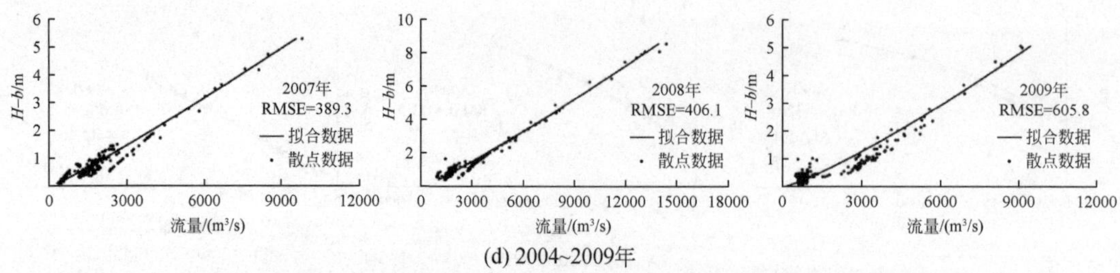

(d) 2004~2009年

图 5-45　三水站 1968 ~ 2009 年逐年水位流量关系拟合（续）

观察图 5-46 所示的幂函数拟合曲线参数值变化情况，指数 c 在 1989 年发生突变，值为 3. 15，偏离了指数 c 的正常区间，观察图 5-45 中 1989 年曲线拟合情况，发现在 5 ~ 6m 的水位区间，存在一团偏离其他水位流量散点的密集点对，其对曲线拟合造成了严重干扰，使幂函数水位流量关系偏离了常规形状。此外指数 c 在 1998 年左右经过快速下降后，其值逐渐稳定在 0. 8 左右，与前面内容所观察到的曲线反凸现象相一致。观察图 5-47 可知，三水断面在 1990 年以前基本稳定，河床受断面冲淤影响略有自然起伏，断面不对称，中泓线位于起点距 870m 附近，呈不对称的三角形，1990 年以后，河道逐年下切，原不对称三角形断面形态珠江演变成对称的矩形形态，2005 年以后渐趋稳定，这在一定程度上解释了拟合曲线指数 c 值的变化趋势，但由于 1998 年以后较为稳定的指数 c 值小于 1，表明还有断面形态改变之外的因素对水位流量关系曲线的演变有影响。

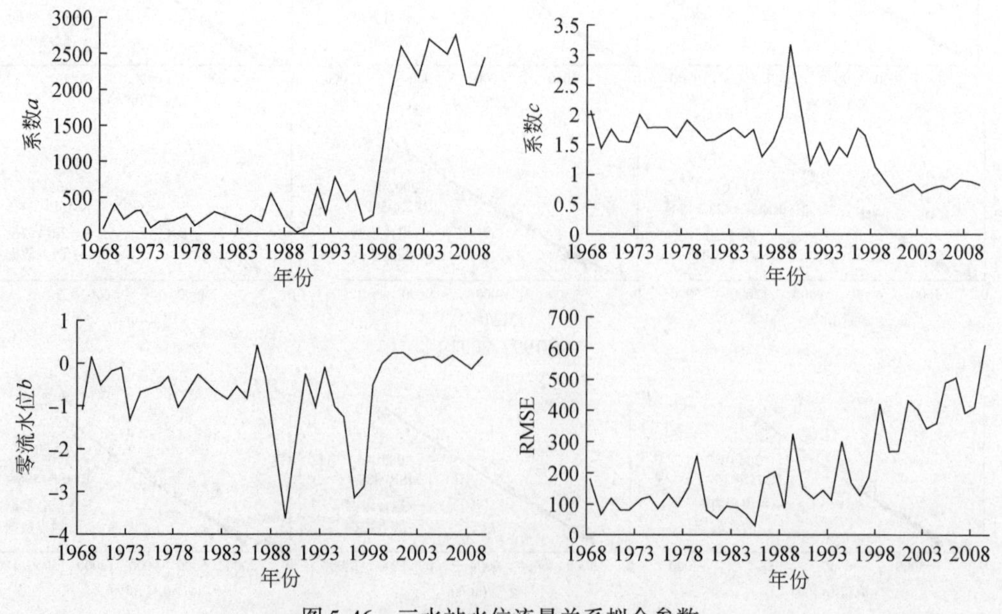

图 5-46　三水站水位流量关系拟合参数

零流水位 b 在 1968 ~ 1985 年于−1 ~ 0m 波动，成稳定趋势，而在 1989 年零流水位急剧下降到了−3. 66m，偏离正常值较多，预计将该年份 5 ~ 6m 的偏离拟合曲线的点对

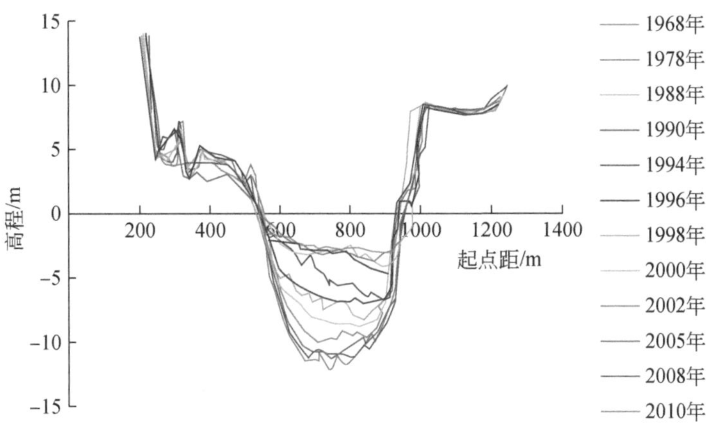

图5-47　三水站河道断面形态

族剔除可恢复正常水位流量关系，此外，在1996年零流水位也下降到了3.15m，2000年以后零流水位 b 基本稳定，约为0，值得指出的是计算得到的零流水位并不等于河道深泓高程，甚至远高于深泓高程，这是由于三水站位于感潮河网区，受到潮汐作用的影响，流量为0还包括正向流和负向流交界的时刻，该时刻流速发生逆转，而水位并不等于0。

系数 a 的变化趋势较为明显，1995年以前 a 值均在0～500波动变化，在1998年左右剧烈变大后，在2000年后均稳定在了2000～2500。由于系数 a 的表达式由比降、糙率、河道断面形态等因子构成，较为复杂，一般情况下，糙率值难以获得，比降受洪水涨落影响，这里拟合水位流量关系的点对数据是日平均值，对比降的反映不具有代表性，断面形态因子在不同标准形态下表达式有所不同，因此系数 a 只是是一个高度综合的结果值，缺乏相应数据的情况下较难分析造成 a 变化的因子，所以在这里不做过多分析。

2. 马口站

1）水位流量关系拟合

对马口站1968～2009年洪水期水位流量数据进行逐年拟合，拟合结果如图5-48所示，除1989年在平均水深约为4m的位置有偏离水位流量关系曲线较远的点对出现，导致RMSE值达到了1558，普遍高于其余年份，拟合精度较差外，其余年份幂函数拟合曲线基本都能均匀穿过水位流量散点数据分布空间的中心，拟合效果较好。观察图5-49所示的RMSE变化图，发现除了在1989年出现异常值，拟合效果指标均方根误差在1990年以前在580左右波动，较为稳定，2000年以后有上升趋势，2009年的指标值达到了1520。这是由于2000年以后水位流量关系散点在低水位出现的频率增加，而低水位情况下的水位及流量受潮汐影响较大，散乱的点对并不像高水位大流量点对总是分布在拟合曲线周围，而是呈自由散乱状态，这导致用一条曲线对水位流量关系拟合的拟合效果较差。此外，马口站水位流量拟合曲线的形状较三水站而言，更近似于一条直线，并无类幂函数典型的上凸形状，而在1990年以后便开始有反凸形状的出现。

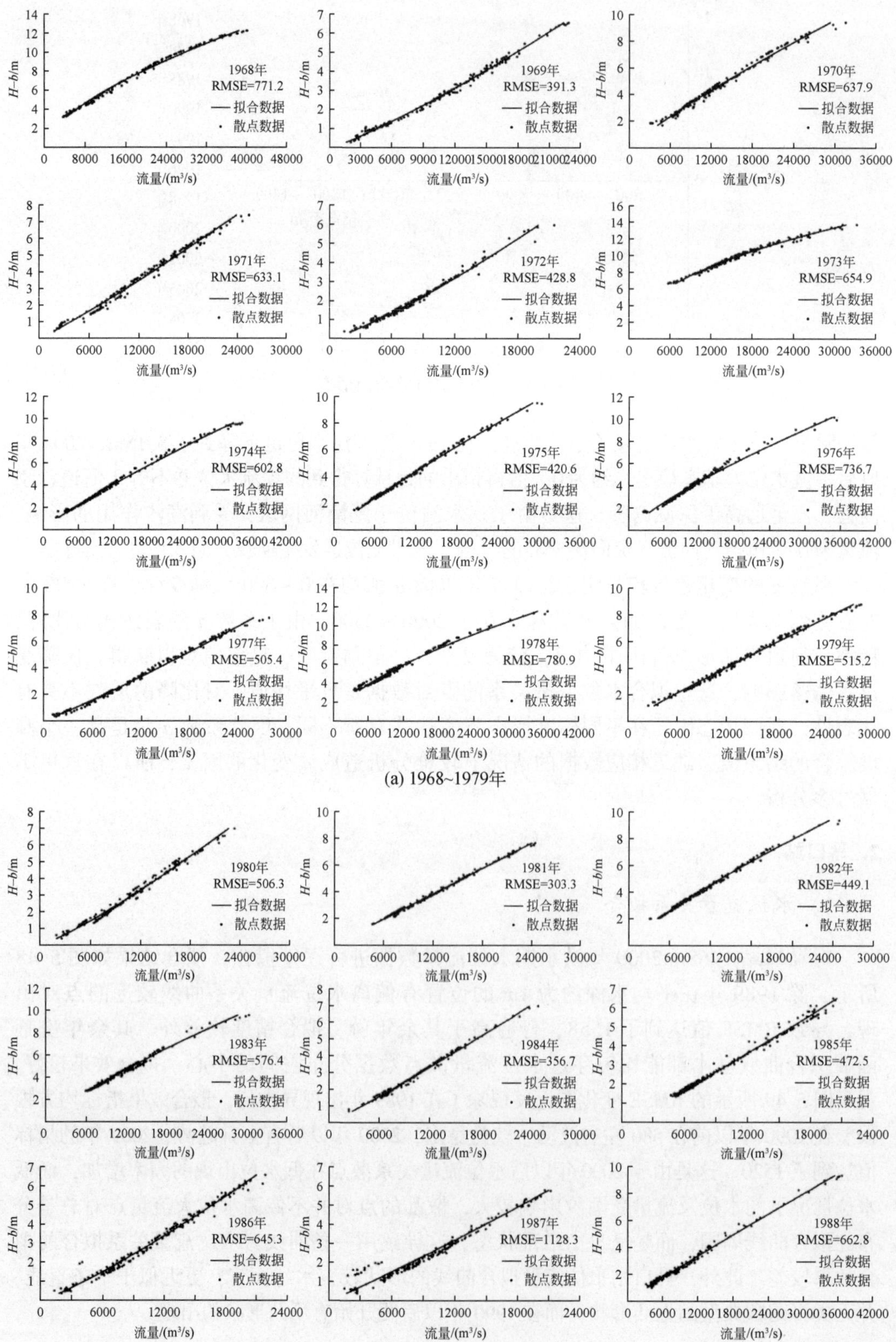
H–b/m
流量/(m³/s)
1968年
RMSE=771.2
1969年
RMSE=391.3
1970年
RMSE=637.9
1971年
RMSE=633.1
1972年
RMSE=428.8
1973年
RMSE=654.9
1974年
RMSE=602.8
1975年
RMSE=420.6
1976年
RMSE=736.7
1977年
RMSE=505.4
1978年
RMSE=780.9
1979年
RMSE=515.2
1980年
RMSE=506.3
1981年
RMSE=303.3
1982年
RMSE=449.1
1983年
RMSE=576.4
1984年
RMSE=356.7
1985年
RMSE=472.5
1986年
RMSE=645.3
1987年
RMSE=1128.3
1988年
RMSE=662.8
拟合数据
散点数据

(a) 1968~1979年

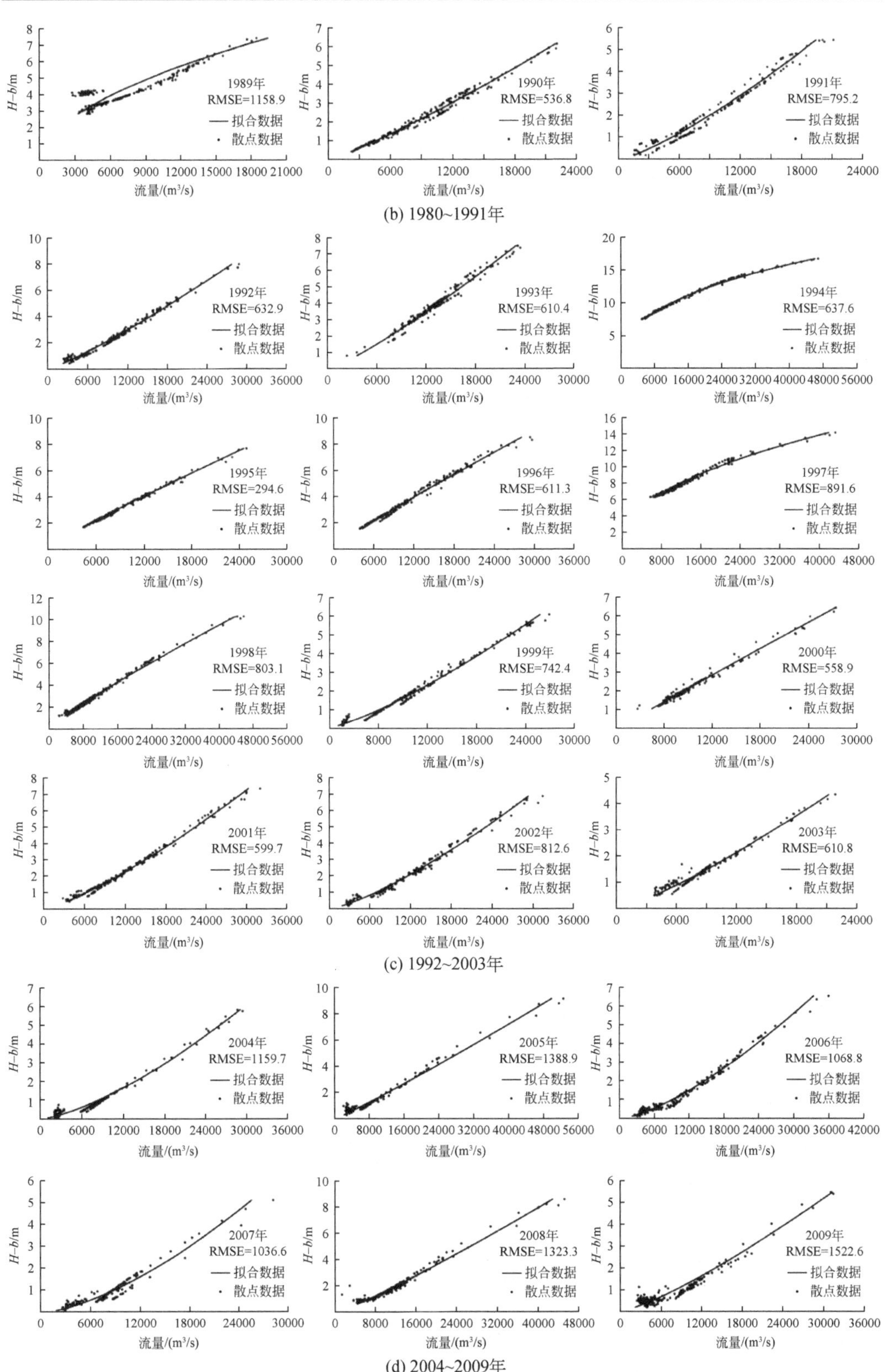

(b) 1980~1991年

(c) 1992~2003年

(d) 2004~2009年

图 5-48　马口站 1968 ~ 2009 年水位流量关系

2）幂函数参数变化趋势分析

由图 5-49 观察马口站水位流量关系拟合参数的变化趋势，指数 c 在 1973 年、1989 年、1994 年、1997 年的值分别达到了 2. 16、1. 88、2. 62、2. 17，而指数 c 值在 1990 年以前的值较为稳定，基本在均值 1 附近波动，在 2000 年以后稳定在均值 0. 8 附近。金马大桥的修建使三水站换了测流断面；此外还由于河道高强度采砂后断面急速下切，原来的中泓线在起点距为 500m 的位置［图 5-50(a)］，左岸-5 ~ -20m 为较缓的斜坡，转移断面加河床下切的因素的影响左岸斜坡逐渐被冲刷侵蚀，左岸缓坡变成了近似垂直的壁面，整个断面变成了宽浅的矩形状，由图 5-50(b)可知，在 2008 年以后断面变得较为稳定，断面形状的改变是造成指数 c 发生变化的主要原因，但指数 c 出现值小于标准矩形断面指数值 1. 67 的原因还需要根据更多的实测水位流量数据进行进一步分析，这里不做展开。

零流水位 b 值 1995 年以前以-0. 75m 为均值，在-3 ~ 0m 波动，2000 年后 b 值波动范围变小，值趋于恒定，约为-0. 2m。而在 1973 年、1994 年、1997 年较为反常，b 值分别为-5. 38m、-6. 94m、-5. 28m。零流水位值远高于河道平均河底高程值，是由于马口站也同样位于感潮河段，流量为 0 时水位并不等于 0。

系数 a 在 1968 ~ 2009 年的均值为 3918，其中 1973 年、1989 年、1994 年、1997 年的系数值分别为 110、442、27、130，远低于平均水平，此外观察系数 a 的变化趋势，可明显看出，1995 年以前系数值随时间变化的范围较为恒定，以 2924 为均值，在 0 ~ 5000 波动，在 1998 年后经历短暂的大幅上升后，在 2000 年以后有了一个新的稳定变化区间，其均值为 7388，在 6000 ~ 9000 变化。

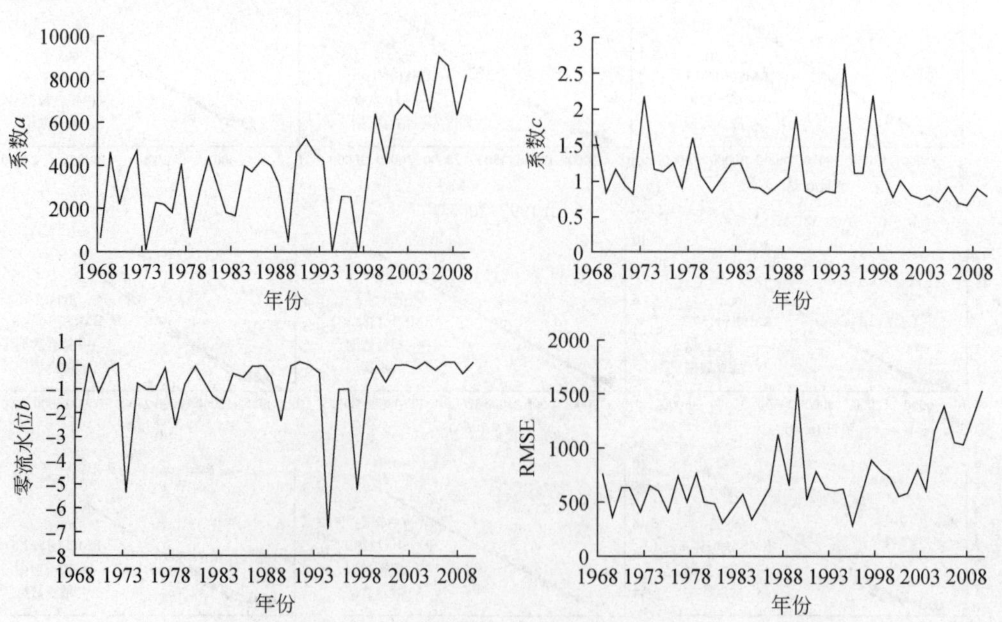

图 5-49 马口站水位流量关系拟合参数

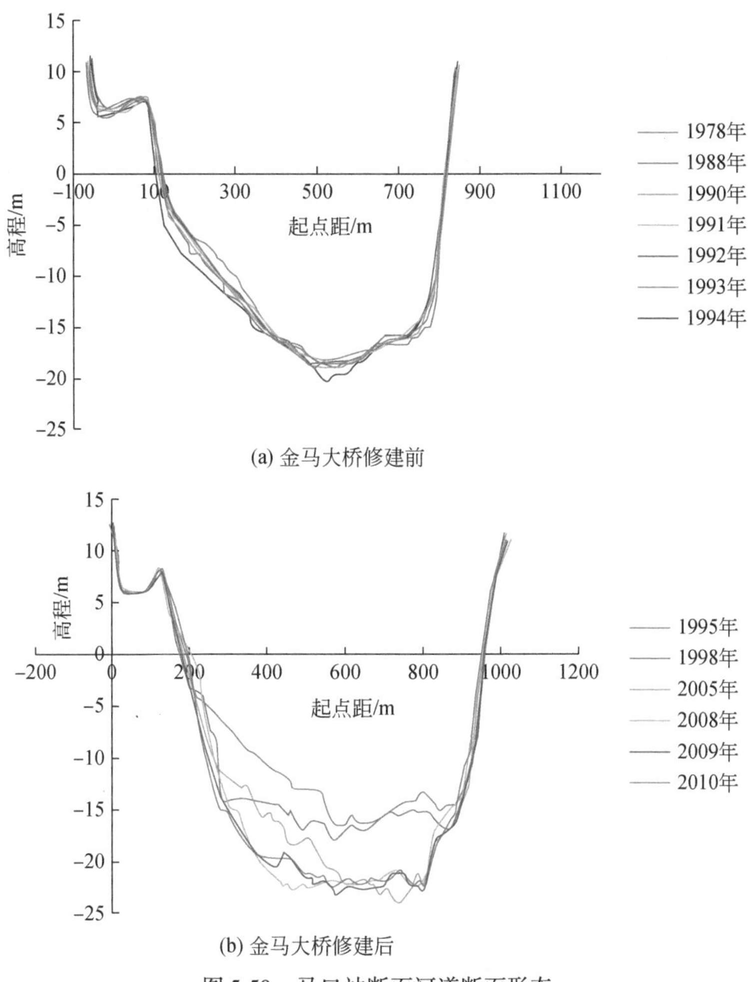

(a) 金马大桥修建前

(b) 金马大桥修建后

图 5-50　马口站断面河道断面形态

5.4　小　　结

选用高要站、石角站、马口站和三水站的长系列水文观测资料，分析了西江、北江上游来水量的年内分布、年际变化趋势和变异情况；运用 TVM 方法对三水、马口两站年最大一日平均流量（水位）和年最大一日平均流量（水位）进行特征值重构，并分析三水、马口两站的水位流量关系变异。综合上述内容，得到如下结论。

（1）高要站、石角站、马口站和三水站的径流分配很不均匀，主要集中在汛期 4 ~ 9 月，汛期的径流量占全年径流的 75% 以上；各水文站的不均匀系数总体呈下降趋势，年内径流分配也趋于均匀化；高要站、石角站和马口站的枯季径流占年内径流的比重都有不显著的下降的趋势，三水站枯季径流占年内径流的比重呈上升趋势，都没有明显变异。

（2）高要站年径流有不显著的下降趋势，石角站年径流有不显著的上升趋势，但高要站和石角站都没有明显变异；马口站年径流有不显著的下降趋势，但发生了中变异，变异点在1986年；三水站年径流有显著的上升趋势，变异结果为强变异，变异点在1992年。三水站1960～2009年多年平均枯季分流比为0.12，1992年变异前平均枯季分流比为0.09，变异后平均枯季分流比为0.18。

（3）三水站年最大一日平均流量总体呈上升趋势，同重现期设计流量增大，同级别流量的重现期缩短；年最小一日平均流量总体呈上升趋势，同重现期设计流量增大，同级别流量的重现期增大；三水站水位综年最大一日平均水位总体呈下降趋势，同重现期设计水位降低，同级别水位的重现期增大；年最小一日平均水位总体呈下降趋势，同重现期设计水位降低，同级别水位的重现期缩短。

（4）马口站年最大一日平均流量总体呈上升趋势，同重现期设计流量增大，同级别流量的重现期缩短；马口站年最小一日平均流量均值保持平稳，标准差总体表现为增大。同重现期设计流量减少，同级别流量的重现期缩短；马口站年最大一日平均水位总体呈下降趋势，同重现期设计水位降低，同级别水位的重现期增大；年最小一日平均流量总体呈下降趋势，同重现期设计水位降低，同级别水位的重现期缩短。

（5）用幂函数曲线对三水站和马口站1968～2009年的水位流量点对数据进行逐年拟合，除少数年份的低水位散点数据对拟合效果有较大影响外，大部分年份的拟合效果均较好，表明幂函数曲线拟合两站水位流量关系的合理性。通过对两站拟合曲线参数的趋势分析，结合在水位流量关系基本理论中推导得到的各拟合参数的物理意义，发现指数 c 变小与测站断面剧烈变化有关，两站1990年以前断面均为不对称三角形，变化后三水站变为对称的矩形河道，马口站则先发生了测站迁移，随后左岸斜坡侵蚀最终变为近乎垂直的壁面，导致水位增加相同幅度时过水断面面积的增加速率变小。水位流量关系曲线在1990年以前相对稳定，1990～2000年为剧烈变化时期，下切严重，表现为同级别流量对应的水位大幅度减小，初步分析该变化与西北江三角洲20世纪90年代发生的大规模河道采砂活动有较大关联，2000年以后采砂活动受到管控，水位流量关系曲线逐渐恢复稳定。

参考文献

陈昌春，王腊春，张余庆，等. 2014. 基于IHA/RVA法的修水流域上游大型水库影响下的枯水变异研究. 水利水电技术，45(8)：18-22.

杜河清，王月华，高龙华，等. 2011. 水库对东江若干河段水文情势的影响. 武汉大学学报(工学版)，44(4)：465-470.

顾西辉，张强，刘剑宇，等. 2014. 变化环境下珠江流域洪水频率变化特征、成因及影响(1951–2010年). 湖泊科学，26(5)：661-670.

黄德治，谢平，陈广才，等. 2008. 水文变异诊断系统及其应用研究Ⅲ：北江三水站多尺度径流序列变异分析. 中国水论坛.

黄勇强. 2004. 浅析河床下切与北江三水站水文要素的变化. 广东水利电力职业技术学院学报，2(4)：25-27.

赖天锃，张强，陈永勤. 2015. 1960～2010年西江流域水沙变化特征及其成因. 武汉大学学报(理学版)，61(3)：271-278.

李翀，廖文根，彭静，等. 2007. 宜昌站 1900 ~ 2004 年生态水文特征变化. 长江流域资源与环境，16(1)：75-80.

李静. 2006. 珠江三角洲网河近 20 年河床演变特征分析. 水利水电科技进展，26(3)：15-17.

李艳，陈晓宏，王兆礼. 2006. 人类活动对北江流域径流系列变化的影响初探. 自然资源学报，21(6)：910-915.

李艳，张鹏飞. 2014. 人类活动影响下的北江流域径流变化特征及其变异性分析. 水资源与水工程学报，2：61-65.

马晓超，粟晓玲，薄永占. 2011. 渭河生态水文特征变化研究. 水资源与水工程学报，22(1)：15-21.

邱凯华. 2013. 西、北江洪枯遭遇分析. 中山大学硕士学位论文.

孙鹏，张强，陈晓宏. 2011. 北江流域径流量变化特征及其成因分析. 珠江现代建设，5：1-7.

武玮，徐宗学，李发鹏. 2012. 渭河关中段水文情势改变程度分析. 自然资源学报，27(7)：1124-1137.

谢凌峰，申其国，徐治中. 2015. 20 世纪 80 年代以来珠江三角洲网河区河性演变. 水利水电科技进展，4：10-13.

谢平，唐亚松，陈广才，等. 2010. 西北江三角洲水文泥沙序列变异分析——以马口站和三水站为例. 泥沙研究，5：25-31.

谢平，陈广才，雷洪富，等. 2008. 变化环境下地表水资源评价方法. 北京：科学出版社.

谢平，唐亚松，陈广才，陈丽. 2010. 西北江三角洲水文泥沙序列变异分析——以马口站和三水站为例. 泥沙研究，5：26-30.

谢绍平. 2004. 西江中、下游河床下切变化及洪水预报改进研究. 武汉大学硕士学位论文.

游大伟，汤超莲，邓松. 2005. 近 50 年西江径流量变化与气候变暖关系. 广东气象，4：4-6.

曾娟. 2012. 大坝对宜昌段水文情势的影响. 科技信息，11：87-90.

张家鸣. 2011. 时变统计参数非一致性洪水频率分析方法研究. 中山大学硕士学位论文.

张灵，王兆礼，陈晓宏. 2010. 西北江网河区顶端分流比变化特征研究. 水文，30(6)：1-4.

McGilchrist C A，Woodyer K D. 1975. Note on a distribution-free CUSUM technique. Technometrics，17(3)：321-325.

Mann H B. 1945. Nonparametric test against trend. Econometrica，13(3)：245-259.

Pettitt A N. 1979. A Non-Parametric Approach to the Change-Point Problem. Journal of the Royal Statistical Society，28(2)：126.

Rao A R，Hamed K H. 2000. Flood Frequency Analysis. Boca Raton：CRC Press.

Richter B D，Baumgartner J V，Braun D P，et al. 1998. A spatial assessment of hydrologic alteration within a river network. Regulated Rivers Research & Management，14(4)：329-340.

Singh K P，Sinclair R A. 1972. Two-distribution method for flood-frequency analysis. Journal of the Hydraulics Division，98：28-44.

Singh V P，Wang S X，Zhang L. 2005. Frequency analysis of nonidentically distributed hydrologic flood data. Journal of Hydrology，307(1-4)：175-195.

Sneyers R. 1990. On the statistical analysis of series of observations. Geneva，Switzerland：World Meteorological Organization. 192-202.

Stedinger J R. 1993. Frequency analysis of extreme events. Handbook of Hydrology. 18.

Strupczewski W G，Singh V P，Feluch W. 2001a. Non-stationary approach to at-site flood frequency modelling I. Maximum likelihood estimation. Journal of Hydrology，248(1-4)：125-142.

Strupczewski W G，Kaczmarek Z. 2001b. Non-stationary approach to at-site flood frequency modelling

II. Weighted least squares estimation. Journal of Hydrology, 248(1-4): 145-151.

Strupczewski W G, Singh V P, Mitosek H T. 2001c. Non-stationary approach to at-site flood frequency modelling. III. Flood analysis of Polish rivers. Journal of Hydrology, 248(1): 152-167.

The Nature Conservancy. 2007. Indicators of hydrologic alteration: User's manual (version7) . http://www.blm.gov/nstc/resourcenotes/respdf/RN58.pdf.

Wu C, Huang G. 2014. Changes in heavy precipitation and floods in the upstream of the Beijiang River basin, South China. International Journal of Climatology, 35(10): 2978-2992.

Zhang Q, Xu C Y, Gemmer M, et al. 2009. Changing properties of precipitation concentration in the Pearl River basin, China. Stochastic Environmental Research & Risk Assessment, 23(3): 377-385.

第6章　河网区洪水过程演变研究

20世纪末以来，随着工业化和城市化进程不断加快，大量温室气体排放，全球气候变暖，强降雨、高温热浪、极端干旱和洪涝等极端气候事件频发。加之人类对大自然频繁而大面积的改造活动对水循环过程也造成了极大的影响，如围湖造田、乱砍滥伐、城市建造等活动改变了流域原来的产汇流机制，路面硬化导致不透水面面积急剧增加，下渗量减少且汇流速度加快。在气候变化和人类活动的综合影响下，极端洪涝灾害频发，已严重困扰较多地区经济社会现代化发展。本章选取珠三角河网区上游北江流域为典型，分析研究水利工程建设、气候变化等对该流域洪水过程的影响。

6.1　典型研究区(北江流域)概况

1）自然地理条件

北江是珠江水系的重要组成部分，地理位置在111°52′E～114°41′E，23°09′N～25°41′N。北江干流总长为573km，其中思贤滘以上河段长468km。北江上游为浈江，发源于江西信丰石碣大茅坑，流经大余县之后进入广东省境内，流向为自东北向西南，北江沿途流经南雄市和曲江区等地，左有墨江，右有锦江、武江等主要支流汇入，到韶关沙洲尾后与武江汇流，该段为北江上游段，长212km；之后流向为自北向南，韶关沙洲尾下游至清远飞来峡的河段为北江中游段，长173km，沿途有南水、滃江、连江等支流汇入；从清远飞来峡至佛山三水区思贤滘口河段为北江下游段，长83km，左与潖江，右与滨江和绥江等支流相汇。

2）水文气象特征

北江流域地处亚热带季风气候区，受典型的季风影响，夏半年盛行东南风和偏南风，冬半年盛行北风和偏北风，阳光充沛，热量充足，多年平均日照时数长达1700h，多年平均气温为19～21℃，最高38～42℃，最低-3～-7℃。北江流域具有充足的水汽，主要来源于南海及太平洋，年雨量充沛，降水多集中于春夏两季，1956～2004年多年平均年降水量约1800mm（马晓超等，2011），年径流深约为1091.8mm，径流年内分配不均，汛期径流量占全年径流量的绝大部分，为70%～80%。北江每年汛期时段为4～9月，非汛期时段为1～3月。北江洪水发生时间基本集中于汛期，且主要在前汛期5～7月，以6月最为集中。平均水面蒸发量在1000～1200mm，陆地蒸发量都在600～800mm，干旱指数为0.6～0.7，属于湿润气候。

3）洪水特性

北江洪水形成于暴雨，北江流域位于南岭山脉之南，背山面海，且正处于山脉的向风坡，在流域中下游地区存在一个较稳定的暴雨中心；加上河流水系呈对称的阔叶脉状分布，洪水汇流集中速度很快，洪水过程涨落急速，水位变幅大，峰高量相对不大，范围广，历时长，洪水过程大都呈单峰型或双峰型，峰形尖瘦，多峰型的洪水过程较少。洪水集中于4～7月，每年汛期发生3～4次洪水，每次洪水历时为1～2周。

4）洪涝灾害

北江干流是西北江三角洲的主要水源之一，西北江三角洲又是中国经济最发达的地区之一，其地势低洼，极易受上游洪水的侵袭。北江干流洪水过程演变规律将直接关系到下游西北江三角洲地区广州、佛山等重大城市的水资源利用和水灾害防治。据统计，1915年，西江和北江下游同时出现百年一遇的特大洪水，北江大堤决口，洪灾造成广州市多处房屋倒塌，多达24.7万亩农田被浸没，受灾人口约20万人次。1968年6月，北江遭遇20年一遇洪水，石角站洪峰水位达到13.79m，与此同时，西江出现10年一遇洪水，北江大堤全线险象环生，西北江中下游受灾面积达12.73万hm^2，珠三角近1.9万hm^2农田受灾。1982年5月，清远、英德等地连降暴雨至大暴雨，北江出现20年一遇大洪水，石角站洪峰水位高达14.02m，对应洪峰流量为15200m^3/s，洪灾波及清远和肇庆的多个县区，被困人数达64万人次，受淹农作物13.2万hm^2，房屋倒塌，堤围溃决，造成直接经济损失高达4.4亿元。时隔约80年，西江和北江于1994年6月又同时发生超50年一遇的大洪水，北江清远站和西江高要站的水位分别高达16.34m和13.62m，此次洪灾对广州市造成高达5.2亿元的直接经济损失（Lang et al., 1999）。2006年7月，受热带风暴及低压槽的共同影响，珠三角多地遭遇超百年一遇的暴雨袭击，北江干流水位急涨，出现接近50年一遇的洪水，石角站洪峰流量达17500m^3/s，对应洪峰水位12.62m，造成韶关市多处公路塌方、铁路和供水供电等中断，受灾群众34万余人，农作物和耕地被毁约50万亩，造成直接经济损失高达30.7亿元。有学者指出，华南地区的一些河流几乎每年均会发生20年一遇到50年一遇的洪水（戴昌军等，2006）。以北江流域为例，仅在1996～1998年，就接连发生了“94·6”50年一遇、“94·7”20年一遇、“97·7”10年一遇和“98·6”百年一遇四场大洪水。

5）水利工程建设

北江有北江大堤、飞来峡水利枢纽和乐昌峡水利枢纽三个大型水利工程。北江大堤位于北江中下游左岸，清远市骑背岭至佛山市南海区狮山的河段，全长约65km，是国家Ⅰ级堤防，与芦苞涌、西南涌两条分洪河道以及大堤洪泛区相互配合，共同抵御北江洪水。飞来峡水利枢纽位于北江干流中游清远市清城区飞来峡镇，是广东省自中华人民共和国成立以来规模最大的综合性水利枢纽工程，总库容达到19.04亿m^3，为不完全日调节水库，以防洪为主，兼有灌溉、供水、发电、航运等综合效益。乐昌峡水利枢纽位于韶关市，总库容3.74亿m^3，与浈江湾头水利枢纽联合调度，可把韶关市防洪标准由20年一遇提高到100年一遇的水平。

飞来峡水利枢纽坝址的控制集雨面积为3.41万km^2，超过北江流域面积的70%，几乎达到北江干流水文控制站石角站集雨面积的90%，是调蓄北江洪水关键的控制性骨干水利工程。飞来峡水库与北江大堤联合运用，构成北江中下游地区的防洪工程体系，有效提高了下游地区，如广州等重大城市的防洪标准（由100年一遇提高到300年一遇），可保护城镇人口330万人次，农田160万亩，大大提高了下游及珠三角地区的防洪减灾能力。

飞来峡水利枢纽于1994年10月动工兴建，1998年大江截流，1999年3月底水库开始蓄水，同年10月，全部发电机组并网发电，工程全部完成。飞来峡水利枢纽建成后，形成水面面积为70.3km^2的水库，正常蓄水位为24m。大坝设计洪水500年一遇，校核洪水混凝土坝5000年一遇、土坝10000年一遇。枢纽正常运行水位及其相应库容分别为24m和4.23亿m^3，属不完全日调节水库。飞来峡水利枢纽可通过蓄洪削峰调度抵御洪水，将石角站百年一遇的洪水削减为50年一遇，200～300年一遇洪水削减为100年一遇，大于300年一遇的洪水按天然来水流量下泄。

6）流域控制水文站

本章选取北江干流中下游的水文控制站石角站1956～2011年洪水时间序列进行分析，资料主要来自广东省水文局。石角站设立于1924年8月，是国家重要水文站。石角站位于112°57′E、23°34′N，地处广东省清远市清城区石角镇，分别位于飞来峡水库和清远水利枢纽坝址下游约50km和4.6km处，大燕河于石角站上游约3km处从左岸汇入北江，而在约15km处又有滨江从右岸汇入北江。石角站下游52km处为西江和北江的汇流节点——思贤滘，珠江的两大干流西江、北江相互连通于此。石角站在珠江流域整体防洪规划中处于“中防”位置，其防洪水情地位十分重要。

6.2　洪水场次与洪水指标的选取

6.2.1　基于POT选样方法的洪水场次选取

传统的水文序列分析计算取样多采用年极值法，如年最大选样法，即从每一年的多场洪水中挑选最大一场洪水作为分析样本。这种取样方法存在一个较为明显的弊端，某些丰水年汛期会发生多场洪水，采用年最大选样法往往容易疏忽其他量级相当的洪水。

超定量（peak-over-threshold，POT）选样法，是指通过一定的标准选取合理的门限值（阈值），然后将超过该阈值的序列选出，共同组成样本系列的选样方法。超定量取样需要设置门限值，因此可能存在某些时段有多个数据，而某些时段没有数据的情况，如采用超定量选样法进行洪水样本选取时，可能在某个枯水年没有获得样本，而在某个丰水年可获取多个样本。它与年最大值取样方法的差异在于，年最大值取样通过选取每年最大的特征序列，每年获取一个样本，N年的实测资料会对应长度为N的选样结果。特殊情况下，超定量选样法与年最大值取样方法可能会获得长度相同的样本序列，但超定量取样或许并非恰好每 1 年选取一个样本，所以两个样本序列并不完全相同。因此，采用超定量选样法可以使有限的洪水资料得到最大化利用，获得更多的洪水信息。另外，本章分析重点在洪水全过程，而非单要素（如洪峰），选择超定量选样法会更为合理一些。

戴昌军等（2006）的研究提出，经典的超定量模型包含 3 个基本假定：①超定量样本首先满足互相独立；②超过门限值的洪水的年发生次数 μ 服从泊松分布，由于洪水本身具有一定的随机性，因此超定量的选取也是随机的，洪水的年发生次数 μ 也是一个随机变量，而泊松分布是指单位时间内独立事件发生次数的概率分布，因此当超定量发生次数服从泊松分布时，洪水样本分布趋于稳定；③超定量样本服从指数分布函数。因此，超定量样本的选取的关键在于两点——样本的独立性判别和门限值的确定。

POT 取样过程中，为了保证样本的独立性，减少冗余信息的干扰，根据美国水资源协会（USWRC）提出的标准，洪峰（或洪量）的选取应同时遵循以下原则。

（1）两个连续洪峰之间的时间长度 θ（单位为 d）满足：

$$\theta>5+\ln(0.3861A) \tag{6-1}$$

式中，A 为流域面积（km^2）。

（2）两个连续洪峰间流量过程的最小值 X_{min} 应小于较小洪峰流量的 3/4，即

$$X_{min}<0.75\min[Q_1, Q_2] \tag{6-2}$$

式中，Q_i 为第 i 场洪水的最大日流量(m^3/s)；X_{min} 为两个洪峰间的最小流量(m^3/s)。

超定量样本的长度直接受到门限值 S 的取值影响，S 过大会导致入选洪水场次过少，不利于洪水信息的充分利用，而 S 过小样本序列太长，样本独立性无法保证。我国学者在运用 POT 选样方法时，一般会将年均超定量发生次数 μ 值控制在 2 ~ 3，通过多次试算确定门限值。Lang 等（1999）建议可根据分散指数法和超定量样本均值法综合确定门限值区间，从中选取满足 $\mu>2$ 或 $\mu>3$ 的较大门限值，该方法综合考虑了门限值选取需注意的问题，既满足洪水独立性，又使洪水信息得到最大化利用。其中，超定量样本均值法由 Davison 和 Smith（1990）提出，其认为超定量样本超过部分的均值 $(\bar{X}_S-S)$ 与门限值 S 应满足线性函数关系。张丽娟等（2013）在对武江流域进行洪水频率分析时发现线性函数关系能确保洪水样本分布参数估计较高的稳定性。Ashkar 和 Rousselle（1987）认为当样本分散指数位于［5%，95%］时，超定量发生次数服从泊松分布。分散指数 I 为

$$I=\mathrm{Var}(m)/\bar{m} \tag{6-3}$$

式中，m 为年超定量发生次数序列；$\bar{m}$ 为 m 的平均数；$\mathrm{Var}(m)$ 为 m 的方差。

根据独立性准则，由石角站 1956 ~ 2011 年实测流量资料提取独立洪峰序列。由于该站控制面积约为 38363km^2，根据判别标准［式(6-1)］可得独立洪峰峰间间隔应大于 9 天。

本章研究对象为北江流域的洪水全过程，根据洪峰挑选洪水场次很明显会使研究结果产生偏差。因此，先通过洪峰挑选独立性洪水，再根据其洪水总量序列确定合理

的阈值以挑选出分析样本序列。

根据所选独立洪峰，对年均超定量发生次数 μ 在区间［1，10］试算，分别绘制超定量样本超过部分均值（$\bar{X}_S-S$）、年均超定量发生次数 μ 和超定量发生次数的分散指数 I 与门限值 S 的关系曲线，确定洪水超定量序列门限值。

由图 6-1 可知，当门限值 S 在 6.97 亿~7.99 亿 m^3 时，超定量样本超过部分均值随门限值 S 的增大而略有减小，存在较好的线性函数关系；而图 6-2 显示，无论门限值 S 取何值，分散指数 I 都位于［5%，95%］的置信区间，即年超定量发生次数服从泊松分布。综合分析，取门限值 S=7.99 亿 m^3，对应 μ=4.5。由此提取 251 场洪水构成分析样本。图 6-3 为年最大值选样法（AMS）与超定量选样法（POT）结果对比，可以明显看出，POT 的结果更为合理，能更充分利用洪水信息。例如，1961 年，AMS 挑选了

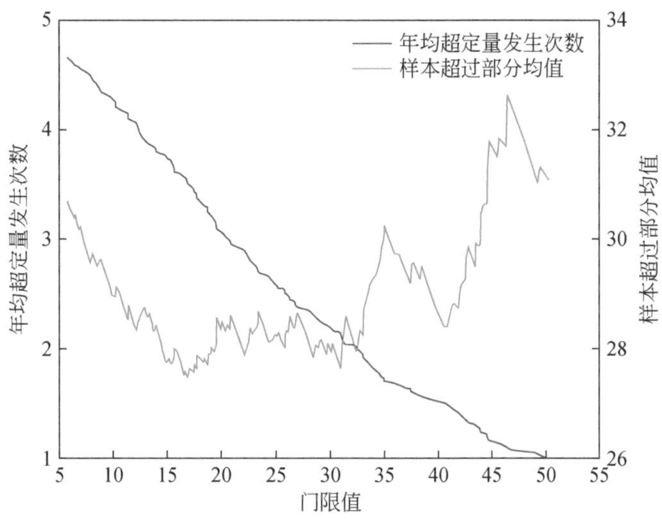

图 6-1　超定量样本超过部分均值与门限值 S 的关系

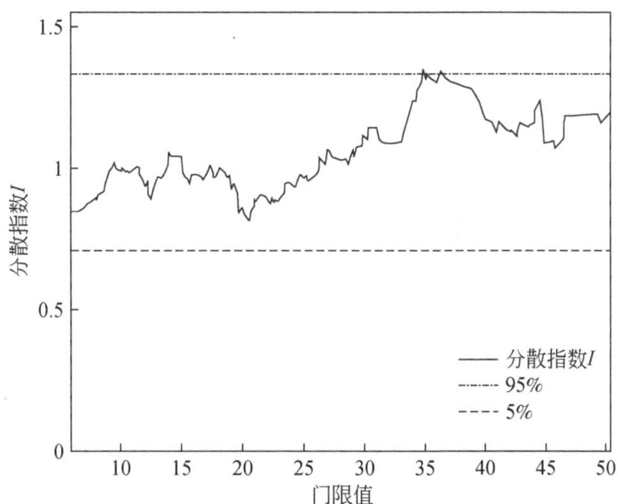

图 6-2　分散指数与门限值 S 的关系

一场洪水总量为120.56亿m^3的洪水，而忽略了量级相当的次大洪水，其洪水总量为111.44亿m^3；1983年，AMS挑选了一场洪水总量为89.09亿m^3的洪水，而忽略了量级相当的次大洪水，其洪水总量为77.64亿m^3；1993年，AMS挑选了一场洪水总量为99.80亿m^3的洪水，而忽略了量级相当的次大洪水，其洪水总量为90.04亿m^3。这三个年份的次大洪水的洪水总量的量级都远大于其他年份的最大洪水。251场洪水中，发生于各个月份的洪水场次如表6-1所示。由表可知，251场洪水中，有206场发生在前汛期6~7月，所占比重高达82%。

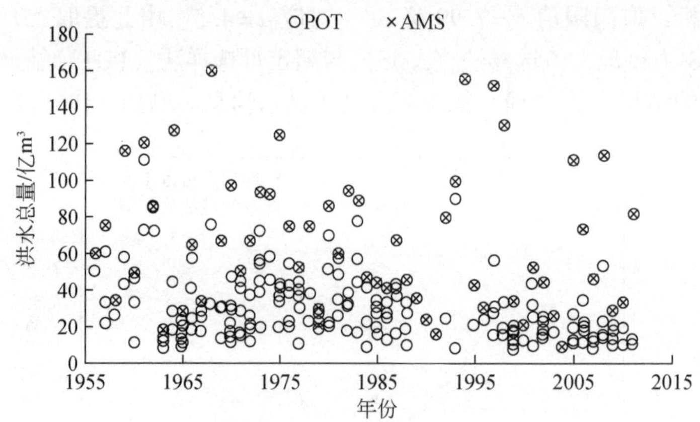

图6-3　年最大值选样与超定量选样结果对比

表6-1　各个月份发生洪水场次统计表

月份	发生洪水场次/场	月份	发生洪水场次/场
2月	2	6月	63
3月	5	7月	33
4月	47	8月	23
5月	63	9月	15

6.2.2　洪水指标

一般来说，人们习惯用三要素，即洪峰流量、洪水总量和洪水历时，量化洪水的全过程。洪水三要素表明，洪水不同于年径流量序列和月径流量序列，它是一个动态的过程，具有时间历态性，洪水的过程形态会随着时间的推移发生改变。并且，同等级别的洪水总量或相同的洪峰流量，不同的洪水形态过程对于防洪工程的威胁性往往是不同的。因此，在对洪水进行全过程特征分析时，除了常规的强度大小特征分析，洪水的形态特征也是同等重要的。

1. 洪水强度指标

目前，在防洪工程和洪水统计分析工作中，通常采用洪峰水位或最大流量（洪量）

作为洪水事件级别的度量标准。然而，该方法过于片面，实际一场洪水的发生，其级别大小和影响程度并不是单纯用洪峰水位或最大流量即可完全体现，如洪水历时、时段洪量等其他洪水信息也会影响一场洪水事件的受灾范围。除了传统水文频率计算方法中常用的洪峰流量值，洪水强度大小还应体现洪水的时域性和动态变化特征，包括时段洪量、洪水历时等指标。采用合理的方法将洪水的多种特征值合并融合，可以更准确地确定洪水大小级别。

结合北江流域洪水的特性，选取洪峰流量 Q_m、洪水总量 V、最大 1 日洪量 V_{1d}以及洪峰水位 H_m 四项指标衡量洪水强度大小。其中，由于水位固有的较强可变性和模糊性，加上石角站下游不远处为西江和北江汇流的河口地区，其水位受西江洪水和潮水位的顶托影响较大，水位实测值较难反映北江流域的真实洪水情况，因此只选取洪峰水位这一指标。

2. 洪水形态指标

一般来说，洪水过程的形态特征分为两类：一类为峰群特征，如一定时段内洪峰的个数，主峰的位置以及两个洪峰之间的时间间隔；另一类为峰型特征，如洪量集中程度和峰腰宽度等。由于北江流域的洪水多为单峰型洪水，研究洪水形态特征只对峰型特征进行分析。汪丽娜（2011）在对变化环境下武江流域的洪水特性研究时，提取了各场次洪水的涨水点仰角值、退水点仰角值、起涨点斜率、退水点斜率与洪峰曲率等时域特征指标。葛慧等（2011）在选择典型洪水过程时，选取了洪量集中程度、偏度系数、峰度系数等作为形态特征的指示。颜亦琪等（2016）在分析黄河宁蒙河段开河期冰凌洪水过程特点时，引入了峰型系数这一指标。综合参考以上文献成果，选取了 11 个指标表征洪水形态，即偏度、峰度、洪水总历时、涨水点仰角值、退水点仰角值、涨水历时、退水历时、洪峰时间偏度、洪量集中程度、峰型系数和高脉冲时间占比，并对某些指标挑选了两场代表性洪水进行直观展示比较。

1）偏度与峰度

初步选择直观的洪水过程形态的一般指标，用数学统计的方法计算洪水流量过程线的偏度和峰度，衡量洪水时间序列的峰型特征。洪水时间序列 $Q(i)$ 的偏度可表示为

$$g = \frac{1}{t}\sum_{i=1}^{t}\frac{[Q(i)-\bar{Q}]^3}{\sigma^3} \tag{6-4}$$

式中，$\bar{Q}$ 为均值；σ 为标准差。

偏度(g)刻画数据的对称性，当数据分布以均值为中心且对称时，偏度值等于零；若偏度值不为零，则数据分布为非对称分布，分布中心大于均值时，偏度值大于零［图 6-4(a)］；分布中心小于均值时，偏度值小于零［图 6-4(b)］。

洪水时间序列 $Q(i)$ 的峰度可表示为

$$K = \frac{1}{t}\sum_{i=1}^{t}\frac{[Q(i)-\bar{Q}]^4}{\sigma^4} \tag{6-5}$$

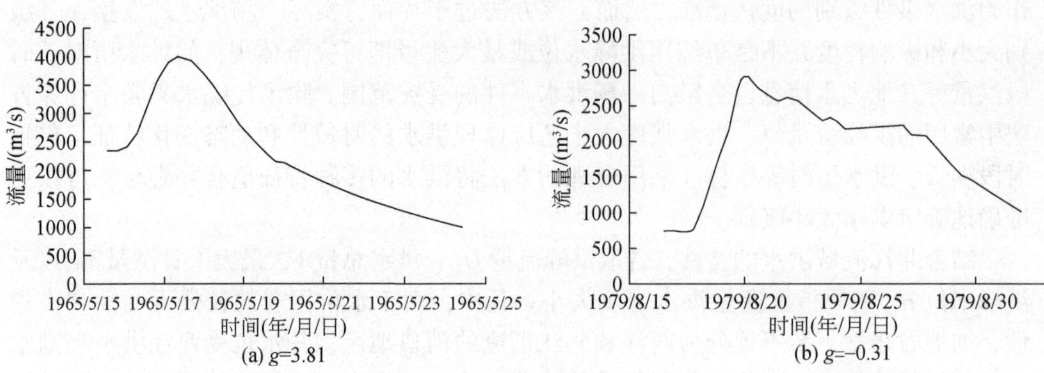

图 6-4　偏度的两场代表性洪水

峰度(K)是反映数据在中心的聚集程度的物理量，$K=3$ 为正常峰度。值越大($K>3$)说明数据越集中于中心处，即峰越尖锐［图 6-6(a)］；值越小（$K<3$）说明数据越离散，即峰越平坦［图 6-5(b)］。

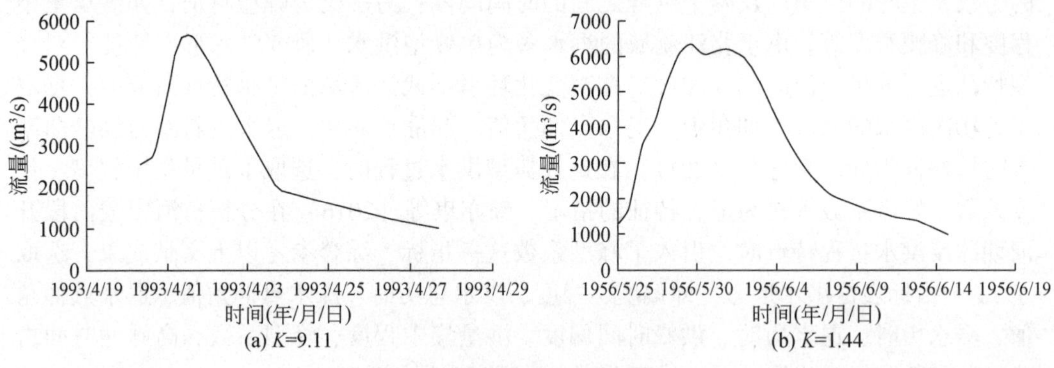

图 6-5　峰度的两场代表性洪水

2）历时与涨落特性

将洪水过程形态大致概化为一个三角形，三个顶点即一场洪水的起涨点、退水点和洪峰点一旦确定，该场洪水的大体框架即可确定，如图 6-6 所示。而洪水是一个过程，每个洪水过程都可分为涨水段、洪峰段和退水段三个时段。涨水历时 T_1 和退水历时 T_2 亦决定一场洪水的峰现时间，如涨水历时越长，说明该场洪水属于洪峰靠后型洪水。

基于此，可增加 5 个洪水形态特征指标——洪水总历时 T、涨水历时 T_1、退水历时 T_2、涨水点仰角值（$\tan\alpha_1$）和退水点仰角值（$\tan\alpha_2$）。洪水总历时是指一次洪水从起涨至回落到原状所经历的时间；涨水历时和退水历时分别是指洪水起涨点 F 和退水点 E 与洪峰处 P 的时间跨度；涨水点仰角值和退水点仰角值分别是指洪水起涨点 F 和退水点 E 和洪峰点 P 之间连线与水平线形成夹角的正切值，可以体现洪水的涨落特性，如图 6-6 所示。涨水点仰角值越大，说明洪水涨水越急速；值越小，说明洪水涨水越缓慢。如图 6-7(a)所示，涨水点仰角值高达 208.16，涨水段很陡；如图 6-7(b)所示，涨水点仰角值仅为 8.41，涨水段很平缓。同理，退水点仰角值越大，说明退水越快；值越小，说明退水越慢。如图 6-8(a)所示，退水点仰角值高达 108.65，退水段很陡；如图 6-8(b)所示，退水点仰角值仅为 5.08，退水段很平缓。

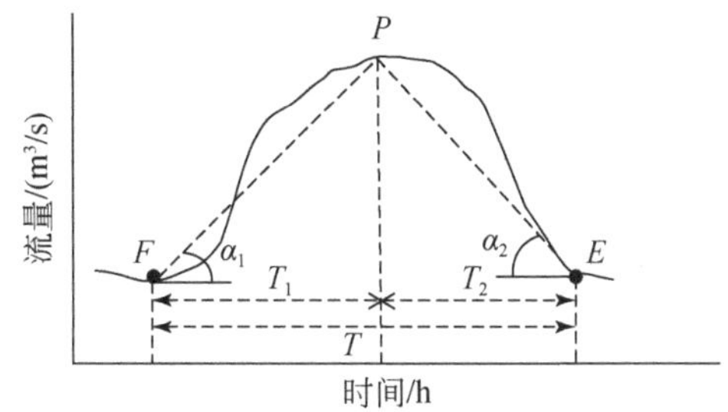

图 6-6　洪水形态特征指标图

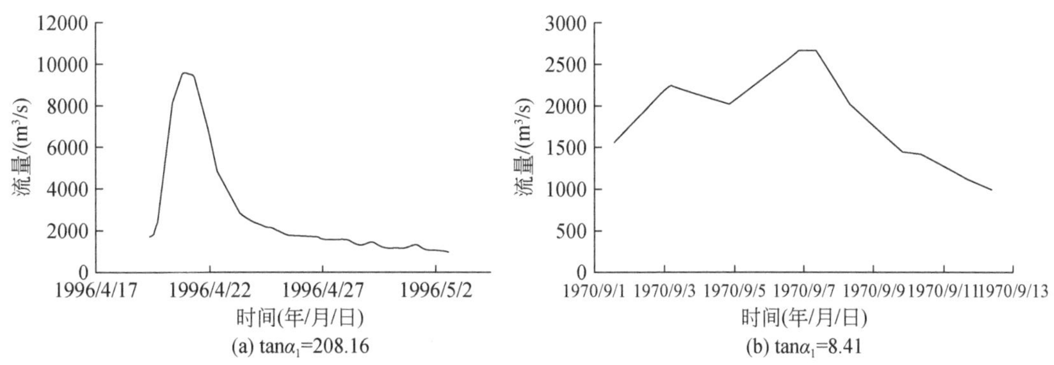

图 6-7　涨水点仰角值的两场代表性洪水

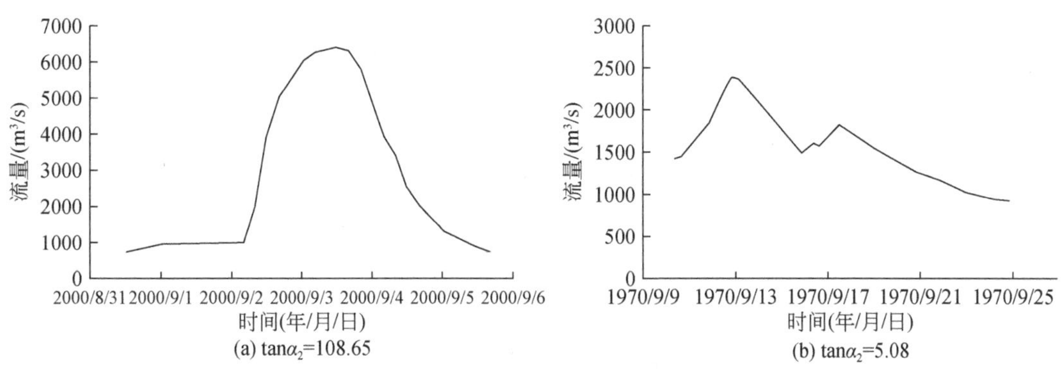

图 6-8　退水点仰角值的两场代表性洪水

由于每场洪水的历时都不一样，只通过洪水总历时、涨水历时和退水历时并不能直接体现各场洪水的异同；而洪峰时间偏度 S，用涨水历时与洪水总历时的比值表示，可反映出洪水的洪峰位置。若洪峰时间偏度超过 0.5，说明该洪水为洪峰靠后型洪水，且值越大说明洪峰越靠后，值越小说明洪峰越靠前。如图 6-9(a)所示，洪峰时间偏度值为 0.58，洪峰靠后；如图 6-9(b)所示，洪峰时间偏度值仅为 0.10，洪峰靠前。

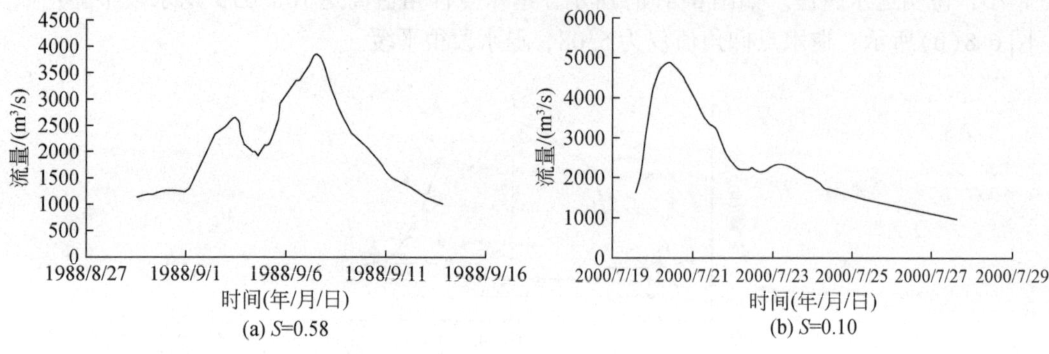

图 6-9　洪峰时间偏度的两场代表性洪水

3）洪量集中程度

洪量集中程度 C，定义为最大 1 日洪量占洪水总量的比例，值越大说明洪量越集中；值越小说明洪量越分散。如图 6-10(a)所示，洪量比较集中，洪量集中程度值为 0.53，最大 1 日洪量所占比重超过洪水总量的 50%；如图 6-10(b)所示，洪量分散到两个量级相当的洪峰处，因此洪量集中程度值仅有 0.07。

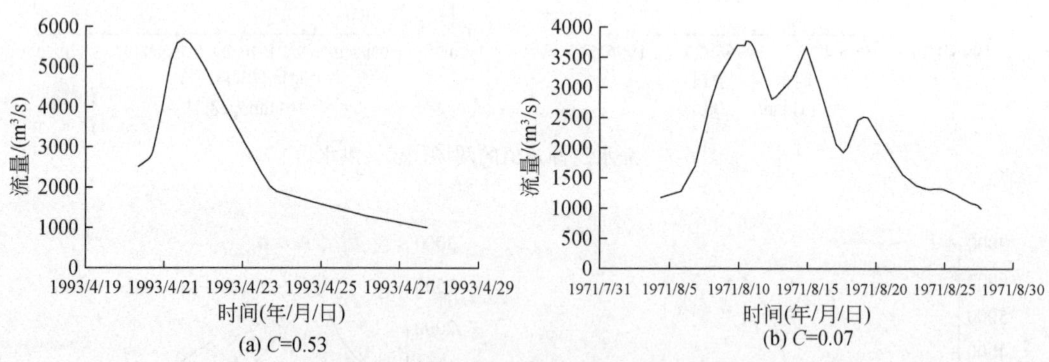

图 6-10　洪量集中程度的四场代表性洪水

4）峰型系数

峰型系数 W，用洪水平均流量与洪峰流量的比值表示，其中，洪水平均流量为洪水总量与洪水总历时的比值。根据该定义可得，峰型系数可以反映一场洪水峰型的相对“胖瘦”，其值越大，峰型越显“矮胖”、平坦；其值越小，峰型越显“尖瘦”、陡峭。如图 6-11(a)所示，峰型系数为 0.75，洪水较平坦；如图 6-11(b)所示，峰型系数为 0.24，洪水较陡峭。

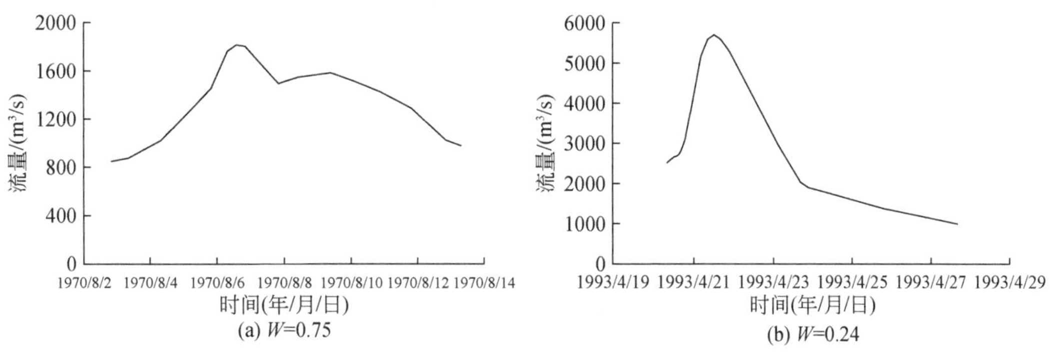

(a) W=0.75　(b) W=0.24

图 6-11　峰型系数的两场代表性洪水

5）高脉冲指标

在 Richter 等（1996）提出的 IHA 方法中，建立了一套包含 33 个水文变异评价指标的体系，其中之一为“高脉冲历时”。一般来说，高脉冲阈值通过百分位数法确定，即将流量序列由小到大依次排序，取 75% 对应位置的流量值作为高脉冲流量阈值。由此提出表征洪水形态的另一指标——“高脉冲时间占比”，定义为超过洪峰流量大小的 75% 的流量的持续时长占洪水总历时的比重，该值的取值范围为［0，1］，值越大，说明洪峰处越宽，峰越平坦；值越小，说明洪峰处越窄，峰越尖锐。为此选取了六场代表性洪水，如图 6-12 所示，洪峰峰顶的宽度随着高脉冲时间占比的增大而增大。

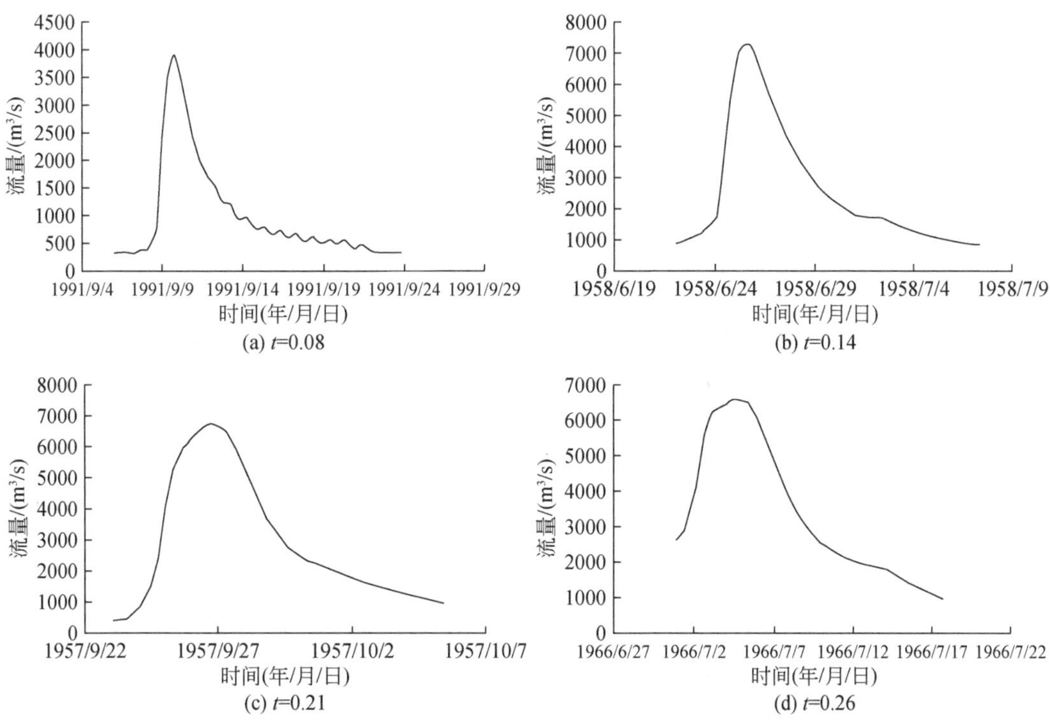

(a) t=0.08　(b) t=0.14

(c) t=0.21　(d) t=0.26

图 6-12　高脉冲时间占比的六场代表性洪水

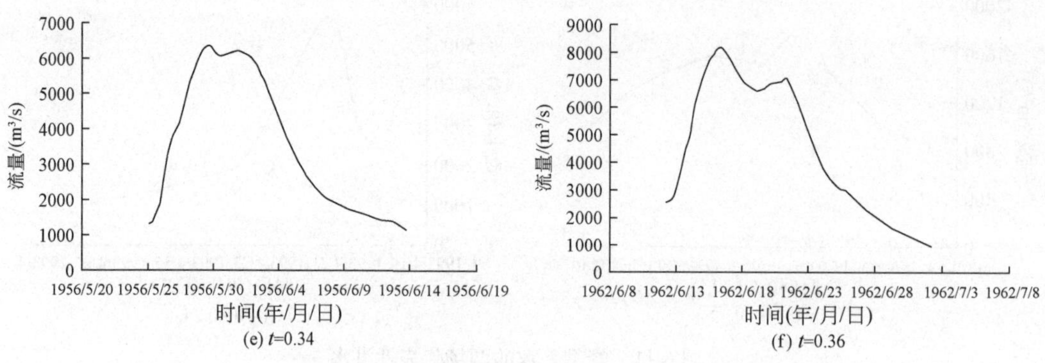

(e) t=0.34 (f) t=0.36

图 6-12 高脉冲时间占比的六场代表性洪水（续）

6.2.3 基于主成分分析方法的洪水特征指标选取

1. 主成分分析方法基本原理

为了更完整地描述一个事物，往往要收集它的尽可能多的指标。然而，在对样本数据进行分类时，并不是特征指标越多越好。多余的指标不但会增加收集和处理难度，还可能存在信息重叠等问题。对于具有多特征的样本序列，假如存在某些特征对于所有样本几乎完全相同，那么该特征本身就没有区分性，若用其来区分不同样本序列，则贡献会非常小。而且，假如某些特征之间存在高度相关关系，则会造成过拟合现象，影响分类结果的准确性和可靠性。但是，直接从众多的指标中剔除一些指标又会造成信息丢失。

主成分分析（principal component analysis，PCA），主要用于对数据进行降维处理，可将多个有关联的指标，转化为少数互相独立的指标。新指标不是对原指标的取舍，而是根据原始指标的信息进行重组，主成分分析简化了后续计算过程的同时又保证了原有指标的完整性。

主成分分析是数学变换的一种方法，其原理是将给定的一组相关变量通过线性变换，转化成另一组不相关的新变量，新变量按方差从大到小的顺序排列。变换过程中，保持变量的总方差不变，方差最大的第一变量记为第一主成分；与第一变量不相关且方差第二大的第二变量，记为第二主成分；以此类推，直至最后一个与前面所有变量均不相关的变量的方差最小。假设有 n 个样本，每个样本有 p 个特征指标，则构成了一个 $n \times p$ 的样本

$$\boldsymbol{X} = \begin{bmatrix} x_{11} & x_{12} & \cdots & x_{1p} \\ x_{21} & x_{22} & \cdots & x_{2p} \\ \vdots & \vdots & & \vdots \\ x_{n1} & x_{n2} & \cdots & x_{np} \end{bmatrix} \tag{6-6}$$

主成分分析方法的具体步骤如下。

（1）不同指标的量级和量纲不相同，会显著影响主成分分析的结果，为了排除这

一影响，在做主成分分析前应先对上述样本矩阵进行标准化处理，即无量纲化处理。一般标准化采用的是 Z 标准化，即标准化后的矩阵的均值为 0，方差为 1。

标准化处理后的矩阵 $\boldsymbol{X}'_{np}$ 为

$$\boldsymbol{X}'_{np}=\frac{x_{np}-\bar{x}_p}{\sigma_p} \tag{6-7}$$

式中，$\bar{x}_p$ 和 σ_p 分别为样本中第 p 个指标的均值和标准差。为表示方便，以下用 $\boldsymbol{X}_{np}$ 表示标准化后的矩阵。

（2）计算矩阵 $\boldsymbol{X}_{np}$ 的相关系数矩阵：

$$r_{ij}=\frac{\sum_{k=1}^{n}|(x_{ki}-\bar{x}_i)||(x_{kj}-\bar{x}_j)|}{\sqrt{\sum_{k=1}^{n}(x_{ki}-\bar{x}_i)^2\sum_{k=1}^{n}(x_{kj}-\bar{x}_j)^2}} \tag{6-8}$$

式中，r_{ij} 为标准化后数据的第 i 个指标与第 j 个指标之间的相关系数。相关系数矩阵为

$$\boldsymbol{R}=\begin{bmatrix} r_{11} & r_{12} & \cdots & r_{1p} \\ r_{21} & r_{22} & \cdots & r_{2p} \\ \vdots & \vdots & & \vdots \\ r_{p1} & r_{p2} & \cdots & r_{pp} \end{bmatrix} \tag{6-9}$$

（3）计算相关系数矩阵的特征值和特征向量，根据特征方程 $|\lambda_i-\boldsymbol{R}|=0$，求解特征值 $\lambda_i(i=1,2,\cdots,p)$，并使得 $\lambda_p\leqslant\lambda_{p-1}\leqslant\cdots\leqslant\lambda_2\leqslant\lambda_1$，对应于特征值 λ_i 的特征向量为 $\boldsymbol{e}^i=(\boldsymbol{e}_1^i,\boldsymbol{e}_2^i,\cdots,\boldsymbol{e}_p^i)(i=1,2,\cdots,p)$。变量 x_1，x_2，…，x_p 经过正交变换后，得到的新随机向量为 $\boldsymbol{Y}_i=\boldsymbol{e}^i\boldsymbol{X}_i(i=1,2,\cdots,p)$，$\boldsymbol{Y}_1$，$\boldsymbol{Y}_2$，…，$\boldsymbol{Y}_p$ 必须满足相互独立，并且 $\boldsymbol{Y}_1$ 的方差为 λ_1，$\boldsymbol{Y}_2$ 的方差为 λ_2，以此类推，$\boldsymbol{Y}_p$ 的方差为 λ_p。

（4）计算各个主成分的贡献率和累积贡献率，第 k 个主成分的贡献率为 $\lambda_k/\sum_{i=1}^{p}\lambda_i$，前 k 个主成分的累积贡献率为 $\sum_{i=1}^{k}\lambda_i/\sum_{i=1}^{p}\lambda_i$。一般来说，取特征值大于 1 且累积贡献率大于 85% 的前 q 个主成分综合原始变量的信息。

（5）由步骤（4）提取出的主成分并没有直观的表征意义，因此较难直接应用。为了使提取出来的主成分能对原始变量的解释而便于以下的进一步分析，这里对主成分进一步进行旋转变换（最大方差法），变换后的变量具有较为直观明确的意义，且该变换不会导致信息损失。

（6）计算主成分载荷：

$$l_{ij}=p(Y_i,x_j)=\sqrt{\lambda_i}e_{ij}(i,j=1,2,\cdots,p) \tag{6-10}$$

2. 洪水特征指标提取结果

对 15 项洪水指标进行标准化处理，计算其相关系数矩阵，如表 6-2 所示。由表可以看出，各个洪水指标之间的相关性较高，且进一步通过巴特利特球形检验和 KMO（Kaiser-Meyer-Olkin）检验得知其适合做主成分分析。

表 6-2 相关系数矩阵

指标	Q_m	H_m	V	V_{1d}	T	T_1	T_2	S	$\tan\alpha_1$	$\tan\alpha_2$	g	K	t	C	W
Q_m	1.00														
H_m	0.91	1.00													
V	0.83	0.80	1.00												
V_{1d}	1.00	0.91	0.84	1.00											
T	0.55	0.61	0.84	0.56	1.00										
T_1	0.39	0.43	0.67	0.40	0.77	1.00									
T_2	0.52	0.57	0.74	0.53	0.90	0.42	1.00								
S	0.01	0.02	0.14	0.01	0.15	0.70	-0.26	1.00							
$\tan\alpha_1$	0.38	0.29	-0.01	0.37	-0.28	-0.50	-0.05	-0.58	1.00						
$\tan\alpha_2$	0.56	0.44	0.19	0.55	-0.18	0.01	-0.27	0.22	0.51	1.00					
g	-0.01	-0.02	-0.26	-0.02	-0.24	-0.33	-0.13	-0.36	0.24	0.06	1.00				
K	-0.05	-0.05	-0.26	-0.06	-0.21	-0.27	-0.12	-0.32	0.20	-0.01	0.94	1.00			
t	-0.36	-0.35	-0.22	-0.35	-0.27	-0.19	-0.25	0.01	-0.20	-0.19	-0.20	-0.28	1.00		
C	-0.19	-0.27	-0.56	-0.20	-0.77	-0.64	-0.66	-0.26	0.58	0.48	0.51	0.49	0.01	1.00	
W	-0.55	-0.52	-0.22	-0.54	-0.21	-0.02	-0.28	0.24	-0.47	-0.39	-0.60	-0.57	0.67	-0.27	1.00

注：表中各个指标的单位分别为，Q_m(m^3/s)、H_m(m)、V(亿 m^3)、V_{1d}(亿 m^3)、T(h)、T_1(h)、T_2(h)、$\tan\alpha_1$、$\tan\alpha_2$，S、g、K、t、C 和 W 为无量纲指标

计算相关系数矩阵的特征值和特征向量，对标准化之后的洪水样本进行主成分分析，表 6-3 为各个主成分的贡献率和累积贡献率，由表 6-3 可知，第一、第二、第三、第四主成分的累积贡献率已高达 89.41%，且前四个特征值都大于 1，根据特征值大于 1 且累积贡献率超过 85% 的原则，提取第一、第二、第三、第四主成分，基本保留原有指标的信息。

表 6-3 特征值及主成分贡献率

主成分	特征值	贡献率/%	累积贡献率/%
1	5.84	38.96	38.96
2	4.07	27.11	66.07
3	1.96	13.10	79.16
4	1.54	10.25	89.41
5	0.72	4.59	94.00
6	0.22	1.36	95.36
7	0.18	1.10	96.46
8	0.13	0.82	97.28

续表

主成分	特征值	贡献率/%	累积贡献率/%
9	0.12	0.74	98.02
10	0.09	0.56	98.58
11	0.07	0.44	99.02
12	0.06	0.35	99.37
13	0.04	0.26	99.63
14	0.03	0.20	99.83
15	0.02	0.17	100.00

对于前 4 个特征值，分别求各个指标在各主成分上的载荷，并进行旋转变换后得到旋转成分矩阵，如表 6-4 所示。

表 6-4　旋转成分矩阵

原指标	主成分			
	1	2	3	4
Q_m	0.963	0.164	0.086	0.000
H_m	0.891	0.265	0.097	0.028
V	0.760	0.541	-0.121	0.174
V_{1d}	0.960	0.177	0.079	0.003
T	0.450	0.833	0.000	0.259
T_1	0.342	0.468	-0.066	0.770
T_2	0.409	0.871	0.045	-0.157
S	0.047	-0.145	-0.200	0.958
$\tan\alpha_1$	0.488	-0.413	0.128	-0.678
$\tan\alpha_2$	0.701	-0.660	0.028	0.112
g	-0.099	-0.169	0.886	-0.215
K	-0.139	-0.129	0.917	-0.157
t	-0.372	-0.112	-0.563	-0.126
C	-0.063	-0.830	0.337	-0.320
W	-0.529	0.014	-0.765	0.123

从表 6-4 可以看出，第一主成分对洪峰流量、洪峰水位、次洪量和最大 1 日洪量有绝对值较大的载荷，可代表强度特性，且其正相关关系说明该主成分值越大，洪水强度越大；第二主成分对洪水总历时、退水历时和洪量集中程度有绝对值较大的载荷，可代表历时特性，且该主成分与洪水总历时和退水历时都呈正相关关系，而与洪量集中程度呈负相关关系，说明该主成分值越大，历时越长；第三主成分对偏度、峰度、高脉冲时间占比和峰型系数有绝对值较大的载荷，可代表峰型峭度特性，且该主成分

与偏度和峰度呈正相关关系，而与高脉冲时间占比和峰型系数呈负相关关系，说明该主成分值越大，洪水峰顶越窄，洪峰越尖峭；第四主成分对涨水历时、洪峰时间偏度和涨水点仰角值有绝对值较大的载荷，可代表洪峰位置特性，且该主成分与涨水历时和洪峰时间偏度呈正相关关系，与涨水点仰角值呈负相关关系，说明该主成分值越大，洪峰越靠后。因此，提取的第一、第二、第三和第四主成分能较为全面地解释原有的15个洪水特征指标。各场洪水的四个主成分值 F_1、F_2、F_3和 F_4的结果如表6-5所示，以此作为各场洪水的新样本值。

表6-5　各场洪水的四个主成分值

洪水场次	F_1	F_2	F_3	F_4	洪水场次	F_1	F_2	F_3	F_4
19560529	0.00	1.07	−1.76	−0.97	19640531	0.06	−0.21	−0.72	−0.80
19560619	0.40	0.85	0.08	0.08	19640616	2.24	1.44	−0.75	−0.82
19570525	0.85	1.36	−0.41	−1.02	19640705	−0.36	−0.40	0.84	−0.63
19570608	1.03	0.20	−0.28	0.00	19650407	−0.48	0.46	−0.76	−0.90
19570620	−0.67	0.08	0.89	−0.02	19650418	−0.65	−0.29	−0.17	−1.22
19570926	0.30	−0.25	−0.59	−0.53	19650429	−0.88	−0.14	1.61	1.39
19580625	0.39	0.10	0.27	−0.66	19650517	−1.37	−0.16	3.33	−0.39
19580730	−0.29	−0.11	−0.29	−0.21	19650527	−0.19	−0.72	1.23	−0.59
19590427	0.60	−0.47	0.28	1.52	19650618	−0.82	−0.45	−0.50	1.41
19590605	0.66	0.57	0.07	0.29	19650628	−1.44	−0.13	−0.27	−0.29
19590615	1.35	2.36	−0.60	−1.78	19650708	−1.72	0.19	−1.77	−0.69
19600402	−0.74	−0.15	−0.02	−1.24	19660407	−1.12	0.12	−0.75	0.99
19600507	−0.19	0.26	−0.88	−0.74	19660501	−0.65	0.07	1.16	0.48
19600617	0.10	1.07	0.73	0.60	19660604	−0.21	−0.92	−0.76	0.28
19600813	−0.02	0.89	0.02	0.32	19660613	0.99	1.28	−0.35	−2.27
19610423	1.27	0.68	0.77	1.24	19660624	1.82	−0.10	0.35	−1.00
19610614	1.81	0.97	−0.14	1.46	19660704	−0.03	0.69	−0.04	−0.75
19610913	0.90	1.12	−1.58	2.35	19670405	0.53	−0.65	−0.57	0.24
19620518	1.61	0.28	0.51	1.79	19670516	−0.81	−0.20	−0.55	1.95
19620616	0.51	1.34	−1.33	−1.41	19670528	−0.75	−0.29	−1.58	1.00
19620703	1.00	1.71	−0.09	−0.22	19670815	−0.57	0.20	−0.97	0.45
19630424	−1.10	0.77	−0.06	0.38	19670908	−1.12	1.01	0.70	−0.90
19630516	−1.51	0.62	0.22	−0.20	19680526	−0.15	−0.42	−0.91	1.40
19630703	−1.33	0.06	−0.99	1.56	19680627	2.78	0.67	−0.72	2.02
19630721	−1.36	0.48	−0.88	−0.88	19680711	1.03	1.70	1.33	0.18
19630814	−2.05	1.21	−2.28	−0.55	19690519	0.47	0.96	−0.64	0.07
19640408	−0.21	1.28	0.20	0.33	19690611	−0.84	0.55	−0.32	0.62

续表

洪水场次	F_1	F_2	F_3	F_4	洪水场次	F_1	F_2	F_3	F_4
19600402	-0. 74	-0. 15	-0. 02	-1. 24	19670528	-0. 75	-0. 29	-1. 58	1. 00
19600507	-0. 19	0. 26	-0. 88	-0. 74	19670815	-0. 57	0. 20	-0. 97	0. 45
19600617	0. 10	1. 07	0. 73	0. 60	19670908	-1. 12	1. 01	0. 70	-0. 90
19600813	-0. 02	0. 89	0. 02	0. 32	19680526	-0. 15	-0. 42	-0. 91	1. 40
19610423	1. 27	0. 68	0. 77	1. 24	19680627	2. 78	0. 67	-0. 72	2. 02
19610614	1. 81	0. 97	-0. 14	1. 46	19680711	1. 03	1. 70	1. 33	0. 18
19610913	0. 90	1. 12	-1. 58	2. 35	19690519	0. 47	0. 96	-0. 64	0. 07
19620518	1. 61	0. 28	0. 51	1. 79	19690611	-0. 84	0. 55	-0. 32	0. 62
19620616	0. 51	1. 34	-1. 33	-1. 41	19690731	-0. 65	-1. 08	-1. 58	0. 06
19620703	1. 00	1. 71	-0. 09	-0. 22	19690813	-0. 50	0. 96	1. 85	1. 21
19630424	-1. 10	0. 77	-0. 06	0. 38	19700403	-0. 87	-0. 31	0. 31	-0. 72
19630516	-1. 51	0. 62	0. 22	-0. 20	19700414	-0. 07	1. 26	-0. 98	-1. 59
19630703	-1. 33	0. 06	-0. 99	1. 56	19700503	-0. 14	-0. 95	-0. 46	-0. 32
19630721	-1. 36	0. 48	-0. 88	-0. 88	19700514	-0. 32	-0. 31	0. 31	1. 51
19630814	-2. 05	1. 21	-2. 28	-0. 55	19700604	0. 81	1. 77	0. 48	1. 91
19640408	-0. 21	1. 28	0. 20	0. 33	19700630	-0. 23	-0. 09	0. 61	1. 55
19640531	0. 06	-0. 21	-0. 72	-0. 80	19700718	-0. 51	1. 11	-0. 13	-1. 66
19640616	2. 24	1. 44	-0. 75	-0. 82	19700806	-1. 68	-0. 02	-2. 82	-0. 26
19640705	-0. 36	-0. 40	0. 84	-0. 63	19700826	-0. 82	0. 16	-0. 03	0. 79
19650407	-0. 48	0. 46	-0. 76	-0. 90	19700907	-1. 55	-0. 48	-0. 60	1. 02
19650418	-0. 65	-0. 29	-0. 17	-1. 22	19700912	-1. 64	1. 01	-0. 08	-0. 80
19650429	-0. 88	-0. 14	1. 61	1. 39	19710404	-0. 90	0. 70	0. 68	-0. 11
19650517	-1. 37	-0. 16	3. 33	-0. 39	19710502	-0. 91	0. 06	-0. 42	-0. 39
19650527	-0. 19	-0. 72	1. 23	-0. 59	19710520	-0. 11	1. 63	1. 44	0. 67
19650618	-0. 82	-0. 45	-0. 50	1. 41	19710607	-0. 61	0. 71	-0. 73	0. 78
19650628	-1. 44	-0. 13	-0. 27	-0. 29	19710621	0. 07	1. 47	0. 13	-1. 22
19650708	-1. 72	0. 19	-1. 77	-0. 69	19710729	0. 79	-1. 34	0. 44	1. 46
19660407	-1. 12	0. 12	-0. 75	0. 99	19710810	-0. 86	1. 66	-1. 43	-0. 44
19660501	-0. 65	0. 07	1. 16	0. 48	19720501	-0. 63	-0. 02	0. 19	-0. 88
19660604	-0. 21	-0. 92	-0. 76	0. 28	19720509	2. 02	-0. 29	-0. 74	-1. 13
19660613	0. 99	1. 28	-0. 35	-2. 27	19720525	-0. 96	0. 57	0. 79	0. 83
19660624	1. 82	-0. 10	0. 35	-1. 00	19720607	-0. 98	-0. 45	0. 28	0. 14
19660704	-0. 03	0. 69	-0. 04	-0. 75	19720621	-0. 46	0. 60	-0. 92	0. 61
19670405	0. 53	-0. 65	-0. 57	0. 24	19720821	-0. 53	0. 79	0. 98	-1. 03
19670516	-0. 81	-0. 20	-0. 55	1. 95	19730409	0. 74	-0. 41	0. 13	0. 05

续表

洪水场次	F_1	F_2	F_3	F_4	洪水场次	F_1	F_2	F_3	F_4
19730422	0.55	0.06	1.09	0.52	19790701	−0.92	1.65	0.92	−0.35
19730510	1.14	0.75	−1.22	−1.77	19790820	−1.23	0.81	−2.31	−1.00
19730605	1.31	0.96	−0.02	0.83	19790903	−0.69	−0.18	0.26	0.74
19730630	1.45	0.07	0.65	−0.36	19800414	0.17	−0.87	−0.11	−0.07
19730712	−1.28	0.19	0.07	−0.24	19800426	1.86	−0.34	−0.62	−0.11
19730726	−1.21	1.16	1.57	−1.35	19800510	1.61	0.35	0.33	1.14
19730816	1.27	0.09	0.34	−0.64	19800606	−0.28	1.70	0.22	0.11
19730904	−0.20	1.56	1.24	1.04	19800903	−0.78	0.82	1.03	0.18
19740503	0.32	1.89	0.45	−0.88	19810416	0.11	0.50	−1.17	0.75
19740627	1.18	1.34	0.46	1.41	19810505	−0.73	−0.21	−0.31	0.93
19740725	−0.38	0.56	−0.58	2.16	19810606	0.49	0.20	−0.17	1.95
19750415	−0.29	0.64	0.30	−0.67	19810703	−0.43	1.16	0.08	−0.78
19750429	0.44	−0.04	−0.88	−0.49	19810728	−0.47	1.87	−0.07	0.05
19750522	1.84	0.81	−0.52	1.79	19820513	2.43	0.53	0.51	0.06
19750608	0.98	−0.23	0.56	−0.84	19820530	−0.27	0.72	−1.15	−1.29
19750621	−0.91	−0.11	0.40	0.04	19820610	−1.59	0.59	0.26	−0.85
19750717	−0.77	1.22	−0.49	0.33	19820709	−0.76	0.39	−1.35	0.55
19760414	0.02	−0.05	0.21	1.20	19820820	−0.13	0.33	0.29	0.14
19760505	0.96	−0.16	0.20	0.80	19830217	−0.85	−0.18	−0.21	−0.60
19760518	−0.74	0.14	1.63	−0.38	19830303	0.97	0.92	−0.52	0.04
19760611	1.57	0.21	1.28	1.34	19830317	0.15	1.03	0.79	0.80
19760711	0.03	0.93	−0.10	−0.67	19830329	0.70	0.17	0.18	−0.66
19760814	0.03	−0.24	−0.04	−0.86	19830619	1.74	1.41	1.70	0.74
19770417	−0.36	0.74	−0.20	1.09	19840407	−0.71	0.17	−1.06	−0.82
19770514	−0.71	−0.96	−0.69	0.99	19840428	0.51	−0.84	0.62	−1.20
19770523	−0.15	−0.38	0.33	1.24	19840520	0.03	0.55	−0.61	0.06
19770602	0.09	−0.05	0.08	0.85	19840603	0.40	−0.02	0.73	0.72
19770628	−0.51	1.46	−1.14	0.34	19840903	−1.49	−0.68	−1.00	0.06
19770804	−0.10	0.64	0.02	1.06	19850220	−0.96	−0.24	−1.73	−0.93
19780410	−0.57	−0.21	0.18	0.63	19850305	−0.08	−0.08	0.90	1.31
19780520	1.33	0.45	−0.60	−0.17	19850416	−0.39	1.19	0.08	0.76
19780610	0.61	−0.44	−0.49	−0.42	19850504	−1.02	0.63	−0.13	−0.51
19790411	−0.78	−0.01	−0.36	1.56	19850530	−0.88	1.32	0.71	0.39
19790530	−0.62	−0.25	−0.42	−0.03	19850828	−0.31	0.23	0.69	−0.14
19790612	−0.24	−0.71	0.16	1.08	19850925	0.52	0.09	0.50	−1.41

续表

洪水场次	F_1	F_2	F_3	F_4	洪水场次	F_1	F_2	F_3	F_4
19860422	-0.90	0.37	-1.61	-0.01	19840903	-1.49	-0.68	-1.00	0.06
19860513	-0.72	0.06	-1.85	-1.35	19850220	-0.96	-0.24	-1.73	-0.93
19860608	-0.46	0.00	1.15	0.30	19850305	-0.08	-0.08	0.90	1.31
19860627	-1.00	-0.23	2.97	-0.69	19850416	-0.39	1.19	0.08	0.76
19860714	0.79	0.47	1.08	-1.51	19850504	-1.02	0.63	-0.13	-0.51
19870407	0.09	0.89	0.76	-0.23	19850530	-0.88	1.32	0.71	0.39
19870508	-1.35	0.26	-2.08	-1.09	19850828	-0.31	0.23	0.69	-0.14
19870523	1.23	0.36	0.43	0.45	19850925	0.52	0.09	0.50	-1.41
19870606	-0.43	0.52	-0.23	0.26	19860422	-0.90	0.37	-1.61	-0.01
19870801	0.18	-0.11	-0.37	1.18	19860513	-0.72	0.06	-1.85	-1.35
19880414	-0.75	-0.09	0.11	-0.39	19860608	-0.46	0.00	1.15	0.30
19880515	-0.72	0.53	-0.54	0.49	19860627	-1.00	-0.23	2.97	-0.69
19880526	0.77	0.32	0.95	-0.58	19860714	0.79	0.47	1.08	-1.51
19880820	-1.30	-0.90	-1.85	0.60	19870407	0.09	0.89	0.76	-0.23
19880907	-0.58	-0.30	-0.31	2.15	19870508	-1.35	0.26	-2.08	-1.09
19890514	0.09	-0.14	0.31	0.51	19870523	1.23	0.36	0.43	0.45
19890524	0.04	0.12	-0.28	-0.51	19870606	-0.43	0.52	-0.23	0.26
19900412	0.82	-1.03	1.09	-1.31	19870801	0.18	-0.11	-0.37	1.18
19910909	-0.92	0.85	2.02	-0.29	19880414	-0.75	-0.09	0.11	-0.39
19920329	1.58	0.33	-0.65	-0.29	19880515	-0.72	0.53	-0.54	0.49
19920407	-0.91	0.64	0.39	-1.81	19880526	0.77	0.32	0.95	-0.58
19930421	-0.24	-1.77	3.50	-0.95	19880820	-1.30	-0.90	-1.85	0.60
19930504	1.58	1.08	-0.29	0.16	19880907	-0.58	-0.30	-0.31	2.15
19930611	1.31	1.38	-0.95	-1.86	19890514	0.09	-0.14	0.31	0.51
19940619	3.20	0.81	-0.73	0.52	19890524	0.04	0.12	-0.28	-0.51
19950618	1.89	-0.94	0.45	-0.95	19900412	0.82	-1.03	1.09	-1.31
19950629	0.23	-0.77	0.36	-1.06	19910909	-0.92	0.85	2.02	-0.29
19960410	-0.77	-0.29	-0.99	0.21	19920329	1.58	0.33	-0.65	-0.29
19960420	1.44	-0.71	1.03	-2.28	19920407	-0.91	0.64	0.39	-1.81
19830329	0.70	0.17	0.18	-0.66	19930421	-0.24	-1.77	3.50	-0.95
19830619	1.74	1.41	1.70	0.74	19930504	1.58	1.08	-0.29	0.16
19840407	-0.71	0.17	-1.06	-0.82	19930611	1.31	1.38	-0.95	-1.86
19840428	0.51	-0.84	0.62	-1.20	19940619	3.20	0.81	-0.73	0.52
19840520	0.03	0.55	-0.61	0.06	19950618	1.89	-0.94	0.45	-0.95
19840603	0.40	-0.02	0.73	0.72	19950629	0.23	-0.77	0.36	-1.06

续表

洪水场次	F_1	F_2	F_3	F_4	洪水场次	F_1	F_2	F_3	F_4
19960410	-0.77	-0.29	-0.99	0.21	20040409	-0.01	-2.37	-1.69	-0.70
19960420	1.44	-0.71	1.03	-2.28	20040509	1.21	-3.58	-1.97	-2.06
19970419	-0.38	0.34	1.20	0.57	20040715	-1.39	-0.92	-1.03	-0.07
19970509	-0.15	-0.13	-0.13	-0.33	20050419	-0.73	-0.36	-1.33	-0.61
19970519	-0.57	-0.59	2.33	-0.29	20050510	-0.34	-1.44	2.78	-0.38
19970626	-1.12	-0.29	0.90	-0.34	20050521	0.16	-1.40	2.79	-1.69
19970706	2.42	1.50	-1.55	-0.71	20050606	-0.36	-0.42	0.45	0.82
19970814	-0.07	0.64	0.23	1.88	20050624	1.94	0.92	0.70	1.30
19980504	-0.33	-0.05	1.41	2.17	20060427	-0.88	-0.97	-0.52	0.26
19980516	-0.85	-0.13	1.36	-0.71	20060507	-0.04	-1.55	-0.24	1.93
19980611	-0.88	0.20	0.78	-0.91	20060528	-0.16	-0.86	-0.68	-0.63
19980626	1.82	2.35	0.27	-0.24	20060610	0.76	-1.68	1.88	-0.73
19990422	0.31	-1.89	-0.40	-1.80	20060718	3.49	-1.73	-0.57	-0.37
19990528	0.93	-2.13	0.38	0.63	20060728	0.97	-0.84	-0.01	-1.17
19990609	-0.27	-1.76	1.67	-1.34	20070425	-0.75	-1.37	-0.72	1.60
19990626	-0.27	-1.53	0.48	0.12	20070527	0.01	-2.72	-1.12	0.14
19990815	-0.34	-0.97	-0.32	-0.27	20070611	0.78	-0.46	0.66	1.11
19990829	-0.47	0.30	-0.57	0.26	2007072	-1.44	-0.68	-1.45	0.52
19990919	0.48	-1.41	0.58	-0.89	20070823	-0.33	-2.57	-1.40	1.11
20000429	-0.49	-0.45	-0.01	-0.06	20080404	-1.33	-0.50	-0.48	0.15
20000720	-0.08	-0.97	1.08	-2.05	20080422	-0.47	-0.73	0.77	-0.81
20000903	1.98	-4.81	-1.32	1.70	20080530	-0.79	-0.09	0.24	0.71
20010422	1.13	-0.39	-0.72	-0.31	20080616	2.33	0.50	-1.04	-0.52
20010511	0.50	-1.48	0.47	1.24	20080630	0.47	0.01	-0.72	-0.15
20010615	1.14	-1.52	-0.59	1.93	20090426	-1.10	-0.57	0.49	0.19
20010708	1.84	-1.78	-0.81	-1.33	20090521	-0.78	-1.18	0.38	1.47
20010803	-1.13	-0.93	0.66	-0.26	20090604	-0.31	-0.75	1.44	-0.47
20010902	1.43	-1.64	-0.47	-0.37	20090616	-1.08	0.32	-0.21	0.93
20020522	0.21	-1.42	-0.76	-0.69	20090705	-0.41	-0.30	0.13	-1.25
20020619	-0.10	-1.06	0.58	2.31	20100422	-1.07	-1.10	1.45	-0.29
20020704	0.64	-1.94	-0.62	0.14	20100508	0.94	-0.83	-0.51	-1.58
20020721	0.76	-1.50	-0.50	-0.39	20100523	0.06	-0.80	-0.49	0.49
20020810	1.55	-1.08	-0.05	0.02	20100602	0.20	-0.95	0.51	-1.74
20020821	-0.45	-0.69	3.32	-0.61	20110510	0.67	1.09	-0.33	0.21
20030516	-0.12	-0.08	-0.55	-1.77	20110701	-0.76	-0.78	-0.11	-0.47
20030612	-0.26	-0.78	1.07	-0.49	20110716	-1.34	-0.70	-0.12	0.75
20030628	-0.78	-0.26	0.02	-0.54					

6.3　基于模糊 C-均值聚类算法的洪水分类

变化环境下的洪水过程变化特征分析，实则是通过比较气候变化和人类活动（水库建设）影响前后的洪水过程特征。由于水文过程固有的随机性，每个洪水场次的过程线基本都是不一样的，不存在可比性。因此，需从数学统计和模糊学的角度对洪水进行聚类分析。

实际洪水灾情评价工作中，对于不同的各个单项指标，其评价结果通常是互不相容的，即便发生的是同等强度的洪水，它们产生的灾情也有显著区别，如同样是大洪水，峰型集中、主峰靠后类型的洪水对水利工程的防洪越是不利，因此，对洪水分类是基于多个洪水特征指标的综合分类。

6.3.1　模糊 C-均值聚类算法基本原理

最为经典、常见的普通集合理论这样定义分类，某一特定元素属于且仅属于所划定的一个集合，这种隶属关系基于“非此即彼”的思想，是“清晰的、明确的、不含糊的”。然而，随着人类认识程度的不断提高，发现这种原始的分类方法在实际应用中早已解决不了一系列模糊性的分类问题，如判断一个人是高是矮、是胖是瘦，生态环境的受污染程度可分为重污染、中等污染和轻污染。在此基础上，模糊性概念产生了。

采用的模糊 C-均值（fuzzy-C-mean，FCM）聚类算法，是基于硬 C 均值聚类方法改进的算法，由 Bezdek 在 1973 年提出。该算法已被广泛应用于各个领域，如医学、地理、环境等。其基本原理如下。

设 $X=\{x_i,\ i=1,\ 2,\ \cdots,\ n\}$ 为训练样本集，每个样本 x_i 有 m 个特征，则 x_i 可表示为 $x_i=\{x_{i1},\ x_{i2},\ \cdots,\ x_{im}\}$，现要将 X 分为 c 类（$2\leqslant c\leqslant n$）。c 为数据样本的预定类别数目，设定 c 个初始聚类中心 $V=\{v_1,\ v_2,\ \cdots,\ v_c\}$，令 $d_{ij}=\|x_j-\nu_j\|=\sqrt{\sum_{k=1}^{m}(x_{jk}-\nu_{jk})^2}$ 为样本 x_j 到聚类中心 v_i 的欧几里得距离，模糊 C-均值聚类算法的准则是寻找一种最佳的分类 U，以使分类所产生的聚类损失函数值 J 达到最小值：

$$\min J(X,U,V)=\sum_{i=1}^{c}\sum_{j=1}^{n}u_{ij}^{b}(d_{ij})^2 \tag{6-11}$$

式中，b 为加权指数，且 $b>1$，一般取常数 2；$U=\{u_{ij}\}$ 为隶属矩阵，$u_{ij}(i=1,\ 2,\ \cdots,c;\ j=1,\ 2,\ \cdots,\ n)$ 表示第 j 个样本 x_j 对第 i 类的隶属度，u_{ij} 的取值范围为

$$0\leqslant u_{ij}\leqslant 1 \tag{6-12}$$

即每个样本点隶属于簇的隶属度可取［0，1］区间的任意值，这便是模糊 C-均值聚类算法与硬 C 均值聚类算法的区别所在。由于一个给定的样本有且仅有一个归属的簇，所以隶属矩阵 U 有以下约束条件：

$$\sum_{i=1}^{c}u_{ij}=1,\forall j=1,2,\cdots,n \tag{6-13}$$

且

$$0<\sum_{j=1}^{n} u_{ij}<n, \forall i=1,2,\cdots,c \tag{6-14}$$

模糊C-均值聚类算法的结果合理与否还取决于类别数的选择是否合适，为避免不必要的计算，首先需要确定洪水最佳分类数的搜索范围。目前，很多学者使用以下经验公式确定最大可能分类数：

$$c_{\max} \leqslant \sqrt{n} \tag{6-15}$$

式中，n为样本数。

在确定最佳分类数范围的基础上，采用聚类有效性指标在区间中确定最佳分类数。检验聚类有效性的函数指标且效果较好的指标主要有Weighted inter-intra（Wint）指标、Calinski-Harabasz（CH）指标、In-Group Proportion（IGP）指标和Silhouette（Sil）指标等，其中，Sil指标以其简单易用和良好的评价能力得到了较为广泛的应用，样本$i(i=1, 2, \cdots, n)$的Sil指标的表达形式为

$$\mathrm{Sil}(i)=\frac{b(i)-a(i)}{\max\{a(i), b(i)\}} \tag{6-16}$$

式中，$a(i)$为样本i与类内其他所有样本的平均不相似度或距离；$b(i)$为样本i与其他各类所有样本的平均不相似度或距离的最小值。

Sil指标主要从类内聚合性和类间分离性两方面度量聚类结果的优劣，通过Sil指标，即可评价聚类结果的有效性，从而确定最佳聚类数目。Sil指标的取值范围为[-1,1]，所有样本的Sil指标的平均值越大说明聚类效果越好，Sil指标最大值对应的类数即为最佳聚类数。聚类分析的流程如图6-13所示。

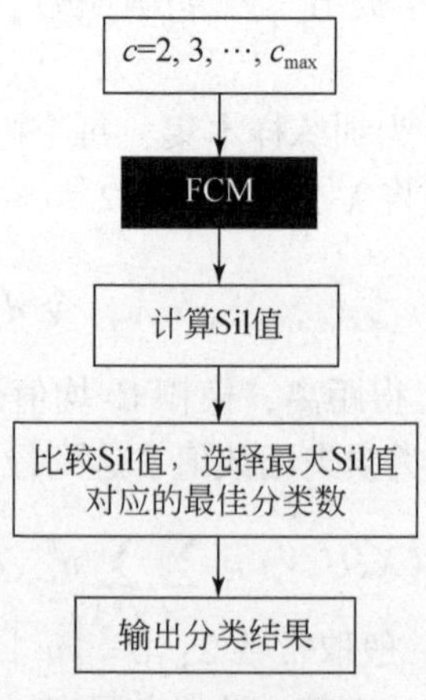

图6-13　聚类分析流程

6.3.2　洪水分类结果分析

本章n=251，因此$c_{\max}$=15，洪水分类数的取值范围为[2，15]。依次将分类个数设为2、3、4、5、6、7、8、9、10、11、12、13、14、15，对应的Sil指标值如图6-14所示。可以看出，最佳聚类数为5，最佳聚类数对应的Sil指标值为0.2043，其聚类效果最优。

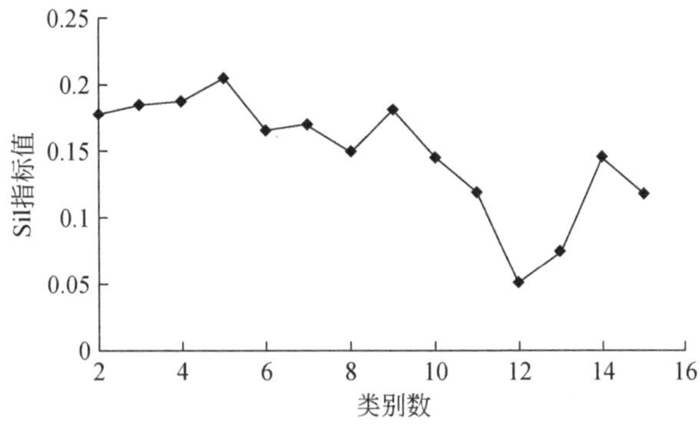

图 6-14　Sil 指标值与类别数的关系

五种类型的洪水中，每一类洪水包含的洪水场次分别有 48 场、54 场、52 场、53 场和 44 场，分配比较均匀。为验证分类是否合理，同时对五类洪水的洪水特征进行统计，结果如表 6-6 所示。从表中可以明显看出，无论是强度特性、历时特性、峰型峭度特性还是洪峰位置特性，各类洪水之间都存在明显差别，这在一定程度上说明应用主成分信息对洪水进行分类是合理有效的。

根据表 6-6 中各类洪水主成分值的相对大小，根据各类洪水的特征进行定性分析和命名，命名主要体现强度和形态两个方面。第一类洪水表现为强度大、历时长、峰型较平坦、洪峰相对靠后，命名为高强度平坦型洪水；第二类洪水表现为强度较大、历时短、峰型较尖峭、洪峰靠前，命名为高强度尖峭型洪水；第三类洪水表现为强度中等、历时相对较短、峰型较尖峭、洪峰靠后，命名为中强度尖峭型洪水；第四类洪水表现为强度小、历时一般、峰型平坦、洪峰居中，命名为低强度平坦型洪水；第五类洪水表现为强度较小、历时较长、峰型尖峭、洪峰较靠前，命名为低强度尖峭型洪水。

表 6-6　各类洪水特征

洪水分类号	第一主成分值（强度特性）	第二主成分值（历时特性）	第三主成分值（峰型峭度特性）	第四主成分值（洪峰位置特性）
1	1. 44	0. 72	-0. 11	0. 03
2	0. 41	-0. 92	0. 01	-0. 91
3	-0. 22	-0. 33	0. 06	1. 26
4	-0. 82	0. 17	-0. 94	-0. 19
5	-0. 61	0. 28	0. 95	-0. 37

6. 3. 3　各类洪水特征分析

1. 高强度平坦型洪水的特征

表 6-7 为多场高强度平坦型洪水各个特征指标的平均值，结合图 6-15 看洪水的强

度特征，该类洪水表现为峰高量大，洪峰流量主要集中在 9000 ~ 12000m³/s，平均洪峰流量高达 11088m³/s；洪峰水位主要集中在 12m 左右，平均洪峰水位高达 12.22m；洪水总量在 40 亿 ~ 160 亿 m³波动，主要集中于 60 亿 ~ 100 亿 m³，平均洪水总量为 83.93 亿 m³；最大 1 日洪量主要集中于 8 亿 ~ 10 亿 m³，约占洪水总量的 10%。图 6-16 展示了该类洪水的六场代表性洪水，该类洪水的形态有以下特征：洪水历时很长，平均洪水总历时长达 20 余天，退水历时约为 15d，大约占总历时的 70%，而平均洪峰时间偏度值仅为 0.31，小于 0.5，该类洪水为洪峰靠前型洪水；相应地，该类洪水的涨水点仰角值比退水点仰角值大得多，表现为涨水快，退水慢；高脉冲时间占比仅为 0.16，即较大流量的持续时长仅占洪水总历时的 16%，可见该类洪水的洪峰峰顶较窄；洪量集中程度和峰型系数都较小，分别为 0.12 和 0.39，可见该类洪水的洪量较分散；因此该类洪水的峰型较平坦。

表 6-7 高强度平坦型洪水的特征指标平均值

洪水指标	洪峰流量/(m³/s)	洪峰水位/m	洪水总量/亿 m³	最大1日洪量/亿 m³	洪水总历时/h	涨水历时/h	退水历时/h	洪峰时间偏度
平均值	11088	12.22	83.93	9.41	542.81	171.40	371.41	0.31
洪水指标	涨水点仰角值	退水点仰角值	偏度	峰度	高脉冲时间占比	洪量集中程度	峰型系数	
平均值	61.90	28.46	0.98	2.72	0.16	0.12	0.39	

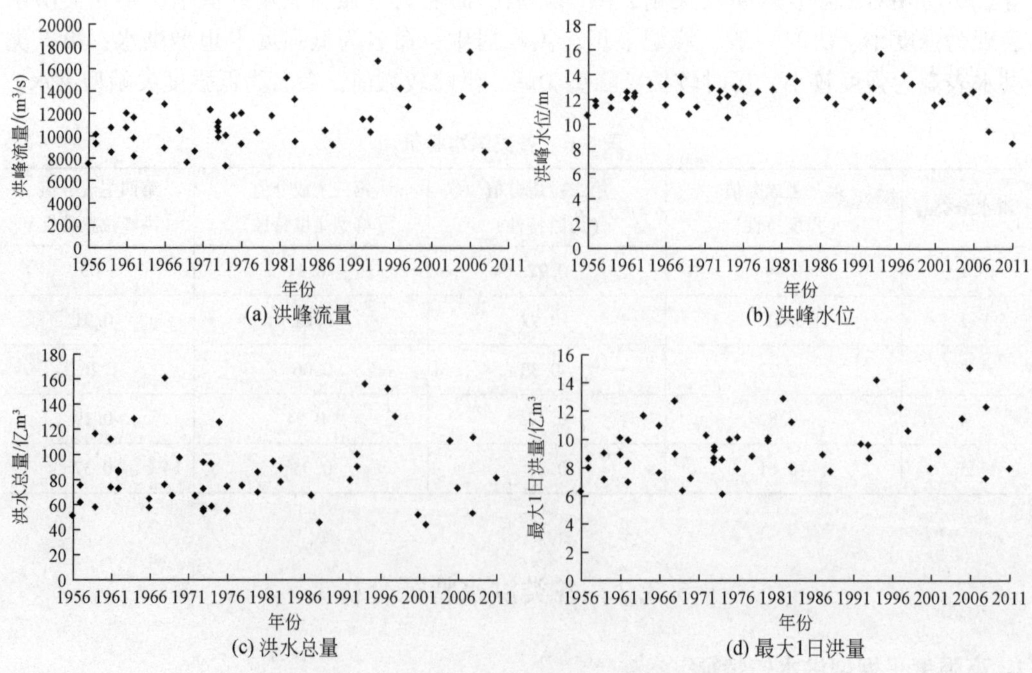

图 6-15 高强度平坦型洪水的强度特征指标

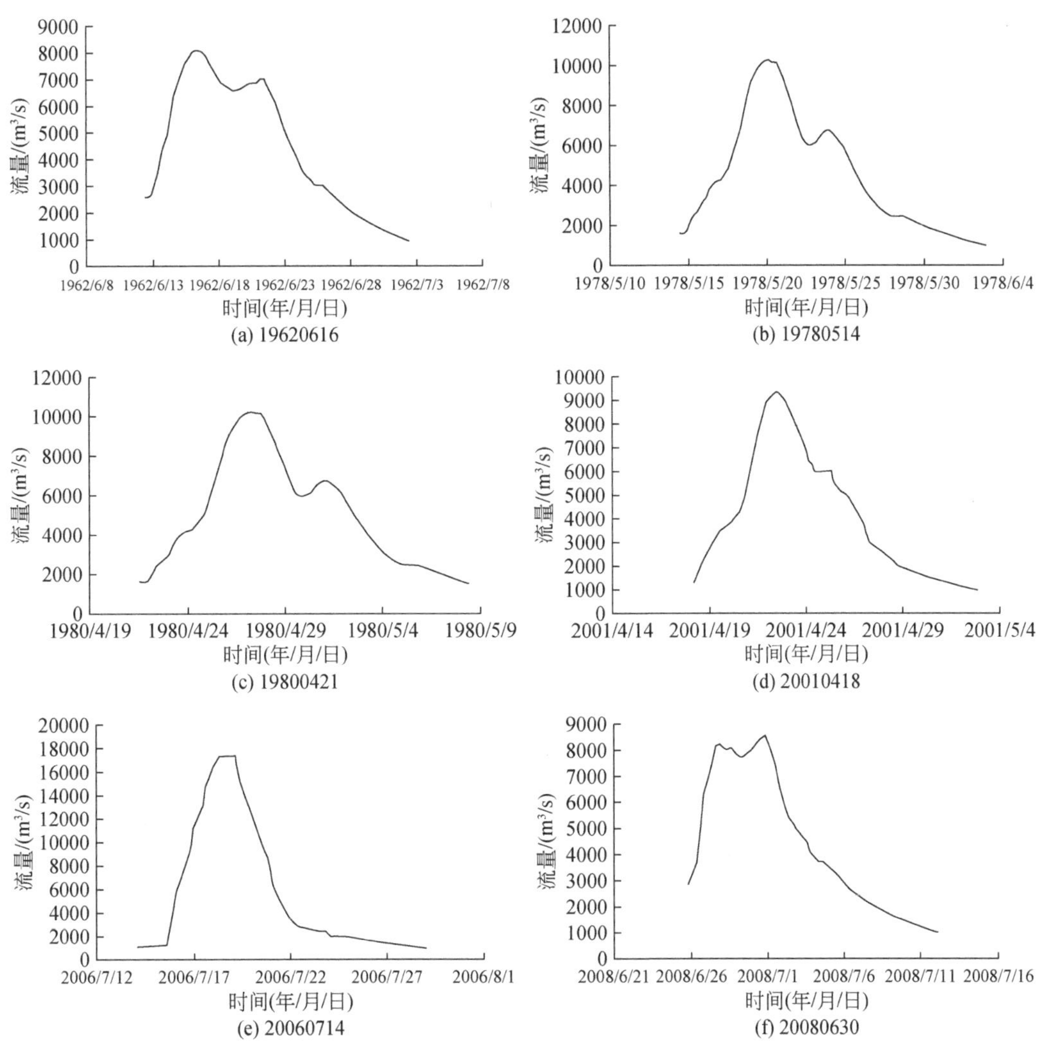

图 6-16　高强度平坦型洪水的六场代表性洪水

2. 高强度尖峭型洪水的特征

表 6-8 为多场高强度尖峭型洪水各个特征指标的平均值，结合图 6-17 看洪水的强度特征，该类洪水表现为峰高量小，洪峰流量主要集中在 5000 ~ 8000m^3/s，平均洪峰流量超过 6500m^3/s；平均洪峰水位将近 9.87m；洪水总量主要集中于 15 亿 ~ 35 亿 m^3，平均洪水总量为 24.58 亿 m^3；最大 1 日洪量主要集中于 4 亿 ~ 8 亿 m^3，平均最大 1 日洪量为 5.64 亿 m^3。图 6-18 展示了该类洪水的六场代表性洪水，该类洪水的形态特征：相对于其他四类洪水而言，该类洪水总历时较短，约为 10d，涨水历时比退水历时短，平均洪峰时间偏度值仅为 0.23，为洪峰靠前型洪水；相应地，该类洪水的涨水点仰角值比退水点仰角值大得多，表现为急涨缓落；高脉冲时间占比值较小，而洪量集中程度较大，因此该类洪水的峰顶较窄、洪峰较尖峭、洪量较集中。

表 6-8　高强度尖峭型洪水的特征指标平均值

洪水指标	洪峰流量/(m^3/s)	洪峰水位/m	洪水总量/亿 m^3	最大 1 日洪量/亿 m^3	洪水总历时/h	涨水历时/h	退水历时/h	洪峰时间偏度
平均值	6732	9.87	24.58	5.64	256.48	57.52	198.95	0.23
洪水指标	涨水点仰角值	退水点仰角值	偏度	峰度	高脉冲时间占比	洪量集中程度	峰型系数	
平均值	104.24	30.43	1.33	3.27	0.19	0.26	0.39	

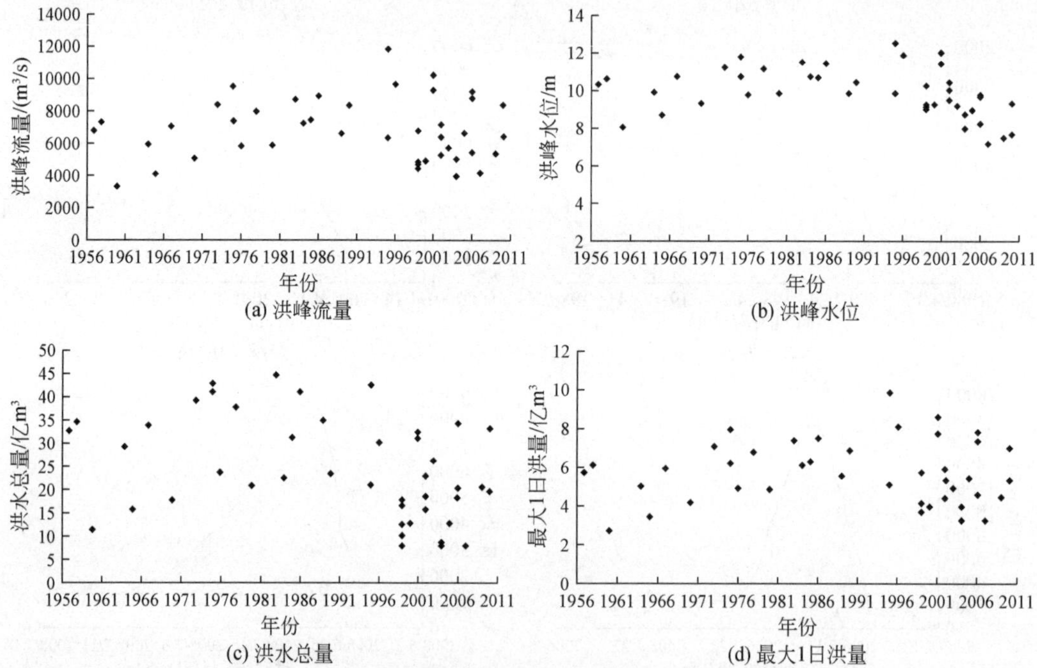

图 6-17　高强度尖峭型洪水的强度特征指标

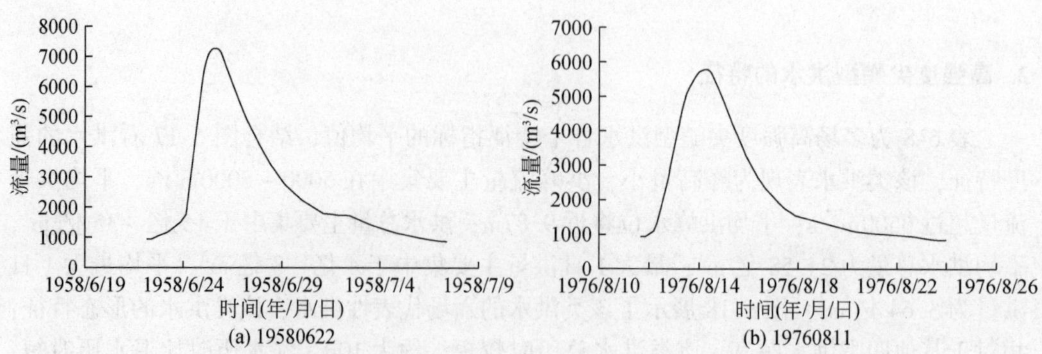

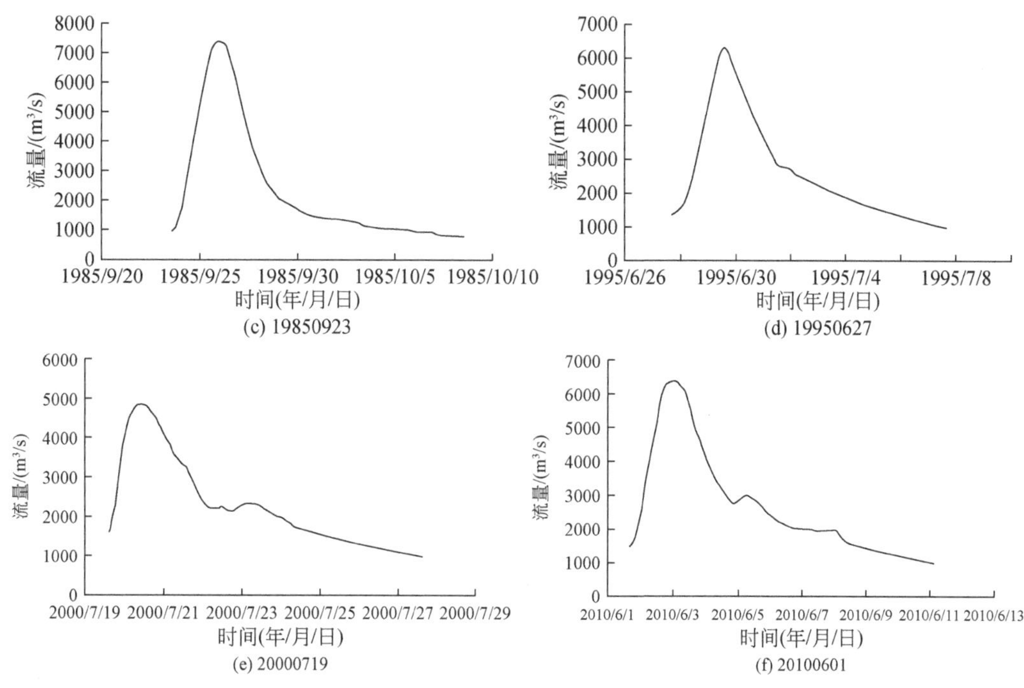

图 6-18　高强度尖峭型洪水的六场代表性洪水

3. 中强度尖峭型洪水的特征

表 6-9 为多场中强度尖峭型洪水各个特征指标的平均值，结合图 6-19 可以看出，该类洪水的洪峰流量主要集中在 4000～5500m^3/s，平均洪峰流量为 5372m^3/s；洪峰水位主要在 9m 处上下波动，平均洪峰水位为 9.17m；洪水总量集中于 20 亿～40 亿 m^3，平均洪水总量为 32.17 亿 m^3；最大 1 日洪量主要集中于 3 亿～6 亿 m^3，平均最大 1 日洪量为 4.50 亿 m^3，约占洪水总量的 15%。图 6-20 展示了该类洪水的六场代表性洪水，该类洪水的形态特征：历时较长，平均洪水总历时约为 15d，其中，涨水历时和退水历时相当，洪水涨水退水特性较为一致，洪峰时间偏度值约为 0.5，该类洪水为洪峰居中型洪水；高脉冲时间占比仅为 0.18，即较大流量的持续时长仅占洪水总历时的 18%，可见该类洪水的洪峰峰顶较窄；相比于高强度平坦型洪水，该类洪水的洪量集中程度和峰型系数这两个指标值都较大，分别为 0.16 和 0.46，因此该类洪水的峰型较尖峭、洪量较集中。

表 6-9　中强度尖峭型洪水的特征指标平均值

洪水指标	洪峰流量/(m^3/s)	洪峰水位/m	洪水总量/亿 m^3	最大 1 日洪量/亿 m^3	洪水总历时/h	涨水历时/h	退水历时/h	洪峰时间偏度
平均值	5372	9.17	32.17	4.50	363.26	165.15	198.11	0.46
洪水指标	涨水点仰角值	退水点仰角值	偏度	峰度	高脉冲时间占比	洪量集中程度	峰型系数	
平均值	27.09	24.87	1.04	3.03	0.18	0.16	0.46	

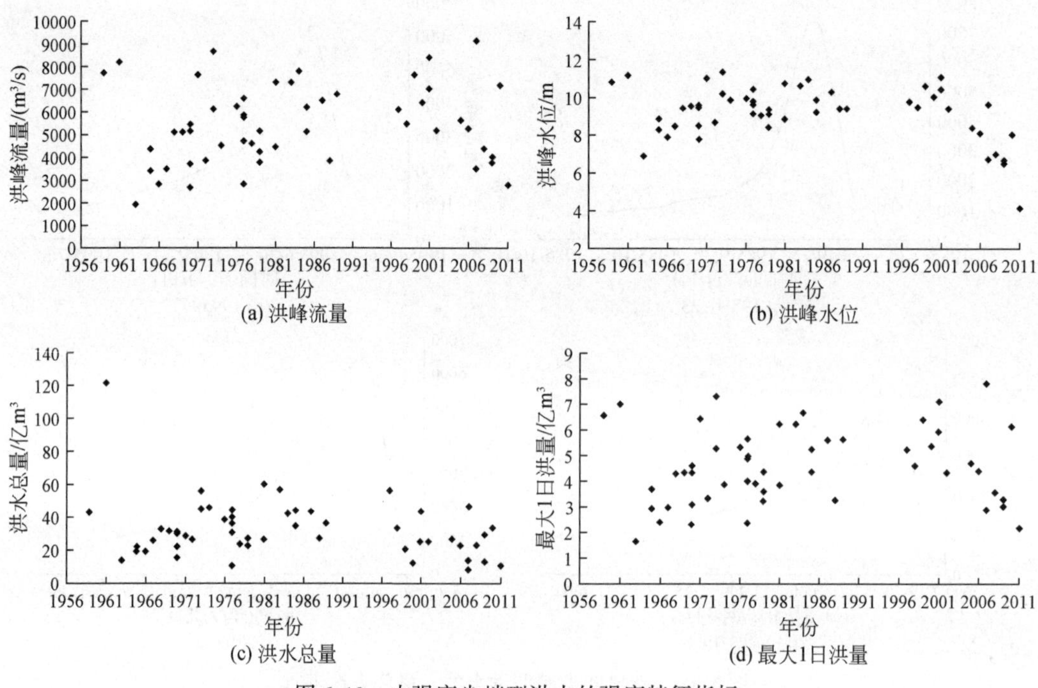

(a) 洪峰流量　(b) 洪峰水位

(c) 洪水总量　(d) 最大1日洪量

图 6-19　中强度尖峭型洪水的强度特征指标

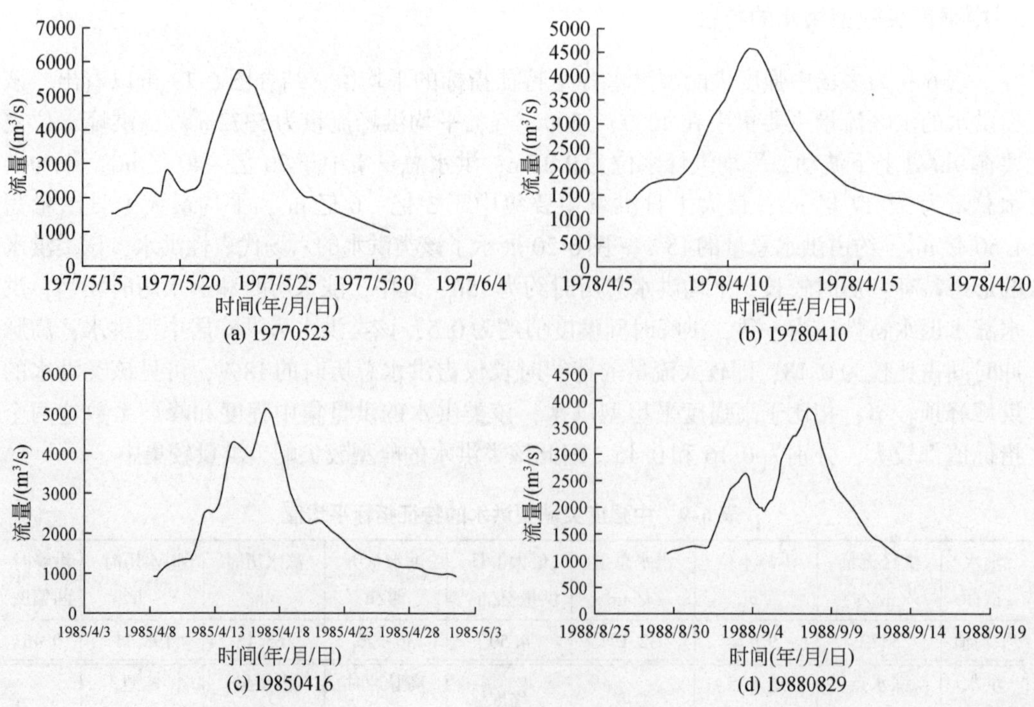

(a) 19770523　(b) 19780410

(c) 19850416　(d) 19880829

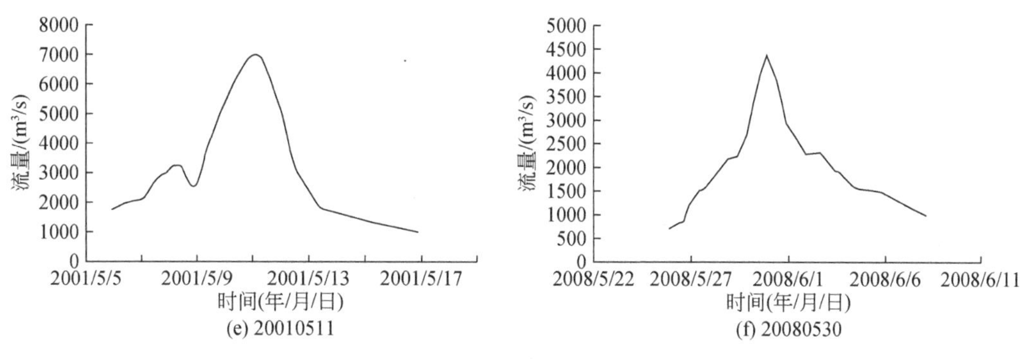

图 6-20　中强度尖峭型洪水的六场代表性洪水

4. 低强度平坦型洪水的特征

表 6-10 为多场低强度平坦型洪水各个特征指标的平均值，结合图 6-21 可以看出，该类洪水的强度较小，洪峰流量主要集中在 3000 ~ 5000m^3/s，平均洪峰流量约为 4000m^3/s；洪峰水位主要在 8m 左右波动，平均洪峰水位为 8. 30m；洪水总量在10 亿 ~ 40 亿 m^3波动，平均洪水总量为 25. 29 亿 m^3；平均最大 1 日洪量约为 3 亿 m^3。图 6-22 展示了该类洪水的六场代表性洪水，该类洪水的形态特征：平均洪水总历时约为 325h，其中，涨水历时较短，退水历时较长，平均洪峰时间偏度值为 0. 30，该类洪水为洪峰靠前型洪水；由于洪峰流量较小，且退水历时较长，因此该类洪水的退水过程较涨水段平缓；平均洪量集中程度值较小，仅为 0. 15，即最大 1 日洪量约占洪水总量的 15%，且高脉冲时间占比值与峰型系数都较大，分别为 0. 28 和 0. 55，说明该类洪水的峰顶较宽、洪量较分散、洪水峰型平坦。

表 6-10　低强度平坦型洪水的特征指标平均值

洪水指标	洪峰流量/(m^3/s)	洪峰水位/m	洪水总量/亿 m^3	最大 1 日洪量/亿 m^3	洪水总历时/h	涨水历时/h	退水历时/h	洪峰时间偏度
平均值	3903	8. 30	25. 29	3. 29	326. 67	97. 92	228. 75	0. 30
洪水指标	涨水点仰角值	退水点仰角值	偏度	峰度	高脉冲时间占比	洪量集中程度	峰型系数	
平均值	32. 54	13. 56	0. 71	2. 27	0. 28	0. 15	0. 55	

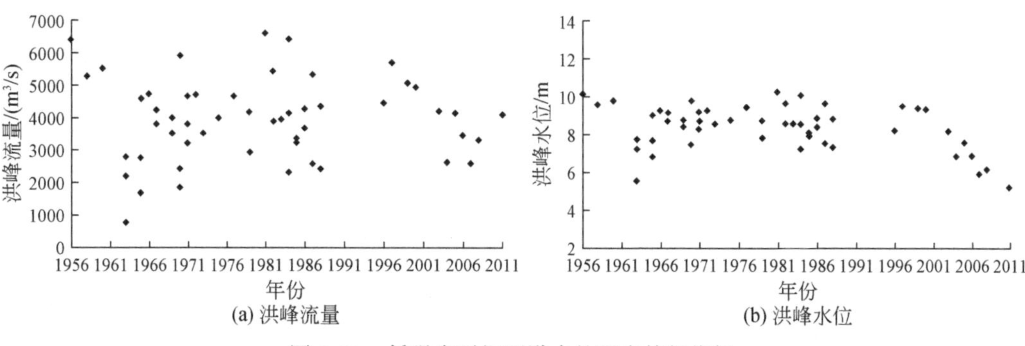

图 6-21　低强度平坦型洪水的强度特征指标

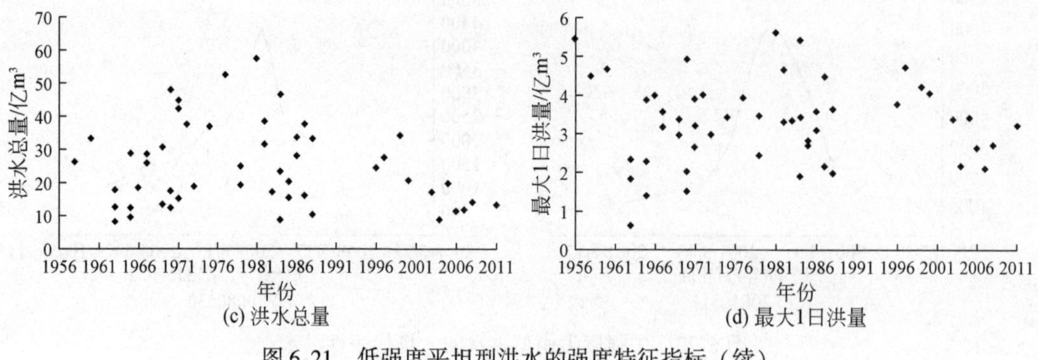

(c) 洪水总量

(d) 最大1日洪量

图 6-21 低强度平坦型洪水的强度特征指标（续）

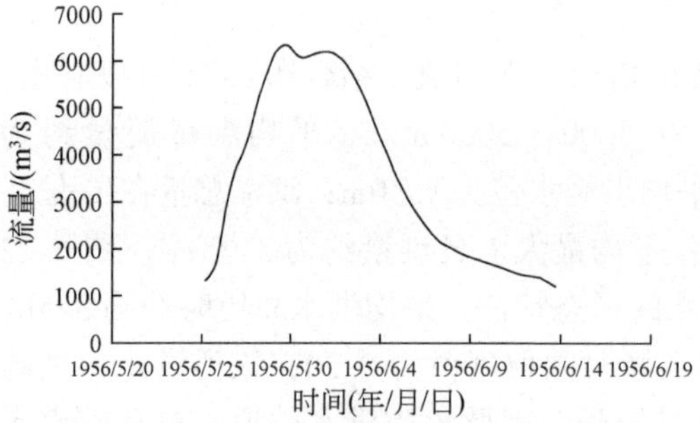

(a) 19560529

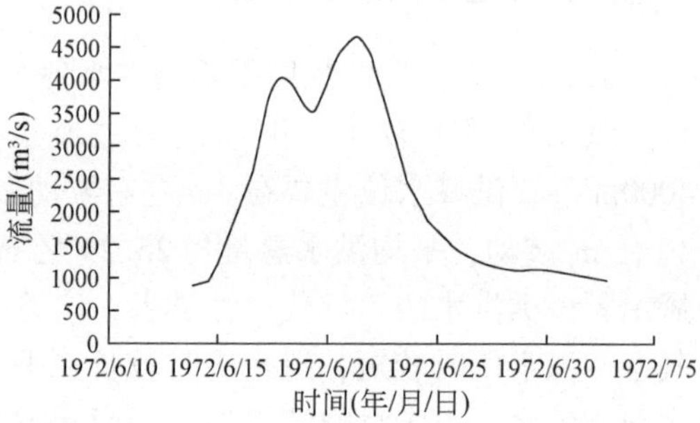

(b) 19720613

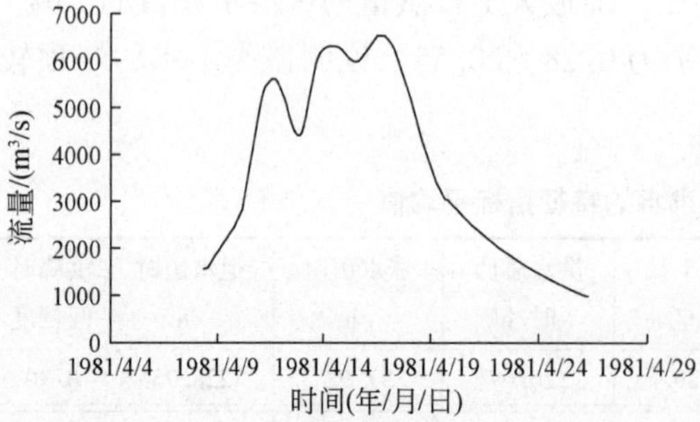

(c) 19810416

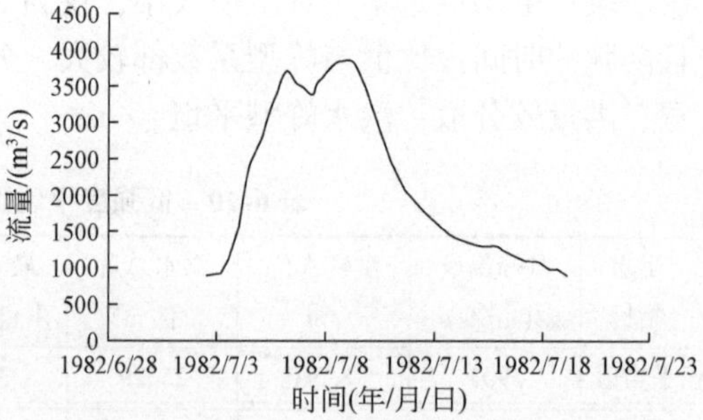

(d) 19820702

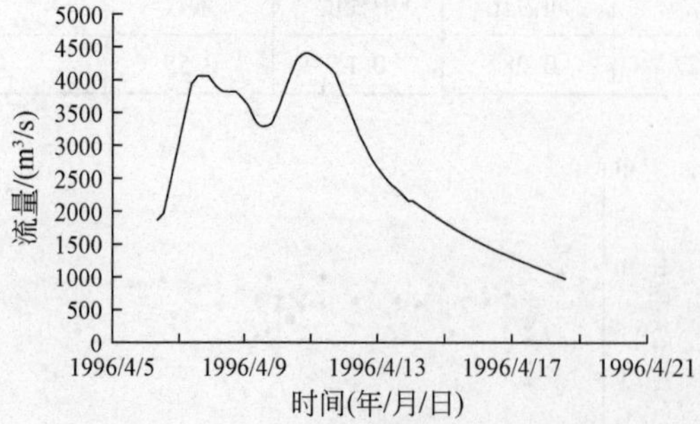

(e) 19960410

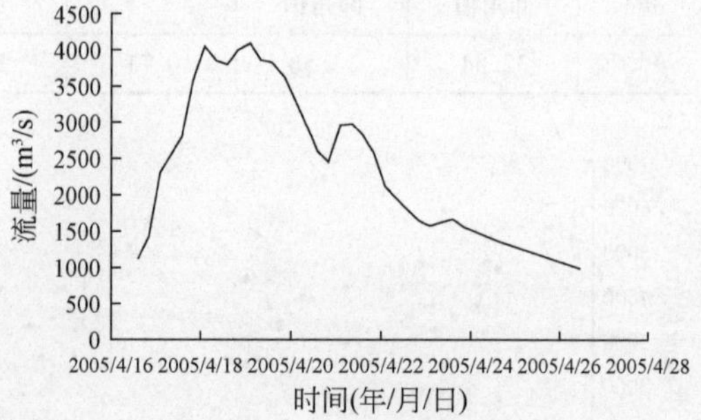

(f) 20050419

图 6-22 低强度平坦型洪水的六场代表性洪水

5. 低强度尖峭型洪水的特征

表6-11 为多场低强度尖峭型洪水各个特征指标的平均值，结合图6-23 看洪水的强度特征，该类洪水的强度较小，洪峰流量主要集中在 4000 ~ 6000m^3/s，平均洪峰流量约为 4800m^3/s；洪峰水位主要在 8 ~ 10m 波动，平均洪峰水位约为 9m；洪水总量为 10 亿 ~ 50 亿 m^3，主要集中于 40 亿 m^3以下，平均洪水总量为 24. 34 亿 m^3；最大 1 日洪量主要集中于 3 亿 ~ 5 亿 m^3，平均最大 1 日洪量约为 4 亿 m^3。图 6-24 展示了该类洪水的六场代表性洪水，该类洪水的形态特征：平均洪水总历时约为 350h，退水历时约为 265h，占洪水总历时较大比重，平均洪峰时间偏度值为 0. 23，该类洪水为洪峰靠前型洪水；相应地，该类洪水的涨水点仰角值比退水点仰角值大得多，表现为涨水快，退水慢；平均峰度值较大，为 4. 46，且高脉冲时间占比值较小，洪量集中程度平均值较大，说明该类洪水的峰顶较窄、峰型较尖峭、洪量较集中。

表 6-11　低强度尖峭型洪水的特征指标平均值

洪水指标	洪峰流量/(m^3/s)	洪峰水位/m	洪水总量/亿 m^3	最大 1 日洪量/亿 m^3	洪水总历时/h	涨水历时/h	退水历时/h	洪峰时间偏度
平均值	4805	8. 94	24. 34	4. 02	349. 04	83. 64	265. 4	0. 23
洪水指标	涨水点仰角值	退水点仰角值	偏度	峰度	高脉冲时间占比	洪量集中程度	峰型系数	
平均值	46. 74	16. 07	1. 82	4. 46	0. 18	0. 20	0. 40	

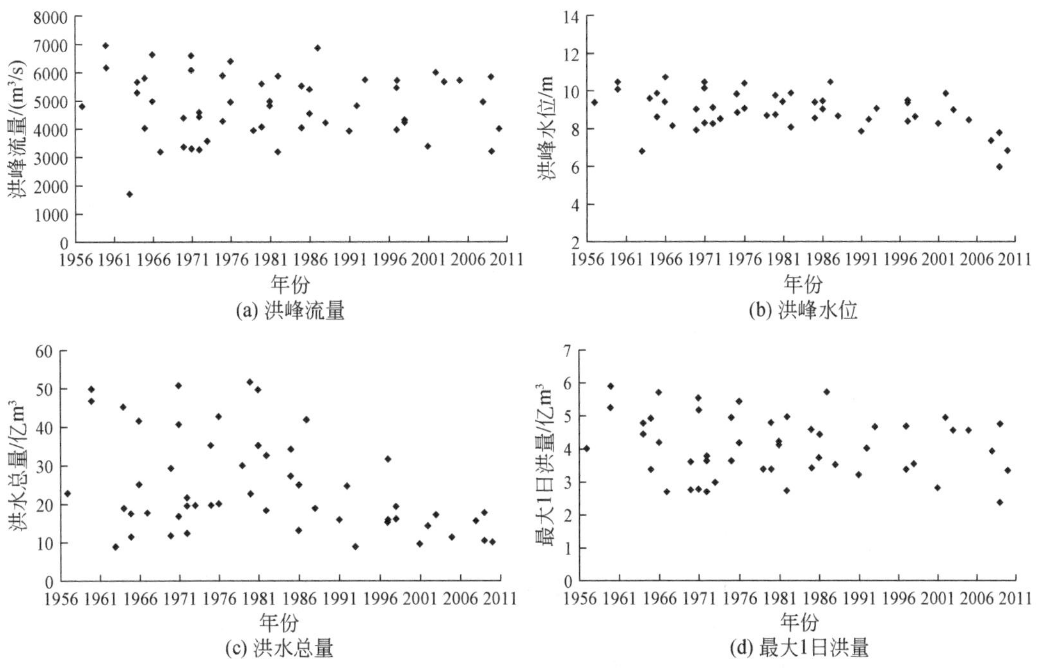

图 6-23　低强度尖峭型洪水的强度特征指标

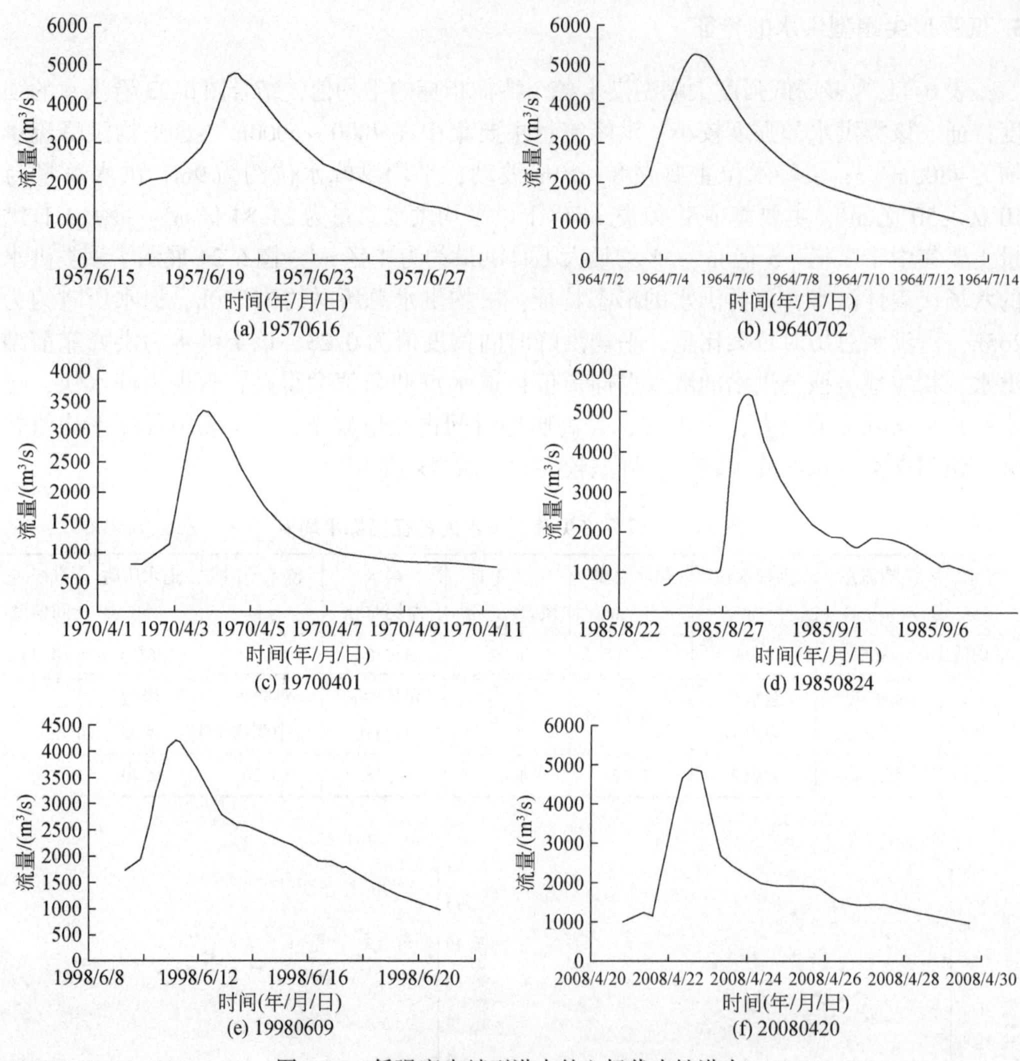

图 6-24 低强度尖峭型洪水的六场代表性洪水

6.4 洪水过程变化特征分析

6.4.1 洪水类型分布变化情况

一般来说，突变点的选取有两种方法，一种是简单地以建坝时间划分，以评价水利工程对河流水文情势的影响；另一种则是以一个特定水文指标（如年平均流量）的突变点划分，以综合地评价受到气候变化和人类活动影响以后河流水文情势的变化情况。第一种划分方法明确地指出水文情势的变化是由水利工程引起的，而第二种方法并没有明确指出变异的原因，只是综合地评价各扰动因素对河流水文情势造成的影响。本章探讨变化环境下北江流域洪水过程的变化特征，其中，变化环境主要考虑气候变化和飞来峡水库建设的影响，因此，采取第一种划分方法，即把飞来峡水利枢纽竣工投产的时间 1999 年作为节点，将水文序列分为前后两个序列：1956 ~ 1998 年和 1999 ~ 2011 年。

表 6-12 为各类洪水的分布变化情况，可以看出，1956 ~ 1998 年发生的 190 场洪水中，除第 2 类洪水外，其余四类洪水的分布都较为均匀，所占洪水总场次比重均超过 20%，年均发生频次约为 1 场/a；1999 ~ 2011 年发生的 61 场洪水中，以第 2 类洪水和第 3 类洪水为主，各占洪水总场次比重为 36.07% 和 24.59%，年均发生频次均超过 1 场/a。1999 年之后，第 2 类和第 3 类洪水的年均发生频次均增加了，以第 2 类洪水增加最为显著，变化率高达 230.77%；而第 1 类、第 4 类和第 5 类洪水的年均发生频次均减少了。综合看来，北江流域的洪水类型以中强度尖峭型和高强度尖峭型洪水两种类型的洪水为主。

表 6-12　各类洪水的年际分布变化情况

洪水类别	频数/场		所占比重/%		年均发生频次/(场/a)		
	1956 ~ 1998 年	1999 ~ 2011 年	1956 ~ 1998 年	1999 ~ 2011 年	1956 ~ 1998 年	1999 ~ 2011 年	变化率/%
第 1 类	41	7	21.58	11.48	0.95	0.54	-43.53
第 2 类	22	22	11.58	36.07	0.51	1.69	230.77
第 3 类	39	15	20.53	24.59	0.91	1.15	27.22
第 4 类	43	9	22.63	14.75	1	0.69	-30.77
第 5 类	45	8	23.68	13.11	1.05	0.62	-41.20
合计	190	61	100.00	100.00	/	/	/

6.4.2　洪水全过程异变分析

已有研究成果显示，北江流域的洪水特性受极端气候的影响较为显著。例如，武传号等（2015）的研究表明近些年来极端高温事件显著增加，气候呈稳定变暖趋势，因而洪水强度总体上呈现微弱上升趋势；肖恒等（2013）根据第五次耦合模式比较计划（CMIP5）提出的全球气候模式，耦合大尺度水文模型模拟了珠江流域多个水文控制站点的日流量过程，并评估未来 30 年气候变化对洪水的影响，结果表明北江流域的洪峰流量和洪水总量主要呈现增加趋势，且未来洪水遭遇的可能性增加；马瑞（2009）的研究发现，20 世纪 90 年代，受气象因素的波动，西北江三角洲的来水偏丰，洪水次数明显增加。因此，受气候变化的影响，北江流域洪水的强度呈增大趋势。

1. 高强度平坦型洪水

1）洪水的强度变化特征

图 6-25 和表 6-13 分别为高强度平坦型洪水的洪峰流量、洪峰水位、洪水总量和最大 1 日洪量四个强度指标的分布及其变化情况。如图 6-27(a)所示，1999 年以前，41

场洪水的洪峰流量主要分布在11000m³/s左右，1999年以后，七场洪水的平均洪峰流量略有增加，约为12000m³/s，其中，有四场洪水的洪峰流量值低于1999年以前的平均水平，根据历史资料统计，北江流域2006年7月突发极端洪水事件，加上1999年之后的样本数较少，导致其平均值受极端异常值的影响较大，因此1999年以后洪水的洪峰流量平均值略微上升，同样，最大1日洪量也呈现微弱增大［图6-27(d)］，其变化幅度与洪峰流量相似，约为9.5%；1999年以前，41场洪水的洪峰水位平均值为12.40m，1999年以后的七场洪水中，有五场洪水的洪峰水位值约为1999年以前的平均水平，另外两场洪水的洪峰水位出现较为明显的下降；洪水总量出现微弱减小，其变化幅度为-11.67%。总体上看，飞来峡水库建设对高强度平坦型的洪水的强度的削弱作用不明显，这可能与飞来峡水库为不完全日调节水库的性质有关。

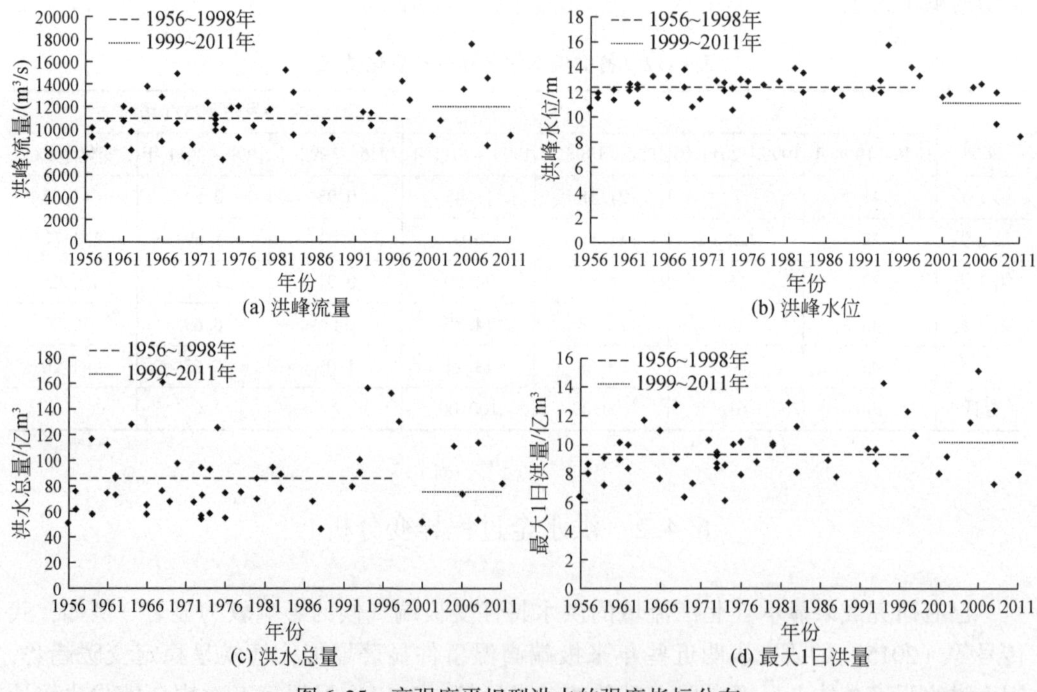

图6-25 高强度平坦型洪水的强度指标分布

表6-13 高强度平坦型洪水的强度指标变化情况

洪水强度指标	1956~1998年	1999~2011年	变化幅度/%
洪峰流量/(m³/s)	10938.80	11962.05	9.35
洪峰水位/m	12.40	11.16	-9.93
洪水总量/亿m³	85.39	75.43	-11.67
最大1日洪量/亿m³	9.28	10.17	9.51

2）洪水的形态变化特征

表6-14为高强度平坦型洪水的形态指标变化情况表，结合1999年前后四场代表性

洪水进行分析，如图 6-26 所示。洪水总历时、涨水历时和退水历时都出现了不同程度的延长，洪水总历时从 456h 延长至 557. 63h，以退水历时较为显著，其变化幅度为 25. 56%，涨水历时延长幅度小于洪水总历时，因此洪峰时间偏度微弱增大，且偏度值微弱变小。19640610 场次和 19720505 场次洪水的洪峰（主峰）位置都较靠前，20010418 场次和 20080619 场次洪水的洪峰稍往后移；涨水点仰角值和退水点仰角值分别呈现减小和增大的趋势，说明洪水的涨水变慢，而退水变快，且退水的变化幅度更大，高达 40. 69%；另外，该类洪水的高脉冲时间占比值微弱减小，说明较大流量持续时长占总历时比重减小了，洪水的强度在一定程度上得到了削弱作用；洪量集中程度值微弱增大了，可见洪水朝着洪量更集中的形态发展，19640610 场次和 19720505 场次洪水的峰腰较宽，洪量较分散，而 20010418 场次和 20080609 场次洪水的峰腰相对较瘦，洪量较为集中。

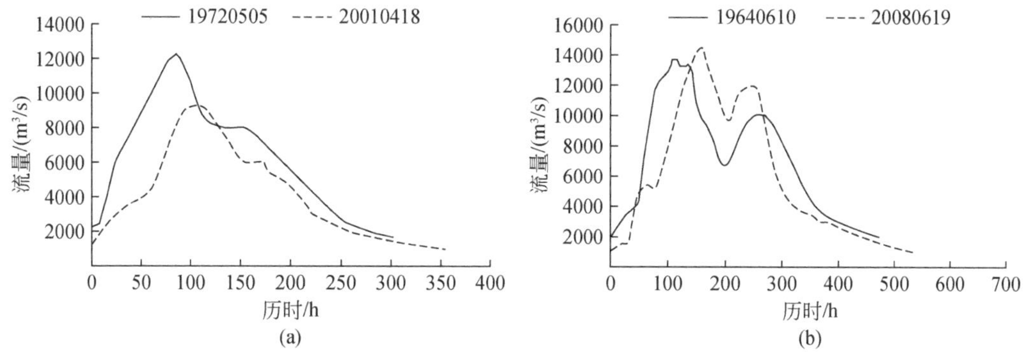

图 6-26　高强度平坦型洪水变化前后的四场代表性洪水

表 6-14　高强度平坦型洪水的形态指标变化情况

洪水形态指标	1956 ~ 1998 年	1999 ~ 2011 年	变化幅度/%
洪水总历时/h	456. 00	557. 63	22. 29
涨水历时/h	151. 14	174. 85	15. 69
退水历时/h	304. 86	382. 78	25. 56
洪峰时间偏度	0. 31	0. 33	5. 85
涨水点仰角值	75. 66	59. 55	-21. 29
退水点仰角值	26. 87	37. 80	40. 69
偏度	0. 98	0. 95	-3. 54
峰度	2. 76	2. 48	-10. 05
高脉冲时间占比	0. 19	0. 16	-14. 39
洪量集中程度	0. 12	0. 14	25. 45
峰型系数	0. 39	0. 39	0. 00

2. 高强度尖峭型洪水

1）洪水的强度变化特征

图 6-27 和表 6-15 分别为高强度尖峭型洪水的洪峰流量、洪峰水位、洪水总量和最大 1 日洪量四个强度指标的分布及其变化情况。如图 6-29(a)、(d)所示，该类洪水的洪峰流量和最大 1 日洪量在水库建设前后出现较为明显的下降，平均洪峰流量减少了约 $1000m^3/s$，最大 1 日洪量减小量约为 1 亿 m^3，变化幅度分别为 -13.43% 和 -14.14%；洪峰水位明显降低，下降了约 1.0m；1999 年后，洪水总量明显减少，变化幅度约为-40%。因此，飞来峡水库的建设对北江流域高强度尖峭型洪水的洪峰流量有一定的削弱作用，且对洪水总量有较明显的调蓄作用。

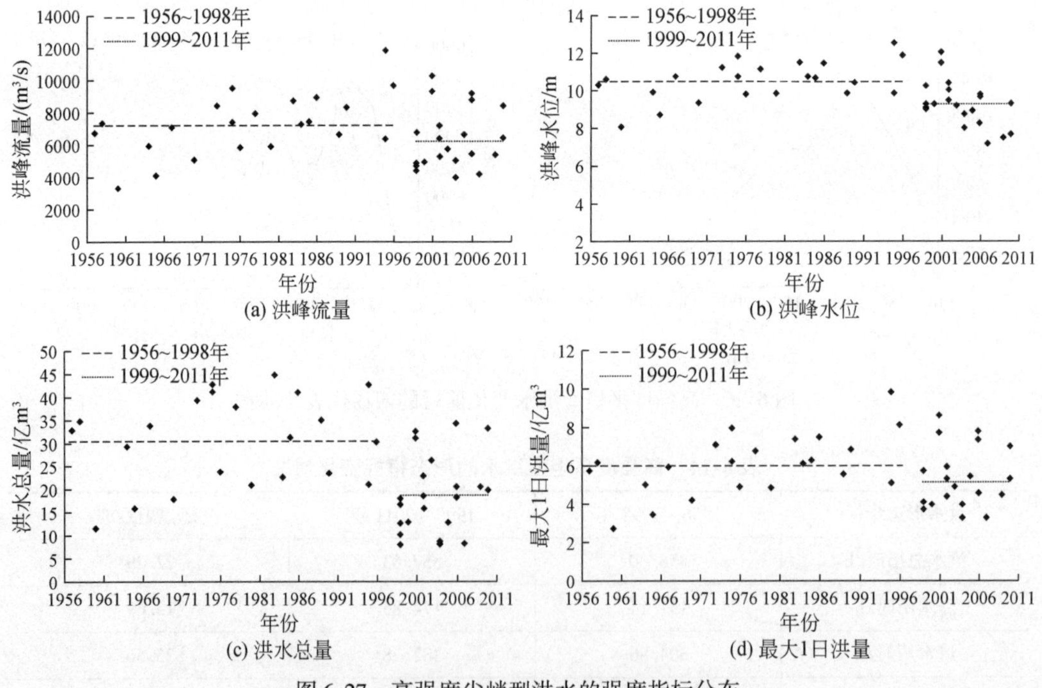

图 6-27 高强度尖峭型洪水的强度指标分布

表 6-15 高强度尖峭型洪水的强度指标变化情况

洪水强度指标	1956～1998 年	1999～2011 年	变化幅度/%
洪峰流量/(m^3/s)	7216.22	6247.08	-13.43
洪峰水位/m	10.49	9.25	-11.77
洪水总量/亿 m^3	30.57	18.59	-39.18
最大 1 日洪量/亿 m^3	6.07	5.21	-14.14

2）洪水的形态变化特征

表 6-16 为高强度尖峭型洪水的形态指标变化情况表，结合 1999 年前后四场代表性洪水进行对比分析该类洪水的形态变化，如图 6-28 所示。洪水总历时、涨水历时和退水历时出现同等程度的延长，延长幅度约为 50%，洪水总历时由 200h 左右延长为 300h 左右，洪峰时间偏度不变，因此洪水的洪峰相对位置保持不变；涨水点仰角值明显减小，而退水点仰角值都明显增大，且变化幅度较一致，说明该类洪水的涨水特性变化特点也是涨水变慢，而退水变快；高脉冲时间占比值减小，说明较大流量的持续时长缩短了。

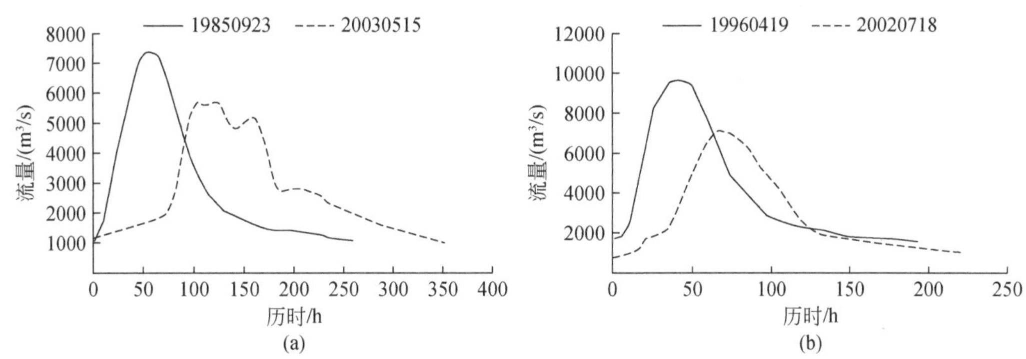

图 6-28　高强度尖峭型洪水变化前后的四场代表性洪水

表 6-16　高强度尖峭型洪水的形态指标变化情况

洪水形态指标	1956～1998 年	1999～2011 年	变化幅度/%
洪水总历时/h	203.50	309.45	52.07
涨水历时/h	45.09	69.95	55.14
退水历时/h	158.41	239.50	51.19
洪峰时间偏度	0.23	0.23	0
涨水点仰角值	117.98	90.50	-23.29
退水点仰角值	26	34.85	34.01
偏度	1.25	1.41	12.73
峰度	3.17	3.37	6.24
高脉冲时间占比	0.22	0.17	-21.65
洪量集中程度	0.21	0.31	50.19
峰型系数	0.38	0.4	5.75

3. 中强度尖峭型洪水

1）洪水的强度变化特征

图 6-29 和表 6-17 分别为中强度尖峭型洪水的洪峰流量、洪峰水位、洪水总量和最大 1 日洪量四个强度指标的分布及其变化情况。如图 6-30 所示，1999 年前，各场洪水

的洪峰流量主要分布在5300m³/s左右，1999年后的15场洪水中，有九场洪水的洪峰流量值低于1999年前的平均水平，而有两场洪水的洪峰流量值较大，导致洪峰流量的变化趋势呈现不明显增大；最大1日洪量未发生明显的变化趋势；1999年前，洪峰水位平均值为9.52m，1999年后洪峰水位值出现较为明显的下降，下降幅度达到-13.46%；洪水总量明显减少，从35.45亿m³减少到23.65亿m³，变化幅度较大，超过-30%。因此，飞来峡水库的建设对北江流域的中强度尖峭型洪水的强度的削弱作用主要体现在对洪水总量的调节作用上，对洪峰的削弱作用不太明显。

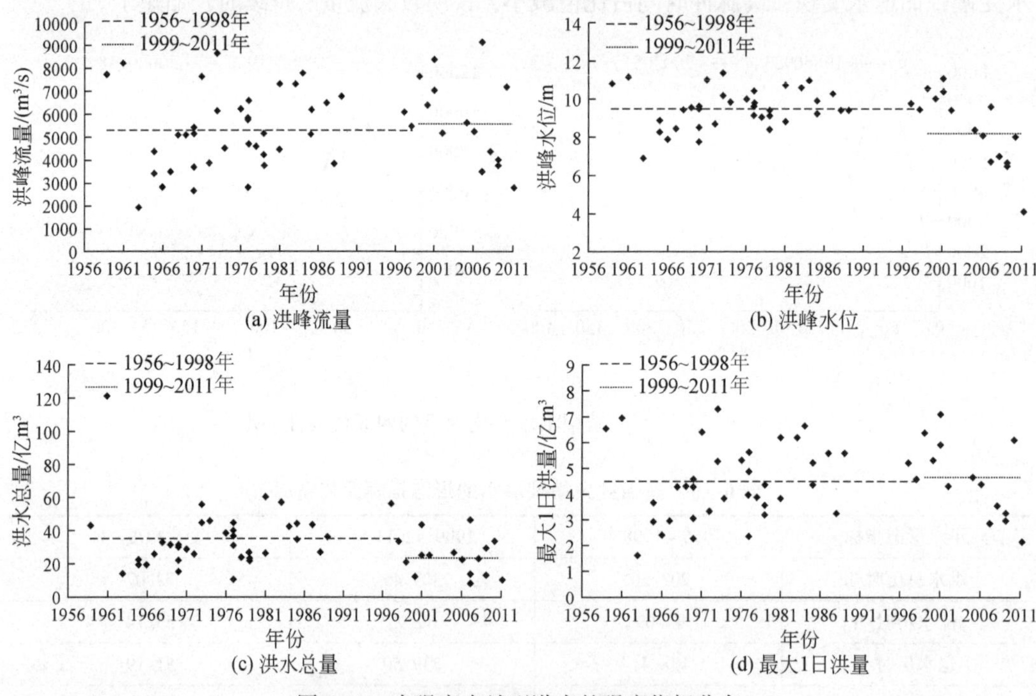

图6-29　中强度尖峭型洪水的强度指标分布

表6-17　中强度尖峭型洪水的强度指标变化情况

洪水强度指标	1956～1998年	1999～2011年	变化幅度/%
洪峰流量/(m³/s)	5290.10	5583.95	5.55
洪峰水位/m	9.52	8.24	-13.46
洪水总量/亿m³	35.45	23.65	-33.28
最大1日洪量/亿m³	4.46	4.62	3.59

2）洪水的形态变化特征

表6-18为中强度尖峭型洪水的形态指标变化情况表，对1999年前后挑选四场代表性洪水进行分析，如图6-30所示。洪水总历时、涨水历时和退水历时都延长了，平均洪水总历时从264h延长至400h以上，退水历时的变化幅度明显大于涨水历时的变化

幅度。可见，洪峰时间偏度微弱增大，约为0.5，且偏度值微弱变小，洪水的峰型显得更加对称，洪峰相对更加居中，如20080525场次洪水；该类洪水的高脉冲时间占比值和峰型系数都未发生明显变化，洪量集中程度值明显增大，说明洪水朝着洪量更集中、洪峰更尖俏的形态发展，19790830场次和19850408场次洪水的峰腰较宽，洪量较分散，而20080525场次洪水的峰腰相对较瘦，洪量较为集中，洪水过程在涨到洪峰位置处快速退水，使得较大流量的持续时长微弱缩短。

表6-18　中强度尖峭型洪水的形态指标变化情况

洪水形态指标	1956～1998年	1999～2011年	变化幅度/%
洪水总历时/h	264.00	401.44	52.06
涨水历时/h	123.60	181.13	46.54
退水历时/h	140.40	220.31	56.91
洪峰时间偏度	0.45	0.48	5.79
涨水点仰角值	37.55	23.07	-38.56
退水点仰角值	19.88	37.84	90.30
偏度	1.06	1.02	-3.55
峰度	3.09	2.85	-7.67
高脉冲时间占比	0.19	0.18	-4.76
洪量集中程度	0.14	0.22	58.71
峰型系数	0.46	0.45	-2.37

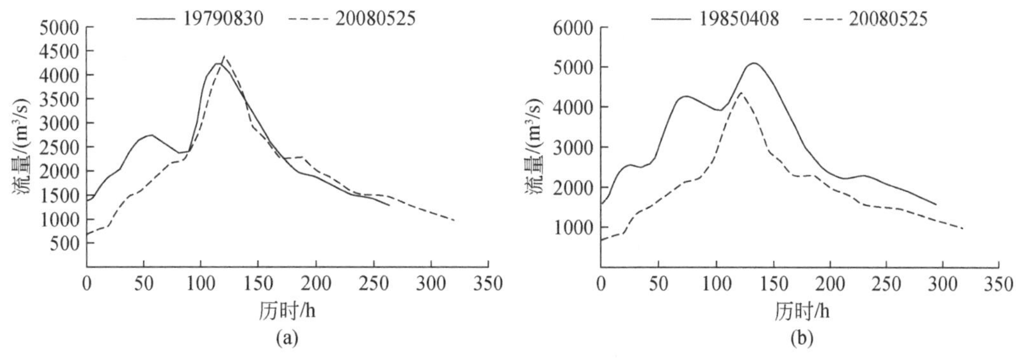

图6-30　中强度尖峭型洪水变化前后的四场代表性洪水

4. 低强度平坦型洪水

1）洪水的强度变化特征

图6-32和表6-19分别为低强度平坦型洪水的洪峰流量、洪峰水位、洪水总量和最大1日洪量四个强度指标的分布及其变化情况。如图6-31所示，该类洪水的洪峰流量呈现微弱减小的趋势，1999年前，各场洪水的洪峰流量主要分布在4000m^3/s左右，

1999 年后平均洪峰流量值约为 3900m³/s；最大 1 日洪量的变化趋势与洪峰流量相似；洪峰水位明显降低，从 1999 年前平均值为 8.53m，到 1999 年后下降为 7.24m，下降幅度达到-15.10%；洪水总量明显减少，从 27.05 亿 m³减少到 16.85 亿 m³，变化幅度较大，高达-37.70%。因此，飞来峡水库的建设对北江流域的低强度平坦型洪水的强度的削弱作用也主要体现在对洪水总量的调节作用上，对洪峰的削弱作用不太明显。

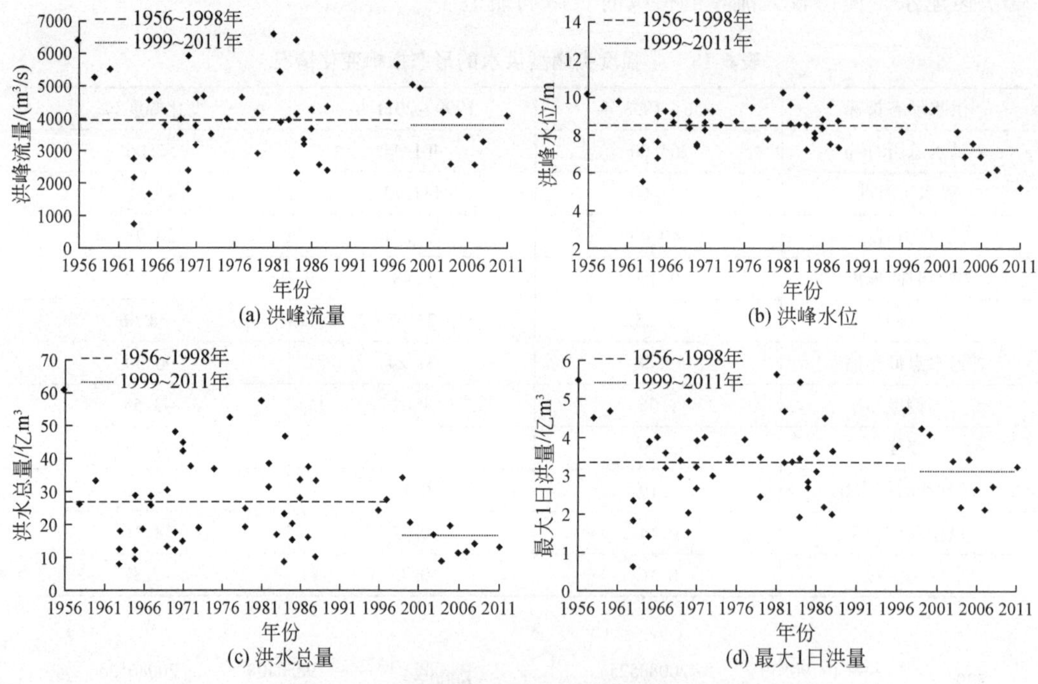

图 6-31　低强度平坦型洪水的强度指标分布

表 6-19　低强度平坦型洪水的强度指标变化情况

洪水强度指标	1956～1998 年	1999～2011 年	变化幅度/%
洪峰流量/(m³/s)	3926.35	3791.87	-3.42
洪峰水位/m	8.53	7.24	-15.10
洪水总量/亿 m³	27.05	16.85	-37.70
最大 1 日洪量/亿 m³	3.33	3.10	-6.99

2）洪水的形态变化特征

表 6-20 为低强度平坦型洪水的形态指标变化情况表，对 1999 年前后挑选四场代表性洪水进行对比分析，如图 6-32 所示。洪水总历时、涨水历时和退水历时出现同等程度的延长，变化幅度约为 50%；由于洪水的涨水历时与退水历时的变化较为一致，因此洪峰时间偏度值基本未发生变化，洪峰相对位置基本保持不变；由于洪水总历时明显延长，因此在变化环境的影响下，洪水的洪峰出现时间稍有后移；涨水点仰角值和退水点仰角值分别呈现减小和增大的趋势，说明洪水的涨水变慢，而退水变快，且退

水的变化幅度更大，高达 41.16%；另外，该类洪水的高脉冲时间占比值微弱减小，说明较大流量持续时长占总历时比重减小了，洪水的强度在一定程度上得到了削弱作用；洪量集中程度值明显增大了，增大幅度高达 43.02%，洪水朝着洪量更集中的形态发展，如 19860511 场次洪水的峰腰较宽，洪量较分散，而 20110628 场次洪水的峰腰相对较瘦，洪量较为集中。

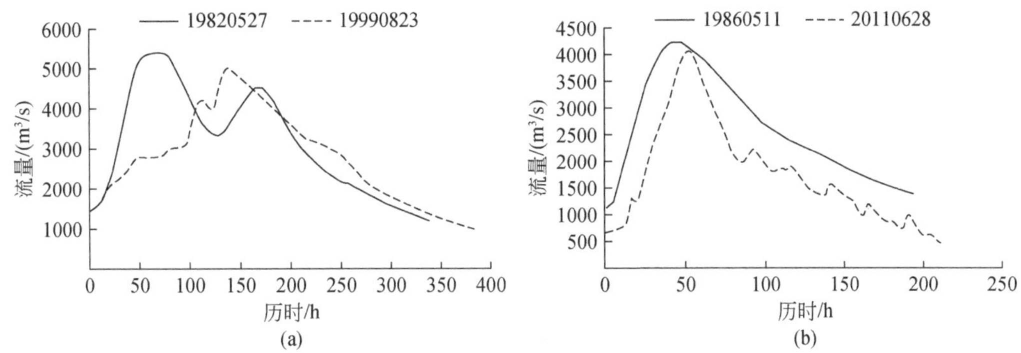

图 6-32　低强度平坦型洪水变化前后的四场代表性洪水

表 6-20　低强度平坦型洪水的形态指标变化情况

洪水形态指标	1956 ~ 1998 年	1999 ~ 2011 年	变化幅度/%
洪水总历时/h	230.22	346.86	50.66
涨水历时/h	71.67	103.42	44.31
退水历时/h	158.56	243.44	53.54
洪峰时间偏度	0.30	0.31	5.65
涨水点仰角值	37.25	31.55	-15.29
退水点仰角值	12.66	17.87	41.16
偏度	0.65	1.02	56.83
峰度	2.20	2.59	17.60
高脉冲时间占比	0.29	0.25	-12.30
洪量集中程度	0.14	0.20	43.02
峰型系数	0.55	0.53	-3.82

5. 低强度尖峭型洪水

1) 洪水的强度变化特征

图 6-33 和表 6-21 分别为低强度尖峭型洪水的洪峰流量、洪峰水位、洪水总量和最大 1 日洪量四个强度指标的分布及其变化情况。如图 6-34，该类洪水的洪峰流量和最大 1 日洪量在水库建设前后基本不变，洪峰流量基本保持在 4000m³/s 左右，最大 1 日洪量基本保持在 4 亿 m³的水平；洪峰水位明显降低，下降了约 1.0m；1999 年后，洪水总量显著减少，约为 1999 年前平均水平的一半。因此，飞来峡水库的建设对北江流域

的低强度尖峭型洪水的强度的影响主要体现为对洪水总量的滞蓄作用，对洪峰的削弱作用不太明显。

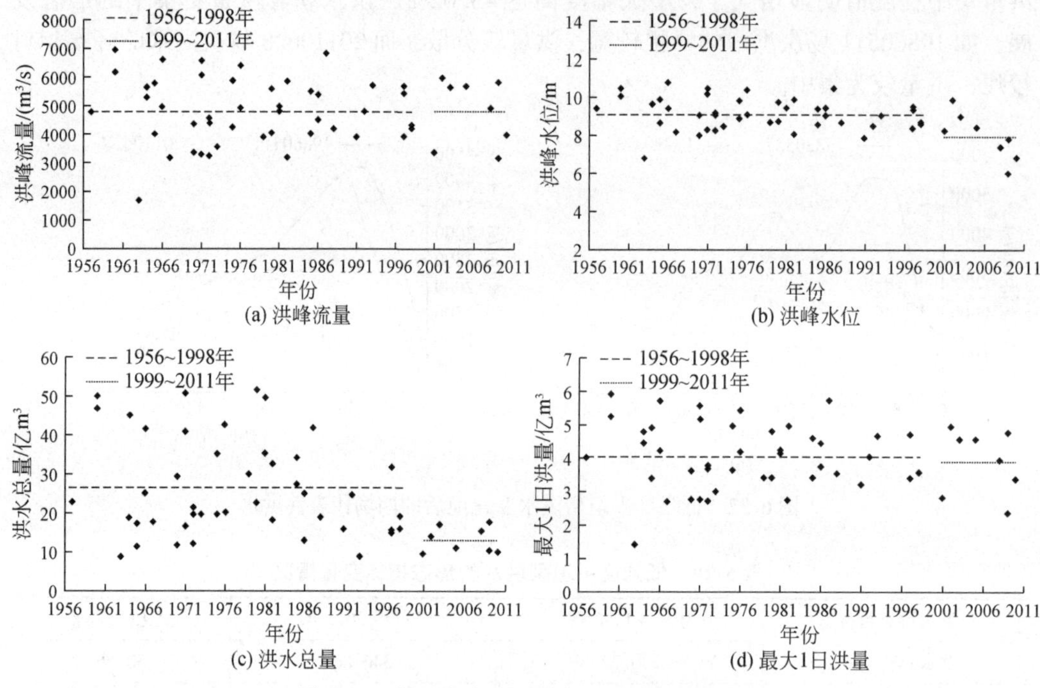

图 6-33 低强度尖峭型洪水的强度指标分布

表 6-21 低强度尖峭型洪水的强度指标变化情况

洪水强度指标	1956～1998 年	1999～2011 年	变化幅度/%
洪峰流量/(m^3/s)	4803.77	4811.41	0.16
洪峰水位/m	9.12	7.93	-13.06
洪水总量/亿 m^3	26.33	13.14	-50.08
最大 1 日洪量/亿 m^3	4.04	3.89	-3.69

2）洪水的形态变化特征

表 6-22 为低强度尖峭型洪水的形态指标变化情况表，结合 1999 年前后挑选四场代表性洪水进行对比分析，如图 6-34 所示。洪水总历时、涨水历时和退水历时都显著延长，变化幅度均高达 80% 左右；涨水历时变化幅度略大于洪水总历时的变化幅度，因此洪峰时间偏度微弱增大，即洪水的洪峰相对位置稍往后移；涨水点仰角值和退水点仰角值分别出现减小和增大的变化趋势，变化幅度分别为-34.16% 和 62.87%，洪水的退水历时和退水点仰角值的增大幅度都较大，可见该类洪水的退水更快；高脉冲时间占比值未发生变化，可见该类洪水的峰型峭度保持不变。

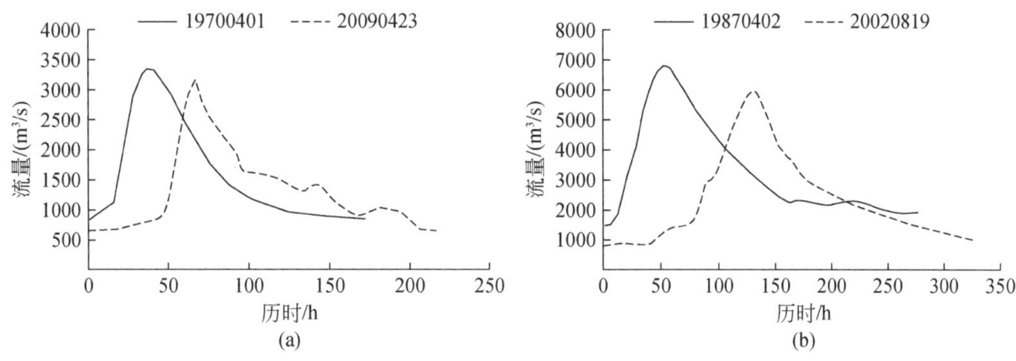

图 6-34　低强度尖峭型洪水变化前后的四场代表性洪水

表 6-22　低强度尖峭型洪水的形态指标变化情况

洪水形态指标	1956～1998 年	1999～2011 年	变化幅度/%
洪水总历时/h	208.38	374.04	79.51
涨水历时/h	48.50	89.89	85.34
退水历时/h	159.88	284.16	77.74
洪峰时间偏度	0.23	0.24	1.17
涨水点仰角值	65.84	43.35	-34.16
退水点仰角值	14.68	23.90	62.87
偏度	1.73	2.33	34.73
峰度	4.25	5.63	32.48
高脉冲时间占比	0.18	0.18	0.00
洪量集中程度	0.18	0.30	68.94
峰型系数	0.40	0.37	-6.73

6.5　小　　结

近年来受气候变化和剧烈人类活动的双重影响，北江流域频繁遭遇极端洪涝灾害，对下游西北江三角洲地区广州、佛山、中山和珠海等各大城市的人民生活生产安全造成了极大的威胁，并严重制约了区域经济社会现代化发展。以北江干流水文控制站石角站为例，探讨变化环境下北江流域洪水过程的变化特征，对于北江流域以及下游三角洲地区的水量调度管理和洪水资源规划利用都具有重要意义。形成的主要成果如下。

（1）从洪水强度和洪水形态两个方面体现洪水的全过程，可构建一个包含 15 个洪水特征指标的指标体系，如洪峰流量、洪峰水位、洪水总量和最大 1 日洪量四个强度指标与偏度、峰度、洪水总历时、涨水点仰角值、退水点仰角值、涨水历时、退水历时、洪峰时间偏度、洪量集中程度、峰型系数和高脉冲时间占比 11 个形态指标。

（2）北江流域典型 251 场洪水分为五类，分别为高强度平坦型洪水、高强度尖峭型洪水、中强度尖峭型洪水、低强度平坦型洪水和低强度尖峭型洪水，其特征分别为：高强度平坦型洪水表现为峰高量大，历时长，洪峰靠前，涨水快、退水慢，峰型较平坦，洪量较分散；高强度尖峭型洪水表现为强度较大，历时短，洪峰靠前，涨水快、退水慢，峰型较尖峭，洪量较集中；中强度尖峭型洪水表现为强度一般，历时较长，洪峰居中，涨水与退水特性较一致，峰型较尖峭，洪量较集中；低强度平坦型洪水表现为强度小、洪峰低，历时较短，洪峰靠前，涨水快、退水慢，峰型较平坦，洪量较分散；低强度尖峭型洪水表现为强度较小、历时较长，洪峰靠前，涨水快、退水慢，峰型较尖峭，洪量较集中。整体上看，北江流域各类洪水存在洪峰靠前，涨水快退水慢的共同特征。

（3）受气候变化的影响，北江流域的洪水强度有增强趋势，加上由于飞来峡水库为不完全日调节水库，库容不大，其建设对北江流域洪水的强度的削弱作用不太明显，而各类洪水的洪峰水位都出现了不同幅度的下降，推测该现象与水库对洪水的拦蓄作用有关。水库的滞蓄作用使得上游水流速度减缓，水面比降减小，导致上游河段出现泥沙淤积，而进入下游河段的输沙量减少，加上水流长期的冲刷作用，河床不断下降。

参考文献

曹银贵，袁春，周伟，等．2008. 基于主成分分析的全国建设用地集约度评价．生态环境，04：1657-1661.

陈昌春，王腊春，张余庆，等．2014. 基于 IHA/RVA 法的修水流域上游大型水库影响下的枯水变异研究．水利水电技术，45(8)：18-22.

陈晓宏，涂新军，谢平，等．2010. 水文要素变异的人类活动影响研究进展．地球科学进展，08：800-811.

戴昌军，梁忠民，栾承梅．2006. 洪水频率分析中 PDS 模型研究进展．水科学进展，17(1)：136-140.

董爱红．2005. 广义 Pareto 分布及其在水文频率分析中的应用．河海大学硕士学位论文．

杜河清，王月华，高龙华，等．2011. 水库对东江若干河段水文情势的影响．武汉大学学报(工学版)，44(4)：466-470.

范世香．2008. 洪水设计与防治．北京：化学工业出版社．

方彬，郭生练，柴晓玲，等．2005. FPOT 方法在洪水频率分析中的应用研究．水力发电，31(2)：9-12.

葛慧，黄振平，王银堂，等．2011. 基于模糊识别理论的典型洪水选择．水电能源科学，03：56，196.

郭天印，李海良．2002. 主成分分析在湖泊富营养化污染程度综合评价中的应用．陕西工学院学报，03：66.

何耀耀．2010. 基于混沌进化的水库调度和洪灾评估的理论与方法．华中科技大学博士学位论文．

黄焕坤．2001. 飞来峡水库的运行特点．广东水利水电，S3：44-45.

金光炎，王发信，王式成．2002. 工程数据统计分析．南京：东南大学出版社．

金双彦，朱世同，张志恒，等．2013. 皇甫川流域次洪水沙特征值变化特点．水文，05：88-91，96.

李翀，廖文根，彭静，等．2007. 宜昌站 1900～2004 年生态水文特征变化．长江流域资源与环境，16(1)：76-80.

李国英．2002. 关于高维、相依和不完全数据的统计分析．数学进展，(3)：196-199.
柳喜军．2007. 北江石角站水文特性分析．黑龙江科技信息，22：35.
吕宏军，赵建华．2002. 洪水级别度量的灰色聚类法．江苏水利，12：21-23.
马瑞．2009. 变化环境下西北江三角洲控制站流量特征变化．广东水利水电，03：16-17，20.
马晓超，粟晓玲，薄永占．2011. 渭河生态水文特征变化研究．水资源与水工程学报，22(1)：16-21.
欧剑．2004. 飞来峡-石角河道洪水演进方法研究．河海大学硕士学位论文.
盛长滨．2008. 嫩江流域历史洪水传播特征分析．东北水利水电，11：36-36，71.
石洪波，吕亚丽．2007. 因子分析降维对分类性能的影响研究．中北大学学报(自然科学版)，06：556-561.
汪丽娜．2011. 变化环境下的洪水特性研究及特征量重构的探讨——以武江流域为例．中山大学博士学位论文.
王国玉，于连青．2005. 黄河源区唐乃亥站水沙特性初步分析．青海环境，02：66-65，71.
吴翊．1995. 应用数理统计．北京：国防科技大学出版社.
武传号．2015. 气候变化对北江流域典型洪涝灾害高风险区防洪安全的影响研究．华南理工大学博士学位论文.
武玮，徐宗学，李发鹏．2012. 渭河关中段水文情势改变程度分析．自然资源学报，27(7)：1126-1137.
肖恒，陆桂华，吴志勇，等．2013. 珠江流域未来 30 年洪水对气候变化的响应．水利学报，12：1409-1419.
徐海亮．2000. 西、北江三角洲网河区水面线变异初探．人民珠江，6：16-18.
颜亦琪，陶新，刘吉峰，等．2016. 2000 年以来黄河宁蒙河段开河期冰凌洪水特点分析．水资源与水工程学报，03：176-180.
杨创鹏，朱昆鹏．2006. 北江“05.6”与“98.6”暴雨洪水特性比较分析．中山大学学报论丛，06：206-206.
于剑，程乾生．2002. 模糊聚类方法中的最佳聚类数的搜索范围．中国科学(E 辑)，32(2)：275-280.
曾娟．2012. 大坝对宜昌段水文情势的影响．科技信息，11：87-90.
詹道江，徐向阳，陈元芳．2010. 工程水文学．北京：中国水利水电出版社.
张丽娟，陈晓宏，叶长青，等．2013. 考虑历史洪水的武江超定量洪水频率分析．水利学报，(03)：268-275.
周川，陈元芳，魏琳，等．2011. 适线法在洪水超定量系列频率分析中的应用研究．水电能源科学，29(3)：48-50 .
邹晓峰，陆建江，宋自林．2003. 基于模糊分类关联规则的分类系统．计算机研究与发展，05：651-656.
邹振华，李琼芳，夏自强，等．2007. 丹江口水库对下游汉江径流情势的影响分析．水电能源科学，(04)：36-35.
Ashkar F, Rousselle J. 1987. Partial duration series modeling under the assumption of a poissonian flood count. Journal of Hydrology, 90: 136-144 .
Bezdek J C. 1981. Pattern Recognition with Fuzzy Objective Function Algorithms. Plenum Press.
Caliński T, Harabasz J. 1974. A dendrite method for cluster analysis. Communications in Statistics, 3(1): 1-27.
Davison A C, Smith R L. 1990. Models for exceedances over high thresholds. Journal Royalty Statistical Society B, 52(3): 396-442.

Dimitriadou E, Dolničar S, Weingessel A. 2002. An examination of indexes for determining the number of clusters in binary data sets. Psychometrika, 67(1): 137-159.

Dudoit S, Fridlyand J. 2002. A prediction-based resampling method for estimating the number of clusters in a dataset. Genome Biology, 3(7): RESEARCH0036.

Hu W W, Wang G X, Deng W, et al. 2008. The influence of dams on ecohydrological conditions in the Huaihe River basin, China. Ecological Engineering, 33(3): 236-241.

Kapp A V, Tibshirani R. 2007. Are clusters found in one dataset present in another dataset? Biostatistics, 8(1): 9.

Lang M, Ouarda T B M J, Bobée B. 1999. Towards operational guidelines for over-threshold modeling. Journal of Hydrology, 225(3-4): 106-117.

Richter B D, Baumgartner J V, Powell J, et al. 1996. A method for assessing hydrologic alteration within ecosystems. Conservation Biology, 10(4): 1163-1174.

第7章 河网区洪枯水遭遇研究

西江、北江干流是西北江三角洲主要水源河流，其水文情势直接关系下游西北江三角洲地区的防洪补枯压咸等水资源利用和水灾害防治问题。西江与北江流域自然地理情况和气候类型相似，暴雨形成原因和发生时间以及洪水河道汇流时间也相近，易发生两江同时发生大洪水的情况，如“94·6”、“05·6”和“08·6”等特大洪水；另外，近年来，珠江流域连续干旱，枯水期西、北江干流径流量偏小，两江在思贤滘汇流后在进入西北江三角洲前进行再次分配，导致西北江三角洲枯水期总入流量减小，干旱时有发生，且上游径流量的减少影响了珠江口咸潮的发生情况和剧烈程度，咸潮上溯现象愈加严峻，对非汛期工业、生活用水取水影响严重，对人体健康和经济社会发展带来严重危害。研究变化环境对西北江三角洲洪水遭遇和枯水遭遇的影响，对西江、北江流域以及下游西北江三角洲地区的水量调度和洪水资源规划利用都具有重要意义。

7.1 洪枯水遭遇分析方法

西江和北江同属珠江流域，属亚热带气候，流域内气候状况和下垫面情况又十分类似，径流年内分布和年际分布基本一致，汛期或极端暴雨状况下，洪水的形成原理和时间类似，非汛期枯水情况也类似。两江在思贤滘汇流进入西北江三角洲，会产生洪水或枯水的极端遭遇情况，对下游西北江三角洲防洪补枯工作产生较大压力。径流洪、枯遭遇属水文遭遇的一种，以往的研究中多采用基于传统频率分析的统计方法，本章采用Copula函数分别对两江洪水和枯水情况进行联合概率分布分析。

7.1.1 Copula函数基本原理

1. Copula函数定义

1959年，Sklar将“Copula”函数概念引入统计学理论领域，Sklar用此概念来描述多元变量的一维边缘分布与多元变量联合分布之间的函数关系，将这种函数称为Copula函数。1990年之后，Copula函数发展迅速，“Advance in Probability Distributions with Given Marginals”（1990年，罗马）、“Distributions with Fixed Marginals and Related Topics”（1993年，西雅图）和“Distributions with Given Marginals and Moment Problems”（1996年，布拉格）三次国际会议奠定了Copula函数在现代统计学领域中的重要地位。Schweizer（1991）、Nelsen（1998）及Dall'Aglio等（1993）著名学者对Copula函数进行了深入研究，丰富了Copula函数的内涵，Copula函数的理论体系得到了不断发展和

完善，应用领域得到了不断拓展。

1959 年 Sklar 提出了 Copula 理论，即可以将任意 N 维联合分布函数分解为 N 个边缘分布函数和 1 个连接函数，其中，边缘分布描述单变量分布情况，连接函数描述变量之间相关性。Copula 函数也称“连接函数”，其本质是将多维变量联合分布函数与多个单变量边缘分布函数连接起来。Copula 函数是将多个随机变量的边缘分布相连接得到其联合分布的多维联合分布函数，定义域为［0,1］，在定义域内均匀分布。

1）Sklar 定理——定理 1

令 F 为 x_1，x_2，…，x_n 的联合分布函数，对应边缘分布函数分别为 F_1，F_2，…，F_n，则存在一个 N 元 Copula 函数 C，使得对一切 $x \in R^2$，均存在

$$F(x_1, x_2, \cdots, x_n) = C(F_1(x_1), F_2(x_2), \cdots, F_n(x_n)) \tag{7-1}$$

假定边缘分布函数 $F_i(x_i)$ 为连续函数，则 Copula 函数 C 为唯一确定。假定边缘分布函数 $F_i(x_i)$ 为非连续函数，则 Copula 函数 C 仅在各边缘分布函数值域内唯一确定。假定 C 为 N 维 Copula 函数，F_1，F_2，…，F_n 为边缘分布函数，则式（7-1）中的函数 F 为边缘分布 F_1，F_2，…，F_n 的 N 维联合分布函数。

2）Sklar 定理——定理 2

假定 F，C，F_1，F_2，…，F_n 分别如上述定义，F_1^{-1}，F_2^{-1}，…，F_n^{-1} 分别为 F_1，F_2，…，F_n 的反函数，则任意 $u \in [0,1]^n$，存在

$$C(u) = F(F_1^{-1}(u_1), F_2^{-1}(u_2), \cdots, F_n^{-1}(u_n)) \tag{7-2}$$

由 Sklar 定理看出，Copula 函数能不依赖于随机变量的边缘分布函数而反映出随机变量的相关性关系，所以联合分布可以分为两个独立的部分分别进行处理，包括随机变量的边缘分布以及随机变量间的相关性关系，相关性关系可以用 Copula 函数来表示。Copula 函数突出的优越性表现在联合分布中不同的随机变量不要求相同的边缘分布，随机变量任意不同的边缘分布在经过 Copula 函数相关性关系连接之后，均可构造成为联合分布，而又由于边缘分布包含相应随机变量的信息，故在联合分布转换过程中不会造成信息失真。

2. Copula 函数性质

假定 N 维 Copula 函数 C，$u = (u_1, u_2, \cdots, u_n) \in [0,1]^n, [0,1]^n \in [0,1]$，则 Copula 函数 C 具有以下性质。

（1）Copula 函数 C 的定义域为$[0, 1]^n$。

（2）Copula 函数 C 为有界函数，值域为［0，1］。

（3）对任意 u，如果至少存在一个 $u_k = 0$，$k = 1$，2，…，n，那么 $C(u) = 0$。

（4）对任意 u，若 $i \in [1, n]$，Copula 函数 C 边缘分布 C_i：

$$C_i(u_i) = C(1, \cdots, 1, u_i, 1, \cdots, 1) = u_i \tag{7-3}$$

（5）对任意 u_a，$u_b \in [0, 1]^n$，若满足 $u_{ai} \leqslant u_{bi}$，则 $V_c([u_a, u_b]) \geqslant 0$：

$$V_c([u_a,u_b]) = \sum_{i_1=1}^{2}\sum_{i_2=1}^{2}\cdots\sum_{i_n=1}^{2}(-1)^{i_1+i_2+\cdots+i_n}C(x_{1i_1},x_{2i_2},\cdots,x_{ji_j},\cdots,x_{ni_n}) \tag{7-4}$$

式中，$x_{j1}=u_{aj}$，$x_{j2}=u_{bj}$，$j=1$，2，…，n。

（6）Copula 函数 C 的 Frechét-Hoeffding 边界指 Copula 可能达到的边界：

$$\max(u_1+u_2+\cdots+u_n-n+1,0)\leqslant C(u_1,u_2,\cdots,u_n);n\geqslant 2 \tag{7-5}$$

（7）假定 X_1，X_2，…，X_n 相互独立，联合分布函数唯一：

$$F(x_1,x_2,\cdots,x_n) = \prod_{i=1}^{n}F_i(x_i) \tag{7-6}$$

则 Copula 函数为独立 Copula：

$$C(u_1,u_2,\cdots,u_n) = \prod_{i=1}^{n}u_i \tag{7-7}$$

3. Archimedean Copula 函数

采用不同的构造方法可以构造不同类型的 Copula 函数。Copula 函数类型众多，比较常见的类型有 Archimedean Copula 函数、Plackett Copula 函数及椭圆 Copula 函数。

Archimedean Copula 函数是 Copula 函数中一种重要的类型，又可以分为对称型和非对称型两种，在水文分析领域广泛应用的是对称型 Archimedean Copula 函数，其表达式为

$$C(u)=\varphi^{-1}\left[\sum_{i=1}^{n}\varphi(u_i)\right];\quad i=1,2,\cdots,n \tag{7-8}$$

式中，生成元 φ 在 $[0,\infty]$ 为连续严格递减函数。

水文统计中最常应用的四种二维 Archimedean Copula 函数分别为 Clayton Copula 函数、Gumbel-Hougaard(GH) Copula 函数、Frank Copula 函数和 Ali-Mikhail-Haq(AMH) Copula 函数。

（1）Clayton Copula 函数仅适用于随机变量存在正相关关系的时候，其表达式及生成元分别为

$$C(u,v;\theta)=(u^{-\theta}+v^{-\theta}-1)^{-\frac{1}{\theta}};\quad \theta>0 \tag{7-9}$$

$$\varphi(t;\theta)=\frac{1}{\theta}(t^{-\theta}+1) \tag{7-10}$$

（2）Gumbel-Hougaard(GH) Copula 函数仅适用于随机变量存在正相关关系的时候，其表达式和生成元分别为

$$C(u,v;\theta)=\exp\{-[(-\ln u)^{\theta}+(-\ln v)^{\theta}]^{\frac{1}{\theta}}\};\quad \theta\geqslant 1 \tag{7-11}$$

$$\varphi(t;\theta)=(-\ln t)^{\theta} \tag{7-12}$$

（3）Frank Copula 函数既适用于随机变量存在正相关关系的时候，也适用于随机变量存在负相关关系的时候，且不限相关性程度，其表达式和生成元分别为

$$C(u,v;\theta)=-\frac{1}{\theta}\ln\left[1+\frac{(e^{-\theta u}-1)(e^{-\theta v}-1)}{e^{-\theta}-1}\right] \tag{7-13}$$

$$\varphi(t;\theta)=-\ln\left(\frac{e^{-\theta t}-1}{e^{-\theta}-1}\right) \tag{7-14}$$

（4）Ali-Mikhail-Haq（AMH）Copula 函数既适用于随机变量存在正相关关系的时候，也适用于随机变量存在负相关关系的时候，但仅限于随机变量间相关性程度不高的时候，其表达式和生成元分别为

$$C(u,v;\theta)=\frac{uv}{1-\theta(1-u)(1-v)};\theta\in[-1,1) \tag{7-15}$$

$$\varphi(t;\theta)=\ln\frac{1-\theta(1-t)}{t} \tag{7-16}$$

7.1.2　Copula 函数边缘分布计算

Copula 函数随机变量为高要站、石角站流量序列过程，考虑流量序列过程随时间变化剧烈，边缘分布中采用基于 TVM 的非一致性水文频率分析方法。

变化环境下，流域水文要素一致性遭受破坏，表征水文要素的特征值亦发生改变，水文频率重现期不再固定不变。时变矩方法主要分析水文频率曲线特征参数随时间变化的影响，如认为均值（m）和标准差（σ）随时间变化具有线性或抛物线性趋势特征，水文频率曲线可表示成含时间 t 的函数式，揭示水文特征值随时间的演变特征。

时变矩分析方法的具体计算思路是：首先进行水文序列一致性判断，若水文序列发生显著变异，则选择 TVM 方法进行分析。TVM 分析时，选取合适的分布模型作为水文频率拟合线型，常用的分布模型有 PⅢ分布、GEV 分布、Gumbel 分布等。其次，选取合适的趋势模型（如线性或抛物线性趋势）嵌入分布模型，表征均值和标准差随时间的变化特征。最后对分布模型进行参数估算和模型优选（选用极大似然法进行参数估计，采用 AIC 准则法进行模型优选），提出水文要素非一致性分析的最优拟合模型。具体计算流程见图 7-1。

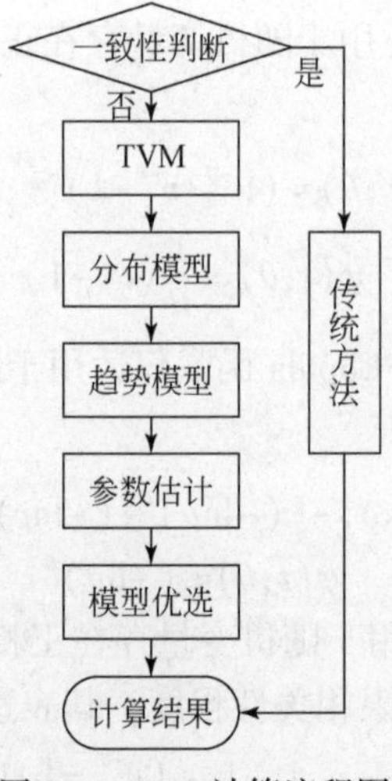

图 7-1　TVM 计算流程图

1. 水文序列非一致性识别

受变化环境影响，河网区局部区域内降水、径流等水文要素发生显著变异，天然水文资料的一致性遭到严重破坏，不能满足水文频率计算中关于资料一致性的要求。因此，在进行水文频率分析之前需先进行序列非一致性分析。选用模比系数差积和识别法进行序列非一致性分析。

对序列进行模比系数差积和计算，做累积曲线。

$$k_i = \frac{Q_i}{\overline{Q}};\ i = 1, 2, \cdots, n \tag{7-17}$$

$$K_p = \sum_{i=1}^{p} (k_i - 1);\ p = 1, 2, \cdots, n \tag{7-18}$$

式中，k_i为模比系数；k_p为$1-p$年模比系数差积和。若k_p下降，表示处于低于平均流量水平，若k_p上升，表示处于高于平均流量水平。k_p出现突变点表示均值的突然浮动。

2. TVM 模型构造

1）概率分布选择

为分析水文序列适宜分布函数，选取了10种概率分布函数模型，包括五种二参数概率分布模型和五种三参数概率分布模型。二参数概率分布包括 Gamma 分布、Gumbel 分布、LN2（两参数对数正态分布）、Logistic 分布和正态分布；三参数概率分布包括 PIII 分布、GEV 分布、GLO 分布、Weibull 分布和 LN3 分布（三参数对数正态分布）。各种分布的密度函数以及参数如下。

（1）Gamma 分布：

$$f(x) = \frac{1}{\alpha^{\beta}\Gamma(\alpha)} x^{\beta-1} \mathrm{e}^{-\left(\frac{x}{\alpha}\right)};\ x>0 \tag{7-19}$$

$$m = \alpha \cdot \beta;\ \sigma = |\alpha| \cdot \sqrt{\beta} \tag{7-20}$$

（2）Gumbel 分布：

$$f(x) = \frac{1}{\alpha}\exp\left[-\frac{x-\xi}{\alpha} - \exp\left(-\frac{x-\xi}{\alpha}\right)\right] \tag{7-21}$$

$$m = \xi + \gamma\alpha;\ \sigma = \frac{\alpha\pi}{\sqrt{6}} (\gamma \approx 0.5772) \tag{7-22}$$

（3）LN2 分布：

$$f(x) = \frac{1}{x\sigma_y\sqrt{2\pi}}\exp\left[\frac{-(y-\mu_y)^2}{2\sigma_y^2}\right];\ y = \ln x;\ x>0 \tag{7-23}$$

$$m = \exp\left(\mu_y + \frac{\sigma_y}{2}\right)^2;\ \sigma = m\sqrt{\exp(\sigma_y^2) - 1} \tag{7-24}$$

（4）Logistic 分布：

$$f(x) = \frac{1}{\alpha}\exp\left(-\frac{x-\xi}{\alpha}\right)\left[1 + \exp\left(-\frac{x-\xi}{\alpha}\right)\right]^{-2};\ x>0 \tag{7-25}$$

$$m=\xi;\ \sigma=\frac{\alpha\pi}{\sqrt{3}} \tag{7-26}$$

（5）Normal 分布：

$$f(x)=\frac{1}{\sigma\sqrt{2\pi}}\exp\left[-\frac{1}{2\sigma^2}(x-\mu)^2\right] \tag{7-27}$$

$$m=\mu;\ \sigma=\sigma \tag{7-28}$$

（6）PⅢ分布：

$$f(x)=\frac{\beta^\alpha}{\Gamma(\alpha)}(x-\xi)^{\alpha-1}\exp[-\beta(x-\xi)];\ x>\zeta \tag{7-29}$$

$$m=\frac{\alpha}{\beta}+\zeta;\ \sigma=\frac{\sqrt{\alpha}}{\beta} \tag{7-30}$$

（7）GEV 分布：

$$f(x)=\frac{1}{\alpha}\left[1-\frac{k(x-\xi)}{\alpha}\right]^{\frac{1}{k}-1}\exp\left\{-\left[1-\frac{k(x-\xi)}{\alpha}\right]^{\frac{1}{k}}\right\};\ x>0 \tag{7-31}$$

$$m=\xi+\frac{\alpha}{k}[1-\Gamma(1+k)];\ \sigma=\frac{\alpha}{|k|}\{\Gamma(1+2k)-[\Gamma\ (1+k)^2]\}^{\frac{1}{2}} \tag{7-32}$$

（8）GLO 分布：

$$f(x)=\frac{1}{\alpha}\left[1-\frac{k(x-\xi)}{\alpha}\right]^{\frac{1}{k}-1}\left\{1+\left[1-\frac{k(x-\xi)}{\alpha}\right]^{\frac{1}{k}}\right\}^{-2} \tag{7-33}$$

$$m=\xi+\frac{\alpha}{k}(1-g_1);\ \sigma=\frac{\alpha}{|k|}(g_2-g_1^2) \tag{7-34}$$

$$g_\gamma=\Gamma(1+\gamma k)\Gamma(1-\gamma k) \tag{7-35}$$

（9）Weibull 分布：

$$f(x)=\frac{k}{\alpha}\left(\frac{x-\xi}{\alpha}\right)^{k-1}\exp\left[-\left(\frac{x-\xi}{\alpha}\right)^k\right];\ x>0 \tag{7-36}$$

$$m=\zeta+\alpha\Gamma\left(1+\frac{1}{k}\right);\ \sigma=\alpha\sqrt{\Gamma\left(1+\frac{2}{k}\right)-\Gamma^2\left(1+\frac{1}{k}\right)} \tag{7-37}$$

（10）LN3 分布：

$$f(x)=\frac{1}{(x-\xi)c\sqrt{2\pi}}\exp\left\{\frac{-[\ln(x-\xi)-\mu]^2}{2c^2}\right\};\ x>\xi>0 \tag{7-38}$$

$$m=\exp\left(\mu+\frac{c^2}{2}\right)+\zeta;\ \sigma=\sqrt{\exp(2\mu+c^2)}\sqrt{\exp(c^2)-1} \tag{7-39}$$

其中，三参数概率分布函数需分别选取一个参数作为不变值，有两种假设，分别是假设偏态系数 C_s 和下界参数 ξ 不随时间变化，计算假设 PⅢ分布和 LN3 分布不变参数为下界参数 ξ，GEV 分布、GLO 分布、Weibull 分布不变参数为形状参数 k，考虑偏态系数 C_s 与形状参数 k 有固定关系。

2）趋势模型确定

为分析均值和标准差的时间变化特征，采用 Strupczewski 等（2001a，2001b，

2001c）提出的 TVM 模型，考虑做以下五种假设：均值具有趋势，记为 A；标准差具有趋势，记为 B；均值和标准差均具有趋势，且与固定 C_v 值相关，记为 C；均值和标准差均具有趋势，两者无相关，记为 D；均值和标准差均无趋势，记为 S。对于均值和标准差具有的趋势，均可做线性趋势（L）和抛物线趋势（P）两种假设。各类概率分布模型均值和标准差趋势分类以及参数个数见表 7-1。

表 7-1　各类概率分布模型均值和标准差趋势分类表

趋势模型	均值（m）	标准差 σ	参数个数（假设原始参数为 N）
AL	$m=m_0+a_m t$	$\sigma=\sigma_0$	N+1
AP	$m=m_0+a_m t+b_m t^2$	$\sigma=\sigma_0$	N+2
BL	$m=m_0$	$\sigma=\sigma_0+a_\sigma t$	N+1
BP	$m=m_0$	$\sigma=\sigma_0+a_\sigma t+b_\sigma t^2$	N+2
CL	$m=m_0+a_m t$	$\sigma=mC_v$	N+1
CP	$m=m_0+a_m t+b_m t^2$	$\sigma=mC_v$	N+2
DL	$m=m_0+a_m t$	$\sigma=\sigma_0+a_\sigma t$	N+2

3）参数估计

TVM 模型选用极大似然法对概率密度函数进行参数估计，TVM 极大似然估计引入了时间 t，表达式为

$$\ln\mathrm{ML} = \max \sum_{t=1}^{n} \ln[f(x,t;\theta)] \tag{7-40}$$

式中，n 为序列样本个数。

4）模型优选

在考虑水文序列长度和视觉直观判断的基础上，选择 AIC 准则法对最佳模型做出选择，考虑了似然函数的最大和模型参数的最小作为综合判定准则，若 AIC 值最小，则模型最佳。AIC 表达式为

$$\mathrm{AIC}=-2\ln\mathrm{ML}+2k \tag{7-41}$$

式中，ML 为似然函数极大值；k 为模型参数。参数估算完成后，可以选择任意年（$t=t_0$）基准年，根据 t_0 确定概率分布线型的参数，进而确定概率分布函数，计算重现期。

5）定量分析

为分析时变矩计算结果的合理性，定量探讨变化环境对水文序列的重现期和设计值的影响，对水文特征值进行重构，计算指定重现期下的水文设计值随时间变化的过程以及指定水文设计值下的重现期随时间变化的过程。选择指定重现期为 $T=100$a，指定水文设计值为传统水文频率 $T=100$a 的水文设计值计算结果。

传统水文频率 $T=100$a 的水文设计值计算过程中，选择以上 10 种分布模型，采用

线性矩法（L 矩）进行参数估计，利用离差平方和最小（OLS）准则法、概率点据相关系数（PPCC）检验法等方法进行先行优选，最后确定参数与线型进行水文设计值计算。

7.1.3 Copula 函数参数估计

常用 Copula 函数的参数估计方法有三类，极大似然法、适线法及非参数估算方法。其中适线法指在一定的适线准则下求解统计参数，使得频率曲线与经验点据拟合效果最好，非参数估算方法即指 Copula 函数参数通过 Kendall 秩相关系数 θ 与 τ 的关系间接求得，非参数估算方法具有置信区间窄、结果稳定的优势。

Kendall 秩相关系数是用于度量水文变量相关性的重要指标之一，可以用于描述变量之间的线性相关关系和非线性相关关系。假定（X_1，Y_1），（X_2，Y_2）为独立同分布向量，且 X_1，$X_2 \in X$，Y_1，$Y_2 \in Y$，则

$$\tau=P[(X_1-X_2)(Y_1-Y_2)>0]-P[(X_1-X_2)(Y_1-Y_2)<0] \tag{7-42}$$

假定 C 为（X，Y）变量的 Copula 函数，则

$$\tau = 4\int_0^1\int_0^1 C(u,v)\,\mathrm{d}C(u,v) - 1 \tag{7-43}$$

其中，Kendall 秩相关系数计算式为

$$\tau = (C_n^2)^{-1}\sum_{i<j}\mathrm{sign}[(X_i - X_j)(Y_i - Y_j)];\ i,j = 1,2,\cdots,n \tag{7-44}$$

$$\mathrm{sign}(x)=\begin{cases}1, & x>0\\ 0, & x=0\\ -1, & x<0\end{cases} \tag{7-45}$$

假定 C 为 Archimedean Copula 函数，则存在

$$\tau = 1 + 4\int_0^1 \frac{\varphi(t)}{\varphi'(t)}\mathrm{d}t \tag{7-46}$$

四种常用二维对称型 Archimedean Copula 函数（Clayton Copula、GH Copula、Frank Copula 和 AMH Copula）的 Kendall 秩相关系数 θ 与 τ 的关系见表 7-2。

表 7-2 Copula 中 θ 与 τ 关系

Copula 函数类型	θ 与 τ 关系
Clayton Copula	$\tau=\frac{\theta}{\theta+2}$
GH Copula	$\tau=1-\frac{1}{\theta}$
Frank Copula	$\tau = 1 + \frac{4}{\theta}\left[\frac{1}{\theta}\int_0^\theta \frac{t}{\exp(t) - 1}\mathrm{d}t - 1\right]$
AMH Copula	$\tau=\left(1-\frac{2}{3\theta}\right)-\frac{2}{3}\left(1-\frac{1}{\theta}\right)^2\ln(1-\theta)$

7.1.4　Copula 函数拟合优选

常用的 Copula 函数优选方法有 OLS 准则法、AIC 准则法、经验–理论频率相关系数法（K-S 法）、Genest-Rivest 图形分析法、χ^2 检验法等。

1）OLS 准则法

$$\mathrm{OLS}=\sqrt{\frac{1}{n}\sum_{i=1}^{n}\left(F_{jy}(x_i,y_i)-C(x_i,y_i)\right)^2} \tag{7-47}$$

$$F_{jy}(x_i,y_i)=P(X\leqslant x_i,Y\leqslant y_i)=\frac{M(i)-0.44}{N+0.12} \tag{7-48}$$

式中，$C(x_i,\ y_i)$和 $F_{jy}(x_i,\ y_i)$分别为理论频率和经验频率；$M(i)$为联合观测值样本中满足条件（$X\leqslant x_i$，$Y\leqslant y_i$）的联合观测值的个数。不同函数，选择 OLS 最小的。

2）AIC 准则法

$$\mathrm{AIC}=n\ln\left[\frac{1}{n}\sum_{i=1}^{n}\left(F_{jy}(x_i,y_i)-C(x_i,y_i)\right)^2\right]+2K \tag{7-49}$$

式中，K 为模型参数个数。不同函数，选择 AIC 最小的。

3）经验–理论频率相关系数法

分别计算经验频率 $F_{jy}(x_i,\ y_i)$和理论频率 $C(x_i,\ y_i)$，计算两者相关系数。

4）K-S 法

$$D=\max\left\{\left|F(x_i,y_i)-\frac{M(i)-1}{N}\right|,\left|F(x_i,y_i)-\frac{M(i)}{N}\right|\right\};\ i=1,2,\cdots,n \tag{7-50}$$

式中，$M(i)$为实际观测中同时满足条件的（$X\leqslant x_i$，$Y\leqslant y_i$）联合观测值的个数。

5）Genest-Rivest 图形分析法

Genest 和 Rivest 提出了一种 Archimedean Copula 函数的直观优选方法，首先分别计算经验估计值 $K_j(t)$和理论估计值 $K_e(t)$，然后点绘 K_e-K_j 关系图，若点据越集中分布于45°对角线附近，表明 Copula 函数拟合度高。

$$K_j(t)=\frac{m(t_i<t)}{N};\ t_i=\frac{M(i)}{N-1} \tag{7-51}$$

$$K_e(t)=t-\varphi(t)/\varphi'(t^+);\ t\in(0,1] \tag{7-52}$$

式中，$M(i)$为联合观测值样本中满足条件的（$X\leqslant x_i$，$Y\leqslant y_i$）观测值个数；$m(t_i<t)$ 为满足 $t_i<t$ 的个数；φ 为生成元函数；$\varphi'(t^+)$为 φ 的右导数。

7.1.5 联合概率分布与联合重现期计算

1. 单变量重现期

1）洪水分布

假定两变量联合概率分布的边缘分布函数为 $F_x(x)$ 和 $F_y(y)$，则单站重现期 T 对应的设计值 X_τ 和 Y_τ 分别为

$$X_\tau = F_x^{-1}(1-1/T) \tag{7-53}$$

$$Y_\tau = F_y^{-1}(1-1/T) \tag{7-54}$$

式中，F_x^{-1} 和 F_y^{-1} 分别为 $F_x(x)$ 和 $F_y(y)$ 的逆函数。

2）枯水分布

假定两变量联合概率分布的边缘分布函数为 $F_x(x)$ 和 $F_y(y)$，则单站重现期 T 对应的设计值 X_τ 和 Y_τ 分别为

$$X_\tau = F_x^{-1}(1/T) \tag{7-55}$$

$$Y_\tau = F_y^{-1}(1/T) \tag{7-56}$$

式中，F_x^{-1} 和 F_y^{-1} 分别为 $F_x(x)$ 和 $F_y(y)$ 的逆函数。

2. 联合分布重现期

对于两变量联合概率分布，函数定义为

$$F(x,y) = P(X\leqslant x, Y\leqslant y) = C(F_x(x), F_y(y)) = C(u,v) \tag{7-57}$$

式中，$F_x(x)$ 和 $F_y(y)$ 分别为 X 和 Y 的边缘分布，其中 $u=F_x(x)$，$v=F_y(y)$。

1）洪水联合分布

对于洪水联合分布，关注西江、北江发生洪水时，下游西北江三角洲防洪压力增大的情况。对于洪水联合分布，关注的是变量 X 或 Y 超过某一特定值，即 P（$X\geqslant x$ 或 $Y\geqslant y$）对应的联合重现期 T_0；水文事件中 X 和 Y 都超过某一特定值，即 P（$X\geqslant x$，$Y\geqslant y$）对应同现重现期 T_a。

$$P(X\geqslant x \text{ 或 } Y\geqslant y) = 1-C(F_x(x), F_y(y)) = 1-C(u,v) \tag{7-58}$$

$$T_0 = \frac{1}{P(X\geqslant x \text{ 或 } Y\geqslant y)} = \frac{1}{1-C(u,v)} \tag{7-59}$$

$$P(X\geqslant x, Y\geqslant y) = 1-F_x(x)-F_y(y)+C(F_x(x), F_y(y)) = 1-u-v+C(u,v) \tag{7-60}$$

$$T_a = \frac{1}{P(X\geqslant x, Y\geqslant y)} = \frac{1}{1-u-v+C(u,v)} \tag{7-61}$$

2）枯水联合分布

对于枯水联合分布，关注西江、北江发生枯水时，下游西北江三角洲供水压力增

大、枯水期咸潮上溯加剧的情况，关注变量 X 或 Y 不超过某一特定值，即 P（$X\leqslant x$ 或 $Y\leqslant y$）对应联合重现期 T_0'；水文事件中 X 和 Y 都不超过某一特定值，即 P（$X\leqslant x$，$Y\leqslant y$）对应同现重现期 T_a'。

$$P(X\leqslant x \text{ 或 } Y\leqslant y)=C(u,v) \tag{7-62}$$

$$T_0'=\frac{1}{P(X\leqslant x \text{ 或 } Y\leqslant y)}=\frac{1}{C(u,v)} \tag{7-63}$$

$$P(X\leqslant x,Y\leqslant y)=F_x(x)+F_y(y)-C(F_x(x),F_y(y)) \tag{7-64}$$

$$T_a'=\frac{1}{P(X\leqslant x,Y\leqslant y)}=\frac{1}{F_x(x)+F_y(y)-C(F_x(x),F_y(y))} \tag{7-65}$$

3. 条件概率重现期

多变量联合概率重现期可以推求条件概率重现期，条件概率分布指给定某种变量条件下，其余变量所属的分布。针对洪水和枯水遭遇，分别考虑以下两种条件概率。

1）洪水条件概率分布

$$P(Y>y\mid X>x)=\frac{P(Y>y,X>x)}{1-P(X\leqslant x)}=\frac{1-F_Y(y)-F_X(x)+F(x,y)}{1-F_X(x)} \tag{7-66}$$

$$T(Y>y\mid X>x)=\frac{1}{P(Y>y\mid X>x)} \tag{7-67}$$

2）枯水条件概率分布

$$P(Y<y\mid X<x)=\frac{P(Y<y,X<x)}{P(X<x)}=\frac{F(x,y)}{F_X(x)} \tag{7-68}$$

$$T(Y<y\mid X<x)=\frac{1}{P(Y<y\mid X<x)} \tag{7-69}$$

4. 联合分布设计值

假定 X，Y 两变量联合分布的概率分布函数为 $C(u,v)$，边缘分布分别为 $u=F_x(x)$，$v=F_y(y)$，联合重现期为 T，假设 $u=v$：

$$C(u,v)=1-\frac{1}{T} \tag{7-70}$$

给定重现期 $T=1000$a，500a，200a，100a，50a，20a，10a 时，分别计算边缘分布重现期，联合分布重现期（联合重现期和同重现期），以及联合分布设计值。

7.2　河网区洪水遭遇分析

7.2.1　单站洪水频率分析

1. 序列非一致性识别

高要站年最大日流量序列和年最大 7 日平均序列流量均呈现较为显著的总体上升

趋势，整体趋势一致（1980～1990年相对较小），多年平均值分别为32131m³/s和28761m³/s，平均上升幅度分别为183.7m³/(s·a)和95.6m³/(s·a)；石角站年最大日流量序列和年最大7日平均序列均呈现较为总体平稳略有上升趋势，其中年最大日流量序列上升趋势更显著，多年平均值分别为9674m³/s和6898m³/s，平均上升幅度分别为24.3m³/(s·a)和2.4m³/(s·a)。各序列特征值见表7-3；高要站、石角站年洪水序列变化过程见图7-2和图7-3。

表7-3　高要站、石角站年最大日流量、年最大7日平均流量序列特征值

特征值	年最大日流量		年最大7日平均流量	
	高要站	石角站	高要站	石角站
均值/(m³/s)	32131	9674	28761	6898
标准差/(m³/s)	9329	3052	8451	2640
变差系数 C_v	0.29	0.32	0.29	0.38
变化幅度/[m³/(s·a)]	183.7	24.3	95.6	2.4

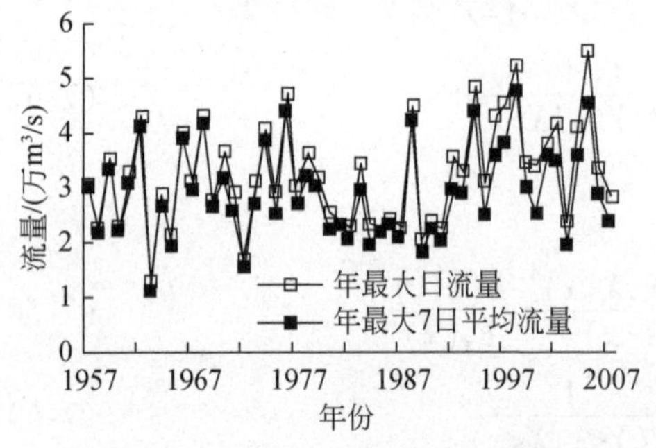

图7-2　高要站洪水序列变化过程图

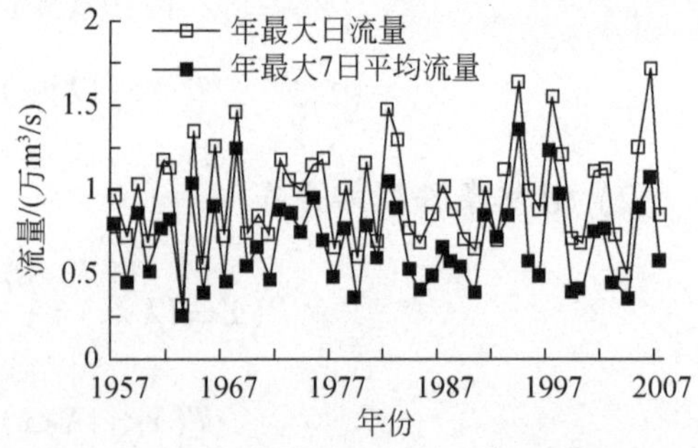

图7-3　石角站洪水序列变化过程图

模比系数差积和结果见图7-4，由图中可知，高要站和石角站年最大日流量序列曲线整体趋势都是先下降后上升，且在1992年左右均存在一个明显的均值突变，曲线由明显的下降趋势转变为明显的上升趋势，其中高要站变化趋势更明显。

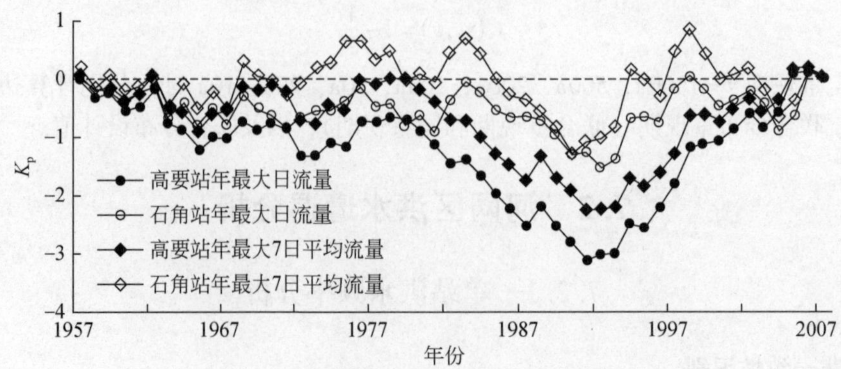

图7-4　高要站、石角站洪水序列模比系数差积和检验图

2. 基于 TVM 的洪水频率分析与特征值重构

对高要站和石角站年最大日流量序列，采用 7.1.2 节列举的 10 种概率线型，对假设的八种趋势，用极大似然法进行参数估算，用 AIC 准则法进行优选，结果见表 7-4 和表 7-5。高要站年最大日流量序列最优 TVM 模型为 GEVAP 模型，石角站年最大日流量序列最优 TVM 模型为 GEVCL 模型，高要站年最大 7 日平均流量序列最优 TVM 模型为 WEICL 模型，石角站年最大 7 日平均流量序列最优 TVM 模型为 WEICP 模型。

表 7-4　高要站 TVM 模型 AIC 拟合检验

序列	概率线型	趋势模型							
		S	AL	AP	BL	BP	CL	CP	DL
年最大日流量序列	Gamma	1081.0	1082.0	1080.0	1083.0	1084.5	1080.4	1080.3	1083.9
	Gumbel	1081.6	1080.5	1080.4	1082.8	1085.4	1080.5	1082.0	1081.2
	LN2	1080.5	1079.7	1079.2	1082.4	1084.3	1079.4	1081.5	1080.6
	Logistic	1082.9	1082.9	1081.8	1084.6	1086.4	1082.1	1084.4	1086.3
	Norm	1080.8	1081.7	1078.0	1082.7	1083.7	1079.5	1078.8	1080.0
	PⅢ	1081.9	1081.2	1080.6	1083.8	1085.8	1080.7	1082.9	1082.2
	GEV	1079.3	1078.1	1077.8	1081.3	1083.3	1078.2	1078.4	1079.8
	GLO	1083.6	1084.8	1082.9	1085.6	1087.6	1083.0	1084.5	1086.7
	Weibull	1081.0	1079.3	1078.5	1082.6	1083.7	1089.5	1078.9	1079.9
	LN3	1082.5	1081.8	1081.1	1084.8	1083.5	1081.4	1083.5	1082.6
年最大 7 日平均流量序列	Gamma	1076.1	1074.2	1074.2	1074.4	1076.3	1074	1074.2	1072.4
	Gumbel	1072.4	1071.8	1071.1	1073.7	1072.3	1071.9	1071.8	1072.1
	LN2	1081.2	1080.5	1080.4	1082.8	1085.4	1080.4	1082	1081.6
	Logistic	1071.8	1071.4	1071	1071.3	1073	1070.7	1071	1070.2
	Norm	1073.7	1071.7	1071.8	1072	1073.9	1071.6	1071.8	1070.1
	PⅢ	1073.6	1071.9	1072	1072.1	1074.1	1071.7	1072	1070.2
	GEV	1073.3	1071.7	1071.8	1071.7	1073.7	1071.6	1071.7	1070
	GLO	1071.8	1072.8	1072.8	1071	1073.8	1069.9	1071.7	1071.2
	Weibull	1071.4	1070.9	1070.7	1070.2	1072.1	1069.5	1070	1069.8
	LN3	1073.3	1073	1072.7	1073.7	1073.6	1072.2	1073	1071.4

表 7-5 石角站 TVM 模型 AIC 拟合检验

序列	概率线型	趋势模型							
		S	AL	AP	BL	BP	CL	CP	DL
年最大日流量序列	Gamma	969.1	967.6	969.3	967.6	967.9	967.4	969	967.6
	Gumbel	970.3	968.6	970.6	968.6	968.2	967.3	970.9	969.1
	LN2	970.7	968.9	971	969.3	969	967.5	971.1	969.3
	Logistic	972.8	970.9	972.8	970.8	972.3	968.9	972.4	970.6
	Norm	970	969	970.5	968.6	969.9	967.9	969.8	968
	PⅢ	969.7	967.3	969	968.3	968.2	966.6	969	967.3
	GEV	967.1	966.4	968.7	967.1	968	966.3	968.2	968.3
	GLO	969.5	969.4	971.5	969.6	971.4	967.6	971.3	971.5
	Weibull	968.2	968	967.7	967.5	967.6	967.2	967.2	968
	LN3	971.1	968.9	971	969.4	971.2	967.5	970.7	969.3
年最大7日平均流量序列	Gamma	951.3	949	951	949	950.8	949.4	950.4	951
	Gumbel	952	950	951.9	949.9	951.4	950	948	951.9
	LN2	951.7	949.8	951.7	949.7	951.2	949.8	948	951.7
	Logistic	957.4	955.6	957.4	955.4	957.2	955.5	953.5	957.3
	Norm	955.2	953.3	955.3	953.1	955	953.3	951.4	955.1
	PⅢ	953.9	950.8	952.6	950.6	952.2	950.9	948.7	952.6
	GEV	953.6	951.7	953.7	951.6	953.4	951.8	949.7	953.6
	GLO	956.9	955.2	956.8	954.9	956.5	955	952.9	957.2
	Weibull	951	948.5	949.9	948.4	949.1	949	947.7	950.3
	LN3	953.7	951.7	953.6	951.7	953.7	951.7	949.7	953.7

根据高要站、石角站年最大日流量序列 TVM 法优选结果模型参数，计算均值和标准差的变化过程，结果见图 7-5。

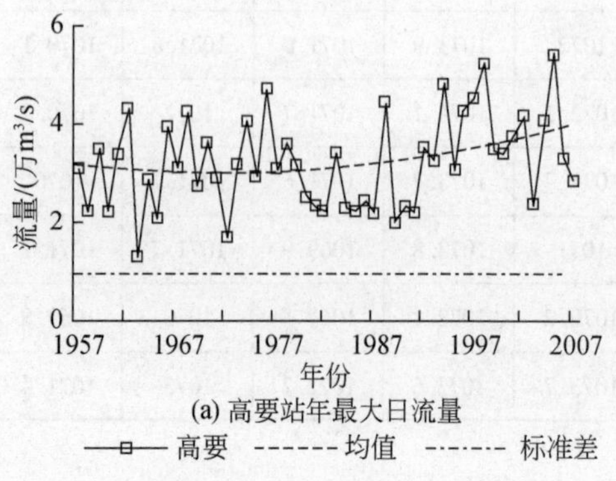

(a) 高要站年最大日流量

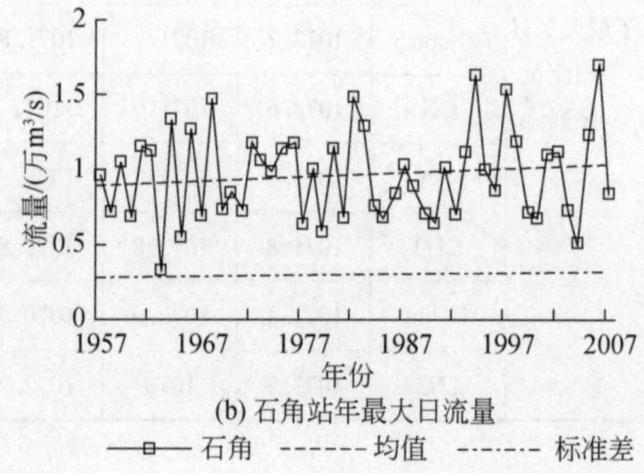

(b) 石角站年最大日流量

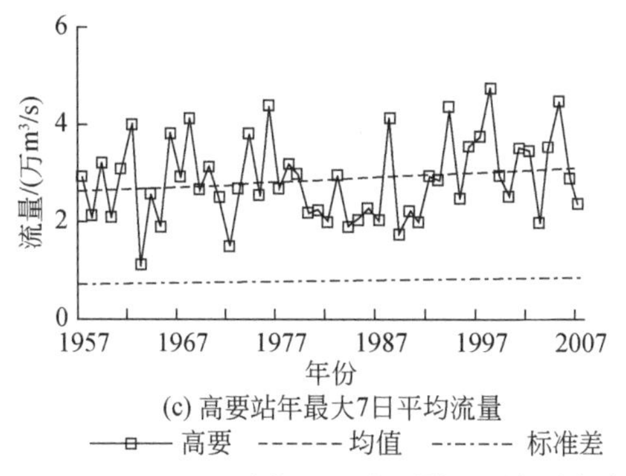

(c) 高要站年最大7日平均流量

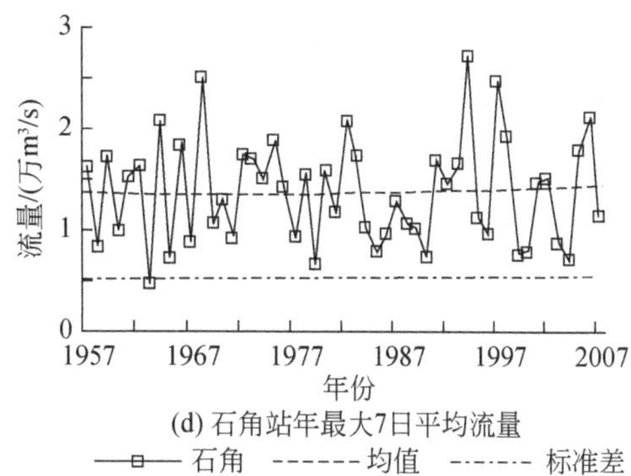

(d) 石角站年最大7日平均流量

图 7-5　高要站、石角站各序列 TVM 均值、标准差变化过程图

高要站年最大日流量序列最优 TVM 模型为 GEVAP 模型，均值变化曲线为平稳略有下降后显著上升的抛物线形；标准差反映序列的离散程度，在 AP 模型控制下，标准差保持不变。石角站年最大日流量序列最优 TVM 模型为 GEVCL 模型，均值与标准差变化过程整体保持一致，表现为线性增加趋势。高要站年最大 7 日平均流量序列最优 TVM 模型为 WEICL 模型，均值变化曲线呈线性平稳上升趋势；标准差与均值变化过程保持一致。石角站年最大 7 日平均流量序列最优 TVM 模型为 WEICP 模型，均值与标准差变化过程整体保持一致，表现为微弱的抛物线形增加趋势。各序列均值保持在均值曲线两侧，标准差变化趋势也与曲线整体趋势一致，说明各 TVM 模型曲线拟合效果较好，选择模型合理。

为分析 TVM 结果的合理性，探讨变化环境下水文特征值的变化，对其水文特征值进行重构，选择指定设计流量，计算重现期变化过程；指定重现期，计算设计流量变化过程。为确定指定的设计流量，选择传统水文频率计算 $T=100\text{a}$ 的设计流量结果作为指定流量；选择 $T=100\text{a}$ 作为指定重现期。

传统频率法计算 $T=100\text{a}$ 的设计流量计算，选用 TVM 中涉及的 10 种线型，选用线性矩法（L 矩）进行参数估计，最后用 OLS 准则法、K-S 法、RSME 法和 PPCC 检验法进行线性优选，确定选用的线型和参数，然后计算 $T=100\text{a}$ 的设计流量结果，计算结果见表 7-6。高要站、石角站年最大日流量序列传统频率法计算 $T=100\text{a}$ 的设计流量分别为 $57789\text{m}^3/\text{s}$ 和 $51665\text{m}^3/\text{s}$，高要站、石角站年最大 7 日平均流量序列传统频率法计算 $T=100\text{a}$ 的设计流量分别为 $18149\text{m}^3/\text{s}$ 和 $14545\text{m}^3/\text{s}$。

表 7-6　传统频率法计算 $T=100\text{a}$ 设计流量结果

序列	年最大日流量/(m^3/s)		年最大 7 日平均流量/(m^3/s)	
	高要站	石角站	高要站	石角站
最优线型	GEV	GEV	Weibull	Weibull
$T=100\text{a}$ 设计流量	57789	18149	51665	14545

对高要站年最大日流量序列，选择设计流量 $Q_0=57789\text{m}^3/\text{s}$，用最优 TVM 模型中 GEVAP 模型参数进行分析，在指定重现期下设计流量呈现先上升后下降的趋势，选择

$T=100a$ 进行设计流量的计算，设计流量随时间先减小后显著上升。变化过程见图 7-6。

对石角站年最大日流量序列，选择设计流量 $Q_0=18149m^3/s$，用最优 TVM 模型中 GEVCL 模型参数进行分析，指定设计流量条件下重现期整体表现为下降趋势，且下降速度渐缓，选择 $T=100a$ 进行设计流量的计算，设计流量随时间呈现线性增加的趋势。变化过程见图 7-6。

对高要站年最大 7 日平均流量序列，选择设计流量 $Q_0=51665m^3/s$，用最优 TVM 模型中 GLODL 模型参数进行分析，在指定设计流量下重现期整体表现为下降趋势，选择 $T=100a$ 进行设计流量的计算，设计流量随时间呈现线性增加的趋势。变化过程见图 7-6。

对石角站年最大 7 日平均流量序列，选择设计流量 $Q_0=14545m^3/s$，用最优 TVM 模型中 GLOCP 模型参数进行分析，在指定设计流量下重现期表现为略有上升后下降趋势，选择 $T=100a$ 进行设计流量的计算，设计流量随时间呈现先减小后增加的趋势。变化过程见图 7-6。

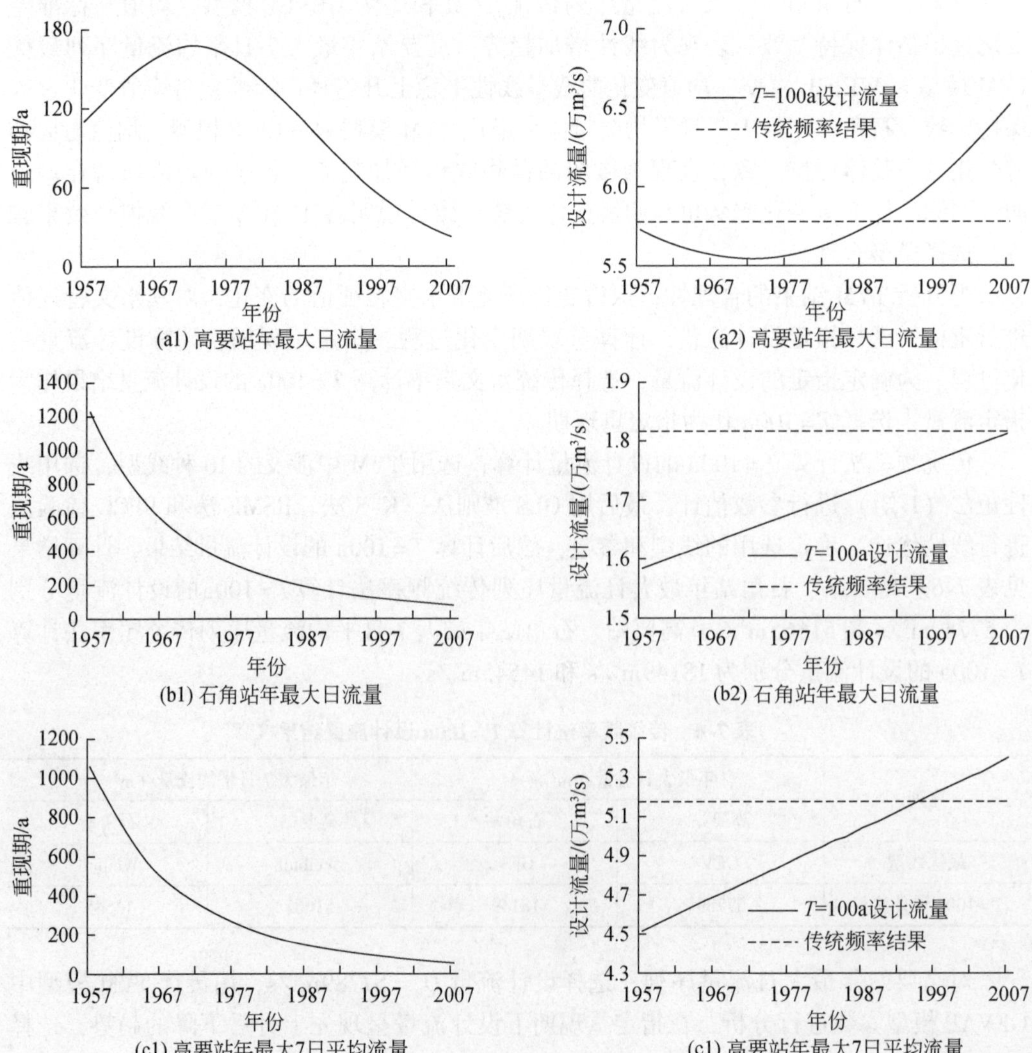

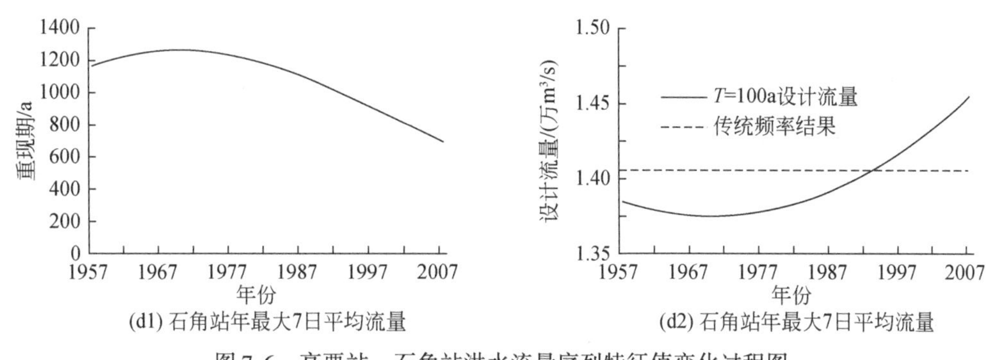

(d1) 石角站年最大7日平均流量　(d2) 石角站年最大7日平均流量

图 7-6　高要站、石角站洪水流量序列特征值变化过程图

7.2.2　联合洪水频率分析

1. 边缘分布

为构造合适的 Copula 函数，先进行边缘分布的确定计算。传统的边缘分布一般利用常见的 PⅢ分布等，利用常规矩法、线性矩法等进行参数估算进而确定边缘分布。但是不同地域不同水文情势适用的分布类型不一样，GEV 分布、Gumbel 分布等也常见于水文变量的分布拟合。另外，受快速城市化、典型人类活动、海平面上升等多重复杂因素影响，地区降水、径流等水文要素发生显著变异，水文序列一致性遭到严重破坏。传统的边缘分布水文线型基于水文变量序列的一致性前提，传统的水文频率分析方法不再适用，本次边缘分布选用基于 TVM 的非一致性水文频率分析方法进行频率计算，选取 $t=2007$ 作为时间基准点。年最大日流量序列和年最大 7 日平均流量序列的统计特征参数见表 7-7。

表 7-7　年最大日流量序列和年最大 7 日平均流量序列特征值

特征值	年最大日流量序列		年最大 7 日平均流量序列	
	高要站	石角站	高要站	石角站
均值/(m^3/s)	32167	4502	28761	3947
标准差	9296	3606	8368	2984
C_v	0.29	0.80	0.29	0.76
C_s	0.35	1.25	0.37	1.17

TVM 优选结果见表 7-8 和表 7-9，模型参数见表 7-10。高要站年最大日流量序列边缘分布最优 TVM 模型为 GEVAP 模型，对应石角站序列边缘分布最优 TVM 模型为 LN2CL 模型；高要站年最大 7 日平均流量序列边缘分布最优 TVM 模型为 WEICL 模型，对应石角站序列边缘分布最优 TVM 模型为 PⅢCL 模型。

表 7-8 年最大日流量序列 TVM 模型 AIC 拟合检验

站点	概率线型	趋势模型							
		S	AL	AP	BL	BP	CL	CP	DL
高要站	Gamma	1081.0	1082.0	1080.0	1083.0	1084.5	1080.4	1080.3	1083.9
	Gumbel	1081.6	1080.5	1080.4	1082.8	1085.4	1080.5	1082.0	1081.2
	LN2	1080.5	1079.7	1079.2	1082.4	1084.3	1079.4	1081.5	1080.6
	Logistic	1082.9	1082.9	1081.8	1084.6	1086.4	1082.1	1084.4	1086.3
	Norm	1080.8	1081.7	1078.0	1082.7	1083.7	1079.5	1078.8	1080.0
	PⅢ	1081.9	1081.2	1080.6	1083.8	1085.8	1080.7	1082.9	1082.2
	GEV	1079.3	1078.1	1077.8	1081.3	1083.3	1078.2	1078.4	1079.8
	GLO	1083.6	1084.8	1082.9	1085.6	1087.6	1083.0	1084.5	1086.7
	Weibull	1081.0	1079.3	1078.5	1082.6	1083.7	1089.5	1078.9	1079.9
	LN3	1082.5	1081.8	1081.1	1084.8	1083.5	1081.4	1083.5	1082.6
石角站	Gamma	956.6	957.5	959.9	958.4	960.4	957.4	959.9	959.7
	Gumbel	966.3	967.5	969.9	968.3	970.2	967.0	969.5	968.9
	LN2	956.2	953.4	953.9	955.4	953.4	949.3	955.2	953.8
	Logistic	982.8	984.1	986.1	984.5	986.2	983.3	985.3	985.3
	Norm	984.1	985.9	987.3	985.0	987.7	983.8	985.5	985.9
	PⅢ	957.9	954.9	956.8	956.2	958.1	954.8	958.2	956.7
	GEV	959.0	960.1	961.7	961.5	960.6	960.0	961.9	961.4
	GLO	959.2	962.8	964.2	960.2	961.9	960.9	962.7	963.5
	Weibull	956.3	956.8	956.3	955.9	956.9	955.0	959.4	956.7
	LN3	956.9	957.2	958.8	957.2	958.8	956.6	959.9	958.6

表 7-9 年最大 7 日平均流量序列 TVM 模型 AIC 拟合检验

站点	概率线型	趋势模型							
		S	AL	AP	BL	BP	CL	CP	DL
高要站	Gamma	1076.1	1074.2	1074.2	1074.4	1076.3	1074.0	1074.2	1072.4
	Gumbel	1072.4	1071.8	1071.1	1073.7	1072.3	1071.9	1071.8	1072.1
	LN2	1081.2	1080.5	1080.4	1082.8	1085.4	1080.4	1082.0	1081.6
	Logistic	1071.8	1071.4	1071.0	1071.3	1073.0	1070.7	1071.0	1070.2
	Norm	1073.7	1071.7	1071.8	1072.0	1073.9	1071.6	1071.8	1070.1
	PⅢ	1073.6	1071.9	1072.0	1072.1	1074.1	1071.7	1072.0	1070.2
	GEV	1073.3	1071.7	1071.8	1071.7	1073.7	1071.6	1071.7	1070.0
	GLO	1071.8	1072.8	1072.8	1071.0	1073.8	1069.9	1071.7	1071.2
	Weibull	1071.4	1070.9	1070.7	1070.2	1072.1	1069.5	1070.0	1069.8
	LN3	1073.3	1073.0	1072.7	1073.7	1073.6	1072.2	1073.0	1071.4

续表

站点	概率线型	趋势模型							
		S	AL	AP	BL	BP	CL	CP	DL
石角站	Gamma	942.8	941.9	944.2	942.8	944.2	941.4	943.6	943.4
	Gumbel	952.4	950.2	949.5	950.8	951.7	948.8	951.3	951.5
	LN2	940.1	940.2	941.9	941.2	942.8	939.6	942.6	941.9
	Logistic	966.8	965.3	964.3	965.0	966.3	963.9	965.9	966.3
	Norm	966.8	965.7	967.4	964.9	966.9	963.6	966.1	965.8
	PⅢ	939.7	937.9	940.3	939.2	939.0	938.6	939.7	940.7
	GEV	946.5	945.4	946.9	945.2	945.5	944.0	947.1	946.8
	GLO	947.1	945.8	946.6	945.5	946.7	945.0	947.6	948.8
	Weibull	941.9	939.9	941.8	940.2	940.3	939.6	942.7	956.6
	LN3	943.6	942.0	943.8	942.3	943.8	941.6	944.6	943.5

表 7-10　高要站年最大日流量、年最大 7 日平均流量及对应石角站流量序列最优 TVM 参数

序列		年最大日流量序列		年最大 7 日平均流量序列	
		高要站	石角站	高要站	石角站
最优 TVM 概率模型		GEV	LN2	WEI	PⅢ
最优 TVM 趋势模型		AP	CL	CL	CL
最优 TVM 参数	m_0	32144.5	3387.2	26145.6	3027.0
	a_m	-255.10	46.9	101.4	35.3
	b_m	7.95	—	—	—
	σ_0	9562.6	—	—	—
	a_σ	—	—	—	—
	b_σ	—	—	—	—
	C_s	—	—	—	397.34
	k	0.141	—	2.51	—
	C_v	—	0.97	0.29	0.78

2. Copula 函数参数估计

年最大日流量序列、年最大 7 日平均流量序列构造二维 Copula 联合分布函数，包括 Clayton Copula、GH Copula、Frank Copula、AMH Copula 函数，其 Kendall 相关系数 τ 和相应的 Copula 函数参数 θ 见表 7-11。其中 Kendall 相关系数显示，序列呈现正相关，以上四种 Archimedean Copula 函数均可适用。

表 7-11 年最大日流量序列、年最大 7 日平均流量序列二维 Copula 联合分布参数

序列	τ	θ			
		Clayton	GH	Frank	AMH
年最大日流量	0. 26	0. 70	1. 35	2. 47	0. 86
年最大 7 日平均流量	0. 35	1. 09	1. 54	3. 54	1. 03

3. Copula 函数拟合优选

年最大日流量序列和年最大 7 日平均流量序列构造二维 Copula 联合分布函数，选用 OLS 准则法、AIC 准则法、K-S 法、经验-理论频率相关系数法、Genest-Rivest 图形分析法、χ^2 检验法等进行检验，拟合结果见表 7-12，K_c-K_e 拟合见图 7-7 和图 7-8。年最大日流量序列和年最大 7 日平均流量序列最优 Copula 函数均为 GH Copula 函数。

表 7-12 年最大日流量序列和年最大 7 日平均流量序列二维 Copula 联合分布拟合检验表

序列	检验项	Clayton	GH	Frank	AMH
年最大日流量	OLS	0. 166	0. 162	0. 164	0. 162
	AIC	−181. 3	−183. 6	−182. 5	−183. 4
	K-S	0. 294	0. 292	0. 293	0. 293
	经验-理论频率	0. 905	0. 910	0. 903	0. 909
	K_c-K_e	0. 993	0. 994	0. 991	0. 860
	χ^2 检验	116. 5	106. 4	106. 7	109. 2
年最大 7 日平均流量	OLS	0. 069	0. 067	0. 068	0. 069
	AIC	−271. 1	−274. 0	−271. 6	−270. 0
	K-S	0. 130	0. 126	0. 127	0. 130
	经验-理论频率	0. 981	0. 981	0. 985	0. 980
	K_c-K_e	0. 990	0. 993	0. 991	0. 885
	χ^2 检验	109. 2	82. 6	88. 1	113. 3

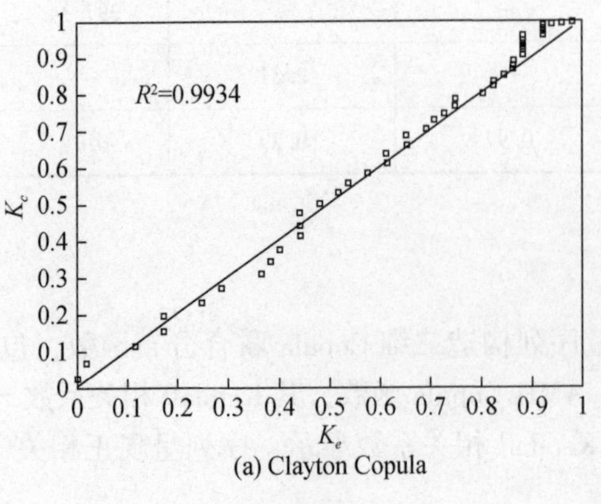

(a) Clayton Copula

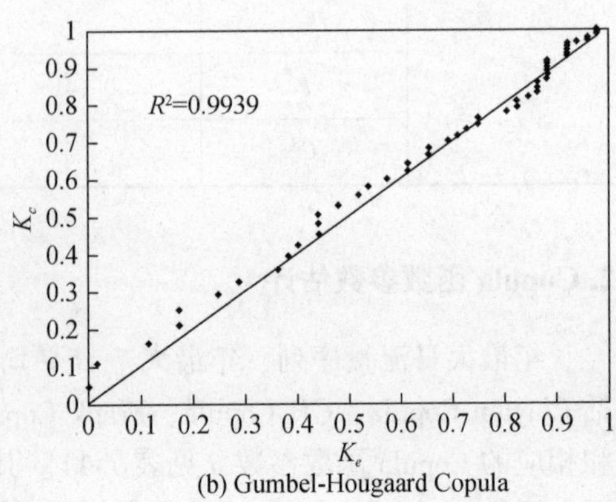

(b) Gumbel-Hougaard Copula

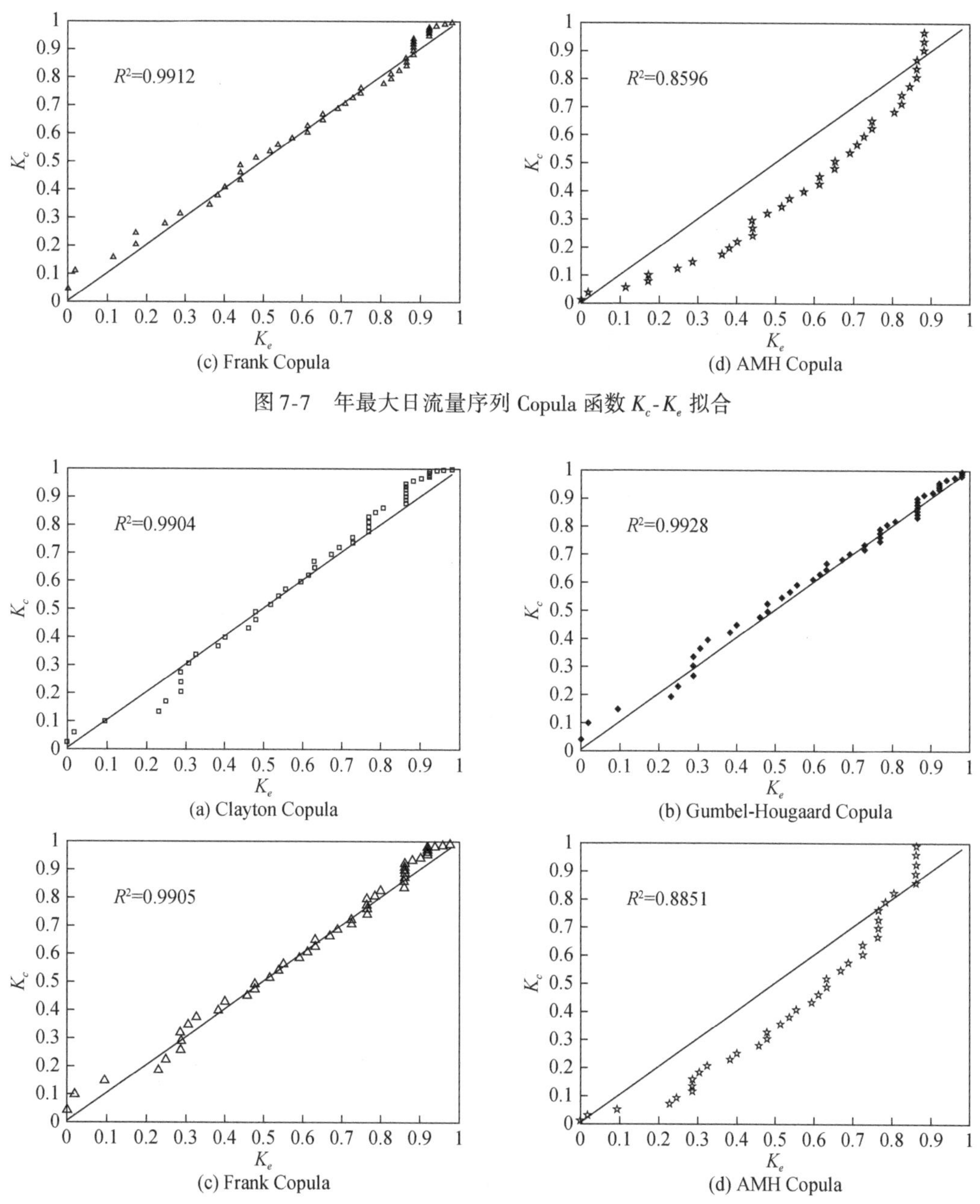

图 7-7　年最大日流量序列 Copula 函数 K_c-K_e 拟合

图 7-8　年最大 7 日平均流量序列 Copula 函数 K_c-K_e 拟合

7.2.3　洪水遭遇分析

1. 联合分布结果分析

年最大日流量序列和年最大 7 日平均流量序列构造的二维 Copula 函数对应的联合概率分布图、联合分布等值线图、联合重现期等值线图、同重现期等值线图和条件概率分布图见图7-9和图7-10。通过联合概率分布图可以确定任意两个流量组合下的联合概率分布值；通过两变量联合重现期等值线图可以确定任意流量组合的联合重现期以及设计联合重现期下，两个变量至少有一个大于对应特定值的可能组合；通过两变量同重现期等值线图可以确定任意流量组合的同重现期以及设计同重现期下，两个变量至少有一个大于对应特定值的可能组合；通过条件概率分布图，可以确定当其中一个变量重现期确定条件下，另一变量大于对应特定值的可能。

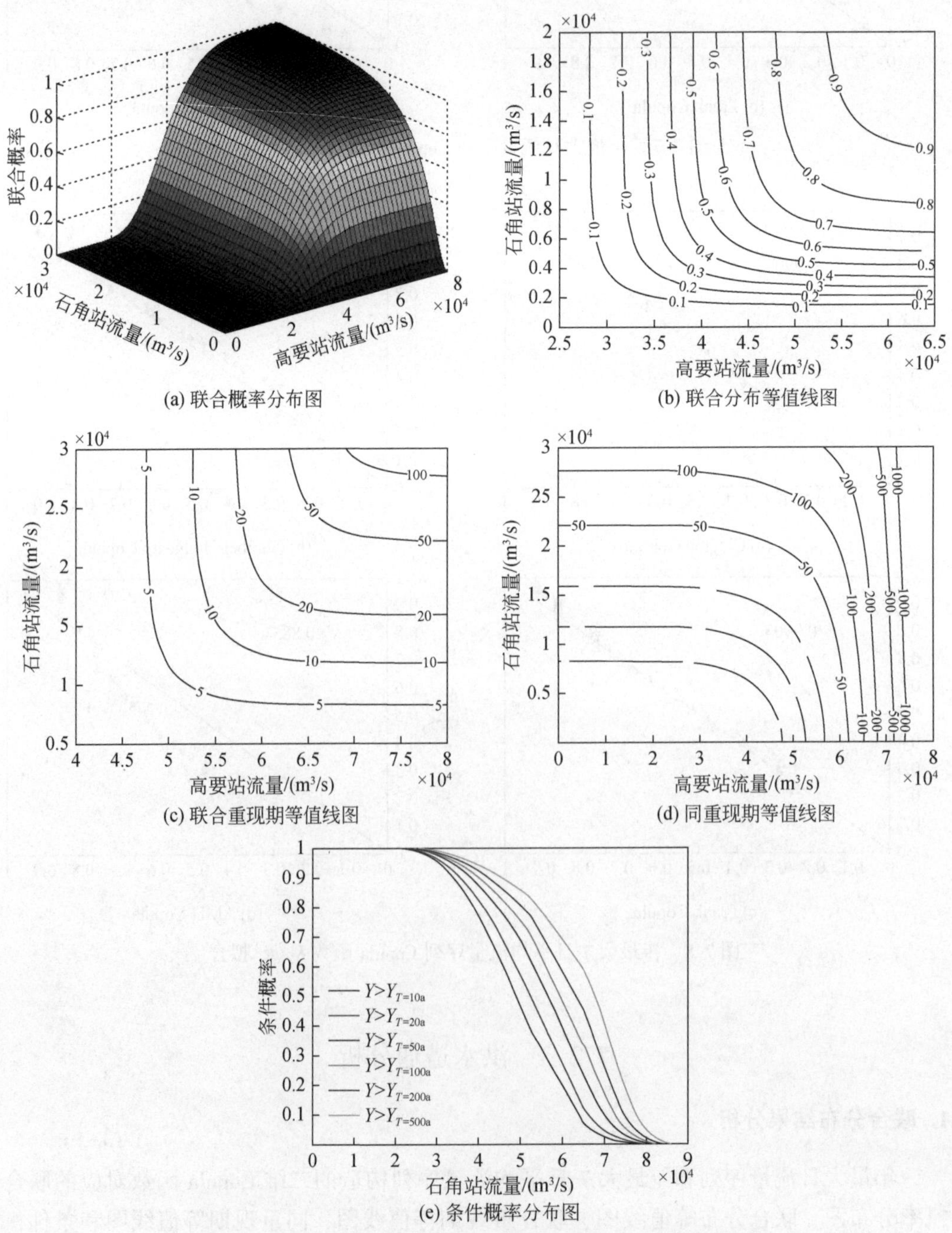

图7-9　年最大日流量序列 GH Copula 函数联合分布及重现期

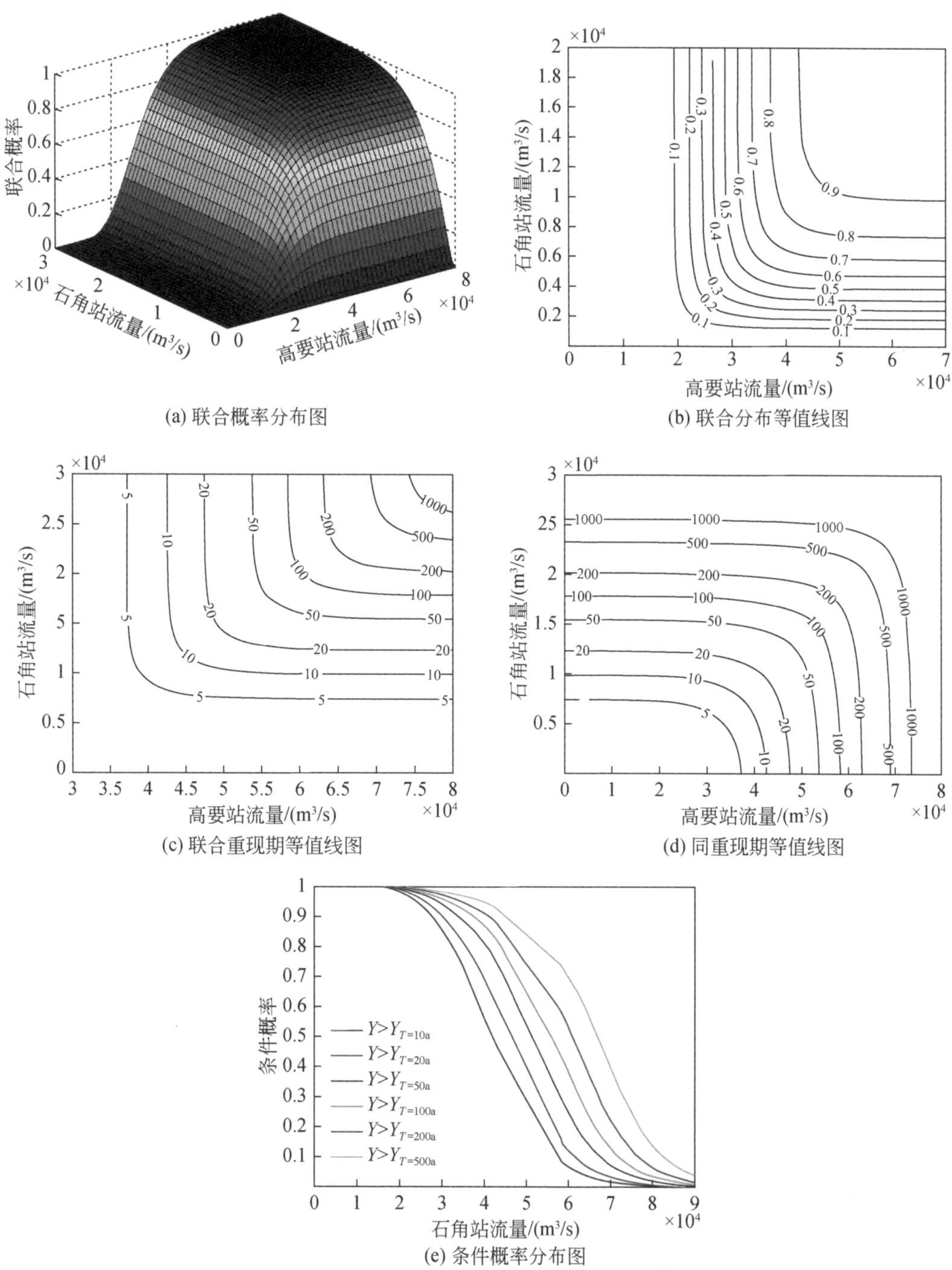

图 7-10　年最大 7 日平均流量序列 GH Copula 函数联合分布及重现期

给定设计重现期 T=1000a，500a，200a，100a，50a，20a，10a，对年最大日流量序列和年最大 7 日平均流量序列构造的二维 Copula 函数，分别计算边缘分布设计值，联合分布重现期（联合重现期和同重现期），以及联合分布设计值，结果见表 7-13 和表 7-14。

表 7-13 年最大日流量序列联合分布重现期与设计值

设计重现期/a	单站设计值/(m^3/s)		联合分布重现期/a		联合分布设计值/(m^3/s)	
	高要站	石角站	联合重现期	同重现期	高要站	石角站
1000	74180	21304	598	3039	75805	58258
500	71791	20449	299	1517	73583	49354
100	65243	18149	60	299	67492	32181
50	61914	17001	30	147	64395	26118
20	56928	15305	12	56	59758	19168
10	52603	13853	6	26	55735	14620

表 7-14 年最大 7 日平均流量序列联合分布重现期与设计值

设计重现期/a	边缘分布设计值/(m^3/s)		联合分布重现期/a		联合分布设计值/(m^3/s)	
	高要站	石角站	联合重现期	同重现期	高要站	石角站
1000	60170	16725	638	2306	76667	27010
500	57792	15976	319	1152	72047	24698
100	51665	14051	64	229	61367	19286
50	48678	13113	32	113	56738	16928
20	44264	11730	13	44	50503	13767
10	40424	10528	7	21	45602	11324

对年最大日流量序列联合概率分布重现期进行分析。从联合重现期来看，对于设计重现期一样的单变量重现期而言，联合重现期大于其单变量重现期的一半，且设计重现期越大，差异越明显，当单站设计重现期为 1000a 时，联合重现期为 598a。从同重现期来看，对于设计重现期一样的单变量重现期而言，同重现期大于单变量重现期的 2 倍，当设计单站重现期为 1000a 时，同重现期超过 3000a。以 $T=100$a 为例，假设边缘分布重现期为 100a 时，最优 Copula 函数 Clayton Copula 联合重现期和同重现期分别为 60a 和 299a。

对年最大日流量序列联合重现期设计流量进行分析，同设计重现期条件下，单站流量设计值小于联合重现期条件下的流量设计值。以 $T=100$a 为例，若单变量设计重现期为 $T=100$a，高要站和石角站年最大日流量序列设计值分别为 65243m^3/s 和 18149m^3/s；若联合分布重现期为 $T=100$a，对应的流量设计值分别为 67492m^3/s 和 32181m^3/s，单站重现期下流量设计值比联合分布重现期下的流量设计值偏低 3.45% 和 77.3%。

对年最大 7 日平均流量序列联合概率分布重现期进行分析。从联合重现期来看，对于设计重现期一样的单变量重现期而言，联合重现期大于其单变量重现期的一半，当单站设计重现期为 1000a 时，联合重现期为 638a。从同重现期来看，对于设计重现期一样的单变量重现期而言，同重现期大于单变量重现期的 2 倍，当设计单站重现期为 1000a 时，同重现期约为 2300a。以 $T=100$a 为例，假设边缘分布重现期为 100a 时，最优 Copula 函数 Clayton Copula 联合重现期和同重现期分别为 64a 和 229a。

对年最大 7 日平均流量序列联合重现期设计流量进行分析，同设计重现期条件下，单站流量设计值小于联合重现期条件下的流量设计值。以 $T=100a$ 为例，若单变量设计重现期为 $T=100a$，高要站和石角站年最大日流量序列设计值分别为 51665m^3/s 和 14051m^3/s；若联合分布重现期为 $T=100a$，对应的流量设计值分别为 61367m^3/s 和 19286m^3/s，单站重现期下流量设计值比联合分布重现期下的流量设计值偏低 18.78% 和 37.26%。

2. 条件分布结果分析

对于年最大日流量序列和年最大 7 日平均流量序列而言，因为 GH Copula 为对称型 Copula 函数，所以固定其一个边缘分布值，结果是一样的。固定其中一个边缘分布重现期分别为 $T=1000a$，500a，200a，100a，50a，20a，10a，对另一个边缘分布求条件概率。年最大日流量序列和年最大 7 日平均流量序列条件概率计算结果分别见表 7-15 和表 7-16。

表 7-15　年最大日流量序列条件概率　（单位:%）

重现期/a	10	20	50	100	200	500	1000
10	38.5	24.9	12.6	7.1	3.8	1.7	0.9
20	49.8	35.7	20.2	12.1	6.9	3.1	1.6
50	62.8	50.6	34.0	22.7	14.0	6.8	3.7
100	70.7	60.6	45.4	33.4	22.5	11.8	6.7
200	77.0	68.9	56.1	44.9	33.1	19.3	11.7
500	83.3	77.3	67.8	58.8	48.2	33.0	22.2
1000	86.9	82.2	74.6	67.4	58.6	44.5	32.9

对年最大日流量，高要站重现期为 $T=100a$，石角站发生 10a 一遇以上水平洪水概率是 70.7%，发生 50a 一遇以上水平洪水的概率为 45.4%，发生 100a 一遇以上水平洪水的概率为 33.4%，发生 1000a 一遇以上水平洪水的概率为 6.7%。

表 7-16　年最大 7 日平均流量序列条件概率　（单位:%）

重现期/a	10	20	50	100	200	500	1000
10	47.8	31.0	15.3	8.4	4.4	1.9	1.0
20	62.0	45.6	25.6	15.0	8.3	3.6	1.9
50	76.4	64.1	44.2	29.4	17.7	8.2	4.4
100	83.8	74.9	58.7	43.8	29.2	14.7	8.2
200	88.9	82.7	70.8	58.3	43.5	24.9	14.7
500	93.2	89.4	82.0	73.7	62.3	43.4	29.0
1000	95.4	92.8	87.6	81.8	73.5	58.0	43.4

对年最大 7 日平均流量序列，高要站重现期为 $T=100a$，石角站发生 10a 一遇以上水平洪水的概率是 83.8%，发生 50a 一遇以上水平洪水的概率为 58.7%，发生 100a 一遇以上水平洪水的概率为 43.8%，发生 1000a 一遇以上水平洪水的概率为 8.2%。

7.3　河网区枯水遭遇分析

西江和北江发生非汛期气候条件相似，如遇极端枯水情况，两江在思贤滘遭遇进入西北江的径流量剧烈减少，对于下游的西北江三角洲枯水期生活生产用水取水产生影响，造成损失；且在西北江三角洲上游西江、北江总入流量偏少的情况下，下游珠江口在非汛期会发生咸潮上溯的情形，影响取用水情况并且造成向港澳供水任务艰巨。为应对这类非汛期两江枯水遭遇产生的极端情况，需要对两江流量进行枯水遭遇分析。主要应用Copula函数对西江、北江干流控制站点高要站、石角站流量进行枯水联合分布分析，探寻两江枯水遭遇情况。

7.3.1　单站枯水频率分析

1. 序列非一致性识别

高要站年最小日流量、年最小7日平均流量序列呈现较为显著的总体平稳上升趋势，多年平均值分别为1196m^3/s和1464m^3/s，平均上升幅度分别为4.4$m^3/(s \cdot a)$和6.6$m^3/(s \cdot a)$；石角站年最小日流量序列、年最小7日平均流量序列波动较大，多年平均值分别为227m^3/s和245m^3/s，平均上升幅度分别为0.8m^3/s和1.3$m^3/(s \cdot a)$。序列特征值见表7-17，高要站、石角站年最小日流量变化过程图见图7-11和图7-12。

表7-17　高要站、石角站年最小日流量、年最小7日平均流量序列特征值

特征值	年最小日流量		年最小7日平均流量	
	高要站	石角站	高要站	石角站
均值/(m^3/s)	1196	227	1464	245
标准差/(m^3/s)	390	75	408	85
变差系数 C_v	0.33	0.33	0.28	0.35
变化幅度/[$m^3/(s \cdot a)$]	4.4	0.8	6.6	1.3

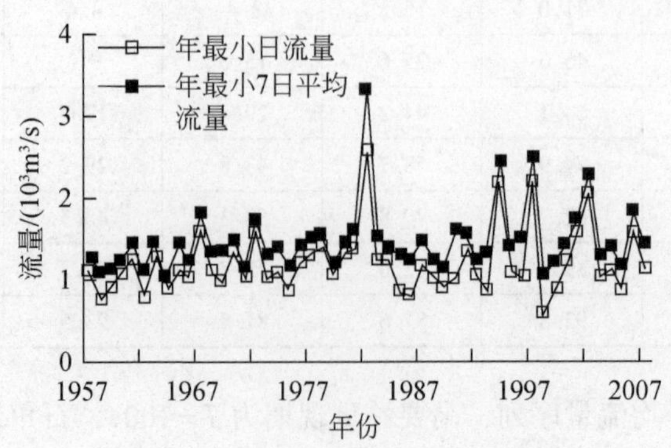

图7-11　高要站枯水序列变化过程图

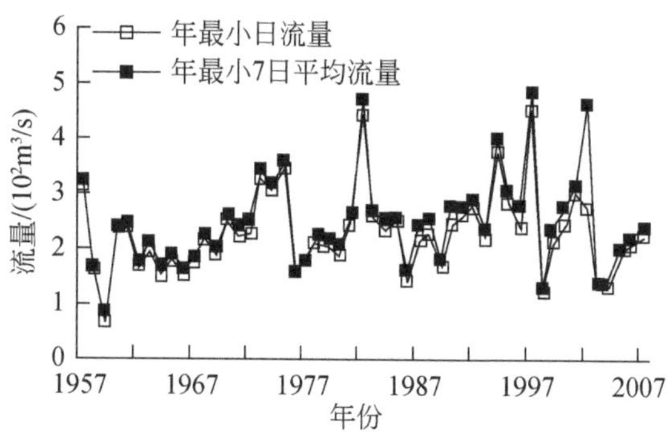

图 7-12　石角站枯水序列变化过程图

模比系数差积和结果见图 7-13，由图可知，高要站流量序列整体趋势都是先下降后上升，且在 1970 年左右均存在一个较明显的趋势转变，曲线由下降趋势转变为波折上升趋势。石角站序列曲线整体趋势为下降—上升—下降—上升，转折点分别为 1969 年、1975 年、1984 年和 1993 年。

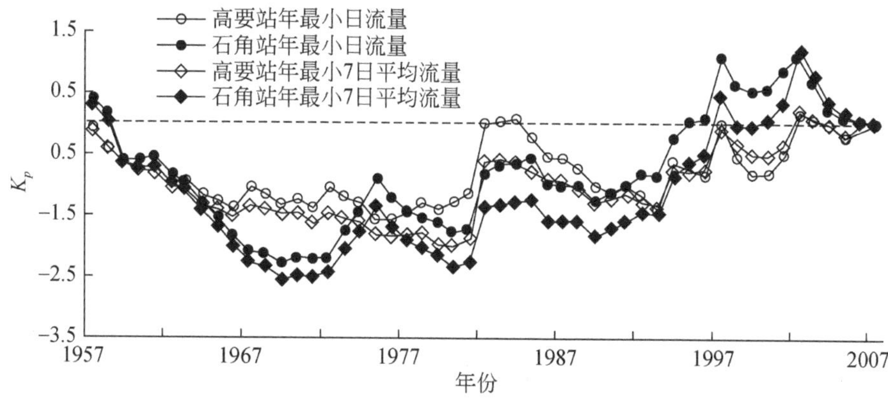

图 7-13　高要站、石角年最大日流量、年最大 7 日平均流量序列模比系数差积和检验图

2. 基于 TVM 的枯水频率分析与特征值重构

对高要站和石角站年最小日流量序列，采用 Gamma 分布等 10 种概率线型，对假设的八种趋势，用极大似然法进行参数估算，用 AIC 准则法进行优选。高要站年最大日流量序列最优模型为模型 GEVDL，石角站年最大日流量序列最优 TVM 模型为 GLOCL，高要站年最小 7 日平均流量序列最优模型为模型 GLODL，石角站年最小 7 日平均流量序列最优 TVM 模型为 GLOCL。高要站和石角站年最小日流量序列和年最小 7 日平均流量序列 TVM 模型 AIC 拟合检验结果见表 7-18 和表 7-19。

表 7-18 高要站 TVM 模型 AIC 拟合检验

序列	概率线型	趋势模型							
		S	AL	AP	BL	BP	CL	CP	DL
年最小日流量序列	Gamma	744.7	746.5	748.2	742.7	744.7	744.9	746.2	741.0
	Gumbel	738.8	740.8	742.3	738.6	738.8	740.5	742.1	737.3
	LN2	740.8	742.7	744.4	739.6	741.3	741.9	743.4	738.2
	Logistic	749.7	751.1	752.8	747.0	748.8	749.3	750.8	746.8
	Norm	757.4	758.0	759.5	752.7	754.5	754.8	755.3	751.0
	PⅢ	745.7	745.2	746.8	741.3	742.8	744.5	746.0	740.5
	GEV	738.7	740.7	741.2	738.6	738.5	740.3	741.8	738.4
	GLO	739.9	741.7	742.9	739.1	738.7	741.7	743.2	738.6
	Weibull	747.3	747.5	742.1	741.6	739.1	748.9	750.0	740.5
	LN3	741.2	743.2	744.7	740.1	739.1	742.9	744.4	738.8
年最小7日平均流量序列	Gamma	762.2	743.9	745.3	744.5	746.1	741.8	742.0	737.5
	Gumbel	728.8	728.6	729.3	730.7	732.1	727.2	727.7	725.8
	LN2	737.6	737.5	738.9	738.6	740.6	735.7	736.3	731.9
	Logistic	744.2	743.2	744.4	742.6	744.6	741.1	741.9	738.5
	Norm	761.0	759.9	760.7	758.1	758.1	757.1	755.5	751.8
	PⅢ	727.1	726.1	726.8	728.7	729.9	725.5	726.0	725.4
	GEV	723.9	723.9	723.8	725.5	725.1	723.4	724.3	723.3
	GLO	723.1	723.2	723.1	724.7	723.3	722.9	723.0	722.5
	Weibull	728.6	727.9	737.7	728.9	742.4	731.1	729.9	727.4
	LN3	724.6	723.8	724.3	726.1	723.4	723.6	723.5	723.3

表 7-19 石角站 TVM 模型 AIC 拟合检验

序列	概率线型	趋势模型							
		S	AL	AP	BL	BP	CL	CP	DL
年最小日流量序列	Gamma	585.1	585.4	585.5	586.6	586.4	582.2	584.7	587.4
	Gumbel	585.7	585.9	586.5	586.5	583.9	581.2	585.2	587.9
	LN2	587.5	587.3	587.7	588.1	585.5	582.2	585.7	589.3
	Logistic	584.9	585.6	585.4	586.9	588.7	584.8	585.6	587.4
	Norm	588.6	589.2	588.7	590.4	592.3	588.1	588.9	590.7
	PⅢ	585.1	585.4	585.5	586.6	586.3	582.2	584.7	587.4
	GEV	584.2	584.6	584.8	585.7	583.9	581.0	584.2	586.6
	GLO	582.0	582.6	582.5	583.8	583.0	580.4	582.2	584.5
	Weibull	587.7	586.6	602.4	588.3	585.6	581.5	587.1	588.6
	LN3	587.5	587.3	587.7	588.1	590.8	582.2	585.7	589.3

续表

序列	概率线型	趋势模型							
		S	AL	AP	BL	BP	CL	CP	DL
年最小 7 日平均流量序列	Gamma	594.0	594.4	592.8	595.8	594.7	592.4	593.2	595.1
	Gumbel	594.4	594.8	593.2	596.3	594.2	592.2	593.6	595.3
	LN2	593.9	594.4	592.1	595.9	592.9	591.0	593.3	595.0
	Logistic	597.1	596.9	596.3	598.0	599.0	596.1	595.1	596.6
	Norm	600.7	600.0	598.7	600.7	601.7	598.6	597.2	599.9
	PⅢ	595.9	596.3	594.6	597.8	595.4	593.3	594.7	596.3
	GEV	595.2	595.9	594.0	597.2	594.2	592.5	594.5	596.2
	GLO	593.4	594.2	592.0	595.4	592.2	590.5	592.7	594.3
	Weibull	598.1	596.9	594.8	599.7	593.3	591.9	595.4	597.4
	LN3	595.9	596.4	594.1	597.9	598.2	592.9	595.3	597.0

高要站年最小日流量序列最优 TVM 模型为 GEVDL 模型，均值变化趋势为线性增加趋势，标准差也表现为线性增加趋势，整体幅度超过均值变化幅度。石角站年最小日流量序列最优 TVM 模型为 GLOCL 模型，均值与标准差变化过程保持一致，都表现为线性增加趋势。高要站年最小 7 日平均流量序列最优 TVM 模型为 GLODL 模型，均值与标准差均表现为线性增加趋势，变化幅度不一致。石角站年最小 7 日平均流量序列最优 TVM 模型为 GLOCL 模型，均值与标准差变化过程整体保持一致，表现为线性增加趋势。高要站、石角站各序列 TVM 均值、标准差变化过程见图 7-14。

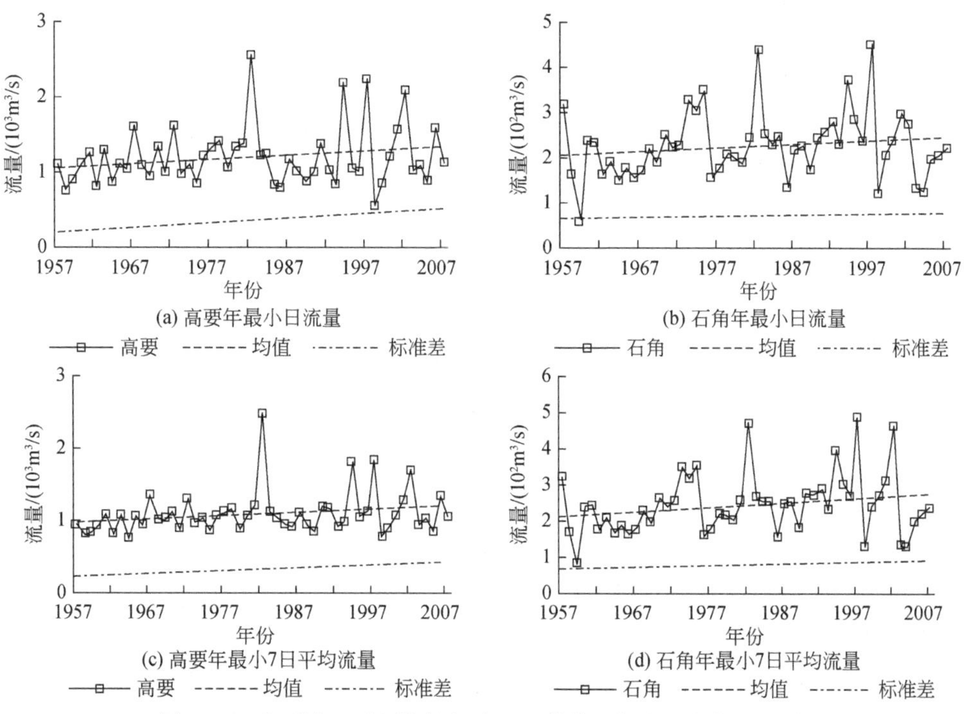

图 7-14　高要站、石角站各序列 TVM 均值、标准差变化过程图

对于高要站和石角站年最小日流量序列，用传统频率法计算 $T=100$a 时的设计流量，结果见表7-20。高要站和石角站年最小日流量序传统频率法计算 $T=100$a 的设计流量分别为 689m^3/s 和 83m^3/s，高要站和石角站年最小 7 日平均流量序传统频率法计算 $T=100$a的设计流量分别为 1016m^3/s 和 93m^3/s。

表 7-20 传统频率法计算 $T=100$a 设计流量结果

序列	年最小日流量/(m^3/s)		年最小 7 日平均流量/(m^3/s)	
	高要站	石角站	高要站	石角站
最优线型	GEV	GLO	GLO	GLO
$T=100$a 设计流量	689	83	1016	93

对高要站和石角站年最小日流量序列和年最小 7 日平均流量序列，选择设计流量用最优 TVM 模型进行重现期的计算，选择 $T=100$a 进行设计流量计算，计算结果见图7-15。高要站年最小日流量序列指定设计流量下重现期逐渐减小，指定重现期下设计流量随时间线性减小；石角站年最小日流量序列指定设计流量下重现期和指定重现期下设计流量均随时间线性增大。高要站年最小 7 日平均流量序列指定设计流量下重现期和指定重现期下设计流量均随时间线性减小；石角站年最小 7 日平均流量序列指定设计流量下重现期和指定重现期下设计流量均随时间变化增大。

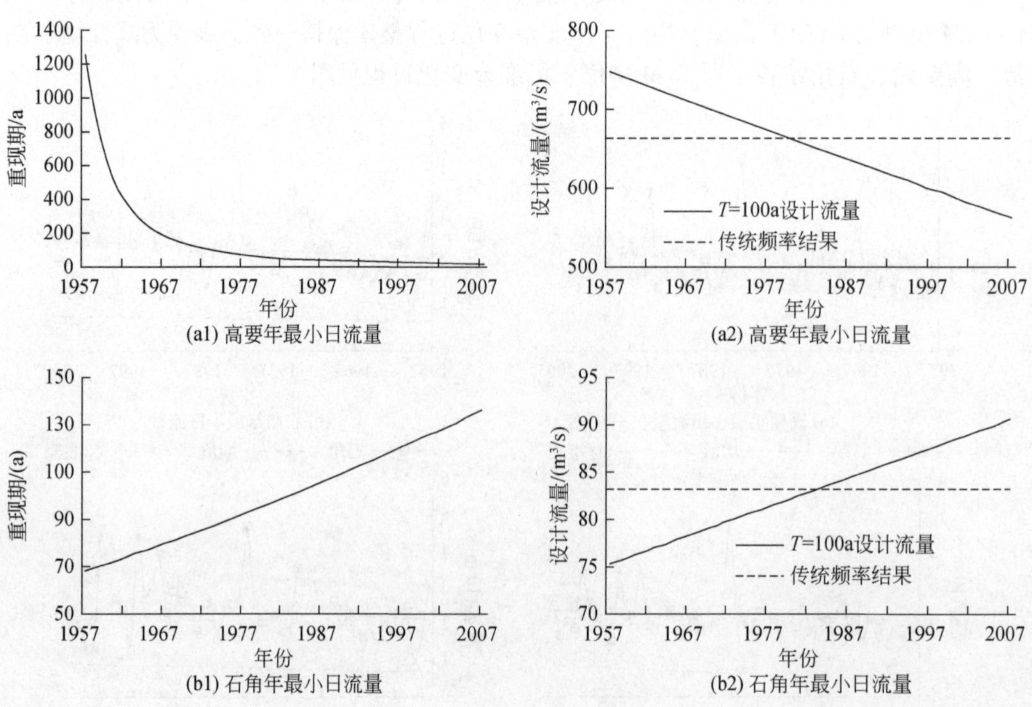

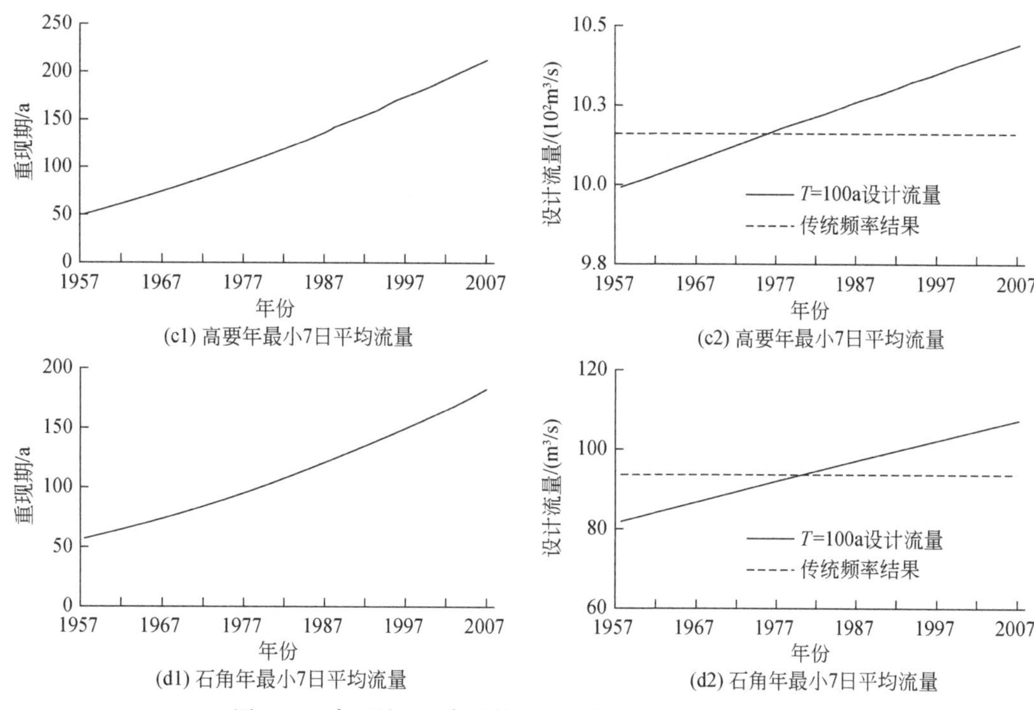

(c1) 高要年最小7日平均流量

(c2) 高要年最小7日平均流量

(d1) 石角年最小7日平均流量

(d2) 石角年最小7日平均流量

图7-15 高要站、石角站枯水流量序列特征值变化过程图

7.3.2 联合枯水频率分析

1. 边缘分布

为构造合适的Copula函数，先进行边缘分布的确定计算。传统的边缘分布要求水文序列资料具有一致性，由于地区水文要素变化，水文序列一致性遭到严重破坏。本次边缘分布选用基于TVM的非一致性水文频率分析方法进行频率计算，选取$t=2007$作为时间基准点。年最小日流量序列和年最小7日平均流量序列边缘分布高要站和石角站统计特征参数见表7-21。

表7-21 年最小日流量和年最小7日平均流量序列特征值

特征值	年最小日流量序列		年最小7日平均流量序列	
	高要站	石角站	高要站	石角站
均值/(m^3/s)	1196	376	1464	362
标准差	390	198	404	182
C_v	0.33	0.53	0.28	0.50
C_s	1.65	1.52	2.60	1.72

高要站年最小日流量序列边缘分布最优TVM模型为GEVDL模型，对应石角站序列边缘分布最优TVM模型为GEVCL模型；高要站年最小7日平均流量序列边缘分布最优TVM模型为GLODL模型，石角站序列边缘分布最优TVM模型为LN2CL模型，AIC

拟合检验结果见表 7-22 和表 7-23，模型参数见表 7-24。

表 7-22 年最小日流量序列 TVM 模型 AIC 拟合检验

站点	概率线型	趋势模型							
		S	AL	AP	BL	BP	CL	CP	DL
高要站	Gamma	744.7	746.5	748.2	742.7	744.7	744.9	746.2	741.0
	Gumbel	738.8	740.8	742.3	738.6	738.8	740.5	742.1	737.3
	LN2	740.8	742.7	744.4	739.6	741.3	741.9	743.4	738.2
	Logistic	749.7	751.1	752.8	747.0	748.8	749.3	750.8	746.8
	Norm	757.4	758.0	759.5	752.7	754.5	754.8	755.3	751.0
	PⅢ	745.7	745.2	746.8	741.3	742.8	744.5	746.0	740.5
	GEV	738.7	740.7	741.2	738.6	738.5	740.3	741.8	738.4
	GLO	739.9	741.7	742.9	739.1	738.7	741.7	743.2	738.6
	Weibull	747.3	747.5	742.1	741.6	739.1	748.9	750.0	740.5
	LN3	741.2	743.2	744.7	740.1	739.1	742.9	744.4	738.8
石角站	Gamma	672.4	671.7	672.6	672.2	672.8	670.5	672.0	673.2
	Gumbel	671.9	671.2	671.6	671.7	672.1	669.9	671.3	672.7
	LN2	669.1	668.7	668.4	669.0	668.4	667.1	668.4	670.2
	Logistic	684.3	683.4	685.3	683.9	685.8	682.7	684.3	685.1
	Norm	689.4	688.0	690.4	688.7	690.6	688.0	688.3	689.7
	PⅢ	668.6	668.5	666.8	668.0	666.6	666.2	666.5	669.4
	GEV	667.6	667.9	663.9	667.4	662.6	661.8	660.9	668.6
	GLO	671.5	671.2	669.4	671.3	669.8	669.5	670.0	672.6
	Weibull	671.1	670.8	669.3	671.0	669.8	669.1	669.9	672.2
	LN3	670.2	670.0	667.8	670.1	671.0	668.2	668.7	671.4

表 7-23 年最小 7 日平均流量序列 TVM 模型 AIC 拟合检验

站点	概率线型	趋势模型							
		S	AL	AP	BL	BP	CL	CP	DL
高要站	Gamma	762.2	743.9	745.3	744.5	746.1	741.8	742.0	737.5
	Gumbel	728.8	728.6	729.3	730.7	732.1	727.2	727.7	725.8
	LN2	737.6	737.5	738.9	738.6	740.6	735.7	736.3	731.9
	Logistic	744.2	743.2	744.4	742.6	744.6	741.1	741.9	738.5
	Norm	761.0	759.9	760.7	758.1	758.1	757.1	755.5	751.8
	PⅢ	727.1	726.1	726.8	728.7	729.9	725.5	726.0	725.4
	GEV	723.9	723.9	723.8	725.5	725.1	723.4	724.3	723.3
	GLO	723.1	723.2	723.1	724.7	723.3	722.9	723.0	722.5
	Weibull	728.6	727.9	737.7	728.9	742.4	731.1	729.9	727.4
	LN3	724.6	723.8	724.3	726.1	723.4	723.6	723.5	723.3

续表

站点	概率线型	趋势模型							
		S	AL	AP	BL	BP	CL	CP	DL
石角站	Gamma	662.0	663.2	664.8	663.5	665.2	661.3	662.4	662.2
	Gumbel	660.5	661.8	663.1	662.3	663.3	660.0	661.2	661.2
	LN2	658.4	659.7	659.4	660.3	658.5	658.2	659.7	659.5
	Logistic	672.5	672.9	674.7	672.8	674.8	671.1	672.5	672.6
	Norm	679.8	679.8	681.3	678.4	680.3	676.1	676.1	676.9
	PⅢ	661.2	661.0	661.8	659.8	661.3	659.4	660.7	660.5
	GEV	662.0	661.7	662.3	660.4	661.8	660.0	661.6	661.5
	GLO	662.4	662.1	662.8	660.9	662.2	660.4	662.3	662.2
	Weibull	661.0	661.5	661.0	661.3	661.4	659.7	662.2	660.2
	LN3	661.5	661.0	661.8	660.1	661.1	659.6	661.1	661.1

表7-24　高要站、石角站年最小日流量、年最小7日平均流量序列最优TVM参数

序列		年最小日流量序列		年最小7日平均流量序列	
		高要站	石角站	高要站	石角站
最优TVM概率模型		GEV	GEV	GLO	LN2
最优TVM趋势模型		DL	CL	DL	CL
最优TVM参数	m_0	1056.7	351.2	1295.0	305.1
	a_m	5.39	1.0	6.7	2.2
	b_m	—	—	—	—
	σ_0	209.4	—	297.88	—
	a_σ	6.2	—	5.84	—
	b_σ	—	—	—	—
	C_s	—	—	—	—
	k	-0.077	-0.18	-0.34	-
	C_v	—	0.57	—	-0.47

2. Copula函数参数估计

年最小日流量序列和年最小7日平均流量序列构造Copula函数，包括Clayton Copula、GH Copula、Frank Copula、AMH Copula参数，其Kendall相关系数τ和相应的Copula函数参数θ见表7-25。其中Kendall相关系数显示，序列呈现正相关，其中年最小7日平均流量序列正相关性更高，以上四种Archimedean Copula函数均可适用。

表 7-25 年最小日流量序列、年最小 7 日平均流量序列 Copula 参数

序列	τ	θ			
		Clayton	GH	Frank	AMH
年最小日流量序列	0. 26	0. 72	1. 36	2. 52	0. 87
年最小 7 日平均流量序列	0. 43	1. 51	1. 76	4. 60	1. 13

3. Copula 函数拟合优选

年最小日流量序列和年最小 7 日平均流量序列构造二维 Copula 联合分布函数，拟合结果见表 7-26，K_c-K_e 拟合结果见图 7-16 和图 7-17。年最大日流量序列和年最大 7 日平均流量序列最优 Copula 函数均为 Clayton Copula 函数。

表 7-26 年最小日流量序列和年最小 7 日平均流量序列二维 Copula 联合分布拟合检验表

序列	检验项	Clayton	GH	Frank	AMH
年最小日流量	OLS	0. 075	0. 076	0. 079	0. 077
	AIC	-262	-261	-257	-259
	K-S	0. 158	0. 169	0. 159	0. 165
	经验-理论频率	0. 975	0. 973	0. 967	0. 970
	K_c-K_e	0. 994	0. 992	0. 990	0. 859
	χ^2 检验	104. 2	104. 3	108. 0	105. 1
年最小 7 日平均流量	OLS	0. 122	0. 128	0. 124	0. 125
	AIC	-212. 4	-207. 9	-210. 9	-210. 1
	K-S	0. 231	0. 244	0. 234	0. 250
	经验-理论频率	0. 960	0. 954	0. 952	0. 934
	K_c-K_e	0. 993	0. 988	0. 988	0. 887
	χ^2 检验	99. 9	111. 1	106. 2	—

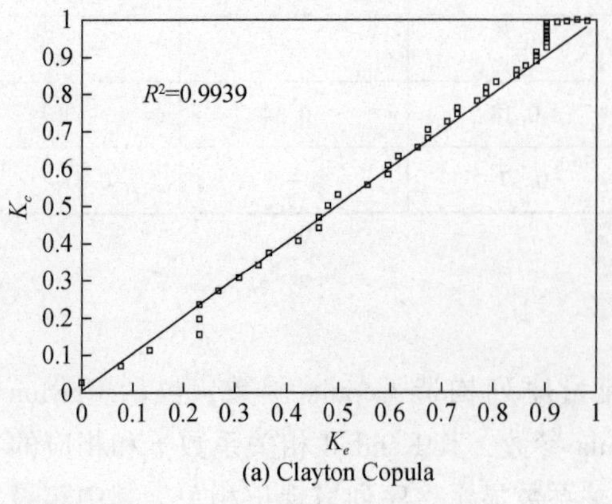

(a) Clayton Copula

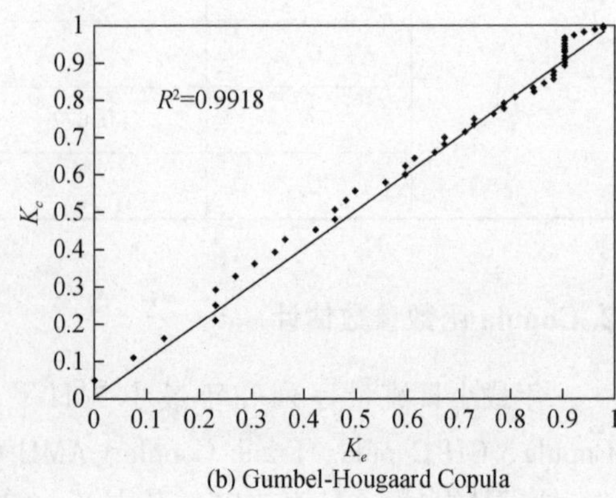

(b) Gumbel-Hougaard Copula

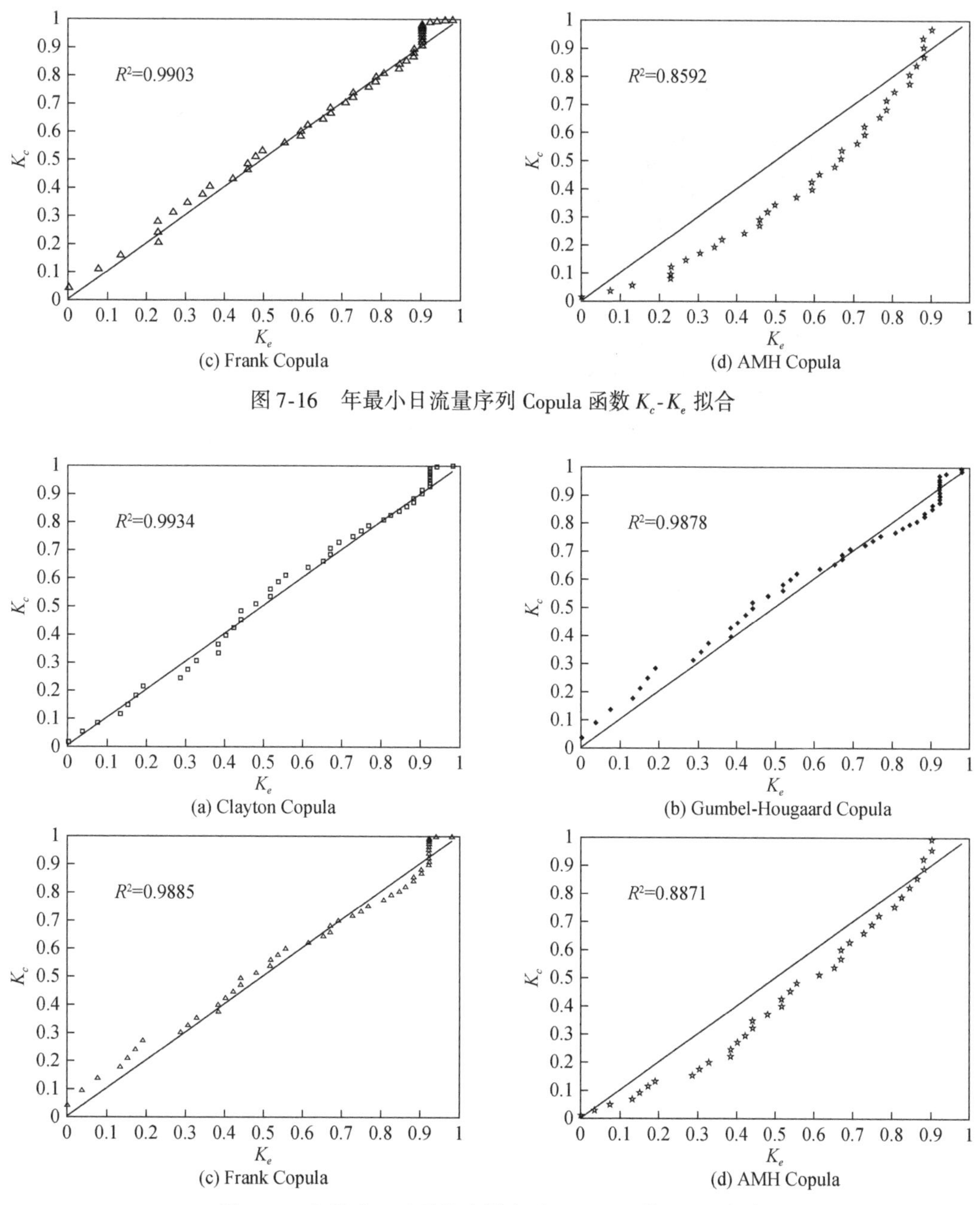

图 7-16　年最小日流量序列 Copula 函数 K_c-K_e 拟合

图 7-17　年最小 7 日平均流量序列 Copula 函数 K_c-K_e 拟合

7.3.3　枯水遭遇分析

1. 联合分布结果分析

年最小日流量序列和年最小 7 日平均流量序列构造的二维 Copula 函数对应的联合

概率分布图、联合分布等值线图、联合重现期等值线图、同重现期等值线图和条件概率分布图见图 7-18 和图 7-19。

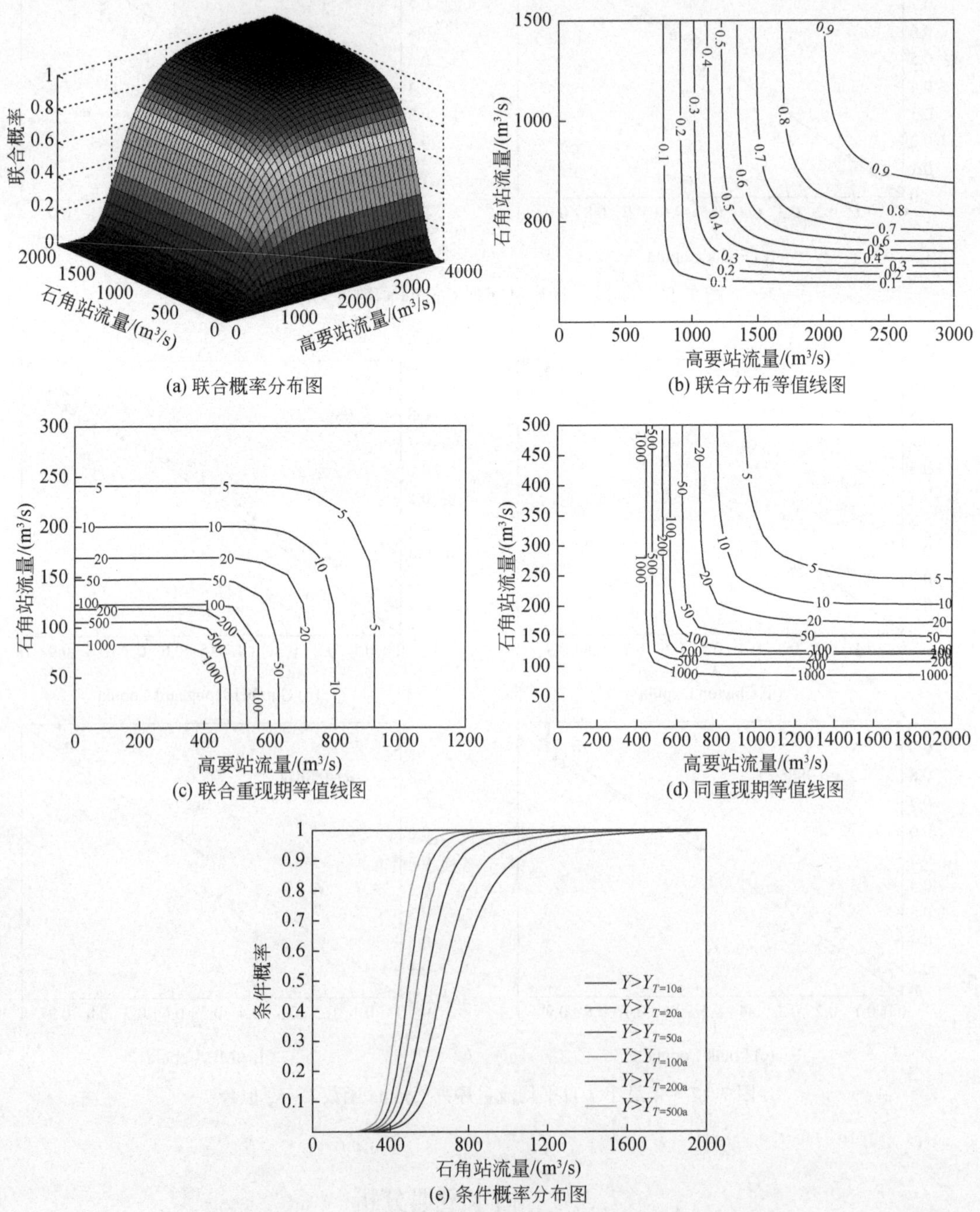

图 7-18 年最小日流量序列 Clayton Copula 函数联合分布及重现期

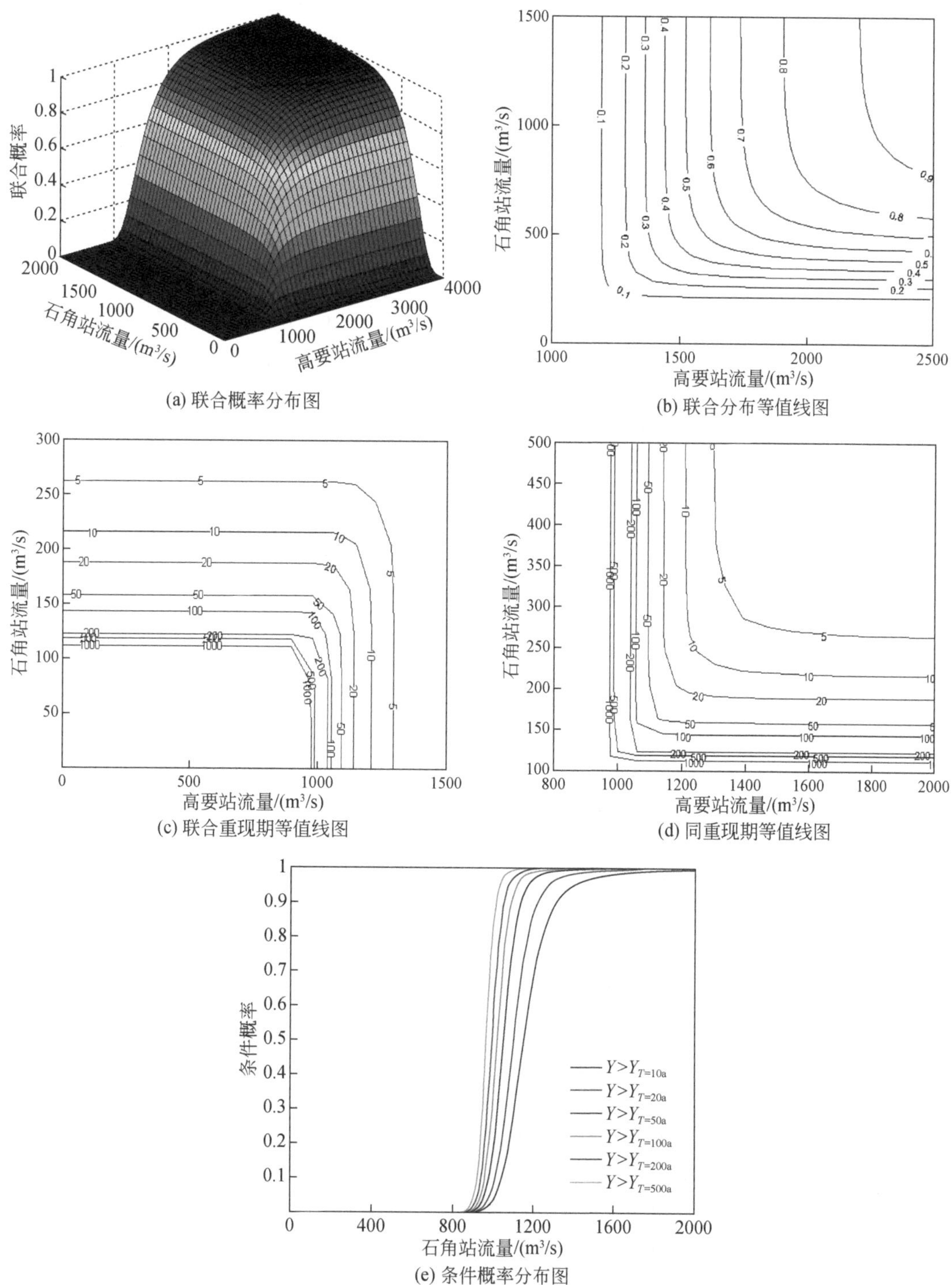

图 7-19 年最小 7 日平均流量序列 Clayton Copula 函数联合分布及重现期

给定重现期 $T=1000$a，500a，200a，100a，50a，20a，10a，计算年最小日流量序列和年最小7日平均流量序列，分别计算边缘分布重现期，联合分布重现期（联合重现期和同重现期），以及联合分布设计值结果见表7-27和表7-28。

表7-27 年最小日流量序列联合分布重现期与设计值

设计重现期/a	边缘分布设计值/(m^3/s)		联合分布重现期/a		联合分布设计值/(m^3/s)	
	高要站	石角站	联合重现期	同重现期	高要站	石角站
1000	469	96	618	2611	426	42
500	507	108	309	1301	456	53
100	627	144	62	256	551	83
50	696	165	31	126	606	69
20	810	201	13	48	700	122
10	921	240	6	23	792	143

表7-28 年最小7日平均流量序列联合分布重现期与设计值

设计重现期/a	边缘分布设计值/(m^3/s)		联合分布重现期/a		联合分布设计值/(m^3/s)	
	高要站	石角站	联合重现期	同重现期	高要站	石角站
1000	986	101	731	1581	976	59
500	1004	111	366	791	991	72
100	1065	144	73	158	1044	107
50	1105	164	37	79	1078	153
20	1176	200	15	32	1138	177
10	1252	239	7	16	1200	212

对年最小日流量序列联合概率分布重现期进行分析。从联合重现期来看，对于设计重现期一样的单变量重现期而言，联合重现期大于其单变量重现期的一半，当单站设计重现期为1000a时，联合重现期为618a。从同重现期来看，对于设计重现期一样的单变量重现期而言，同重现期大于单变量重现期的2倍，当设计单站重现期为1000a时，同重现期约为2600a。以 $T=100$a 为例，假设边缘分布重现期为100a时，最优Copula函数Gumbel-Hougaard Copula联合重现期和同重现期分别为62a和256a。

对年最小日流量序列联合重现期设计流量进行分析，同设计重现期条件下，单站流量设计值小于联合重现期条件下的流量设计值。以 $T=100$a 为例，若单变量设计重现期为 $T=100$a，高要站和石角站年最大日流量序列设计值分别为627m^3/s和144m^3/s；若联合分布重现期为 $T=100$a，对应的流量设计值分别为551m^3/s和83m^3/s，单站重现期下流量设计值比联合分布重现期下的流量设计值偏高13.8%和73.5%。

对年最大7日平均流量序列联合概率分布重现期进行分析。从联合重现期来看，对于设计重现期一样的单变量重现期而言，联合重现期大于其单变量重现期的一半，当单站设计重现期为1000a时，联合重现期为731a。从同重现期来看，对于设计重现期一样的单变量重现期而言，同重现期小于单变量重现期的2倍，当设计单站重现期为1000a时，同重现期约为1500a。以$T=100a$为例，假设边缘分布重现期为100a时，最优Copula函数Gumbel-Hougaard Copula联合重现期和同重现期分别为73a和158a。

对年最大7日平均流量序列联合重现期设计流量进行分析，同设计重现期条件下，单站流量设计值略小于联合重现期条件下的流量设计值。以$T=100a$为例，若单变量设计重现期为$T=100a$，高要站和石角站年最大日流量序列设计值分别为$1065m^3/s$和$144m^3/s$；若联合分布重现期为$T=100a$，对应的流量设计值分别为$1044m^3/s$和$93m^3/s$，单站重现期下流量设计值比联合分布重现期下的流量设计值偏高2.0%和34.6%。

2. 条件分布结果分析

对年最小日流量序列和年最小7日平均流量序列，因为Clayton Copula为对称型Copula函数，所以固定其一个边缘分布值，结果是一样的。固定其中一个边缘分布重现期分别为$T=1000a$，500a，200a，100a，50a，20a，10a，对另一个边缘分布求条件概率，结果见表7-29和表7-30。

对年最小日流量序列，以高要站重现期为$T=100a$为例，石角站发生10a一遇以上水平洪水的概率是97.0%，发生50a一遇以上水平洪水的概率为78.6%，发生100a一遇以上水平洪水的概率为60.1%，发生1000a一遇以上水平洪水的概率为9.7%。

表7-29 年最小日流量序列条件概率 （单位:%）

重现期/a	10	20	50	100	200	500	1000
10	61.0	39.6	18.6	9.7	4.9	2.0	1.0
20	79.2	60.4	33.3	18.5	9.7	4.0	2.0
50	92.8	83.3	60.2	39.3	22.5	9.7	4.9
100	97.0	92.6	78.6	60.1	39.3	18.5	9.7
200	98.8	97.0	90.2	78.5	60.1	33.2	18.5
500	99.7	99.1	96.9	92.5	83.0	60.1	39.2
1000	99.9	99.6	98.8	96.9	92.5	78.5	60.1

对年最小7日平均流量序列，以高要站重现期为$T=100a$为例，石角站发生10a一遇以上水平洪水的概率是99.0%，发生50a一遇以上水平洪水的概率为86.3%，发生100a一遇以上水平洪水的概率为67.4%，发生1000a一遇以上水平洪水的概率为9.9%。

表7-30 年最小7日平均流量序列条件概率 （单位:%）

重现期/a	10	20	50	100	200	500	1000
10	67.7	43.2	19.4	9.9	5.0	2.0	1.0
20	86.5	67.5	36.1	19.4	9.9	4.0	2.0
50	96.8	90.2	67.4	43.1	23.8	9.9	5.0
100	99.0	96.8	86.3	67.4	43.1	19.4	9.9

续表

重现期/a	10	20	50	100	200	500	1000
200	99.7	99.0	95.3	86.3	67.4	36.1	19.4
500	99.9	99.8	99.0	96.8	90.1	67.4	43.1
1000	100.0	99.9	99.7	99.0	96.8	86.3	67.4

7.4 小　　结

选用西江干流控制站高要站和北江干流控制站石角站流量资料为研究对象，运用Copula函数，研究了高要站、石角站两个测站的洪枯水遭遇问题，具体结论如下。

（1）基于TVM对高要站、石角站年最大日流量序列、年最大7日平均流量序列的洪水序列和年最小日流量序列、年最小7日平均流量序列的枯水序列分别进行水文特征值重构。高要站、石角站年最大日流量序列最优TVM模型分别为GEVAP模型和GEVCL模型，年最大7日平均流量序列最优TVM模型分别为WEICL模型和WEICP模型；年最小日流量序列最优TVM模型分别为GEVDL模型和GLOCL模型；年最小7日平均流量序列最优TVM模型分别为GLODL模型和GLOCL模型。

（2）对于高要站、石角站各序列最优TVM模型进行分析，两站点的洪水流量序列均呈现出随着时间的变化设计重现期条件下设计流量不断增大，同设计流量条件下设计重现期不断减小的情况，即洪水形式愈加严峻。对于枯水流量序列，高要站年最小流量序列呈现出随时间的变化，设计重现期条件下设计流量不断减小，同设计流量条件下设计重现期不断减小的情况，即枯水形式愈加严峻，高要站年最小7日平均流量序列设计重现期条件下设计流量不断增大，同设计流量条件下设计重现期不断增大；石角站随时间的变化，设计重现期条件下设计流量略有增大，同设计流量条件下设计重现期略有增加的情况，枯水形式略有缓解。

（3）采用基于TVM的非一致性水文频率分析，选择t=2007年构造频率分布曲线，计算相应的边缘分布模型。高要站、石角站年最大日流量序列最优TVM模型分别为GEVAP模型和LN2CL模型；年最大7日平均流量序列最优TVM模型分别是WEICL模型和PⅢCL模型；年最小日流量序列最优TVM模型分别为GEVDL模型和GEVCL模型；年最小7日平均流量序列最优TVM模型分别是GLODL模型和LN2CL模型。

（4）Copula函数的模型优选采用多种方法结合，高要站、石角站年最大日流量序列和年最大7日平均流量序列最优Copula模型为GH Copula模型；年最小日流量序列年最小7日平均流量序列最优模型Copula模型为Clayton Copula模型。

（5）对于指定设计重现期，两变量联合重现期小于单变量重现期，两变量同重现期大于单变量重现期；两江枯水遭遇的可能性要高于洪水的可能性，且两江洪量遭遇的可能性要高于洪峰遭遇的可能性。

参考文献

闻平，陈晓宏，刘斌，等．2007．磨刀门水道咸潮入侵及其变异分析．水文，27(3)：65-67.

吴伟强，佘有贵，潘维文．2005. 珠江“05·6”洪水水情和雨情分析．人民珠江，5：11-15.

谢平，陈广才，雷红富．2010. 水文变异诊断系统．水力发电学报，29(1)：85-91.

谢志强，姚章民，李继平，等．2002. 珠江流域“94·6”、“98·6”暴雨洪水特点及其比较分析．水文，增刊：30-33.

张家鸣．2011. 时变统计参数非一致性洪水频率分析方法研究．中山大学硕士学位论文．

Dall'Aglio G，Kotz S，Salinetti G. 1993. Advance in Probability Distributions with Given Marginals，Kluwer. Academic Publishers Dordrecht.

Nelsen R B. 1998. An Introduction to Copulas. New York：Springer.

Strupczewski W G，Singh V P，Feluch W. 2001a. Non-stationary approach to at-site flood frequency modelling Ⅰ. Maximum likelihood estimation. Journal of Hydrology，248(1-4)：125-142.

Strupczewski W G，Kaczmarek Z. 2001b. Non-stationary approach to at-site flood frequency modelling Ⅱ. Weighted least squares estimation. Journal of Hydrology，248(1-4)：145-151.

Strupczewski W G，Singh V P，Mitosek H T. 2001c. Non-stationary approach to at-site flood frequency modelling. Ⅲ. Flood analysis of Polish rivers. Journal of Hydrology，248(1)：152-167.

Schweizer B. 1991. Thirty years of Copulas. Advances in Probability Distributions with Given Marginals：13～50.

Sklar A. 1959. Fonctions de repartition àn dimensions et leurs marges. Publication De Institut De Statistique De L Université De Paris，8：229-231

Yue S，Wang C. 2002. Applicability of prewhitening to eliminate the in-fluence of serial correlation on the Mann-Kendall test. Waterresources research，38(6)：4-1-4-7.

第8章 结 语

本书对珠三角河网区水文水资源系统的现状与存在问题进行了较为系统的分析，结合国内外河网区水文过程研究现状及其趋势，综合运用水文学、水力学、系统分析、复杂性理论等，提出了河网区水文过程演变及其驱动的研究理论与方法，分析了城市化建设、河道挖沙、河口围垦等典型人类活动对下垫面变化、河网水系结构以及河道地形的影响，研究了变化环境对了降水、径流、洪水、水动力过程等水文要素变异的驱动效应。取得的主要研究结果如下。

(1) 近年来高强度人类活动，如快速城市化建设、河道挖沙、河口围垦等，导致流域下垫面变化显著。快速城市化建设导致区域湿地与耕地持续减少、城镇用地持续大幅度增加，水域面积大幅减少，水系结构发生变化，末级河流河数和河长明显减少；河道挖沙、河口围垦等导致西北江三角洲水道明显变化，河床纵向下切明显，河道宽深比减小，三角洲上游河槽容积增大，下游河口区西四门和蕉门水道容积减小，河道淤积。

(2) 全球气候变化和城市化建设导致河网区降水过程发生显著变化。受西太平洋副热带高压面积指数和强度指数增大影响，广州市汛期降水量稳定上升，量级较大的降水（中雨及以上等级）雨量明显增加，中雨及以上等级降水日数增加，短历时降水显著增加；受城市化建设影响，广州市城区和下风向降水量、日数和强度的变化程度较上风向更加明显，短历时降水发生于午后、深夜至清晨的频率增大，雨峰位于前、中期的短历时降水比例明显增多。

(3) 利用聚类分析方法，将珠三角河网区上游北江流域洪水过程划分为高强度平坦型洪水、高强度尖峭型洪水、中强度尖峭型洪水、低强度平坦型洪水和低强度尖峭型洪水五种类型洪水。受气候变化的影响，北江流域洪水强度有增强趋势；受飞来峡水库建设影响，下游石角站各类洪水的洪峰水位都出现了不同幅度的下降，水库调蓄洪水效果良好。

(4) 利用水文特征值重构方法，分析了河道地形变化、上游来水变化等要素影响下，河网区径流-水文要素等变异特征，发现三水站流量与水位综合改变度达到高度，水位呈显著下降趋势；马口站流量改变度为中度，水位综合改变度达到高度，水位下降显著；两站同重现期设计流量增大，同级别流量的重现期缩短。

(5) 运用 Copula 函数方法，分析了西江干流高要站和北江干流石角站洪枯遭遇特征，发现随着时间变化，两站点设计重现期条件下设计流量不断增大，洪水形势不断严峻；西江与北江枯水遭遇的可能性要高于洪水的可能性，且两江洪量遭遇的可能性要高于洪峰遭遇的可能性。